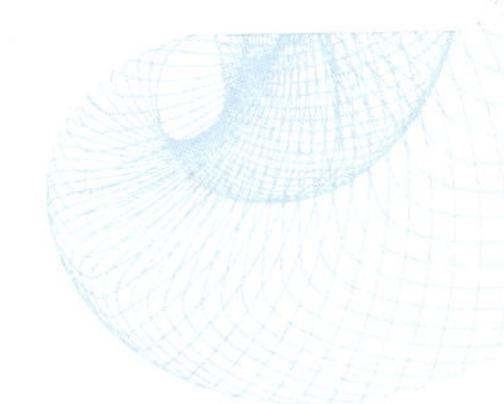

海洋渔业隐患排查指南

黄应邦　马胜伟　王　严　编著

人民交通出版社

北　京

内 容 提 要

本指南是海洋渔业隐患排查方面的指导用书。全书分总则、第一篇海洋渔业船舶隐患排查和第二篇渔业养殖设备设施隐患排查三部分。总则部分明确了本指南的适用范围、相关定义及隐患排查程序;第一篇阐述了海洋渔业船舶隐患排查要点、常见隐患及处理建议;第二篇介绍了渔业养殖设备隐患排查要点和常见隐患、养殖设施特点和常见隐患与处理,以及对渔业养殖设备设施进行隐患排查及处理的通用性指导原则。附录列明了本指南参考的主要法律法规、标准规范和国际公约。

本指南可作为渔业渔政工作人员,渔船船东、船长以及渔业养殖设备设施的相关从业人员开展业务培训和隐患排查工作时的指导性参考用书。

图书在版编目(CIP)数据

海洋渔业隐患排查指南/黄应邦,马胜伟,王严编著.—北京:人民交通出版社股份有限公司,2025.5.

ISBN 978-7-114-20309-1

Ⅰ. X954-62

中国国家版本馆 CIP 数据核字第 2025DQ0219 号

Haiyang Yuye Yinhuan Paicha Zhinan

书　　名: **海洋渔业隐患排查指南**

著 作 者: 黄应邦　马胜伟　王　严

责任编辑: 杨　川　李　硕

责任校对: 龙　雪　武　琳

责任印制: 张　凯

出版发行: 人民交通出版社

地　　址: (100011)北京市朝阳区安定门外外馆斜街 3 号

网　　址: http://www.chinasybook.com

销售电话: (010)64981400,65290033

总 经 销: 北京交实文化发展有限公司

印　　刷: 北京博海升彩色印刷有限公司

开　　本: 787 × 1092　1/16

印　　张: 24.5

字　　数: 551 千

版　　次: 2025 年 5 月　第 1 版

印　　次: 2025 年12月　第 2 次印刷

书　　号: ISBN 978-7-114-20309-1

定　　价: 98.00 元

(有印刷、装订质量问题的图书,由本社负责调换)

编　委　会

编　写　组

序 >>
FOREWORD

安全生产事关人民福祉,事关经济社会发展大局。党的十八大以来,习近平总书记始终把人民生命安全放在首位,高度重视安全生产工作,指出“人命关天,发展决不能以牺牲人的生命为代价”①,强调“安全生产是民生大事,一丝一毫不能放松,要以对人民极端负责的精神抓好安全生产工作”②,要求“各级党委和政府特别是领导干部要牢固树立安全生产的观念,正确处理安全和发展的关系,坚持发展决不能以牺牲安全为代价这条红线”②。安全发展理念作为社会主义现代化建设总体战略的关键一环,已融入国家发展血脉之中,是高质量发展的题中之义。

新中国成立七十余载,我国渔业砥砺前行,创造了举世瞩目的发展成就。水产品总产量连年稳居世界首位,“蓝色粮仓”为保障国家粮食安全、丰富百姓餐桌作出卓越贡献。各级渔业渔政主管部门始终秉持“人民至上、生命至上”理念,以“推动安全监管模式向事前预防转型”为主线,不断加强海洋渔船安全监管,提高风险防范能力,渔业安全生产总体呈现稳中向好态势。但与此同时,极端天气频发、预警水平不高、风险隐患交织、监管能力不足的现状,依然给渔业安全生产带来严峻挑战,每一起事故都在警示我们:“祸起细微,奸生所易”。安全无小事,防患于未然。

由农业农村部渔业渔政管理局指导,中国水产科学研究院南海水产研究所牵头,联合有关科研院校、执法机构及行业协会的权威专家团队,精心编撰的《海洋渔业隐患排查指南》正式付梓。编写团队汇聚了船舶技术、安全管理、渔业执法等多领域专业力量,整合产学研用

---

① 2013 年 6 月 6 日,习近平就做好安全生产工作作出重要指示。

② 2016 年 7 月 20 日,习近平在中共中央政治局常委会会议上发表重要讲话,对加强安全生产和汛期安全防范工作作出重要指示。

资源，将理论研究与实践经验深度融合，确保内容兼具科学性与实操性。该书以相关政策法规、技术规范为纲，紧密结合我国渔业生产实际，较为系统全面地阐述了海洋渔业船舶、渔业养殖设备设施隐患排查的具体内容、排查要点与处理建议。

该书的出版不仅是推动渔业安全管理向事前预防转型的重要抓手，也是实现渔业船舶、设备设施及从业人员“本质安全”的实践指南，有利于提升全行业风险防控能力，为构建渔业新质生产力筑牢安全屏障，助力我国海洋渔业实现高质量发展和高水平安全良性互动。期待本书能成为渔业安全生产领域的重要参考，为守护渔民生命财产安全、推动渔业可持续发展发挥积极作用。

农业农村部渔业渔政管理局副局长 孙海文

2025 年 5 月

前言 >>
PREFACE

渔业是我国国民经济中的重要行业，同时也是世界公认的高风险行业。在我国，渔业也是八个高危行业之一。加强渔业安全生产工作，对于促进渔业高质量发展、保障人民群众生命财产安全、加快社会主义新农村建设具有重要意义。做好渔业安全生产工作，是全面贯彻落实习近平总书记关于安全生产工作一系列重要指示批示精神和党中央、国务院有关决策部署的要求。同时，安全生产也是渔业高质量发展的前提和保证，是“平安中国”建设的重要组成部分。

渔业安全生产，重于泰山。在渔业安全传统风险尚未根本消除，新发风险不断出现的情况下，当前渔业安全生产面临着许多新问题，存在着诸多隐患。近年来，各级政府高度重视渔业安全生产工作。2008 年国务院办公厅下发了《国务院办公厅关于加强渔业安全生产工作的通知》（国办发〔2008〕113 号），各地加大了渔港、渔船安全和通信设施建设力度，使渔业安全生产管理和防灾减灾能力有了明显的提高。2013 年国务院印发了《国务院关于促进海洋渔业持续健康发展的若干意见》（国发〔2013〕11 号），指出要加强渔业资源保护，强化渔业执法，严格控制近海捕捞强度，完善海洋渔船管理制度。2019 年农业农村部办公厅下发了《农业农村部办公厅关于加强渔业安全生产工作的通知》（农办渔〔2019〕25 号），明确指出要加强渔业安全隐患排查和执法，强化渔业安全风险防控，推进渔业安全科技进步，做好渔业安全生产保障工作。2020 年农业农村部印发了《农业农村部关于印发〈渔业安全生产专项整治三年行动工作方案〉的通知》（农渔发〔2020〕11 号），任务措施中主要任务涵盖强化风险隐患预防控制，深入开展风险隐患评估，深入开展重大隐患排查治理，深入开展典型事故教训汲取。2021 年国务院安委会下发了《国务院安全生产委员会关于加强水上运输和渔业船舶安全风险防控工作的意见》(安委〔2021〕5 号),各地持续推进安全生产专项整治,坚决防范化解商渔船重大安全风险,加强渔业船舶安全源头监管,加强企业(船东)责任落实。2021 年农业农村部印发了《农业农村部关于印发〈加强渔业船舶安全风险防控工作实施方案〉的通知》(农渔发〔2021〕6 号),各地扎实做好渔业安全生产工作,进一步夯实渔业安全基层基础、消除风险隐患、整治突出问题、提升治理水平,强化渔业船舶安全风险防控,强化渔船渔港安全源头管控,重点加强商渔船碰撞防范。2022 年农业农村部办公厅《关于开展渔业安全生产"百日攻坚"行动的通知》(农办渔〔2022〕13 号)要求,牢固树立安全发展理念,有效防范重特大事故发生,切实维护渔业安全生产稳定形势。2023 年农业农村部办公厅《关于切实抓好渔船安全隐患"过筛子"排查整治和渔港安全监管的通知》(农办渔〔2023〕23 号),各地切实消除安全隐患,确保渔民生命财产安全。2024 年农业农村部　中国海警局《关于印发 2024 年渔业平安守护暨安全生产治本攻坚行动方案》的通知(农渔发〔2024〕4 号),树牢"两个至上"理念,统筹高质量发展和高水平安全,学习运用"千万工程"经验,细化实化工作措施,落实精准防控、分类施策,全链条强化渔业安全生产监管,推动渔业安全生产监管模式向事前预防转型,持续稳步提升渔业本质安全水平,防范重特大事故发生,确保渔业安全生产形势持续稳定向好。2025 年农业农村部办公厅《关于印发〈渔业安全生产百日攻坚六大行动方案〉的通知》(农办渔〔2025〕2 号),围绕"从根本上减少安全事故"的目标,组织开展百日攻坚六大行动,以极端负责任的态度抓紧抓实渔业安全生产各项工作,迅速遏制近期渔船事故多发频发态势,稳定海上渔业安全生产秩序,保障渔民群众生命财产安全。2025 年农业农村部印发了《农业农村部关于印发〈渔业船舶重大事故隐患判定标准〉的通知》(农渔发〔2025〕10 号),各地进一步压实船东、船长主体责任,强化渔业船舶安全风险防范,防止和减少生产安全事故,保障渔民群众生命财产安全。但由于我国渔船数量多,从业人员综合技能水平不高,生产方式分散,管理基础薄弱,监管力量不足,极端天气事件频发,特别是我国正处于经济社会发展的转型阶段,渔业安全生产管理制度和机制还有待完善,管理能力还有待提高。当前,渔业安全生产形势仍然十分严峻。加强渔业安全生产管理,进一步创新体制机制,健全落实责任制,完善政策措施,成为新时期渔业安全生产管理的重要任务之一。

本指南以我国渔业安全生产和管理实践为基础,以海洋渔业安全生产存在的难点、痛点、堵点为重点，结合当前国内外有关渔业安全生产管理的理论研究成果，深入排查整治、提升渔业安全生产隐患消除质量，将极大地促进渔业经济高质量发展。为促进隐患排查的有效性与规范性，编者结合多年来的渔业安全生产实践经历和相关研究成果，撰写了本指南。本指南内容包括总则、海洋渔业船舶隐患排查、渔业养殖设备设施隐患排查三部分。本指南可用于渔船船东、船长开展海洋渔船及渔业养殖设备设施隐患自行排查，也可作为各级渔业渔政主管部门组织开展有关安全检查时的参考用书。

在农业农村部渔业渔政管理局的指导和支持下，本指南由中国水产科学研究院南海水产研究所牵头，组织大连海洋大学、广东海洋大学、滨州职业学院、上海海洋大学、大连海事大学、浙江海洋大学、上海市农业农村委员会执法总队、农业农村部渔政保障中心、中国渔业互保协会、中国渔业互助保险社大连分社和渔业渔政主管部门等单位有关专家共同编写。

本指南所依据的主要法律法规在附录中列明，读者朋友们在使用时需考虑其时效性。尽管我们不懈追求，付出了艰辛的努力，但由于编写水平和时间有限，本指南尚存不足之处，热切地希望读者批评指正并提出宝贵意见。

编　者

2025 年 5 月

目录 >>
CONTENTS

总　　则

目的

1　为科学评价海洋渔业船舶安全生产情况，提高渔业安全生产管理水平，提升渔业安全管理人员隐患排查能力和整治水平，帮助渔业从业人员增强渔业安全危险源辨识和自查自纠能力，防范渔业安全生产险情和事故发生，保障渔民生命财产安全，实现渔业安全生产隐患排查工作的标准化、规范化，制定本指南。

2　构建渔业企业或渔业船舶所有人、渔业船舶或渔业养殖设备设施从业人员、渔业行政主管部门"三位一体"的渔业安全生产隐患排查治理体系，夯实渔业安全生产基本盘，推动渔业安全向事前预防转型，进一步完善渔业安全综合治理，在三方共同努力下达成渔业船舶、渔业养殖设备设施以及从业人员的"本质安全"，并为构建渔业新质生产力保驾护航，推动海洋渔业高质量发展。

适用范围

1　本指南适用于：

船长(L)大于或等于12m的海洋渔业船舶；

船长大于或等于7m但小于12m，具有上层建筑或甲板室结构的机动海洋渔船；

船长12m以下的海洋渔业船舶以及内陆渔业船舶可参考本指南执行；

渔业养殖设备(包括增氧设备、投饲设备、排灌机械、水质净化设备、活鱼运输设备、水质监控设备、水草收割设备、水产捕捞设备及集装箱循环水养殖设备)；

渔业养殖设施(包括移动式海上渔业养殖平台——养殖工船和桁架式深水网箱、浮动式海上渔业养殖设施——养殖排筏、固定式海上渔业养殖设施——重力式深水网箱及养殖辅助船)。

2　本指南主要采用安全系统工程原理，结合海洋渔业生产事故的发生规律，依据国家有关法律法规和行业相关规定撰写。

3　在按本指南开展隐患排查时，除应符合本指南外，还应符合国家现行有关强制性的法律法规。

4　经批准、检验并由渔业渔政主管部门登记注册的渔业船舶可遵照执行。

5　由乡镇人民政府(含街道办事处)登记并纳入乡镇安全监管的船舶且从事渔业活动的可参照执行。

定义

1　航区

1.1　远海航区:系指国内航行超出近海航区的海域。

1.2　近海航区:系指渤海、黄海及东海距岸不超过200n mile的海域;台湾海峡;南海距岸不超过120n mile(台湾岛东海岸、海南岛东海岸及南海岸距岸不超过50n mile)的沿海航区以外的海域。

1.3　沿海航区:系指台湾岛东海岸、台湾海峡东西海岸、海南岛东海岸及南海岸距岸不超过10n mile的海域和除上述海域外距岸不超过20n mile的海域;距有避风条件且有施救能力的沿海岛屿不超过20n mile的海域。但对距海岸超过20n mile的上述岛屿,将按实际情况适当缩小该岛屿周围海域的距岸范围。

1.4　遮蔽航区:系指在沿海航区内,由海岸与岛屿、岛屿与岛屿围成的遮蔽条件较好、波浪较小的海域。在该海域内岛屿之间、岛屿与海岸之间的横跨距离应不超过10n mile。

注:航区的具体划分,可参照中华人民共和国交通运输部批准、中华人民共和国海事局公布的《航区划分规则2021》。

2　隐患

本指南的隐患是指在渔业生产、经营和管理活动中,存在可能导致不安全事件或事故发生的潜在危险因素。包括物的不安全状态、人的不安全行为、生产环境的不良和管理上的缺陷等。

3　重大事故隐患

参照农业农村部制定的《渔业船舶重大事故隐患判定标准》,法律法规另有明文规定的,按相关规定执行。

隐患排查程序及内容

1　渔业船舶与渔业养殖设备设施企业、所有人或经营人的隐患排查

1.1　渔业企业或渔业船舶、养殖设备设施所有人应建立定期和专项隐患排查制度,按照隐患排查制度要求,定期开展安全生产检查,排查隐患。

1.2　有下列情形之一的,应当开展专项排查:

1.2.1　与本单位安全生产相关的法律法规、规章、标准以及规程制定、修改或者废止的;

1.2.2 作业类型、设备设施、作业环境、人员行为发生重大变化的；

1.2.3 停产后需要复产的；

1.2.4 发生生产安全事故或者险情的；

1.2.5 各级渔业渔政主管部门组织开展安全生产专项整治活动的；

1.2.6 气候条件发生重大变化或者预报可能发生重大自然灾害，对安全生产构成威胁的。

1.3 渔业船舶的船长或渔业养殖设备设施的主要责任人应对渔业船舶或渔业养殖设备设施上的人命财产安全和水域环境的保护负全面责任，组织开展隐患自查［具体自查内容见农业农村部渔业渔政管理局印发的《渔船出海前安全自查指导项目（试行）》文件］，加强人员岗位安全培训和应急演练，贯彻落实各项安全、防污染规定。

1.4 渔业船舶或渔业养殖设备设施所有人或经营人应确保安全生产投入，按照要求维护保养，细化各项安全生产操作规程，规范各类记录，通过隐患自查来提高安全系数。

1.5 对隐患排查发现的事故隐患，应当制定隐患治理方案并组织实施，消除隐患。

2 主管部门的隐患排查

2.1 渔业行政主管部门及执法部门，在开展安全检查、组织专业人员开展隐患排查，以及督促渔业企业或渔业船舶、养殖设备设施所有人和船长开展隐患排查时，应遵守农业农村部《渔政执法工作规范（暂行）》的相关规定。

2.2 应由不少于两名检查人员完成。开始检查前，检查人员应向被检查人出示执法证件，表明身份，告知执法的内容和依据。渔政执法机关带有专用标志的执法船艇开展水上执法工作时，视为表明身份。完成告知程序后，首先对渔船总体外观进行目视，登船后检查证件、相关资料和设施设备，询问相关情况，必要时可要求船员对设备进行操作，检查完成后，检查人员和被检查人需在检查记录上同时逐页签名、盖章或者按指纹确认。无法通知当事人、当事人不在场或者拒绝签名、盖章、按指纹确认的，应当在检查记录中注明，并采取录音、录像等方式记录。

2.3 检查内容包括但不限于渔船、养殖设备设施及船员证书、渔船结构和稳性、消防救生设备、通信导航设备及其他影响航行作业安全的设备。

2.4 适用法定检验技术规则时应遵循以下原则：

2.4.1 基本原则

2.4.1.1 法定检验技术规则及其修改通报应适用老船老办法、新船新办法。具体渔船应适用于其安放龙骨日期所对应的最近生效的技术规则和修改通报，并作为检查依据。

2.4.1.2 具体某项条款的适用，还需要综合考虑渔船的种类、吨位、船长和航行区域等条件。

2.4.1.3 现有渔船、养殖设备设施在进行修理、改装、改建以及与之有关的舾装时，至少应继续符合其原先适用的技术规则要求。重大的修理、改装、改建以及与之有关的舾装，在认为合理和可行的范围内应满足最新法规的要求。

2.4.1.4 现有渔船的初次检验，如是从国外购买的渔船，应适用于初次检验时相对应的最近生效的技术规则和修改通报，并作为检查依据。

2.4.1.5 以远洋渔船法定检验技术规则为检验依据的国内海洋渔船，应以相应的远洋渔船法定检验技术规则作为检查依据。

2.4.1.6 养殖设备设施检验应遵守相关法定检验技术规则。

2.4.2 从轻原则

后续生效的法定检验技术规则和修改通报对原有法定检验技术规则具体某一条款有减轻或免除要求时，对于现有渔船、养殖设备设施，此条款的相关要求可以遵循从轻原则。

2.4.3 合理原则

2.4.3.1 在先前法定检验技术规则中有具体技术标准的，而以后的法定检验技术规则中没有提及的，对于适用于以后技术规则的新建渔船、养殖设备设施，也应适用于先前法定检验技术规则中相应的技术标准。

2.4.3.2 有关维护保养的规定，在先前法定检验技术规则中没有规定，而在以后法定检验技术规则中有要求的，对现有渔船、养殖设备设施也应适用在以后法定检验技术规则中的相应规定。

2.4.4 追溯原则

在法定检验技术规则中有明文规定对现有渔船、养殖设备设施有追溯要求的，则现有渔船、养殖设备设施应适用。

2.4.5 免除原则

2.4.5.1 超过法定检验技术规则要求而配备的设施、设备参照其相应的技术规则，可能会危及渔船、养殖设备设施和人员安全除外。

2.4.5.2 对于技术标准高于检验技术规则所要求的设施、设备，其高于检验技术规则要求的功能参照其相应技术规则。

2.5 对发现的隐患处理方式包括：整改复查、行政处罚、行政强制。处理应遵循以下基本原则：

2.5.1 处理时应根据其性质、严重程度、作业水域、港口修理能力、隐患改正的难易程度、预计天气海况以及上级部门的跟踪复查要求等情况，在充分运用检查人员的专业判断和充分听取相关方的意见的基础上，依法、公平、公正地提出合理整改要求和处理意见。

2.5.2 与渔船检验机构检验工作有关的隐患，应及时通知船检机构，并在收集相应证据后，按规定向上级部门报告。需进行重大修理、更新或严重影响航行安全和污染海洋环境的隐患，船方应在整改后及时向船检机构申请临时检验。

2.5.3 受客观因素制约，无法在现地做永久修复的，船方在采取临时、有效的修理或替代措施后，向船检机构申请临时检验，经检验机构批准，在限制航行条件的情况下，可以按规定，允许渔船驶往合理的地点，作永久性修复。

2.5.4 依托渔港，强化隐患排查的监督执法，牢牢守住职务船员配备不齐、船载及养殖设备设施的安全设备缺失、消防设施失效等危及渔船、养殖设备设施安全的风险底线。对严重不适航和存在隐患整改不到位的渔船、养殖设备设施，依法责令召回和停航，采取查封、扣押、吊销等强制性措施，按规定从重处罚，对构成犯罪的移送司法机关依法追究刑事责任。

第一篇 PART ONE

海洋渔业船舶隐患排查

引言

本篇以船长对海洋渔业船舶进行分类，船长大于或等于24m的海洋渔业船舶的隐患排查，详细描述了隐患排查要点、常见隐患及隐患处理建议等，亦是进行隐患排查时的主要参考依据。对船长大于或等于12m但小于24m的海洋渔业船舶，以及船长大于或等于7m但小于12m，具有上层建筑或甲板室结构的机动海洋渔船在相关规范要求上的主要不同点给予列明，以提高隐患排查时的准确性与针对性。船长小于7m的海洋渔业船舶的隐患排查，需要时可参考和借鉴本篇相关内容。

第一章

海洋渔业船舶($L \geqslant 24$m)

本章内容为船长大于或等于 24m 的海洋渔业船舶的隐患排查指南。该章内容详细描述了隐患排查要点、常见隐患及隐患处理建议等,是本指南的主要部分及后继内容的主要参考依据。

第一节 渔船证书及配员

1 渔业船舶国籍证书

1.1 排查要点

1.1.1 渔业船舶是否持有渔业船舶国籍证书,见图 1-1-1。

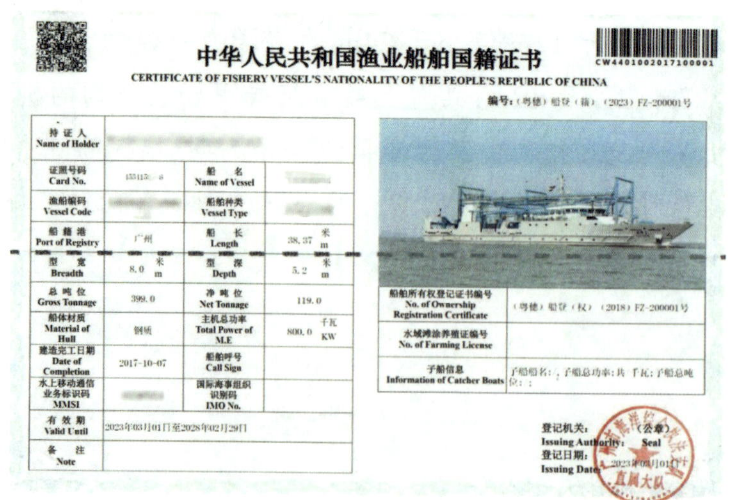

中华人民共和国渔业船舶国籍证书

CW4401002017100001

CERTIFICATE OF FISHERY VESSEL'S NATIONALITY OF THE PEOPLE'S REPUBLIC OF CHINA

编号:(粤穗)船登(籍)(2023)FZ-200001号

持证人 Name of Holder			
证照号码 Card No.		船名 Name of Vessel	
渔船编码 Vessel Code		船舶种类 Vessel Type	
船籍港 Port of Registry	广州	船长 Length	38.37 米 m
型宽 Breadth	8.0 米 m	型深 Depth	5.2 米 m
总吨位 Gross Tonnage	399.0	净吨位 Net Tonnage	119.0
船体材质 Material of Hull	钢质	主机总功率 Total Power of M.E	800.0 千瓦 KW
建造完工日期 Date of Completion	2017-10-07	船舶呼号 Call Sign	
水上移动通信业务标识码 MMSI		国际海事组织识别码 IMO No.	
有效期 Valid Until	2023年03月01日至2028年02月29日		
备注 Note			

船舶所有权登记证书编号 No. of Ownership Registration Certificate	(粤穗)船登(权)(2018)FZ-200001号
水域滩涂养殖证编号 No. of Farming License	
子船信息 Information of Catcher Boats	子船船名:,子船总功率:共 千瓦;子船总吨位:;

登记机关:(公章)
Issuing Authority: Seal
登记日期:
Issuing Date: 2023年03月01日

图 1-1-1 渔业船舶国籍证书

1.1.2　渔业船舶国籍证书中主要内容(如渔船名称、呼号、种类、吨位、尺度、所有人和船籍港等)是否与实际一致。

1.1.3　正式渔业船舶国籍证书或临时渔业船舶国籍证书是否在有效期内。

1.1.4　国籍证书的编号、大小与格式是否符合法律要求。

1.1.5　国籍证书认可盖章是否属于渔船登记专用章。

1.2　常见隐患

1.2.1　船舶未办理渔业船舶登记。

1.2.2　船舶不能提供“渔业船舶国籍证书”(或电子版)。

1.2.3　“渔业船舶国籍证书”过期。

1.2.4　“渔业船舶国籍证书”中登记的信息与“渔业船舶检验证书”标明的信息不一致。

1.2.5　转让或借用“渔业船舶国籍证书”。

1.3　隐患处理

1.3.1　船舶未办理渔业船舶登记:

1.3.1.1　船舶未经批准新建、更新、买卖,未取得“海洋渔船安全证书(检验证书)”生产经营的,或伪造、冒用“渔业船舶国籍证书”的,应按有关规定立案处理;

1.3.1.2　船舶经批准新建、更新、买卖,未取得“海洋渔船安全证书(检验证书)”生产经营的,应责令召回停航或按有关规定立案处理;

1.3.1.3　船舶经批准新建、更新、买卖,并取得“海洋渔船安全证书(检验证书)”生产经营的,或“海洋渔船安全证书(检验证书)”所载内容与“渔业船舶国籍证书”中主要登记的内容不一致,应责令限期整改。

1.3.2　“渔业船舶国籍证书”不能提供或正在换证,应在开航前提供证书原件或证明文件。

1.3.3　“海洋渔船安全证书(检验证书)”所载内容与“渔业船舶国籍证书”中登记的内容不一致,如果只是文字错误,不涉及航行安全与防污染,可限期纠正。

1.3.4　不按照规定办理渔船变更登记,或使用过期的“渔业船舶国籍证书”等,应责令限期整改或立案调查。

2　海洋渔船检验证书

2.1　排查要点

2.1.1　通过证书的检查获知船龄和证书的签发依据,从而确定渔船应适用的法规或技术规范。

2.1.2　核对检验证书的有效性以确定渔船是否适航。

2.1.3　通过检验证书记载内容与实船比对,获知渔船的设备配备情况,为设备的检查奠定基础。

2.1.4　检查检验证书及其所列设备的配备是否满足法规或技术规范的要求。

2.1.5　检查证书的格式是否符合有关法规和技术规范的要求，见图 1-1-2。

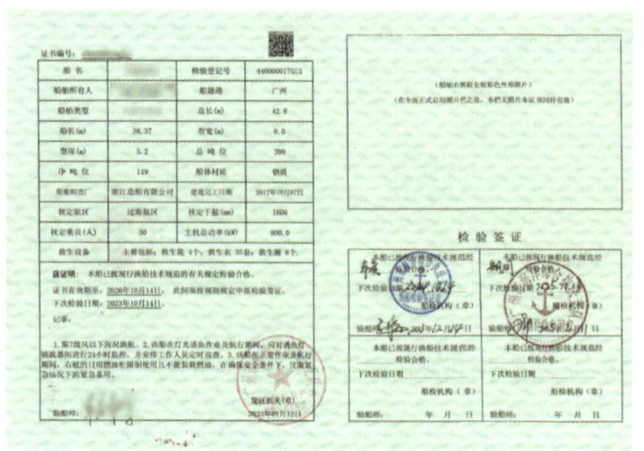

图 1-1-2　海洋渔船检验记录 A

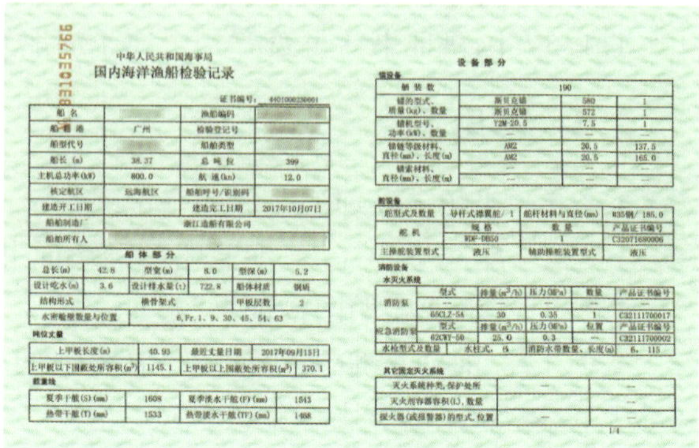

图 1-1-2　海洋渔船检验记录 B

2.1.6　核对证书的检验周期，确定证书是否有效，各类检验时间要求如表 1-1-1 所示。

各类检验的时间要求　　表 1-1-1

检验次序	第一次	第二次	第三次	第四次	第五次
检验类别	年度	期间（或年度）	年度（或期间）	年度	换证
时间要求（月）	9～(12)～15	21～(24)～27	33～(36)～39	45～(48)～51	57～(60)

超出时间要求完成的检验，应按规定对证书的有效期和周年日进行修正。

2.1.6.1　检查中如果发现年度、期间检验在全期证书周年日前 3 个月之前完成，则应关注新的检验周年日是否为检验完成之日加 3 个月。

2.1.6.2　检查中如果发现年度、期间检验在全期证书周年日后 3 个月之后完成，则应关注新的检验周年日为自本次检验完成之日起 12 个月。

2.1.6.3　老旧渔船检验证书有效期限按老旧程度，分为一般老旧渔船和限制使用老旧渔船（老旧渔业船舶船龄标准见表 1-1-2）。对船龄达到老旧渔船一般船龄的渔船，有效期限应不超过 24 个月；对船龄达到老旧渔船限制使用船龄的渔船，有效期限应不超过 12 个月。

渔业船舶船龄标准　　表 1-1-2

渔船类别		老旧渔船一般船龄	老旧渔船限制使用船龄
钢质捕捞船	船长≥24m	24 年以上	29 年以上
	从事深水灯光围网作业的	30 年以上	35 年以上
木质捕捞船	船长≥24m	20 年以上	25 年以上
	梢木、坤甸木、稠木等特种木材制造	25 年以上	30 年以上

续上表

渔船类别	老旧渔船一般船龄	老旧渔船限制使用船龄
钢丝网水泥捕捞船	24 年以上	29 年以上
玻璃钢捕捞船	30 年以上	35 年以上
养殖船	20 年以上	25 年以上
水产品冷藏加工船	29 年以上	34 年以上
水产运销船	26 年以上	31 年以上

2.2 常见隐患

2.2.1 “海洋渔船检验证书”标明的数据与渔船实际不一致。

2.2.2 转让或借用渔业船舶检验证书。

2.2.3 船员实际人数超过检验证书核定乘员。

2.2.4 渔船证书失效,主要包括下列情况:

2.2.4.1 证书有效期限届满:

(1)证书的年度检验(期间检验、换证检验)已到期,且未进行签注;

(2)证书的年度检验(期间检验)已过周年日后3个月;

(3)临时证书有效期限超过3个月。

2.2.4.2 未按规定申报检验;

2.2.4.3 擅自改变渔船结构或变更重要机械设备而影响渔船安全或防污染性能;

2.2.4.4 实际装载、航行作业区域、作业方式、主机功率与证书及技术文件不符;

2.2.4.5 船体及安全设备、重要机电设备、防污染设备发生重大损坏或失效;

2.2.4.6 擅自变更渔业船舶所有权人、船名、船籍或船籍港;

2.2.4.7 涉及人命安全及防污染等设备配备与证书及技术文件不符;

2.2.4.8 发生影响安全的重大海损或机损事故;

2.2.4.9 限期检验项目期限届满时;

2.2.4.10 报废、拆解及灭失的渔业船舶。

2.3 隐患处理

2.3.1 渔船检验证书失效。证书的失效处理时应尽可能了解造成这种情况的原因以做出正确的判断。当证书失效是由上述2.2.4.3、2.2.4.4、2.2.4.5、2.2.4.6及2.2.4.10条所导致的,可以考虑作出禁止离港的处理。

2.3.2 渔船检验证书的签发违背法规或技术法规的要求。该项隐患种类较多,严重程度不一,需要检查人员综合考虑,可立案调查,限期纠正或要求船检机构在开航前予以确认。该项隐患主要有以下表现形式:

2.3.2.1 依据法规或规范有误。

2.3.2.2 渔业船舶实际携带的资料以及设施设备的配备与证书上记载或技术规范的

要求不符。这里值得注意的是在作出决定前需核实该船的实际配备是否满足法规或技术规范的要求,如果答案是否定的,则应考虑立案调查;如果设备的配备符合要求,仅是验船师的失误造成的,则可要求渔船检验机构在开航前派验船师上船确认或限期纠正;如发现验船师未按法规或技术规范开展检验签发检验证书的,应及时通知船检机构,并在收集相应证据后,按规定向上级部门报告。

2.3.2.3 渔船修正了周年日,但未在相关证书上予以签注。对于该情况首先应核实渔船的检验有无超出检验周期,如是,将直接导致证书失效,应判定存在隐患并立案调查;如尚未超出检验周期,可要求渔船检验机构在开航前确认或限期纠正。

2.3.3 对于在"海洋渔船安全证书(检验证书)"或其他法定证书中所标注的数据、设备等情况与船上实际不一致的问题,应有区别地处理:

2.3.3.1 由于渔船检验人员不认真或其他原因,而发生证书填写错误或漏填的,要求渔船检验机构改正,如情况严重,同时要求检验机构进行说明和确认;

2.3.3.2 证书本身没有问题,而是船上擅自更换设备、改变结构等原因造成的,要求船上纠正,或责令船上向渔船检验机构申请临时检验。如情况严重,涉及重要安全设施设备的,应立案调查。

2.3.4 转让或借用渔船证书,可依法收缴证书及进行罚款。

3 渔业捕捞许可证

3.1 排查要点

3.1.1 渔业船舶是否取得"渔业捕捞许可证",对于从事钓具、灯光围网作业渔船的子船与其主船(母船)应使用同一本渔业捕捞许可证,见图 1-1-3。

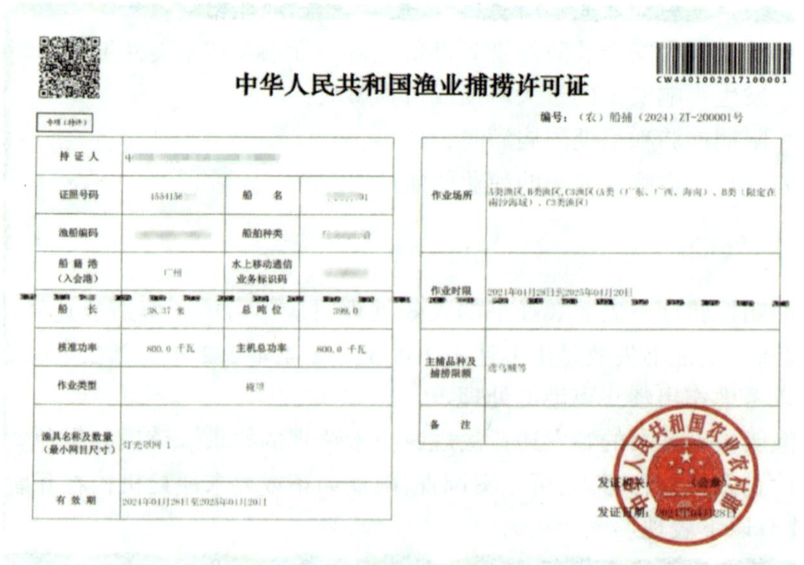

中华人民共和国渔业捕捞许可证

CW44010020171000001

编号:(农)船捕(2024)ZT-200001号

持证人	[illegible]		
证照号码	1554156[illegible]	船　名	[illegible]
渔船编码	[illegible]	船舶种类	[illegible]
船籍港(入会港)	广州	水上移动通信业务标识码	[illegible]
船　长	38.37 米	总吨位	399.0
核准功率	800.0 千瓦	主机总功率	800.0 千瓦
作业类型	[illegible]		
渔具名称及数量(最小网目尺寸)	灯光围网 1		
有效期	2024年01月28日至2025年01月20日		

作业场所	A类渔区,B类渔区,C3渔区(A类(广东、广西、海南)、B类(限定在南沙海域)、C3类渔区)
作业时限	2021年04月28日至2025年01月20日
主捕品种及捕捞限额	鸢乌贼等
备　注	

发证机关:(公章)

发证日期:[illegible]

图 1-1-3 渔业捕捞许可证

3.1.2 “渔业捕捞许可证”中的基础信息、渔船基本信息、核准作业内容信息是否与电子证照一致;证书上渔船基本信息是否与持证渔船实际情况一致。

3.1.3 “渔业捕捞许可证”是否在有效期内。一般海洋渔业捕捞许可证有效期为5年;其他种类渔业捕捞许可证的有效期最长不超过3年;使用达到农业农村部规定的老旧渔业船舶船龄的渔船从事捕捞作业的,证书有效期不得超过渔业船舶检验证书记载的有效期限。

3.1.4 “渔业捕捞许可证”有效期一年以上的是否按要求进行了年审。

3.1.5 “渔业捕捞许可证”的编号、大小与格式是否符合法律要求,实体证照印章是否与电子印章一致或衔接。

3.1.6 “渔业捕捞许可证”核定的作业类型是否符合管理规定,为“刺网、围网、拖网、张网、钓具、耙刺、陷阱、笼壶、地拉网、敷网、抄网、掩罩”中的一种或两种,且最多不超过两种。其中拖网、张网不得互换且不得与其他作业类型兼作,其他作业类型不得改为拖网、张网作业。

3.1.7 渔船作业类型、场所、时限、渔具数量是否与“渔业捕捞许可证”内容一致,捕捞辅助船不得从事捕捞生产作业,其携带的渔具应当捆绑、覆盖。

3.2 常见隐患

3.2.1 渔船未取得“渔业捕捞许可证”或许可证过期、失效。

3.2.2 渔船未提供“渔业捕捞许可证”(纸质或电子版)或许可证无效。

3.2.3 “渔业捕捞许可证”中登记的数据与持证渔船实际情况不一致。

3.2.4 违反捕捞许可证关于作业类型、场所、时限和渔具数量的规定进行捕捞。

3.2.5 涂改、买卖、出租或者以其他形式转让捕捞许可证。

3.3 隐患处理

3.3.1 渔船未取得“渔业捕捞许可证”或许可证过期、失效,应依据《渔业行政处罚规定》的有关条款,按情节严重程度进行处理。证书失效主要有以下表现形式:

3.3.1.1 证书过期,指渔业捕捞许可证、渔业船舶检验证书或者渔业船舶国籍证书有效期届满且未依法延续的;

3.3.1.2 渔业捕捞许可证依法被撤销、撤回或者吊销的;

3.3.1.3 以贿赂、欺骗等不正当手段取得渔业捕捞许可证的;

3.3.1.4 依法应当注销的其他情形。

3.3.2 “渔业捕捞许可证”不能提供或正在换证,应在开航前提供证书原件或证明文件。使用无效的渔业捕捞许可证或者无正当理由不能提供渔业捕捞许可证的,视为无证捕捞。证书无效主要有以下表现形式:

3.3.2.1 逾期未年审或年审不合格的;

3.3.2.2 证书载明的渔船主机功率与实际功率不符的;

3.3.2.3 以欺骗或者涂改、伪造、变造、买卖、出租、出借等非法方式取得的;

3.3.2.4　被撤销、注销的。

3.3.3　“渔业捕捞许可证”所载内容与持证渔船实际情况不一致，应有区别地处理：

3.3.3.1　由于签发主管部门的原因，而发生证书填写错误或漏填的，要求限期改正，如情况严重，同时要求签发主管部门进行说明和确认；

3.3.3.2　证书本身没有问题，而是船上擅自更换设备、改变结构等原因造成的，要求船上纠正，涉及渔船主机功率变更的可依法处罚。

3.3.4　违反捕捞许可证关于作业类型、场所、时限和渔具数量的规定进行捕捞，要求船上纠正，并可依法进行处理。

3.3.5　涂改、买卖、出租或者以其他形式转让捕捞许可证，可依法进行处理。

4　渔船文书与资料

4.1　排查要点

4.1.1　是否持有有效的国内海洋渔船安全证书，见图 1-1-4。

图 1-1-4　国内海洋渔船安全证书

4.1.2　核实文书、资料的配备是否符合有关法律法规或技术规范的要求。如产品证书、海图、渔船资料等的配备。

4.1.3　通过核实文书、资料的配备情况验证证书的有效性，如稳性手册、救生、消防手册等；确认船上设备的实际状况，为下步的设备检查奠定基础，如救生艇筏的产品证书、油水滤油设备型式认可证书等。

4.1.4　了解渔船的历史记录，如各类渔船检验报告，为确定下步检查的重点提供新线索。

4.1.5　对于船长大于或等于 45m 渔船要求配备经渔船检验机构认可的防火控制图或消防设备布置图并固定展示。作为替代，经渔船检验机构同意，防火控制图或消防设备布置图细节可列入 1 本小册子，每个高级船员人手 1 本，另有 1 本应放于船上易于到达可随时取用的地方。

4.2 常见隐患

4.2.1 海洋渔船安全证书没有按照规定进行相关检验。

4.2.2 船证不符,或证书污损、缺页、涂改,模糊不清,见图1-1-5。

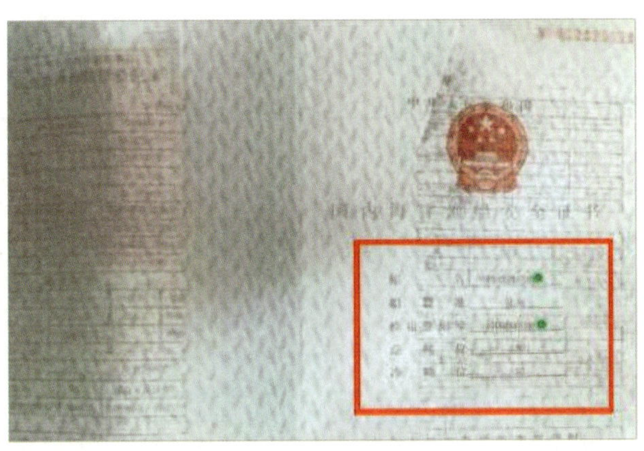

图1-1-5 安全证书模糊不清

4.2.3 船上未配备稳性手册。

4.2.4 稳性手册未经船检审核认可。

4.2.5 稳性手册非中文。

4.2.6 稳性手册不完整,包括未留存渔船图纸、留存的渔船图纸不齐全;留存的渔船图纸未经船检机构审查批准、未留存干舷计算书等。

4.2.7 船上未配备重要设备系统的操作使用说明书。

4.2.8 改装或改建后影响到吨位的变更但未重新对吨位进行丈量。

4.2.9 船上航海日志或渔捞日志、轮机日志、渔业船舶作业日志(原渔捞日志)、垃圾记录簿及油类记录簿(适用400马力[①]或300kW及以上渔业船舶)未按规定留存及记录。

4.2.10 航海图书资料(如常用的海图或经更新的电子海图)缺失。

4.3 隐患处理

4.3.1 文书资料缺失。法律、规章或技术规范所要求的文书的缺失,如航海图书资料缺失,可考虑购买的便利条件,要求在开航前纠正或限期解决。

4.3.2 安全证书(检验证书)过期。如救生筏检验报告,灭火系统检验报告(如适用)等。该项隐患将直接认定船上设备或装置失效,应要求船方在开航前重新进行相关设备或系统的检验。

4.3.3 有关文书未经批准。如稳性资料等或擅自改变渔业船舶的吨位、载重线、主机功率、人员定额和适航区域等,由于此类情况已违反了强制性规定,影响隐患的判定,应及时通知船检机构,并在收集相应证据后,按规定向上级部门报告。

① 1马力=735.499W

4.3.4 文书的记载不符合法律法规或强制性规定。如航海日志或渔捞日志、垃圾记录簿等，对于此类隐患可要求渔船限期纠正。

5 船员持证

5.1 排查要点

5.1.1 渔业船员证书的真伪判别：证书封面字迹清晰，记载持证人姓名、照片、职务等的内页应为打印后粘贴；通过中国渔业船员管理系统的核查；询问持证人专业知识。

5.1.2 渔业船员证书持有人与使用人是否一致、人证是否相符。可通过核对渔业船员证书编号是否为船员本人身份证号码进行验证。渔业船员证书如图 1-1-6、图 1-1-7 所示。

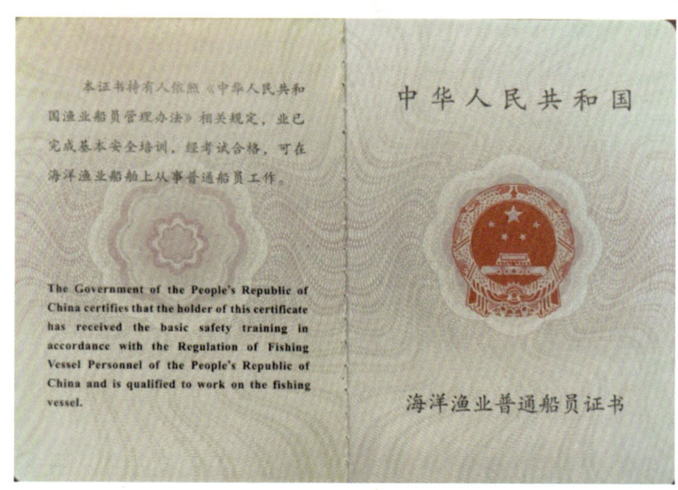

图 1-1-6 海洋渔业普通船员证书

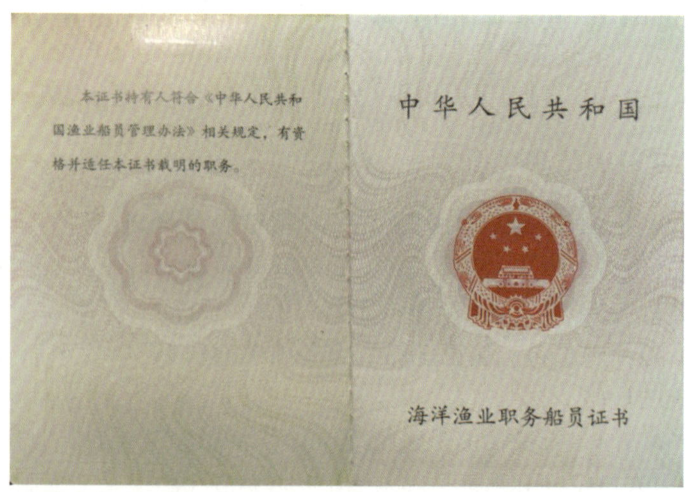

图 1-1-7 海洋渔业职务船员证书

5.1.3 渔业船员证书是否在有效期内，证书职务、适用渔船等内容是否与服务渔船相适应。

5.1.4 船上职务船员是否满足该渔船的职务船员最低配员标准。最低配员标准见表1-1-3。

海洋渔业船舶职务船员最低配员标准　　表1-1-3

渔船类型	职务船员最低配员标准		
船长≥45m	一级船长1名	一级船副1名	助理船副1名
36m≤船长<45m	二级船长1名	二级船副1名	—
24m≤船长<36m	二级船长1名	助理船副1名	—
主机总功率≥3000kW	一级轮机长1名	一级管轮1名	助理管轮1名
750kW≤主机总功率<3000kW	一级轮机长1名	一级管轮1名	—
450kW≤主机总功率<750kW	二级轮机长1名	二级管轮1名	—
250kW≤主机总功率<450kW	二级轮机长1名	助理管轮1名	—
50kW≤主机总功率<250kW	三级轮机长1名	—	—
发电机总功率800kW以上	电机员1名,可由持有电机员证书的轮机人员兼任		

5.1.5 除职务船员外,所有船员是否均持有渔业船员证书。

5.1.6 是否按要求在渔业船员证书内的船员服务资历栏记载渔业船员的履职情况。

5.1.7 渔业船员证书内的培训记录内的培训时间、培训内容及培训机构名称是否填写并盖章。

5.2 常见隐患

5.2.1 渔业船员未持有渔业船员证书(包含职务船员和普通船员)。

5.2.2 渔业船员持有的渔业船员证书超过有效期。

5.2.3 职务船员配备未能满足“海洋渔业船舶职务船员最低配员标准”。

5.2.4 船上提供的渔业船员的渔业船员证书人证不符。

5.2.5 船上提供的渔业船员的渔业船员证书系伪造、变造的。

5.2.6 渔业船员未携带渔业船员证书在船上任职。

5.2.7 船上提供的渔业船员的渔业船员证书未按规定填写“服务资历”和“培训记录”。

5.3 隐患处理

5.3.1 无渔业船员证书、所持的渔业船员证书过期,持转让、买卖或租借的渔业船员证书以及提供的渔业船员证书超越所服务的渔船的航区和等级或实际担任的职务等,擅自上船服务的,可依法进行处理。

5.3.2 船员在船工作期间未携带渔业船员证书,应责令在开航前纠正。

5.3.3 渔业船员证书内服务资历栏未按规定进行签注的,应在开航前纠正。

5.3.4 实际配员低于《海洋渔业船舶职务船员最低配备标准》要求的,可依法进行处理。

6 保持值班

6.1 排查要点

6.1.1 渔船航行值班规则的编制和张贴情况：登轮检查时应注意目标渔船的航行值班规则是否按照《渔业船舶航行值班准则(试行)》的要求编制，是否张贴在渔船驾驶室、轮机舱和无线电通信室内的易见之处，要求全体船员遵守执行，以保证渔船航行安全。

6.1.2 航行计划：核查、证实每次离港前，船长是否主持研究本航次与航行有关的航海资料并制定了安全可靠的航行计划，以及实际航行过程中的实施情况。

6.1.3 渔船在渔港内停泊期间的人员安排，可综合考虑是否满足渔船、保安、港口和环境的安全操作需要。

6.1.4 在对港内值班情况进行检查时，应关注是否按时升降国旗，是否按规定显示或者悬挂有关号灯号型；舷梯、跳板及安全网是否处于安全工作状态；在船上进行明火作业及修理工作时，是否采取了必要的预防措施；渔船防污染措施落实情况。

6.1.5 检查船员是否按照要求在航海日志或渔捞日志、轮机日志等渔船法定文书上对相关事项进行记录，并核查相关记录的正确性。

6.1.6 船员履行在船值班职责前和值班期间，是否摄入了可能影响安全值班的食品、药品或者其他物品。

6.2 常见隐患

6.2.1 渔业船员未有效履行值班职责。

6.2.2 渔业船员未有效履行有关操作规定。

6.2.3 渔业船员未按照要求值班交接。

6.2.4 渔业船员不按照规定守听航行通信。

6.2.5 渔业船员不按照规定测试、检修渔船设备。

6.2.6 渔业船员未如实填写法定文书或匿改法定证书、文书。

6.2.7 渔业船员利用渔业船舶违章载客、货物或者携带违禁物品。

6.2.8 渔业船舶超过核定航区航行和超过抗风等级出航。

6.2.9 对渔船实施隐患排查时，渔船船员弄虚作假欺骗检查人员。

6.2.10 渔船在港停泊期间没有安排任何人员，无法满足渔船、保安、港口和环境的安全操作需要。

6.2.11 渔船未按规定悬挂中华人民共和国国旗或悬挂国旗破损。

6.2.12 船员履行值班职责前和值班期间饮酒。

6.3 隐患处理

6.3.1 对船员未有效履行值班、未有效履行操作规定及未如实填写匿改法定文书的隐患,应立即纠正。

6.3.2　对船员利用渔船私载旅客、货物或者携带违禁物品,应立案调查,并责令在开航前纠正。

6.3.3　渔业船舶超过核定航区航行或超过抗风等级出航的,可依法进行处理,并责令在开航前纠正。

6.3.4　渔业船舶在港停泊期间,未留足值班人员值班的,应立即纠正。

6.3.5　渔业船舶不按规定悬挂中华人民共和国国旗或悬挂国旗破损,应立即纠正。

6.3.6　渔业船员拒绝或者阻碍渔政渔港监督管理工作人员实施隐患排查的,弄虚作假欺骗检查人员的,可依法进行处理。

6.3.7　船员履行在船值班职责前和值班期间,摄入可能影响安全值班的食品、药品或者其他物品,可依法进行处理。

7　健康保障

7.1　排查要点

7.1.1　渔业船舶所有人或经营人是否依照《中华人民共和国安全生产法》为渔业船员办理安全生产责任险。

7.1.2　渔业船舶生活和工作场所是否符合《渔业船舶法定检验规则》对船员生活环境、作业安全和防护的要求。

7.1.3　渔业船员是否存在疲劳操作现象,安排船员值班时,是否充分考虑了国家的有关规定。

7.1.4　是否为渔业船员提供必要的船上生活用品、防护用品、医疗用品,并建有船员健康档案。

7.2　常见隐患

7.2.1　渔业船舶所有人或经营人没有依法为渔业船员办理安全生产责任险。

7.2.2　船员在渔船上生活和工作的场所不符合国家渔船检验规范中有关船员生活环境、作业安全和防护要求。

7.2.3　船上存在疲劳操作现象,安排船员值班时没有充分考虑国家的有关规定。

7.2.4　船上没有提供必要的船上生活用品、防护用品和医疗用品。

7.2.5　渔业船舶所有人或经营人没有建立船员健康档案。

7.3　隐患处理

7.3.1　渔业船员缺失必要的保险及船员健康档案,应在开航前纠正。

7.3.2　对于船员休息时间不能满足相关要求,应根据实际情况,在开航前纠正;对由于配员造成的船员休息时间不符合要求,可依法进行处理,同时要求船上增加相应的船员。

7.3.3　船员在渔船上生活和工作的场所不符合国家渔船检验规范中有关船员生活环境、作业安全和防护要求的,应由渔政渔港监督管理机构责令改正。

7.3.4　船上没有提供必要的船上生活用品、防护用品和医疗用品,应在开航前纠正。

小结与建议

1　对行政执法部门的建议

1.1　行政执法人员应重点关注渔船证书与文书资料适用条款与适用范围,熟悉证书与文书资料中所包含的内容,为现场检查提前做好准备。

1.2　行政执法人员应不断总结研究证书与文书检查中好的经验和做法,逐步完善检查手段,通过信息化管理系统提高检查效率和效果。

1.3　建议渔业渔政主管部门建立渔船证书到期提醒制度,对于证书即将到期的渔船发送提醒信息,避免出现因没有及时申请换证登记而导致渔船出现违法营运的现象。

1.4　渔业渔政主管部门应注重动、静监管执法力量相互呼应,现场检查部门运用信息化手段实施全方位跟踪,第一时间响应开展现场布控,坚决查处渔船证书与文书造假渔船。

1.5　增强隐患排查意识,强化对船员的适任能力检查。由于对船员适任能力监管的重要性认识不足,一般只注重对渔船硬件设备的检查,往往忽视了对船员的适任能力的检查,而人为因素是渔船安全航行作业的最重要因素;硬件设备隐患导致的事故仅占一小部分,渔业船员个人的操作能力好坏直接关系到渔船安全。检查人员应扭转传统的渔船检查方式,从人的因素对渔船安全进行控制,拓展渔船检查范围,提高对船员的监督管理水平。

1.6　加强业务培训,熟悉并严格执行渔业船员管理法规。随着《中华人民共和国安全生产法》和《中华人民共和国海上交通安全法》相继修订,由农业部公布的《中华人民共和国渔业港航监督行政处罚规定》及农业农村部制定的《中华人民共和国渔港水域交通安全管理条例》在细则及处罚力度上均存在一定的滞后。检查人员应加强对相关法律法规的理解和学习,掌握现场实施船员适任能力的检查关注点和相关法规的依据与适用,熟悉渔船相关设备的操作,通过专业航海课程的学习,提高对船员的工作、学习、培训方式的了解;严格执行相关法规,对船员的适任状况进行监管,通过违法记分、强制培训,直至吊销证书等方式,督促船员提高专业技能水平,从根本上提高渔业船员素质,提升渔船本质安全。

2 对船方的建议

2.1 船长应通过认真学习有关法律法规,了解渔船证书和文件配备方面的要求,做好渔船证书和文件的管理工作。

2.2 船长应将渔船主要证书和文件适当地加以分类,列明所有渔船证书、相关文书与资料的清单,并按一定的顺序放在不同的证书和文件簿内,放置在船长房间内便于取用和保管的地方,并负责对本船技术文件和资料的有效使用进行监控。

2.3 船长应经常查看渔船证书有效期及检验情况,对渔船证书的有效期、换证检验以及期间检验、定期检验、年度检验、坞检、船底外部检查的时间应做到心中有数。若发现渔船保存的证书不全,应立即通知渔业企业。

2.4 渔船各证书的年度、中间与换证检验日期应在证书到期日每周年日前后3个月,船长应正确理解每周年的含义,注意不要将检验日期搞错。

2.5 船长应妥善保管好渔船证书。作废的旧证书不要立即丢弃,可集中放置在相应的证书簿后面保存一段时间。但换发新证书需要交回旧证书的不需要在船上保存。

2.6 船长在证书换新或每次收到新证书时,应该详细阅读其上的内容,并注意签署或签注的内容。如渔船的结构、设备有无变化,通常证书附件相关设备记录簿不换新,因此船长应记住及时将未换新的记录簿附在已换新的证书后面,避免影响渔船正常作业。

2.7 船长应组织职务船员对各自所保存的文书和资料进行造册核查,保持最新有效。

2.8 船长应定期关注证书附件中所记载的设备与实际是否有出入,若有问题应及时联系渔业企业作相应处理。

2.9 检查各岗位职责内设备养护情况。岗位职责明确,按职责分工管理、保养、维护设备。

2.10 检查船上应急训练、演习情况。船上是否按训练计划、周期、人员变化等要求开展应急训练和演习,验证其演习效果。

2.11 核查各类记录是否正确记录。

2.12 船长应组织开展对船员的岗位安全培训(包括:安全操作规程、应急部署表及应急演习等),特别应加强对新船员的相关培训。

2.13 船长开航前应组织全船进行隐患排查;甲板与轮机部门的职务船员应服从船长指挥,积极开展本部门的隐患排查,发现问题及时上报及整改。

3 对渔业企业(或所有人/经营人)的建议

3.1 渔业企业应制定安全管理制度体系,建立工作档案,完善渔船证书及文书管理制度,严格按照强制性规定与企业体系文件或管理规定等要求开展证书及文书管理。

3.2　渔业企业应及时跟踪有关法律法规的最新动态，掌握新的渔船证书或文书配备要求，及时做好相关准备工作。

3.3　渔业企业应监控渔船证书与文书的有效情况，将收集的证书、有关附件和检验报告进行登记归档管理，定期清点，如发现过时、失效、短缺时，应及时联系有关部门或机构进行检验和发证。

3.4　渔船通过检验后，由渔业企业向发证机关或机构领取渔船证书或文书，签收时注意仔细检查证书或文书的格式、有效期及相关渔船数据是否正确，如遇错误应马上联系发证机构重新签发。

3.5　渔业企业应建立完整的船舶和人员档案：包括证书类、船员类、图纸、维修和事故险情等；负责证书与文书保管的相关人员调离岗位时，对所保管的资料必须列入移交，确保完整和清洁。

3.6　渔船登记证书中如果有项目发生变化时，渔业企业应当持渔船登记的有关证明文件和变更证明文件及时到渔政渔港监督管理机关办理变更，确保其他证书与登记证书所载内容相符。

3.7　渔业企业必须以不低于渔船最低安全配员中所列数目和级别的数额配备足以保证渔船安全的合格渔业船员。

3.8　招聘、派遣到船上任职的船员要有良好的工作语言运用及沟通能力，确保在紧急情况下和执行安全、防污染和保安职能时，能够有效履行职责。

3.9　渔业企业应授予船长职责范围内具有独立的决策权，确保船长在职责范围内发出的命令得到有效执行；渔业企业同时还必须为渔船安全与防污染工作提供足够的岸基支持。

3.10　渔业企业应制定各类应急预案，做好应急物资储备，组织应急演练；建立并完善渔业船员船上培训制度，按照相关法律法规要求，制定并执行有关培训，确保各项培训、演练有效实施。

3.11　渔业企业应依照有关渔业船员劳动与社会保障的法律法规的规定，与渔业船员订立劳动合同，向渔业船员支付合理的工资，按时足额发放给渔业船员，并按国家有关规定参加工伤保险、医疗保险、养老保险、失业保险以及其他社会保险，依法按时足额缴纳各项保险费用。

3.12　渔业企业应当建立渔业船员档案，对渔业船员录用、培训、资历、健康状况以及有关考试、证书持有情况等信息进行连续有效的记录和管理，定期将有关信息向渔政渔港监督管理机关报备，并确保可随时查询。

3.13　渔业企业为船员提供的生活和工作场所，应符合国家渔业船舶检验规范中有关船员生活环境、作业安全和防护的要求。

3.14　渔业企业必须为渔业船员购买安责险，提供必要的生活用品、劳动防护用品和医疗用品，保障渔业船员生活和工作的人身安全和身体健康；为渔业船员建立健康档案，定期进行健康检查，防治职业疾病；对在船工作期间患病或者受伤、失踪或者死亡的渔业船员,渔业企业应给予及时救治或做好相应的善后工作。

3.15 渔业企业必须严禁渔业船员服用可能导致不能安全值班的药物,严禁渔业船员有吸毒和贩毒行为。

3.16 渔业企业在招用渔业船员时,应对渔业船员适任证书真伪、渔业船员扣分情况进行验证和查询。

3.17 渔业企业应确保安全生产投入,按规定维护保养船舶、开展风险管控和隐患排查治理,确保船舶适航、船员适任。

第二节 船体结构

1 排查要点

1.1 安全防护

船体结构检查不同于其他项目的检查,船体结构检查直接涉及液舱、深舱等狭窄空间,因此,首先要做好自身安全防护工作,穿戴好安全帽、连体检查服、手套以及合适的鞋子,并携带手电筒、手锤、数码相机、护目镜等工具,如有必要在通道处设置安全绳,携带对讲机。高温天气检查时,需带上饮用水,用于降温防暑。

1.1.1 检查安全注意事项:

1.1.1.1 在检查过程中,应遵循"走路不检查,检查不走路"的原则。

1.1.1.2 在进入舱室和空舱等封闭场所之前,应测试氧含量并确认是安全的。在舱室及封闭处所内部检查时,应至少有一人陪同,同时有专人留在处所的入口处做好应急准备,并提供适当的通信方式,该通信方式应保持到检查结束。

1.1.1.3 在有涂层保护的压载舱内,排水后在结构表面上经常会有一层很滑的薄膜。当检查这类处所要特别小心,尤其是舱内的斜板。

1.1.1.4 清除锈渣时应戴防护眼镜。用手除锈时可能会引起一片锈的脱落,应注意安全。

1.1.1.5 在渔船卸货过程中不应进行相关检查。

1.1.1.6 进入鱼舱时,应先进行充分通风确保安全后方可进入,以防中毒。应时刻关注舱壁直梯或斜梯,确认下一踏步没有松脱或脱落。在舱口盖处于关闭状态下进入鱼舱时,舱内应有照明,一次只能一个人顺着梯子上或下。

1.1.2 在检查的过程中,船方应提供必要的设备,以确保检查工作的安全。被检查的舱柜和处所应能安全进入,即油气清除、充分通风和足够照明,并有安全的工作通道。如检查人员认为到达某检查位置的措施和安全保护不够充分,则不宜对该处所进行检查。

1.1.3 检查期间,必须注意下列检查条件:

1.1.3.1 鱼舱、液舱及其他处所在检查之前须充分除气,并适当通风。进入液舱、空舱或其他密闭处所前须测氧、测爆,以确定无有害气体及充足的氧气含量。

1.1.3.2 舱室应足够清洁,水、锈、脏物、油渍和沉积物等须清除干净,以便检查锈蚀、变形、裂纹、损坏或其他结构缺陷和涂层的状况。

1.1.3.3 应提供足够的照明,以便显示腐蚀、变形、裂纹、损坏或其他结构缺陷。

1.1.3.4 若使用软涂层或半硬涂层,则应提供一条安全通道,以便能使其确认涂层的有效性和进行内部结构的状况评估。

1.1.3.5 应提供全面安全和实际可行的措施,以便使检查人员能够进行船体结构的检查。

1.2 检查方法

渔船登临检查,一般采用目测方法对船体水线以上舷侧外板、上层建筑、甲板等所有可见部分进行检查,有怀疑的可要求现场开舱、相关部门调取资料或使用专业设备检测,水线以下部分一般仅在机舱、艏尖舱、锚链舱、舵机舱等处所检查时观测。

1.2.1 对包括船壳板、甲板、骨架、海底阀箱在内的船体结构进行检查,确认其与提交的图纸资料及技术文件(稳性手册)相符。检查其是否有过度腐蚀、变形等情况,是否有裂纹、撕裂、渗漏等缺陷存在,并可对船体结构测厚(一般目测以发现锈穿、高密度点腐蚀为据,要求开展测厚或查阅船检档案中的测厚报告)。检查人员认为必要时可要求扩大测厚和拆检范围。船体缺陷及耗损极限要求见表1-2-1和表1-2-2的规定。

钢质渔船船体结构均匀腐蚀极限 表1-2-1

序号	构件名称	腐蚀极限		
		远海航区	近海航区	沿海航区
1	舷侧板、船底外板、内底板、舱壁板及其他甲板板	30%	35%	40%
2	强力甲板	25%	30%	35%
3	肋骨、肋板、横梁、舱壁扶强材及纵向连续构件	30%	35%	40%
4	机舱内部构架及主机、绞钢机、起网机、锚机、舵机等基座	25%	25%	25%
5	按规范规定的其余构件	35%	40%	45%

注:焊缝腐蚀:角焊缝焊脚的最大允许腐蚀极限为20%,对接焊缝腐蚀后其边缘不得低于钢板表面。

木质渔船船体主要构件蚀(损)耗极限 表1-2-2

序号	构件	蚀耗名称	蚀耗极限
1	龙骨、内龙骨	普遍蛆蚀、腐烂	深度达材厚的20% 局部深度超过材厚的30%
2	船壳外板	蛆蚀、腐烂、磨损	深度达材厚的25%

续上表

序号	构件	蚀耗名称	蚀耗极限
3	甲板	磨损、腐蚀	深度达材厚的25%
4	艏柱、舵柱、甲板横梁、舱口纵梁	蚀耗	深度达材厚的35%
5	肋骨及其帮材	腐蚀	局部深度达材厚的25% 腐蚀面积占该材的25%以上

1.2.2 对于舷甲板下防撞舱壁的水密完整性进行检查,应检查舱壁板及扶强材的腐蚀、碰损、变形及裂纹等情况,应特别注意舱壁底列板及扶强材下肘板等易于腐蚀的部位,必要时应进行厚度测量。确认工作甲板以下的防撞舱壁上没有设门、人孔、通风导管或其他任何开口,如有类似开口应予以封焊。

1.2.3 对机舱舱壁结构进行水密完整性检查。对于水密舱壁上设置有水密门或导门的,应注意检查其水密关闭情况,对水密门进行操作试验,对导门检查其固定螺栓的完整性与紧固性、密封橡皮垫的硬化和腐烂情况,必要时进行冲水试验。对于艉轴通过水密舱壁处的填料函应检查其结构完整性。对舱壁板及扶强材等应注意检查其有否过度腐蚀、变形、裂纹等缺陷,必要时进行厚度测量。

1.2.4 对水密甲板、围壁通道、隧道和通风管道进行外观检查,检查其腐蚀、破损、裂纹、变形情况,对密性有怀疑时,应进行冲水或灌水试验。

1.2.5 若对船体的某部分有怀疑时,则应做进一步的检查或试验,检查人员可要求局部打开铺板、覆层等,以便检查其下面的结构。

1.2.6 若船体发生水线以下的事件,如碰撞、搁浅、坐滩、舵和螺旋桨受损、海底阀及船体渗水等情况,则应督促船东将渔船上排(坞),联合船检对船底进行外部检查。

1.2.7 检查期间,可采用的具体检查方法如下:

1.2.7.1 尽量与船员进行必要的沟通交流,了解船体总体状况,近期修理范围和情况,以及是否发现过构件裂纹问题或发生坐底搁浅情况,用来确定重点检查部位和后续的修理方案。

1.2.7.2 根据渔船类型、船龄大小对易发生缺陷的重点部位进行近距离目测检查。

1.2.7.3 对可疑部位用手锤敲击,确定构件、板件的锈蚀程度。

1.2.7.4 对无法进行近距离目测部位,用望远镜观察。

1.2.7.5 对于丝状裂纹,为更明显地突显出裂纹走向、长度,可采用煤油、着色剂进行涂刷。

1.2.7.6 对于水密舱水密性检查,可采用适合的冲水、灌水或利用废弃的烟雾信号等方式进行水密性检查。

1.2.7.7 如某处发现缺陷,应针对类似部位进行扩大检查。如甲板外观性检查认为锈蚀严重的,可以用锤子敲击,从敲击声中初步判断锈蚀程度,最好查看甲板反面,确定锈蚀严重部位,再进行敲击有可能会发现穿孔情况。

1.2.7.8 任何甲板处损坏,都可能对舱口围板及甲板下部构件造成影响。当检查发现甲板处有损坏时应注意其甲板下部构件的检查。通常开口线内甲板较薄,应特别注意其腐蚀情况,认为必要时可以要求测厚。

1.2.7.9　使用记号笔对缺陷部位进行标识,有把握的情况下标明修理范围和办法并照相留用。

1.2.7.10　涉及船体结构方面的缺陷,不同于其他缺陷。纠正缺陷是采取复板、挖补还是采取加固、补焊等方式,修理的范围是多大,直接涉及船体方面知识和规范要求。由于检查人员、船东、修理单位、船检人员自身掌握船体知识、规范和实践经验不同,可能对缺陷纠正至何种程度有不同的理解,因此如检查人员对缺陷的纠正无把握的,或涉及渔船总纵强度,应邀请船检人员参加,共同确定修理方案,并由船检机构对修理结果进行检验,签发相应的检验报告以备查。

1.2.7.11　检查实践中,常遇到船上只修理发现的缺陷,未进行全面自查并做针对性修理,因此在向船长解释缺陷时,对于缺陷描述中有“部分”“局部”“多处”等词,须提醒船上必须进行全面自查和纠正。

1.2.7.12　对于木质渔船应注意检查船体外板厚度是否足够、宽度是否适当(舯部一般不大于板厚的4倍,艏、艉部一般不大于板厚的3倍);在重要部位是否存在如节子、青皮、棱角(缺角)、裂纹、虫眼、腐朽等其他缺陷。

1.2.7.13　玻璃纤维增强塑料渔船简称为玻璃钢渔船,由一种高性能复合材料制造。在国家淘汰老旧渔船过程中,玻璃钢渔船在升级换代上扮演着越来越重要的角色。对玻璃钢渔船检查时需要注意,尽管玻璃钢渔船具有较少维修的特点,但与所有材料一样,也存在着老化问题,在经常摩擦和环境侵蚀下也会损伤和减薄。如出现树脂剥落、划痕较深、露出纤维时没有及时进行修补,水的浸入会加速损坏。

1.3　重点检查的结构和部位

1.3.1　钢质渔船

1.3.1.1　对船体水线以上舷侧外板所有可见部分进行检查,注意船壳板有无裂纹,显著的蚀耗和凹陷、皱折等缺陷。检查焊缝有无腐蚀和裂纹。应特别注意舯部上层建筑端部过渡处舷侧顶列板,以及甲板边板和舷侧顶板的连接处有无裂纹等缺陷。

1.3.1.2　对上层建筑、甲板室及升降口应检查端壁板、甲板,确认有无裂纹、腐蚀、凹陷、皱折等缺陷。检查其围壁与甲板连接处的焊缝有无腐蚀和裂缝,以及其上的风雨密门窗及其他开口的关闭状态如何,认为必要时可以要求进行冲水试验。应特别注意有无未经认可的开孔(如排水口)等。

1.3.1.3　对露天甲板及其他甲板进行检查,注意所有甲板有无裂缝、蚀耗、变形等情况,应特别注意应力集中及易腐蚀部位:

(1)船舯部甲板室围壁转角与甲板连接处;

(2)舱口围板肘板与甲板连接处;

(3)起重柱、桅及甲板机械与甲板连接处;

(4)船舯 0.5L 区域内舱口角隅处;

(5)舷墙肘板与甲板连接处;

(6)人孔围板与甲板连接处;

(7)尾拖网渔船艉部甲板、滑道处。

当发现甲板处有损坏时,应注意对其甲板下部构件的检查。通常开口线内甲板较薄,应特别注意其腐蚀情况,认为必要时可以要求测厚。

1.3.1.4 在所能观察到的情况下,检查防撞舱壁及其他水密舱壁是否有腐蚀、碰损、变形、裂纹等情况,对渔船应特别注意鱼舱舱壁底列板及扶强材下肘板等易于腐蚀的构件。对防撞舱壁及其他水密舱壁的水密完整性进行检查,应特别注意工作甲板以下的防撞舱壁是否无开口,对水密舱壁上的所有水密门应进行试验。

1.3.1.5 对艏尖舱做详细检查。对有涂层保护的,应检查涂层情况,并注意涂层脱落部位的局部腐蚀情况;对无涂层保护的,则应通过目检、锤击和测厚等手段来对舱内腐蚀程度作出评价。在对结构的检查中,应注意外部碰撞造成的结构损坏,以及在钩形板、水平桁上形成的裂纹。通常艏尖舱的上部腐蚀最严重,尤其是舱柜顶板区域,必要时要求测厚。对测深管和防撞舱舱壁阀应进行检查,同时对舱壁阀进行操作试验。

1.3.1.6 对艉尖舱做详细检验,与艏尖舱检查要求相同。此外,还应检查艉轴管的状况以及前舱壁的水密情况,注意由于艉部振动(螺旋桨引起的)而可能产生的艉尖舱内部结构的损坏,如裂纹等。

1.3.1.7 对锚链舱应在舱内清洁以后进行检查。检查其涂层保护情况及有无过度腐蚀,必要时进行厚度测量。

1.3.1.8 机舱和锅炉处所、管隧、轴隧、泵舱、液压泵间、应急发电机间、应急消防泵间、舵机舱、通风机室、电瓶间、制冷压缩机室,加油站、侧推机械处所、舵杆围井等处所的内部构架和板材的腐蚀、碰损、变形、裂纹等情况进行检查。检查中:

(1)对机舱和锅炉处所,应特别注意下列部位:

①舷旁阀件和排水管等;

②锅炉下部舱柜顶板及其支撑结构;

③前后端壁及其贯通件;

④位于泵舱附近的舱柜顶板;

⑤污水阱排干、清洁,以进行彻底的检查;

⑥空气管和测深管的下端部,尤其是燃油舱的空气管应做锤击检查;

⑦主机飞轮附近的船底板。

(2)对轴隧和管隧应检查装卸货处所造成的损坏以及隧的水密完整性,包括前壁上的填料箱和水密门,以及后部的密封装置;水密门还应进行遥控和就地开关试验,对水密性有怀疑时,可要求进行冲水试验。

1.3.1.9 检查海水阀及其与船体的连接接头的情况。主要检查海底阀箱箱体及其周围外板的锈蚀程度,焊缝的腐蚀情况,以及有无裂纹、漏水等缺陷。

1.3.1.10 鱼舱区域检查前部 1/4 船长范围内的舱口盖,进行完全开启及关闭状态的检查,并对液压、动力机构,钢丝,链条及传动机构进行操作检查;对每个舱口围的围板、扶强材和肘板进行总体检查和近观检验，确定是否有锈蚀、裂纹和变形，尤其是舱口围顶板；对舱口盖面板及其内部结构的锈蚀、紧固和密封装置的锈蚀、附件锈蚀情况进行检查；对渔舱内的管路和贯穿件，包括排往舷外的管路进行检查；每一鱼舱一般应设舱底水吸口，在任何情况均应能将鱼舱内部的水连续疏至舱底水吸口，必要时应设置污水井；舱底水吸口的布置应根据具体装载情况设在实际有效的部位；鱼舱应设有舱底水位测量装置。如未设测量装置，则应装设有效的水位报警装置，如图 1-2-1，图 1-2-2 所示；船长大于或等于 24m 时要求配备水位报警器；对船长大于或等于 45m 的渔业船舶，一般应两者兼设；测深管下部外板经常受到敲击，容易洞穿，吸口下方极易腐蚀。

报警开关面板

水位电子开关

报警器

图 1-2-1　驾驶室水位报警器报警面板

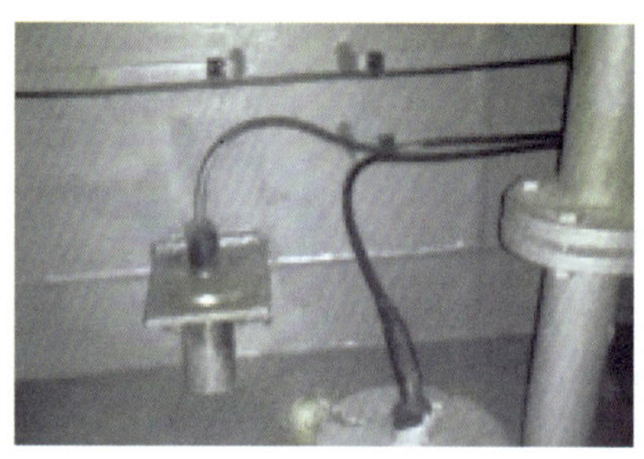

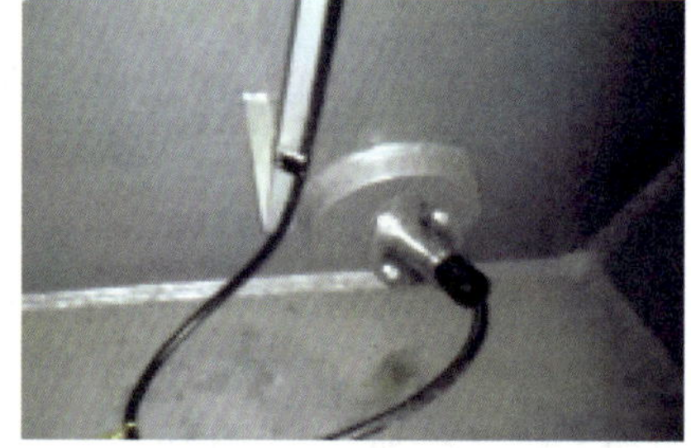

图 1-2-2　水位报警器鱼舱内探头

1.3.1.11　对船艏舷墙根部、艏部舷侧板、艏楼端壁结构、锚链开口及锚机基座进行检查，对船艉燃油舱部位、螺旋桨影响区、挂舵臂根部、舵销开口处进行检查。应特别注意舵承的支持结构、连接舵承与舵机平台的螺栓的裂纹情况。

1.3.1.12　对通风筒及空气管的关闭装置、顶部及根部锈蚀情况进行检查；对小舱口盖盖板、胶条围板、角隅进行检查，防止开裂或洞穿。

1.3.2　木质渔船

除了检查木质渔业船舶船体的有关构件或部件，有没有超过表 1-2-2 所规定的蚀（损）耗极限外，还应检查：

1.3.2.1　一般对船体各部作外部检验，并着重检查船舯部和舯前部的舷侧厚板（厚材），护舷材、舷墙柱、舷墙纵通材、艏、艉部的栏杆、甲板纵通材等各主要构件以及灰缝的技术状况；

1.3.2.2　船壳外板、甲板及其他内外纵向构件，因磨损或腐烂其深度和范围足以影响船钉、螺栓的固定作用或不能捻缝并已发现漏水；

1.3.2.3　对船体上的各种开口及其关闭装置的检查和试验;

1.3.2.4　如果船体发生水线以下的事件,如碰撞、搁浅、坐滩、舵和螺旋桨受损、海底阀及船体渗水等情况,则应督促船东将渔船上排(坞),联合船检对船底进行外部检查;

1.3.2.5　在检查船艉部结构的情况时,注意构件连接处是否变形,板缝有否漏水,艉轴轴线是否变动,振动是否加剧等;

1.3.2.6　木质渔船船体材料组件多,由螺栓、榫接、钜、钉来完成构件连接,检查时应注意:

(1)组件之间的连接处、螺栓、钜、钉及榫接部位是否发现构件接口处裂纹(主要地方:船舯部舷侧厚材或舷侧厚板接口处、船舯部甲板接口、舱口各构材的接口);

(2)灰缝的裂纹(主要地方:船舷两侧及舭部、甲板与舷侧厚材或舷侧厚板的交接处、甲板室围墙与甲板的交接处);

(3)螺栓、钜、铁钉的露头及锈蚀程度(主要地方:渔舱内外板与肋骨的连接螺栓);

(4)螺栓孔、榫接口的松动情况(大构件之间的连接、船舯部舷侧厚材与肋骨的连接、甲板室柱材的榫接);

(5)更换构件是木船检修中最常见的项目,登船检验时应当注意构件是否有发生更换,新构件的尺寸、连接方式、连接螺栓的布置和数量、接头的间距是否合理。

1.3.2.7　水线以下灰缝状况:有无渗水现象、磨损程度、有无裂纹、灰缝填料的干燥程度、油灰及填料的颜色、硬度和韧度;

1.3.2.8　舷侧厚材、外板:外板(船底板)内侧的干燥程度、舷侧厚材实际水线处的蛆蚀情况;

1.3.2.9　各舱肋骨的腐蚀程度、连接螺栓的坚固情况、锈蚀程度。

1.3.3　玻璃钢渔船

1.3.3.1　着重检查易损坏部位,如应力集中区域、角隅部位、L形胶接部位等,注意检查结构的损坏情况;

1.3.3.2　检查船体,注意颜色的变化,查明有无撞击造成的局部损坏,使表面出现永久性的凹坑,甚至破洞,尤其是甲板与外板的连接处;

1.3.3.3　对鱼舱等夹层结构,应检测其平直度、光顺度,检查其表面颜色变化,轻敲其结构,以查明其耗损、损坏情况;

1.3.3.4　注意检查油、水舱部位有无渗漏现象;

1.3.3.5　检查锚机和捕捞机械等的甲板底座,注意座板与甲板等的胶接状况,有无裂纹、剥离等情况出现;

1.3.3.6　查明渔捞作业时经常摩擦的舷侧、甲板等部位的磨损程度;

1.3.3.7　检查门、窗、舱口盖有无裂纹、变形等损坏,以及关闭装置的可靠性及水密情况;

1.3.3.8　检查舷墙板、上层建筑及甲板室围壁上的局部磨损、白化、龟裂等情况是否影响到强度及水密完整性;

1.3.3.9　如果船体发生水线以下的事件,如碰撞、搁浅、坐滩、舵和螺旋桨受损、海底阀及船体渗水等情况，则应督促船东将渔船上排(坞)，联合船检对船底进行外部检查。

2 常见隐患

2.1 钢质渔船

2.1.1 船体强度受损，主要表现为船体应力集中处的裂缝、凹陷、皱折以及船体构件偏移：

2.1.1.1 骨材自由端偏移，超过其长度的4%；

2.1.1.2 龙骨板、肋板、双层底桁材腹板的皱折，超过板深度的4%；

2.1.1.3 肘板有皱折变形，肋骨与横梁在端部的相对位移超过该处肋骨的厚度；

2.1.1.4 骨架有明显的弯曲变形；

2.1.1.5 对于甲板开口总宽度超过0.6倍船宽，或舱口长度超过0.7倍舱口两端横向甲板条中心线之间的距离的渔业船舶，对其抗扭强度应特别注意；

2.1.1.6 横向强力构件，特别是1/4船长附近的横向强力构件有规律变形；

2.1.1.7 渔业船舶强力构件，尤其是舷侧顶列板、甲板边板、上层建筑端部、船舯0.4L区域内的舷边连接和舱口角隅等部位有任何裂纹。

2.1.2 锈蚀超标，任何超过表1.2.1的腐蚀包括焊缝腐蚀，以及高密度的局部点腐蚀，分散点腐蚀的最大允许腐蚀极限在40%到25%之间。

2.1.3 水密(风雨密)性能的完整性受到破坏，包括穿过水密舱壁管线的密封填料、水密门(风雨密门)、水密舱盖及其他关闭设备的受损，任何未经认可的开孔(如排水口)。

2.1.4 脱险通道堆物堵塞、防火结构完整性受到破坏。

2.1.5 甲板区域

2.1.5.1 甲板局部开裂，见图1-2-3；

2.1.5.2 甲板与小舱口间连接处锈穿，见图1-2-4；

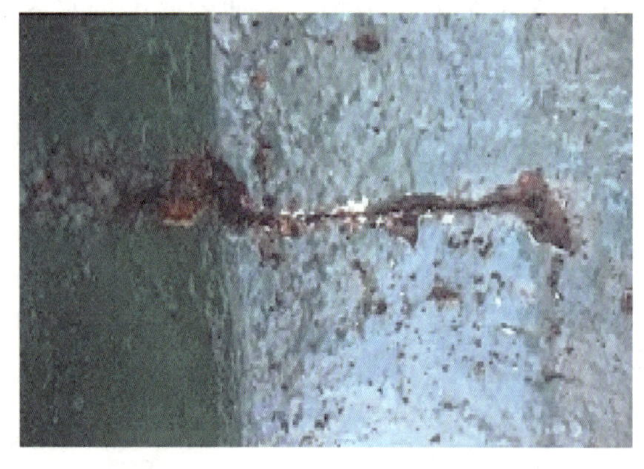

图1-2-3 甲板局部开裂

图1-2-4 甲板与小舱口间连接处锈穿

2.1.5.3 甲板锈蚀严重、局部锈穿，见图1-2-5；

2.1.5.4 甲板挖补焊缝出现裂纹，见图1-2-6；

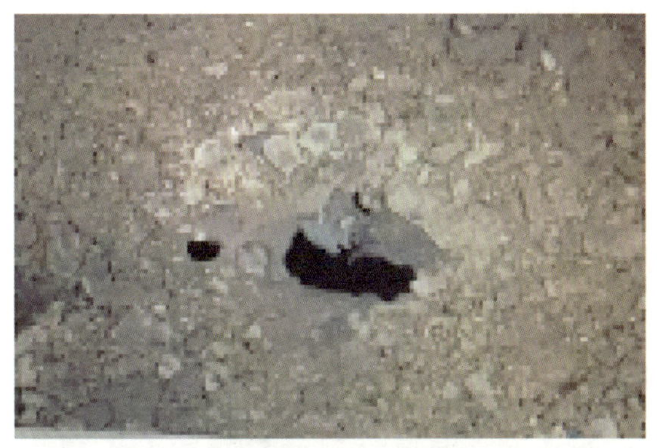
图 1-2-5 甲板锈蚀严重、局部锈穿

图 1-2-6 甲板挖补焊缝出现裂纹

2.1.5.5 甲板局部点蚀严重,见图 1-2-7;

2.1.5.6 甲板与鱼舱横舱壁间构件开裂,见图 1-2-8;

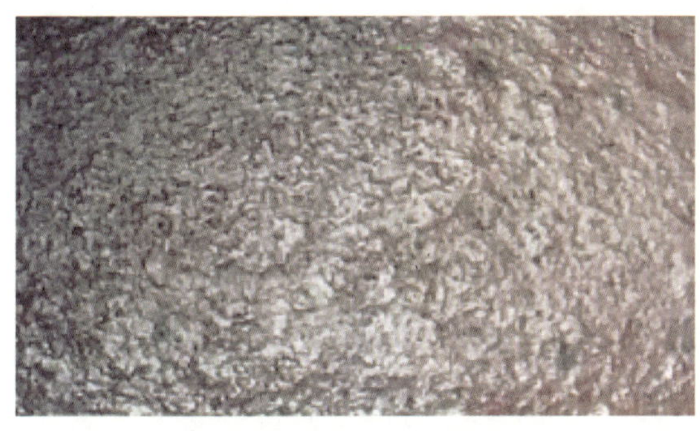
图 1-2-7 甲板局部点蚀严重

图 1-2-8 甲板与鱼舱横舱壁间构件开裂

2.1.5.7 甲板局部严重变形;

2.1.5.8 甲板对接焊缝呈沟槽状锈蚀严重,低于板材表面;

2.1.5.9 甲板纵桁的腹板电缆贯穿开孔的边缘粗糙。

2.1.6 鱼舱区域

2.1.6.1 鱼舱角隅甲板处开裂,见图 1-2-9;

2.1.6.2 鱼舱内底板凹陷严重,见图 1-2-10;

图 1-2-9 鱼舱角隅甲板处开裂

图 1-2-10 鱼舱内底板凹陷严重

2.1.6.3　鱼舱舱口围轨道顶板局部锈蚀，见图 1-2-11；

2.1.6.4　鱼舱舱口围处横向端梁局部锈穿、变形，见图 1-2-12；

图 1-2-11　鱼舱舱口围轨道顶板局部锈穿

图 1-2-12　鱼舱舱口围处横向端梁局部锈穿、变形

2.1.6.5　舱口围端口开裂，见图 1-2-13；

2.1.6.6　鱼舱舱口围角隅处开裂，见图 1-2-14；

图 1-2-13　舱口围端口开裂

图 1-2-14　鱼舱舱口围角隅处开裂

2.1.6.7　鱼舱舱口围下端纵桁局部变形、破损，见图 1-2-15；

2.1.6.8　鱼舱舱口围肘板局部锈穿，见图 1-2-16；

图 1-2-15　鱼舱舱口围下端纵桁局部变形、破损

图 1-2-16　鱼舱舱口围肘板局部锈穿

2.1.6.9　鱼舱角隅处舱口围板底部局部锈穿，见图 1-2-17；

2.1.6.10　鱼舱舱口盖锈蚀严重、局部洞穿，见图 1-2-18；

图 1-2-17　鱼舱角隅处舱口围板底部局部锈穿

图 1-2-18　鱼舱舱口盖锈蚀严重、局部洞穿

2.1.6.11　鱼舱扶梯锈蚀严重，入口通道处锈蚀、开裂，见图 1-2-19；

2.1.6.12　鱼舱通风洞与梯道入口处锈穿、开裂，见图 1-2-20；

图 1-2-19　鱼舱扶梯锈蚀严重，入口通道处锈穿、开裂

图 1-2-20　鱼舱通风洞与梯道入口处锈穿、开裂

2.1.6.13　鱼舱肋骨肘板局部开裂，见图 1-2-21；

2.1.6.14　鱼舱部分肋骨锈蚀严重、洞穿，见图 1-2-22；

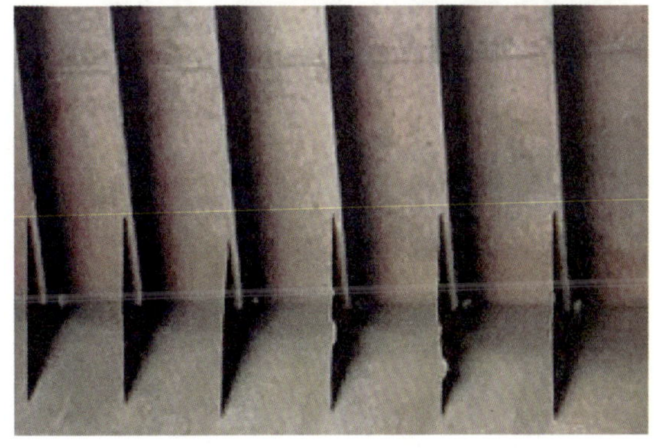

图 1-2-21　鱼舱肋骨肘板局部开裂

图 1-2-22　鱼舱部分肋骨锈蚀严重、洞穿

2.1.6.15　鱼舱与压载舱之间横舱壁局部锈穿，见图 1-2-23；

图 1-2-23　鱼舱与压载舱之间横舱壁局部锈穿

2.1.6.16　鱼舱槽型横舱壁局部破损，见图 1-2-24；

2.1.6.17　液舱升高甲板与泵舱之间舱壁角隅处开裂，见图 1-2-25；

图 1-2-24　鱼舱槽型横舱壁局部破损

图 1-2-25　液舱升高甲板与泵舱之间舱壁角隅处开裂

2.1.6.18　舱壁上任意开口，且未用贯穿件或补板密封处理，见图 1-2-26。

2.1.6.19　未设舱底水吸口或舱底水吸口堵塞，见图 1-2-27。

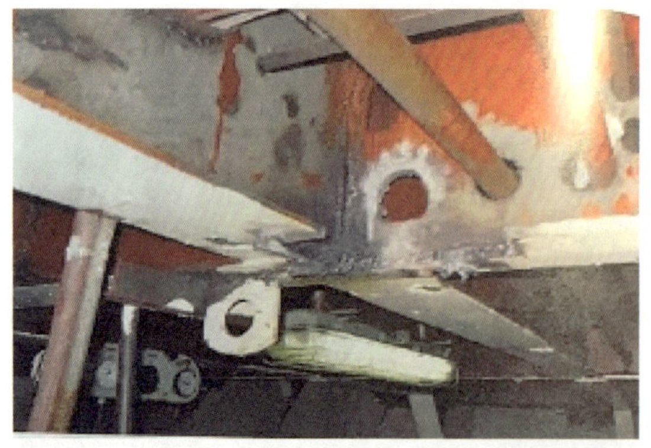

图 1-2-26　舱壁上任意开口，且未用贯穿件或补板密封处理

图 1-2-27　舱底水吸口未及时清理

2.1.6.20　舱底水位报警器未安装或安装错误，见图 1-2-28。

2.1.6.21　水位报警器电缆线未接，见图 1-2-29。

图 1-2-28 水位报警器未安装

图 1-2-29 水位报警器电缆线未接

2.1.7 舷侧区域

2.1.7.1 底边舱斜板变形严重、破损,见图 1-2-30;

2.1.7.2 底边舱局部锈穿、漏水,见图 1-2-31;

图 1-2-30 底边舱斜板变形严重、破损

图 1-2-31 底边舱局部锈穿、漏水

2.1.7.3 压载舱平台甲板局部洞穿,见图 1-2-32;

2.1.7.4 船体外板局部锈穿,见图 1-2-33;

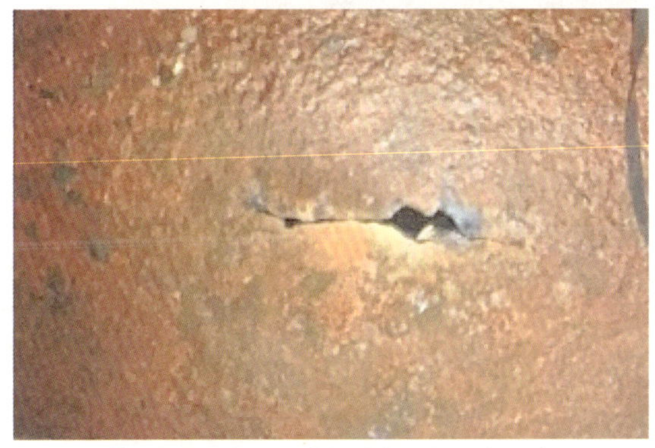
图 1-2-32 压载舱平台甲板局部洞穿

图 1-2-33 船体外板局部锈穿

2.1.7.5　船体外板严重变形，见图 1-2-34；

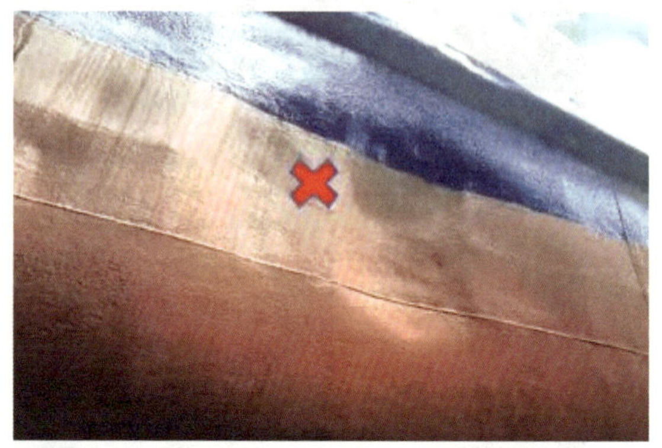

图 1-2-34　船体外板严重变形

图 1-2-35　船体外板局部破损、变形

2.1.7.6　船体外板局部破损、开裂，见图 1-2-35；

2.1.7.7　连接的顶列板之间上下错位；

2.1.7.8　连接的舷顶列板上开有流水孔。

2.1.8　艏艉区域

2.1.8.1　艉楼端壁端部局部锈穿，见图 1-2-36；

2.1.8.2　艏楼内舱口围壁下端局部锈穿，见图 1-2-37；

2.1.8.3　艏压舱内部构件锈蚀严重、锈穿，见图 1-2-38；

图 1-2-36　艉楼端壁端部局部锈穿

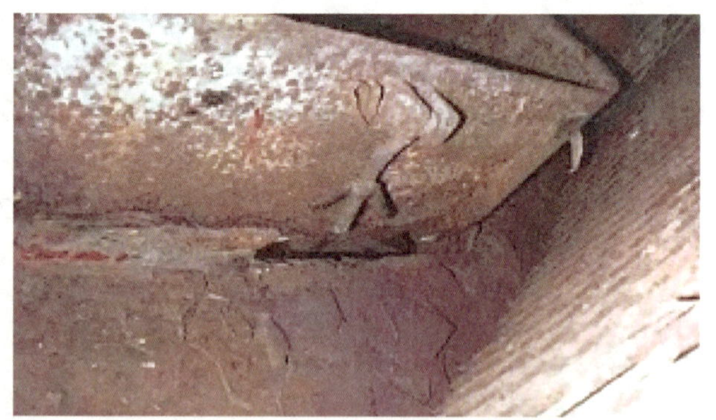

图 1-2-37　艏楼内舱口围壁下端局部锈穿

2.1.8.4　艉压舱内部构件锈蚀严重，见图 1-2-39；

2.1.8.5　艉尖舱内部分角焊缝未做双面连续焊，见图 1-2-40；

2.1.8.6　艏楼端壁开口局部锈蚀；

2.1.8.7　艏楼、艉楼外围壁上风雨密门门框仅与舱壁之间作单面连续焊。

2.1.9　其他区域

图 1-2-38 艏压舱内部构件锈蚀严重、锈穿

图 1-2-39 艉压舱内部构件锈蚀严重

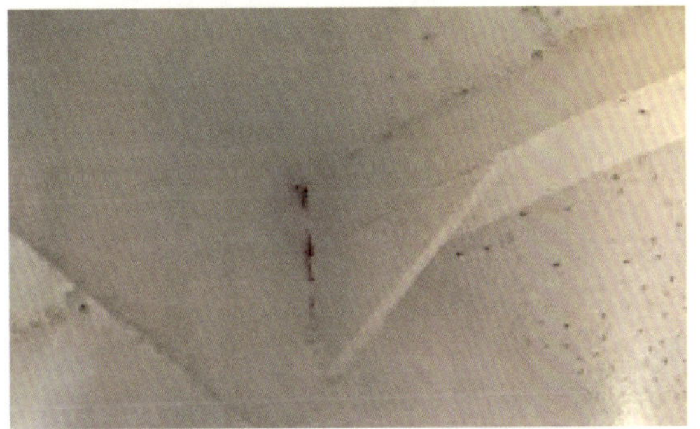

图 1-2-40 艉尖舱内部分角焊缝未作双面连续焊

2.1.9.1 舷梯局部变形严重,见图 1-2-41;

2.1.9.2 舷梯部分梯级局部锈穿,见图 1-2-42;

图 1-2-41 舷梯局部变形严重

图 1-2-42 舷梯部分梯级局部锈穿

2.1.9.3 舷梯吊架局部锈蚀严重,见图 1-2-43;

2.1.9.4 肘板端部与构件之间的搭接焊缝双面连续焊不完整,见图 1-2-44;

2.1.9.5 外板与肋骨角焊缝存在间隙过大时,使用窄条板搭接焊处理,见图 1-2-45;

2.1.9.6 构件存在未经许可的开孔,见图 1-2-46;

2.1.9.7 构件对接面板使用长度小于 100mm 的短板搭接,见图 1-2-47;

2.1.9.8 构件未开过焊孔,直接与构件相焊,见图 1-2-48;

图 1-2-43　舷梯吊架局部锈蚀严重

图 1-2-44　肘板端部与构件之间的搭接焊缝双面连续焊不完整

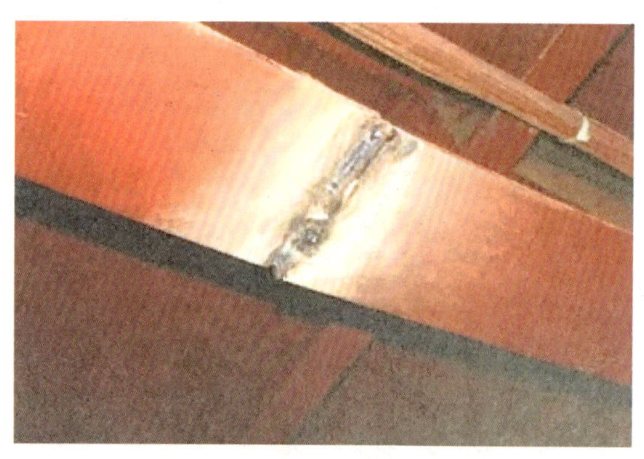

图 1-2-45　外板与肋骨角焊缝存在间隙过大时，使用窄条板搭接焊处理

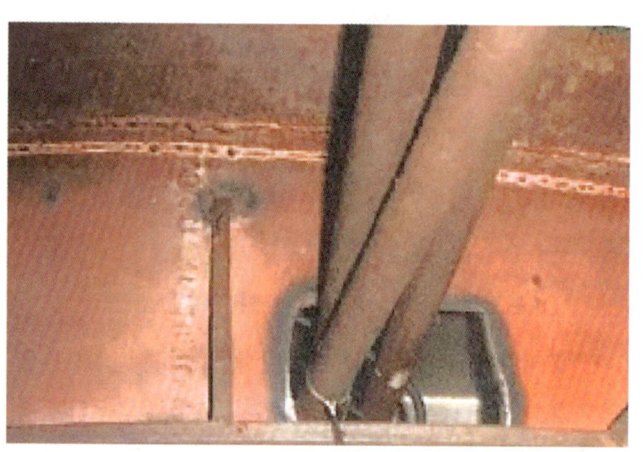

图 1-2-46　构件存在未经许可的开孔

图 1-2-47　构件对接面板使用长度小于 100mm 的短板搭接

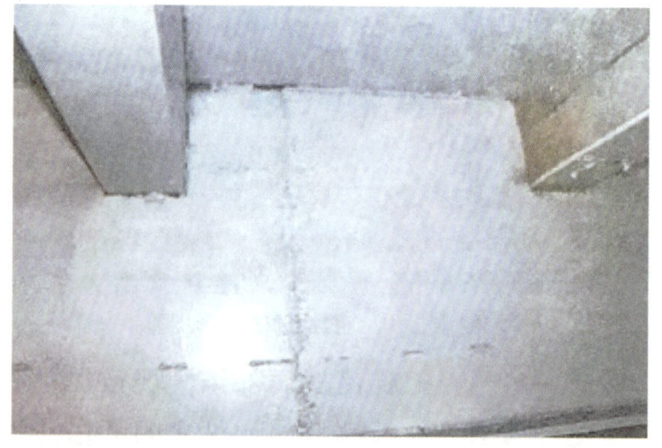

图 1-2-48　构件未开过焊孔，直接与构件相焊

2.1.9.9　构件贯穿开口，未采用良好的圆弧形过渡，见图 1-2-49；

2.1.9.10　构件面板对接缝错边偏差严重，见图 1-2-50；

图 1-2-49 构件贯穿开口，未采用良好的圆弧形过渡

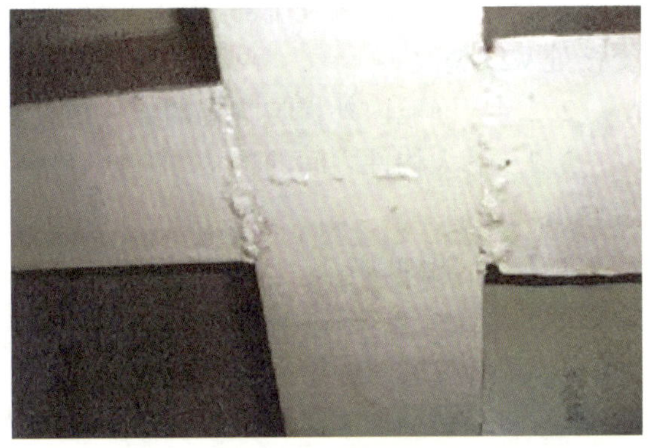
图 1-2-50 构件面板对接缝错边偏差严重

2.1.9.11 防撞舱壁有门、人孔等开口或水密分舱不能保持水密，见图 1-2-51；

2.1.9.12 船上未配备破损控制图和破损控制手册；

2.1.9.13 未在驾驶室张贴破损控制图；

2.1.9.14 船上未能提供经验船师会签的船体测厚报告；

2.1.9.15 船上提供的船体测厚报告过期，测厚报告编制不完整；

2.1.9.16 焊缝存在缺焊、未焊透、咬边、焊瘤、气孔、焊脚高度不足、裂纹等缺陷；

图 1-2-51 机舱进入艉尖舱开孔

2.1.9.17 构件的规格与船检机构审查批准的渔船图纸标识的要求不一致；

2.1.9.18 结构与船检机构审查批准的渔船图纸标识的要求不一致。

2.2 木质渔船

2.2.1 鱼舱内部灰缝、水密情况不良，包括板缝漏水，灰缝有裂纹的板缝。

2.2.2 船艏部舷侧厚材或舷侧厚板接口处、船艏部甲板接口、舱口各构材的接口裂纹、破损，见图 1-2-52、图 1-2-53。

图 1-2-52 外板破损

图 1-2-53 外板状况良好

2.2.3　船舷两侧及舭部、甲板与舷侧厚材或舷侧厚板的交接处、甲板室围墙与甲板的交接处灰缝裂纹。

2.2.4　渔舱内外板与肋骨的连接螺栓锈蚀严重。

2.2.5　大构件之间的连接、船舯部舷侧厚材与肋骨的连接、甲板室柱材等的螺栓孔、榫接口出现松动。

2.2.6　蛆蚀、腐烂、磨耗、碰损的程度已超过规定的极限。主要部位包括构件发现密集的蛆蚀孔(虫孔);水线以下灰缝脱落渗水、舷侧厚材实际水线处出现蛆蚀。

2.2.7　板缝宽度增大而不宜再捻。

2.2.8　艉轴轴线发生变动或艉轴处船体强度下降,导致振动加剧。

2.3　玻璃钢纤维渔船

玻璃钢渔业船舶船体的缺陷主要是由于碰撞、建造时施工不良处的质变和船体长期超负荷承载而造成的,或者由于材料老化、磨损,使外表胶衣层出现缺口和表面裂缝。这些缺陷概括如下:

2.3.1　白化:船壳板外面碰到流水或与异物接触产生白化。如再进一步发展则成为小剥离。

2.3.2　点蚀:船壳板外表面发生白化或小龟裂而成斑状点,是该处附近积层有缺陷造成的。点蚀严重会引起剥离。

2.3.3　裂纹:受强大外力或交变负荷作用,使玻璃钢外面或内部发生裂痕。严重时玻璃钢板厚度方向被穿破。船壳板龟裂有纵向和横向之分,纵向系沿船底旁桁材发生;横向沿舱壁板较多。

2.3.4　剥离:积层板产生脱层,也有数层一起剥离者,一般发生在二次胶接处,在连续积层时也有发生。剥离常引起破洞,而导致船内渗水。

2.3.5　洞穿:受异物猛烈撞击或被尖锐物体碰撞产生的破口,或虽未成洞,但已有损伤裂缝。

2.3.6　折损:受强大外力作用发生应力集中,从集中处引起龟裂,最终折损,折损伴随剥离,导致构件脱落。多发生在舭龙骨部位。

2.3.7　肋板、防挠材的破损:主要原因是结构不连续,肋骨弯曲部或根部未做成圆弧形状或未切角,或肋材贴合面不良,或L形接头角隅无法承受弯曲力时产生。

2.3.8　双层底结构损坏:主要发生在双层底内部的纵通材或肋板处。原因为前后结构不连续或不平衡,双层底内部施工困难、马虎施工等造成。

2.3.9　油、水柜渗漏:主要原因是施工马虎或结构方式不良。

2.3.10　船体或甲板表面胶壳色变、起泡和黑点。

2.3.11　船体与甲板的结合处开裂。

2.3.12　锚机安装/开口处开裂、漏水。

2.3.13　船底开口处渗漏。

2.3.14　船体外部树脂剥落、划痕较深、露出纤维。

3 隐患处理

3.1 钢质渔船

3.1.1 发现渔船水线以上有锈蚀穿透,应判定为隐患;其他在船体应力集中处的锈蚀情况,并同时伴有凹陷、皱折以及船体构件偏移,应作为隐患判定嫌疑,现场固定证据,可组织技术检测,并进行认定。同时应责令船东(船长)限期整修,并申请船舶检验机构临时检验。

3.1.2 发现有船体强力结构受损、水密(风雨密)性能的完整性受到破坏、防火结构完整性受到破坏、水密(风雨密)性能的完整性受到破坏的,现场固定证据,进行认定。同时应责令船东(船长)限期整修,并申请船舶检验机构临时检验。

3.1.3 脱险通道堆物堵塞,可判定为一般隐患,责令船东(船长)当场或限期整改。脱险通道封堵或防火隔断完整性受到破坏,可依法进行处理,责令船东(船长)限期整修,并申请船舶检验机构临时检验。

3.2 木质渔船

3.2.1 船体各主要构件的蚀(损)耗超出(表1-2-2)规定极限的可依法进行处理,责令船东(船长)限期整改,并申请船舶检验机构临时检验;对于未超出规定极限的,责令船东(船长)限期整改。

3.2.2 船体各构件,如存在横向裂纹或折断的,可依法进行处理,责令船东(船长)限期整改,并申请船舶检验机构临时检验。

3.2.3 在船舯范围内的外板、纵向构件、强力甲板、横向框架等若发现接头松动,灰缝松裂变形时,可依法进行处理,责令船东(船长)限期整改,并申请船舶检验机构临时检验。

3.2.4 在缝口、榫口附近,重要构件的端面,若发现十字裂纹,同时裂纹附近的构件变色(乌黑色)时,可依法进行处理,责令船东(船长)限期整改,并申请船舶检验机构临时检验。

3.2.5 船体上的各种开口及其关闭装置不能有效开启、关闭,应责令船东(船长)限期整改。

3.3 玻璃钢渔船

3.3.1 任何船壳及液体舱柜的渗漏,可依法进行处理,并责令船东(船长)查明原因,彻底整改修复,并申请船舶检验机构临时检验。

3.3.2 对玻璃纤维裸露和使得内部玻璃纤维有浸水可能的龟裂、剥离等不影响结构强度的表层损坏,可责令船东(船长)限期整改。

3.3.3 对大孔或较大裂损区域,以及内部骨架发现缺陷的,可依法进行处理,责令船东(船长)限期整改,并申请船舶检验机构临时检验。

3.4 基本处理原则

面对船体结构隐患，应充分体现“安全第一，保证质量和方便渔民”的原则，按缺陷对渔船航行可能造成的安全风险高低，作出相应的处理。对于直接影响人命和渔船安全的整改项目坚决不能放松，而且要及时整改，遵循的基本原则主要有：

3.4.1 对涉及渔船总纵强度、水密性及因应力引起的裂纹等安全风险较高的隐患，一般需要在开航前修理完毕。

3.4.2 对水线以下船体外板与构件之间需进行焊接，涉及进坞的隐患，如船体渗漏，舵叶进水等，若不影响航行安全，可以考虑在下一次进坞时修理。但对船体局部穿孔、破损等安全风险较高的隐患，应在采取堵漏等必要措施后，尽快安排进坞修理。

3.4.3 如果遇到本港无修理能力或必须进船厂才能解决的隐患，船方可以申请在临时性修理并由船检机构出具检验报告后，在保证安全航行的前提下，到合适的港口作永久性修理。

3.4.4 对存在与渔船检验有关，或涉及渔船总纵强度、水密性、结构性应力引起的裂纹、局部强度不足等隐患，在修理完成后，船东需要向船检申请检验。

3.4.5 如发现外板、甲板、平台局部锈穿或锈蚀可能超过允许的极限时，船方需要对上述部位进行测厚，并根据测厚报告确定修理方法。

3.4.6 木质渔船构件发现密集的蛆蚀孔（虫孔）时，面积较大时应深凿检查，超限时应予以更换构件，未超限的或面积较小的应先防蛆处理，再挖补、填平、挂钉、打麻板；构件发生更换时，新构件的尺寸、连接方式、连接螺栓的布置和数量、接头的间距应符合规范要求。

3.4.7 玻璃钢渔船的船体结构发现树脂剥落、划痕较深、露出纤维时，必须及时修补；船底开口处渗漏需要进坞全面检修；因碰撞严重而导致的开裂，将涉及渔船的安全，在紧急情况下，可以使用紧急修补剂暂时进行应急处理，并尽快进行专业维修。修理完成后，船东需要向船检申请检验。

3.4.8 在隐患处理的过程中还应注意隐患产生的原因，综合考虑其客观因素及隐患性质，做出合情合理的处理决定。

小结与建议

1 对行政执法部门的建议

行政执法部门在处理船体结构方面的隐患时应关注隐患判定原则和处理原则。

1.1 隐患判定原则

1.1.1 对孤立存在的缺陷,可视情况缺陷的轻重程度、范围和对安全的影响,进行判定;对缺陷程度判断有困难的,可组织有资质的机构采样或检测。

1.1.2 对缺陷可能涉及结构强度、水密以及安全结构的,应对隐患的判定组织集体讨论。

1.1.3 特别关注老龄渔船,对于缺陷的判定可以扩大检查范围,对隐患的判定,可组织集体讨论。

1.2 处理原则

1.2.1 对判定为隐患的,应责令船方限期整改,排除隐患。

1.2.2 隐患涉及相关法律规定的,应责令船方停航整改,同时要求船方整改完成后申请船舶检验机构临时检验,并应视作渔业船舶安全证书失效,立案查处。

2 对船方的建议

2.1 船长要经常性开展安全自查,注意日常保养,油漆、灰缝经常性的敲铲补缺,防止锈蚀、蛆蚀、腐烂进一步扩大。关注渔船的修理历史,若发现同一位置的多次修理历史,应要求永久性修理并给出备忘,提醒船员注意保养相关重点位置。

2.2 注意应力集中及易腐蚀部位。如舯部甲板室围壁转角与甲板连接处,舱口围板肘板与甲板连接处,起重柱与甲板连接处,舷墙肘板与甲板连接处,船舯 $0.5L$ 区域内舱口角隅处,人孔围板与甲板连接处,鱼舱肋骨及肘板等容易腐蚀或产生裂纹、变形的部位。此外,对于老龄渔船的鱼舱、液舱应作为必查部位,如条件许可尽量打开双层底做详细检查。

2.3 渔业船舶如发生长时间搁浅、碰撞要及时报告所有人(经营人),特别是水线下有损坏的,要及时上排(坞)检查,重大维修要经船舶检验机构批准,并申请船舶检验机构临时检验,确保维修符合技术规则的要求。

2.4 船体修理所使用的钢板、型材及焊接材料均应符合法规的有关要求,并提交材料合格证明,重要部位使用的材料级别应与原材料等同。

2.5 渔船改装、改建涉及防火结构时,应将主竖区和防火结构图及防火材料证明文件提交验船部门审核。

2.6 未经验船部门同意,修理中不得任意拆除或移动船体强力构件。在强力甲板、舷侧壳板、水密舱壁上临时开口,应取得特别同意。

2.7 渔业船舶水密门(窗)等开闭装置做好日常保养,禁止油漆涂刷在水密橡胶条上。

2.8 渔业船舶任何状况下,应确保脱险通道的畅通。

3 对渔业企业(或所有人/经营人)的建议

3.1 渔业企业加强对船舶的安全检查和隐患排查整治,加大维保资金的投入,督促船长做好日常保养。

3.2 在渔业船舶大修、坞修期间,加强对水密舱室,以及机舱、艏尖舱、艉尖舱、锚链舱、舵机舱等处的检查,尤其对水线下船底外部的检查,确保其功能完整。

3.3 发现有锈蚀、腐烂等损坏情况,及时按要求组织修缮。

3.4 禁止事项:

3.4.1 封堵机舱、船员处所等的脱险通道;

3.4.2 干舷以上破坏水密的任意开孔;

3.4.3 不按规定使用防火材料(防火门)、破坏防火结构;

3.5 有涉及渔业船舶强度、结构、水密等破坏的情况,必须按规定检修,确保渔业船舶水上安全。

3.6 渔业船舶维护的实践。

除了定期的检查和保养,渔业船舶维护还需要实践一些有效的方法来确保渔业船舶的安全和性能。以下是一些建议:

3.6.1 提前制定和更新维护计划:定期制定渔业船舶的维护计划,并根据实际情况更新,确保维护工作高效有序进行;

3.6.2 储备关键零部件:渔业船舶航行期间可能会发生意外故障,建议储备一些关键零部件,以备不时之需;

3.6.3 培训船员:培训船员进行基本的维护作业,能够及时处理一些小故障,减少维修成本和停航时间;

3.6.4 渔业船舶保险:购买适当的渔业船舶保险,能够在发生意外事件时获得相应的赔偿,降低损失。

综上所述,渔业船舶维护和保养是确保渔业船舶良好工作状态的关键环节,通过定期检查、维护关键系统和采取必要的实践措施,能够延长渔业船舶寿命,保证渔业船舶的安全和可靠运行。船东和船员应当密切关注维护和保养工作,并根据实际情况制定具体的维护计划。只有做好渔业船舶维护和保养,才能够确保渔业船舶的高效运营。

第三节 渔船稳性

1 稳性

1.1 排查要点

1.1.1 每船均应备有1份由船舶检验机构批准的稳性手册，该手册应含有足够的资料以使船长能够按本章规定的使用要求操纵船舶。

1.1.2 应在必要的范围内考虑一些不利于稳性的影响因素，如顶部和舷部结冰、甲板上浪、装载和配载等，包括但不限于下列情况：

1.1.2.1 检查防止类似由于吸水和结冰引起的重量增加，以及由于燃料和备品的消耗引起的重量减少等因素的应对措施。

1.1.2.2 考虑渔船出航、生产、返港等不同状态，检查受风面积(满实面积)、船舶装载情况是否符合稳性手册。

(1)出港捕鱼(满载燃油、淡水、食品、备品、冰、渔具等)；

(2)捕鱼中(舱内无鱼货，燃油、淡水、食品、备品70%，对冰鲜船，所携带的冰按95%计算)；

(3)满载返航(鱼货100%，燃油、淡水、食品及备品30%。如其作业方式证明合理，经船舶检验机构同意，鱼货也可按实际装载量计算)；

(4)满载到港(鱼货100%，燃油、备品等10%)；

(5)空载到港(燃油、备品等10%，最少量的渔获物，通常为20%鱼货；如其作业方式证明合理，经船舶检验机构同意，鱼货也可达到40%；对冰鲜船，所携带的冰按50%计算)。

对蟹笼船，蟹笼应按设计状态定点、定量堆放，并应有可靠的固定措施。蟹笼的堆放应不影响工作通道、设备正常使用及驾驶视线，同时不应使渔船产生不良的浮态。

1.1.2.3 渔业船舶主甲板以上擅自安装日用水箱、暂养池等影响稳性的设施设备。

1.1.2.4 渔获物舱室的活动隔板。如设计在甲板上可以装载渔获物时，装鱼区应加装隔鱼板，且隔鱼板不应影响排水舷口的效能。

1.1.2.5 检查固定压载(如有)是否与稳性资料中注明的详细情况一致。

1.1.2.6 检查船长对渔业船舶在正常和应急情况下安全航行作业所必需的任何其他指南的熟知程度。

1.2 常见隐患

1.2.1 渔船没有或未携带经船舶检验机构批准的稳性手册，装载和压载资料(如适用)。

1.2.2 是否新增日用水箱、暂养池等，新增日用水箱、暂养池是否经船舶检验并重新计算稳性并更新了图纸，见图1-3-1。

1.2.3　甲板以上部位放置的网具超出稳性手册中网具的重量、数量和高度，或渔船产生不良浮态的。

1.2.4　船长不了解渔业船舶在正常和应急情况下安全航行作业所必要的任何其他指南内容。

图1-3-1　私自加装暂养池

2　载重线标志

2.1　排查要点

载重线排查的目的在于保证船体结构、设备、布置、材料和构件尺寸完全符合规则的有关要求。载重线检查包括载重线勘划及其核定条件（包括风雨密门，货舱口及其他开口，通风管、空气管、泄水孔、进水孔和排水孔，舷窗和风暴盖，排水舷口，舷墙、栏杆、安全绳，船员舱室出入口等项目）的检查。

船舶两舷相应于该船所在的季节及其所在的地带或区域的载重线，不论在渔业船舶出海时，在航行中，或者在到达时，都不能被水浸没。

凡经检验的船体结构、设备、布置、材料和构件尺寸，非经验船部门同意，不得作变动。

2.1.1　在登船的过程中，对船中勘划的载重线标志（图1-3-2）进行初步检查，是否存在下列情况之一。

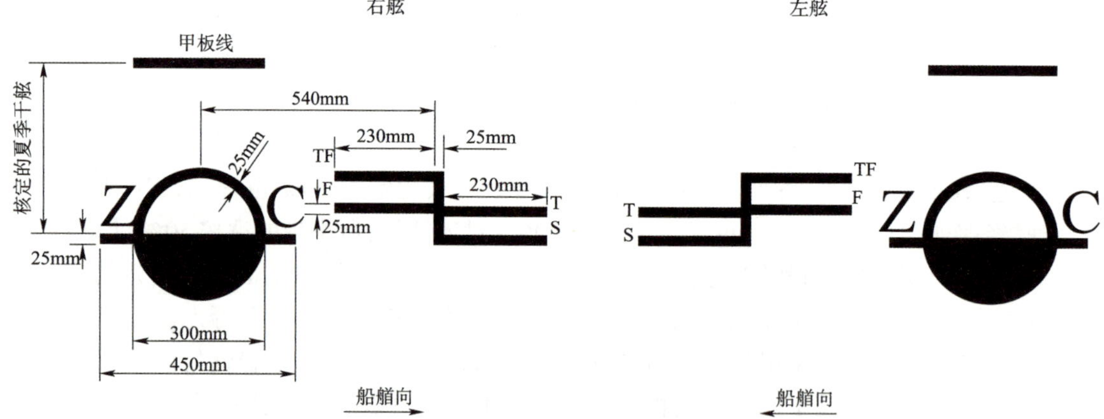

图1-3-2　海洋渔船载重线标志示意图

2.1.1.1　标志是否清晰；

2.1.1.2　是否存在擅自改动载重线标志的迹象；

2.1.1.3　各字母标号是否正确；

2.1.1.4　是否进行了永久性勘划；

2.1.1.5　甲板线是否按正常位置勘划；

2.1.1.6　代表载重水线的各水平线段位置是否正确。

2.1.2　渔业船舶载重线标志要求如下：

2.1.2.1 标志应清晰、永久地勘划在船中处船舷两侧的船壳板上。对圆环、线段和字母,当船舷为暗色底时,应漆成白色或黄色;当船舷为浅色底时,应漆成黑色。

2.1.2.2 金属渔船,载重线标志可以用焊接板条或焊点堆积外缘成型;玻璃钢船,可以采用胶衣预制或胶接板条的方法成形;木质渔船可免于勘划,但是船体的核定夏季干舷部分和夏季干舷以下浸没部分的油漆颜色应不一致,形成鲜明对比。

2.1.3 上船后查核资料,包括:

2.1.3.1 核查船上是否备有经船舶检验部门认可的稳性资料、装载和压载资料(如适用)。

2.1.3.2 查阅载重线勘划条件记录,确认自上次检验以来没有发生影响干舷核定的改变。如果有这种改变,应确认其在安装(改变)前已经过认可,并确认任何改变均已在相应证书上有所反映。

2.1.4 如对上述检查结果有怀疑的,可以对载重线标志进行实际测量。为安全、方便、准确地测量数值,可以将卷尺固定于硬质木条(竹竿)上进行测量。测量时还应注意自身安全,系好保险带,取出口袋内物品,防止掉入海中。

2.1.5 判断渔船是否超载,应在渔船停泊且渔船左右接近水平时通过观测船中吃水是否没过载重线获得初步判断,进一步确认还需计算渔船六面吃水是否超过渔船最大吃水,同时还应考虑海水密度,载重线的适用是否超过相应航行区域和季节的要求,特别需关注航行区域和季节变更时的适用要求。

2.1.6 水尺标志的勘划范围是否满足至少低于该处最小吃水0.2m和高于该处最大吃水0.2m。

2.1.7 水尺标志应勘划在两舷的艏、艉垂线处。此艏、艉垂线系指型线图设计的艏、艉垂线。艏水尺标志可沿艏柱勘划,艉水尺标志可延伸在舵叶上。由横标线、竖标线及数字组成:

2.1.7.1 竖标线内缘为垂线位置,外缘在靠船端的一侧,见图1-3-3;

2.1.7.2 若船舯附近也勘划水尺标志,则内缘为垂线位置,外缘在靠船中的一侧,见图1-3-4;

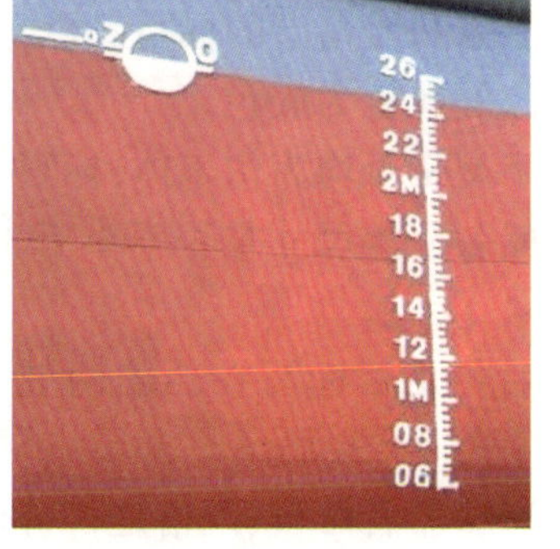

图1-3-3 船艏水尺标志

图1-3-4 船舯水尺标志

2.1.7.3 横标线在竖标线内缘一侧、横标线的间距应不超过100mm;

2.1.7.4 数字标在横标线一侧,数字底缘与横标线的上缘持平,数字尺寸为100×60mm;

2.1.7.5 竖标线根据船型可倾斜一定角度。

2.2 常见隐患

2.2.1 渔业船舶有影响干舷核定的改变，但未在安装(改变)前经过认可，其改变未在载重线勘划条件记录有所反映；

2.2.2 渔船超载；

2.2.3 载重线标志、甲板线未永久性勘划；

2.2.4 无载重线及吃水标志或标志不清晰，见图1-3-5、图1-3-6；

2.2.5 载重线标志与证书不相符；

2.2.6 载重线标志及其线段位置高低偏差超过允许值；

2.2.7 擅自更改载重线标志或标识颜色不正确。

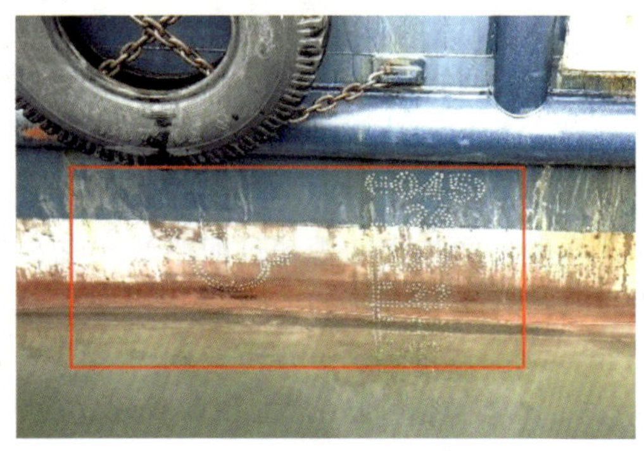

图1-3-5 载重线、水尺标志不清晰

图1-3-6 无水尺标志

3 渔船标识

3.1 排查要点

3.1.1 船名、船籍港

3.1.1.1 是否按规定标写了船名、船籍港。

3.1.1.2 船名和船籍港的标写颜色是否为黑底白字，如果船体漆的颜色与白色反差较大，也可以船体漆的颜色为底色。

3.1.1.3 字型是否均为仿宋体；标写字迹是否工整、清晰。

3.1.1.4 船名字体尺寸是否不小于30cm×30cm，船籍港字体尺寸是否不小于20cm×20cm。

3.1.1.5 船名是否标写在船艏两舷、船籍港是否标写在船艉部，是否从左至右横向标写。

3.1.1.6 渔船船名命名、规格是否符合《渔业船舶船名规定》的要求，命名一般原则：捕捞船用“渔”；渔业运输船用“渔运”；渔业冷藏船用“渔冷”；供油船用“渔油”；供水船用“渔水”；养殖船用“渔养”；渔业指导船用“渔指”。

3.1.2 船名牌

3.1.2.1 驾驶台顶部两侧是否悬挂了船名牌且船名牌颜色为蓝底白字、形状为圆角矩形。

3.1.2.2　船长大于或等于 24m 的渔船,船名牌尺寸是否符合 140cm×33cm 规格。

3.1.2.3　船名牌内汉字是否采用仿宋体。

3.1.2.4　船名牌是否由铝板、木板或玻璃钢板制作,并固定安装、完整无损、无遮挡;损坏、褪色的是否及时进行了修复或更换。

3.1.2.5　船名牌是否从左至右横向标写,且船名标写与船艏船名一致。

3.2　常见隐患

3.2.1　船名、船籍港

3.2.1.1　未标写船名、船籍港,见图 1-3-7 ~ 图 1-3-9;

图 1-3-7　船名字迹不清楚与船名清晰对比

图 1-3-8　船艏两舷无船名

图 1-3-9　船艉未标写船籍港

3.2.1.2　标写颜色非黑底白字或反差不大;

3.2.1.3　字型非仿宋体;字迹不清晰,见图 1-3-10;

3.2.1.4　字体尺寸不符合要求;

3.2.1.5　船名、船籍港标写错误;

3.2.1.6　标写方向错误,见图 1-3-11。

3.2.2　船名牌

3.2.2.1　未悬挂船名牌或船名牌颜色非蓝底白字,见图 1-3-12;

3.2.2.2　船名牌形状非圆角矩形、尺寸不符合规定、字体非仿宋体;

3.2.2.3　船名牌未按规定固定,或遮挡、损坏、褪色,见图 1-3-13 ~ 图 1-3-16。

图 1-3-10 船名字迹不清晰

图 1-3-11 船名标写方向错误

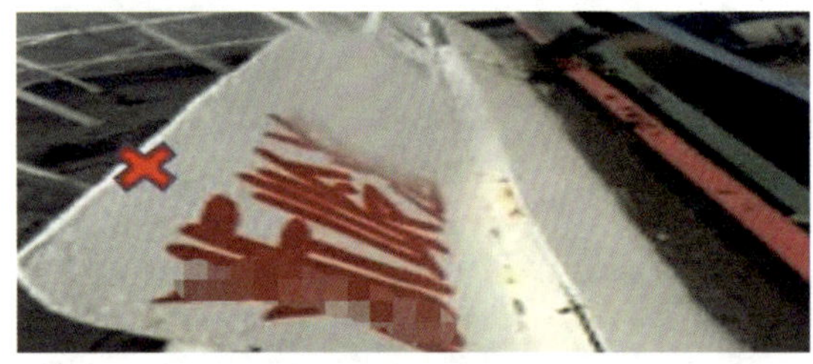

图 1-3-12 船名牌颜色非蓝底白字与正确船名牌

图 1-3-13 驾驶台顶部两侧无船名牌

图 1-3-14 船名牌被遮挡

图 1-3-15 以喷漆代替船名牌

图 1-3-16 正确悬挂船名牌

4 舱壁及开口关闭装置

4.1 排查要点

4.1.1 特别需要关注老旧渔船的上层建筑、甲板室、升降口以及露天机舱棚的舱壁、围壁下部和紧靠其他结构不便检查的部位,上述部位是否存在锈蚀、局部锈穿以及采用水泥、铁皮、树脂等材料做临时修补的情况。可以用锤子对起拱的锈皮、临时性修补部位进行敲击,确认其锈蚀程度,如图1-3-17和图1-3-18所示。

图1-3-17 舱壁出现锈穿

图1-3-18 门槛处锈蚀

图1-3-19 上层建筑通风开口未设置风雨密关闭装置

4.1.2 风雨密要求的上层建筑、甲板室、升降口以及露天机舱棚的舱壁、围壁上所设的开口是否附装了风雨密关闭装置,见图1-3-19,其结构形式是否能达到风雨密要求,开口护槽和关闭装置是否存在锈蚀,衬垫胶条、铰链和紧固螺栓的状况是否良好。

4.1.3 根据舱室所处的位置,确认其出入门的门槛高度(表1-3-1)是否满足检验规则的相应规定。风雨密门的结构形式是否满足检验规则要求,通过查看门上铭牌来确定,如门上无铭牌应通过门板厚度、加强筋、夹扣装置的数量等要素来确定。

船长大于或等于24m通往露天甲板各类开口的防护高度 表1-3-1

开口所在位置	项目	
	位于露天的干舷甲板上和后升高甲板上,以及位于距离干舷甲板小于两个标准上层建筑高度的露天上层建筑甲板上距艏垂线1/4船长以前的部分	位于距离干舷甲板大于或等于一个也小于或等于两个标准上层建筑高度的露天上层建筑甲板上距艏垂线1/4船长以后的部分,以及位于距离干舷甲板大于或等于两个标准上层建筑高度的露天上层建筑甲板上距艏垂线1/4船长以前的部分
上层建筑、甲板室门槛(mm)	380	300/150*

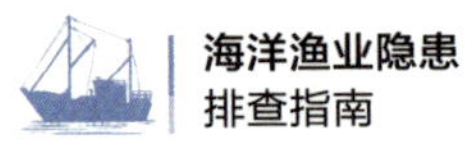

续上表

开口所在位置	项目	
	位于露天的干舷甲板上和后升高甲板上，以及位于距离干舷甲板小于两个标准上层建筑高度的露天上层建筑甲板上距艏垂线 1/4 船长以前的部分	位于距离干舷甲板大于或等于一个也小于或等于两个标准上层建筑高度的露天上层建筑甲板上距艏垂线 1/4 船长以后的部分，以及位于距离干舷甲板大于或等于两个标准上层建筑高度的露天上层建筑甲板上距艏垂线 1/4 船长以前的部分
升降口门槛（mm）	380	300/150 *
外部结构围壁上的机舱开口（mm）	600	300
舱口围板高度（mm）	600/380 *	450/300 *

注：* 凡实践证实可行，经渔船检验机构同意，斜线前面的数值可予以降低，但不得低于斜线后的值。

4.1.4　对风雨密门是否变形程度不易确定的，可以在关闭后查看其接触面是否存在明显可见的透光缝隙来确定，见图 1-3-20。

4.1.5　风雨密门的衬垫边槽最易锈蚀，对可疑部位用锤子敲去锈皮，确定其锈蚀程度。是否存在用树脂、铁皮等材料对锈穿部位进行不当修补，如图 1-3-21 和图 1-3-22 所示。

图 1-3-20　风雨密门门框变形，关闭时透光

图 1-3-21　风雨密门用树脂、铁皮等材料进行临时性修补

4.1.6　活动风雨密门的各夹扣把手是否活络，是否对活动铰链、夹扣经常进行加油润滑。风雨密门的衬垫胶条是否存在缺失脱落、老化等情况，见图 1-3-23。

图 1-3-22　风雨密门局部锈蚀

图 1-3-23　风雨密门衬垫胶条脱落缺失

4.1.7 风雨密门的安装是否进行了双面连续焊接处理。

4.1.8 通往露天处所的风雨密门是否均向外侧开启，见图1-3-24。

4.1.9 为捕捞作业需要而开设的平甲板小舱口和人孔是否能关闭成水密。

4.1.10 艉拖网渔船无舱口围板的鱼舱口盖是否为动力操纵的水密盖且状况良好。

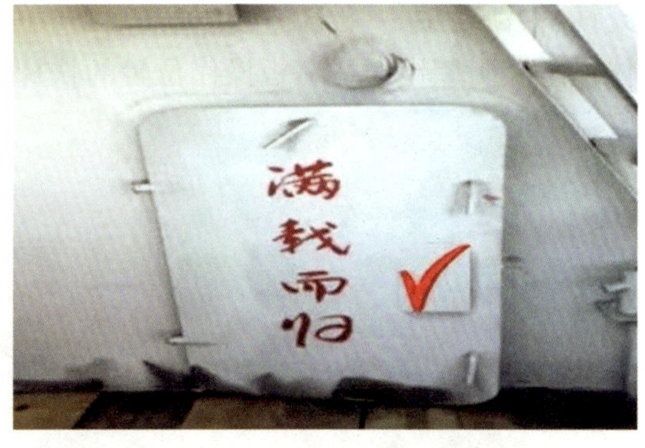

图1-3-24 向外侧开启的风雨密门

4.2 常见隐患

4.2.1 风雨密门为非船检机构认可产品；通往露天处所的风雨密门未能向外侧开启。

4.2.2 风雨密门存在锈蚀、变形、密封衬垫脱落等情况。

4.2.3 风雨密门把手缺失、锈死。

4.2.4 驾驶室翼侧移动门下部锈蚀、滑道装置损坏。

4.2.5 出入口的门槛高度未能满足检验规则要求。

4.2.6 上层建筑、甲板室、升降口、机舱棚的舱壁(围壁)局部锈蚀、锈穿，或采用树脂等材料进行不当修补。

4.2.7 上层建筑、甲板室、升降口、机舱棚的舱壁(围壁)上百叶窗开口或其他开口未设置风雨密关闭装置。

4.2.8 上层建筑、甲板室、升降口、机舱棚的舱壁(围壁)上的开口关闭装置存在锈蚀严重，紧固螺栓缺失、锈死，密封衬垫脱落、缺失、老化等未能达到风雨密要求的情况。

4.2.9 为捕捞作业需要而开设的平甲板小舱口和人孔无法满足水密要求。

4.2.10 艉拖网渔船无舱口围板的鱼舱口盖保养状况不良、无法使用动力操纵进行关闭。

5 通风筒

5.1 排查要点

5.1.1 通风筒筒体总体状况是否良好，是否存在锈蚀以及用铁皮、树脂等非正常修补现象，对上述可疑处，用锤子、起子，去除锈皮或修补物，查看筒体锈蚀程度，严重时可能会蚀穿筒体。机舱、厨房、电瓶间的通风筒更容易出现锈蚀。其中通风筒的根部、接线盒、铭牌以及法兰端最容易发生锈蚀，应特别关注紧靠其他结构不易检查保养的部位。如发现一处存在缺陷，其他类似部位存在同样缺陷的概率较高，应予关注，见图1-3-25、图1-3-26。

5.1.2 通风筒的端口、盖板是否存在锈穿、缺口等情况，盖板上是否设有水密胶条，状况是否良好，盖板紧固装置、铰链是否良好、齐全。对通风筒风雨密性有怀疑的，可以采用冲水试验。锈蚀部位可以用锤子除锈皮，查看其锈蚀程度。盖板手轮或手柄是否存在锈住、卡死情况,活动轴是否经常性在加油活络,手轮或手柄旁是否标注了“开、关”标识。通风筒筒体上是否附装了通往盖板操作位置的扶梯,见图1-3-27、图1-3-28。

图1-3-25 通风筒筒帽脱落、筒体局部锈穿

图1-3-26 通风筒筒体局部锈穿

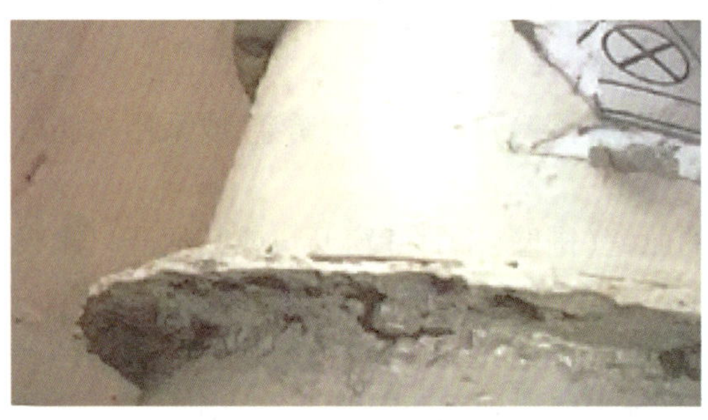

图1-3-27 连接法兰严重锈蚀

图1-3-28 通风筒局部锈穿

5.1.3 通风筒筒体上是否任意设有开孔,此开孔既达不到风雨密要求,也满足不了防火方面气密性要求,如图1-3-29所示。

5.1.4 通风筒内的防火挡板位于通风筒的中上部,一般为钢制圆盘,不拆下通风帽无法对其进行检查和保养。天长日久受海风侵蚀,容易造成锈蚀,应引起特别关注,如图1-3-30所示。

图1-3-29 通风筒任意开孔

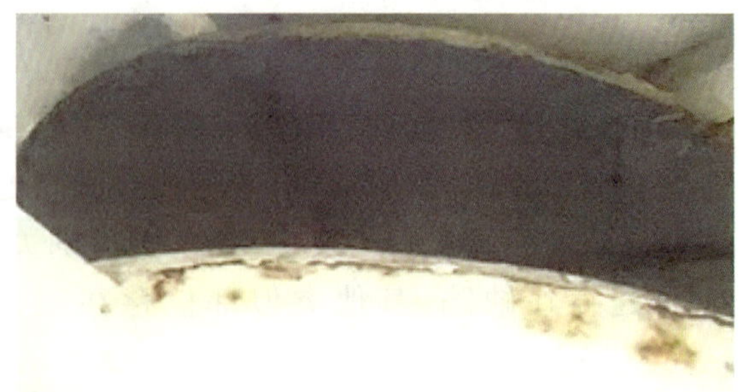

图1-3-30 通风筒盖板局部锈穿

5.1.5 通风筒围板高出甲板的高度是否满足检验规则的相应要求:长度等于和大于

45m 的渔船,在干舷甲板上应至少为 900mm,在上层建筑甲板上应至少为 760mm;长度小于45m 的渔船,上述围板高度应分别为 760mm 和 450mm。

5.1.6　高度超过 900mm 的通风筒的围板是否设置了专门的支撑件。

5.2　常见隐患

5.2.1　通风筒局部锈穿,或用环氧树脂做临时性修补。

5.2.2　高度超 900mm 的通风筒围板未设置支撑件。

5.2.3　通风筒连接法兰局部锈蚀、连接螺栓缺失,未能达到风雨密要求。

5.2.4　通风筒端口关闭装置变形、锈蚀、胶条脱落等情况,未能达到风雨密要求。

5.2.5　通风筒的围板高度未达到规则要求。

6　空气管

6.1　排查要点

6.1.1　空气管管头内浮子一般是由不锈钢或铜制成的圆球或圆盘。渔船在航行过程中,浮子频繁摇晃和上下颠簸,同时长期受到海水的腐蚀,外加管头结构不便于检查,船上常忽视了对其进行日常检查和维护,经常出现浮子锈穿、开裂、锈住等情况。在检查过程中可以敲击管头,听浮子是否能发出清脆共振的声音,如发现声音异常,应打开管头通风窗进行详细检查,如图 1-3-31 所示。

6.1.2　在检查过程中常会发现重油燃油舱的空气管管头上凝结有大量的油块,有时甚至还会发现因管头内部堆积大量残油而堵塞油气排出,导致油舱内压增大,带油油气呈喷射态排出,发现上述情况,其内部浮盘、浮球基本处于被粘住状态,且外设金属防火网同样也被粘满,失去防火作用,需拆开查看。

6.1.3　对于燃、滑油舱(柜)的空气管是否引至干舷甲板以上的开敞处,不允许终止在机舱等封闭处所内,在其管头上是否装设耐腐蚀和便于更换的金属防火网。

6.1.4　非自动关闭装置的空气管管头,经人工关闭后是否能达到风雨密要求,不允许采用类似于铁盖作为关闭装置,如图 1-3-32 ~ 图 1-3-34 所示。

图 1-3-31　圆盘浮子的空气管

图 1-3-32　未能达到风雨密要求的空气管管头

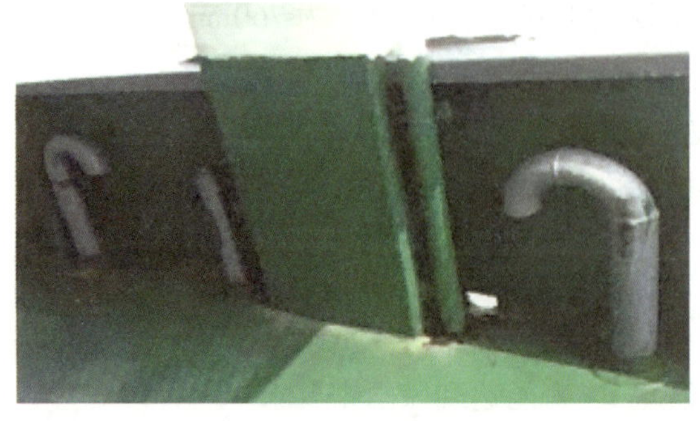

图 1-3-33　未装空气管管头

图 1-3-34　空气管端口锈蚀严重

6.1.5　空气管是否存在局部锈穿、断裂或对锈穿处用树脂修补，特别应关注老龄船的空气管在鱼舱、压载舱处最易发生锈穿、断裂等情况。如发现一处存在隐患，其他类似部位存在同样隐患的概率较高，应予关注。

6.1.6　手动关闭的空气管关闭装置是否装设有水密胶条和紧固螺栓，包括管口状况是否良好，关闭后能否达到风雨密要求。

6.1.7　空气管的高度是否满足检验规则的相应要求，在干舷甲板上应至少为760mm，在上层建筑甲板上应至少为450mm。

6.2　常见隐患

6.2.1　空气管局部锈穿；空气管浮球（浮盘）破损。

6.2.2　空气管端口关闭装置水密胶条脱落或紧固螺栓缺失。

6.2.3　油舱（柜）空气管未延伸至开敞甲板。

6.2.4　油舱（柜）空气管管头内未设金属防火网、破损，被残油覆盖。

6.2.5　空气管管头结构形式未能达到风雨密要求。

7　舱口及舱口盖

7.1　排查要点

7.1.1　查看“舱口盖结构图”中的舱口盖形式和设计图纸，与实际是否相一致。

7.1.2　根据舱口盖形式和所处的位置不同，舱口围的高度是否满足检验规则和设计图纸的要求，对围板高度有怀疑的，可以进行实际测量来确定。

7.1.3　对于非钢质风雨密舱口盖，在其舱口围上是否按规定的间距和尺寸设置楔耳、配足楔子和钢质封舱压条。配备的舱口盖布是否为船检机构认可产品，数量能否满足盖两层的要求，是否存在老化、破损等情况。

7.1.4　对于钢质风雨密舱口盖的风雨密性检查，先要确认舱口盖上是否设有橡胶衬垫和排水槽，并且其状况是否良好。舱口盖上设有小开口盖的，检查该小开口盖状况是否良好，紧固螺栓是否完整。是否存在明显的变形现象，对舱口盖风雨密性有怀疑的，可以关闭舱口盖后查看舱口盖与舱口之间是否相配套，有无明显间隙，从舱内看是否存在漏光现象，或对舱口盖进行冲水试验,来确定其能否达到风雨密要求,如图1-3-35和图1-3-36所示。

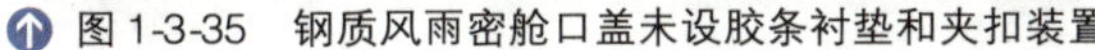

图1-3-35　钢质风雨密舱口盖未设胶条衬垫和夹扣装置

图1-3-36　钢质风雨密舱口盖之间无法保持风雨密

7.1.5　对于老旧渔船的舱口盖应关注其面板、边板、加强材是否存在锈蚀或不当修补,舱口盖的胶条衬垫是否存在老化、局部脱落、磨损严重等情况,舱口盖的夹扣装置是否存在缺失、锈死,以及夹扣系统存在故障,或被人为拆除等情况,如图1-3-37～图1-3-40所示。

图1-3-37　舱口盖局部锈穿

图1-3-38　舱口盖风雨密胶条槽锈蚀严重

图1-3-39　舱口围肘板根部锈穿

图1-3-40　舱口盖夹扣装置锈蚀失效

7.1.6　通过开启和关闭舱口盖，检查舱口盖及其关舱动力系统的可靠性和安全性，以及液压管是否存在漏油情况。舱口盖的止动钩（板）是否存在开裂、变形等强度不足的情况，检查关舱拉索、链条以及其转向滑轮状况是否良好，如图1-3-41所示。

7.1.7　其他小舱口盖是否存在局部锈穿，或用树脂做临时修补，舱口盖铰链断裂，胶条衬垫老化（局部脱落）等情况，见图1-3-42。

图1-3-41　液压管漏油

图1-3-42　小舱口盖锈蚀严重，部分锁紧装置缺失

7.1.8　检查舱口围板及其面板、扶强材是否存在锈蚀、变形、裂纹、破损等情况。

7.2　常见隐患

7.2.1　非风雨密舱口盖在舱口外未设置楔耳，或用钢筋弯钩来替代楔耳，所设的楔耳宽度、斜度、间距未能满足检验规则要求，楔子、封舱压条缺失，封舱压条为木条。

7.2.2　舱口盖帆布为非船检机构认可产品，配备数量达不到盖两层的要求，封舱帆布局部老化破损。

7.2.3　钢质风雨密舱口盖板局部变形，达不到风雨密要求。

7.2.4　舱口盖面板、边板、加强材锈蚀严重。

7.2.5　舱口盖未装胶条衬垫或老化（局部脱落）。

7.2.6　舱口围围板锈蚀严重、开裂、变形等，舱口围加强材、肘板局部锈穿。

7.2.7　鱼舱舱口盖夹扣装置部分缺失、锈蚀失效。

7.2.8　鱼舱舱口盖液压管系漏油，舱口盖止动钩（板）开裂变形；小舱口盖局部锈穿，或用树脂做临时修补，舱口盖铰链断裂，胶条衬垫老化（局部脱落）。

7.2.9　实际为非风雨密钢质舱口盖，在“舱口盖结构图”的“舱口盖形式”栏中却标注为“钢质风雨密”或“风雨密”。

7.2.10　鱼舱舱口未张贴安全警示标识。

8　窗、舷窗和风暴盖

8.1　排查要点

8.1.1　核实舷窗和窗的装设位置是否符合检验规则规定，并与“全船门、窗、盖布置图及明细表"所要求相一致。

8.1.2 核实舷窗和窗是否为船检机构认可产品,从其窗框上的铭牌来确定。

8.1.3 检查窗玻璃是否存在破损、缺失以及更换时使用不符合要求的普通玻璃(图 1-3-43～图 1-3-45)。

图 1-3-43 船员舱室窗玻璃破损

图 1-3-44 驾驶室窗不能保持密闭

图 1-3-45 门窗严重损坏

8.1.4 舷窗和窗的安装是否采取了双面连续焊接,装设能够风雨密关闭和紧固的铰链式内侧窗盖,见图 1-3-46。

8.1.5 是否按检验规则要求附装有内侧窗盖和风暴盖。舷窗和窗的状况是否能达到在干舷甲板以下满足水密关闭和紧固的要求,在干舷甲板以上能否满足风雨密关闭和紧固的要求。

图 1-3-46 正确安装的舷窗

8.1.6 舷窗和窗及其窗盖的紧固螺栓是否存在缺失、锈住等情况,水密胶条状况是否良好。

8.1.7 天窗及其围壁和罩盖是否存在过度锈蚀和损坏,关闭时能否满足有效的风雨密状态，必要时可以进行淋水试验。天窗的紧固螺栓是否存在缺失、锈住等情况，水密胶条状况是否良好(图 1-3-47 和图 1-3-48)。

图 1-3-47　机舱天窗胶条局部脱落

图 1-3-48　天窗局部锈穿

8.2　常见隐患

8.2.1　窗盖(风暴盖)紧固螺栓缺失、锈死。

8.2.2　舷窗的安装位置未能满足检验规则要求。

8.2.3　窗(舷窗)玻璃破损、水密胶条老化脱落。

8.2.4　使用非船检认可的窗(舷窗)。

8.2.5　窗框局部严重锈蚀。

9　人员保护装置

9.1　排查要点

9.1.1　是否在开敞甲板处的四周设置了舷墙、栏杆，其高度、空档的间隔距离是否满足检验规则的相应规定。是否按规定的间隔设置了栏杆的撑柱肘板或支撑条，活动式栏杆是否按要求设置了直立锁定装置，见图 1-3-49。

图 1-3-49　活动式栏杆支撑柱基座锈蚀严重

9.1.2　舷墙、栏杆因工作需要开设的缺口，如缆桩、救生艇（筏）降落口是否用钢丝绳、链环按规定的间隔代替并用螺丝扣绷紧，见图1-3-50和图1-3-51。

图1-3-50　仅使用一档链环，且未用螺丝扣绷紧

图1-3-51　部分链环断裂仅用铁丝临时修理

9.1.3　栏杆是否存在锈烂、断裂和严重变形等情况。需关注栏杆易锈蚀的根部，对可疑之处用锤子敲或用力摇动，看根部是否锈断，或存在不当的修理。

9.1.4　舷墙及其肘板是否存在锈蚀等情况，舷墙肘板与主甲板连接处是否有裂纹出现。

9.1.5　扶梯和走道是否保持畅通不受阻挡，各梯道、走道的扶手、踏板支撑的状况是否良好，见图1-3-52和图1-3-53。

图1-3-52　栏杆横档根部锈断

图1-3-53　栏杆形式不符合规范要求

9.1.6　出入舱口的尺寸是否小于600mm×600mm或600mm直径。

9.1.7　艉拖网渔船在艉滑道前缘是否设置有符合规则的适当防护装置。

9.2　常见隐患

9.2.1　人员防护墙、栏杆高出甲板不足1m，栏杆最低一档开口超过230mm，其他各档间隔超380mm。

9.2.2　开敞甲板处四周以及登乘口、系缆桩等栏杆开口处未设人员防护栏杆。

9.2.3　栏杆局部变形、断裂、缺损，舷墙扶强材、面板局部锈穿。

9.2.4　扶梯的扶手及踏板锈蚀严重，局部锈穿，见图 1-3-54 和图 1-3-55。

图 1-3-54　扶手锈蚀损坏

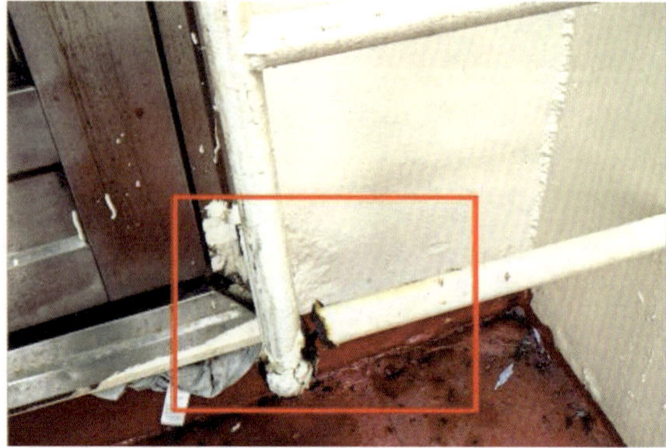

图 1-3-55　逃生梯锈蚀断裂

9.2.5　移动式栏杆撑柱未设直立锁定装置，栏杆的撑柱未按检验规则要求设置支撑。

9.2.6　出入舱口的尺寸小于 600mm ×600mm 或 600mm 直径。

9.2.7　艉滑道前缘的防护装置缺失，活动门、链条或其他防护设施的高度不符合要求或变形、断裂、锈穿。

10　其他项目的检查

10.1　排查要点

10.1.1　人孔、平的小舱口及其水密关闭盖板状况是否良好，紧固螺栓、胶条衬垫是否完整。当对密性有怀疑时，可以进行冲水试验。

10.1.2　舷墙上开口高度超过 300mm 的排水舷口，是否用间距不超过 230mm 且大于或等于 150mm 的栏杆或铁条加以保护。排水舷口所设的盖板是否存在被异物堵塞或被卡住等情况，见图 1-3-56。

图 1-3-56　排水舷口

10.1.3　最小排水舷口面积：如果舷墙在干舷甲板或上层建筑甲板的露天部分形成阱，则应采取足够的措施以迅速排出甲板积水和放尽积水。

10.1.4 设有挡板装置的排水舷口,应注意检查挡板的完整性和是否活络,见图1-3-57。

10.1.5 装设有锁紧装置的盖板是否经渔船检验机构同意,且可在易于迅速到达的位置方便地操作。

10.1.6 机舱棚没有其他结构保护的,其围壁上通向外部的出入口是否满足风雨密要求;对于核定的干舷小于基本干舷的渔船,检查是否装设有内、外双道风雨密门,且满足内门门槛高度大于或等于230mm,外门门槛高度大于或等于600mm,在两门之间的封闭空间向舱底排水采用有直接关闭装置的就地控制的止回阀。

10.1.7 按照规则要求量取的最小船艏高度是否与"干舷计算书"中所要求的相一致。

10.1.8 渔船的锚链管和锚链柜是否水密延伸至干舷甲板;具有上层建筑时是否自干舷甲板风雨密延伸至露天甲板。出入口在干舷甲板以下是否满足水密关闭、在干舷甲板以上是否满足风雨密关闭。

10.1.9 拦鱼槽板和堆放渔具的设施是否影响排水舷口的效能。

10.1.10 海底阀箱内部是否干净,海底阀、连接件、格栅是否完整、状态良好,见图1-3-58。

图1-3-57 排水舷口的挡板装置功能正常

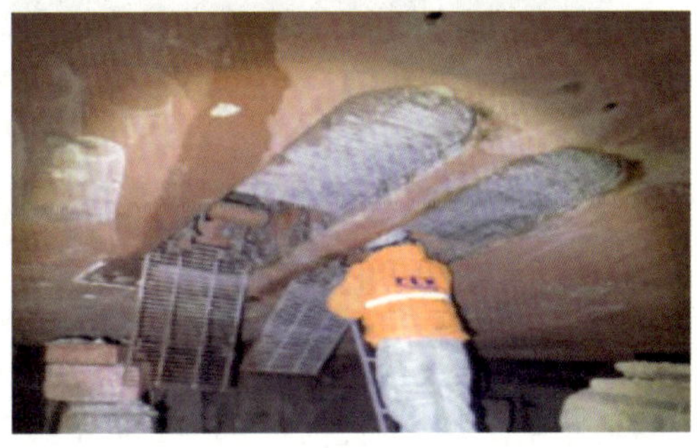

图1-3-58 海底阀

10.2 常见隐患

10.2.1 舷侧及海底阀为非船检机构认可产品;

10.2.2 海底阀损坏、漏水;连接件腐蚀未更换;格栅损坏或堵塞,见图1-3-59;

10.2.3 舷外阀未标注"开关"标识;

10.2.4 人孔盖(小舱口盖)紧固螺栓缺失,水密胶条老化;

10.2.5 锚链柜未水密延伸至干舷甲板或露天甲板;

10.2.6 锚链柜干舷甲板以下出入口的紧固螺丝缺失,无法保证水密;干舷甲板以上出入口无法保持风雨密;

10.2.7 排水舷口盖板锈住、卡住;或排水口被异物堵塞,见图1-3-60;

10.2.8 排水舷口面积不足,见图1-3-61;

10.2.9 拦鱼槽板和堆放渔具的设施影响排水舷口的效能,见图1-3-62;

10.2.10 船艏高度未满足检验规则的要求;

10.2.11 没有其他结构保护的机舱棚出入口不满足检验规则要求。

图 1-3-59 海底阀损坏、漏水

图 1-3-60 甲板排水舷口被堵住

图 1-3-61 排水舷口面积不足

图 1-3-62 拦鱼槽板将排水舷口堵死

11 隐患处理

11.1 渔船没有经船舶检验机构批准的稳性手册、装载和压载资料(如适用),应及时通知检验机构,并在收集相应证据后,按规定向上级部门报告。未携带经船舶检验机构批准的稳性手册,应责令船东(船长)出航前整改。

11.2 水密、风雨密门窗的密封胶条有裂损或油漆涂刷,或甲板排水孔堵塞,应责令船东(船长)出航前整改。对于严重危及渔船航行安全的,如风雨密门窗、风暴盖及其开闭装置损坏、变形或失效,通风筒、空气管、舱口围、舱口盖(机舱天窗、舱棚)排水舷口,舷墙、栏杆、安全绳,船员舱室出入口等项目,存在超过极限值的锈蚀或功能失效,可责令船东(船长)限时整改,并申请检验机构临时检验。

11.3 甲板以上部位放置的网具超出稳性手册中网具的重量、数量和高度,或渔船产生不良浮态的,可责令船东(船长)出航前整改。

11.4 主甲板以上安装有未在图纸标明的日用水箱、暂养池等,可责令船东(船长)限时整改,恢复原始状态或重新核定稳性。

11.5 舷外标识不清晰、遮挡、缺失,应责令船东(船长)出航前整改。如与证书不相符,可责令船东(船长)出航前整改,并申请检验机构临时检验;擅自改动渔船载重线,按照相关规定将被视为渔船证书失效,并引起相应行政处罚,整改过程中应向船检机构申请检验,重新勘划载重线。

11.6 渔业船舶有影响干舷核定的改变而未经批准和记载,以及勘划的载重线与核定的要求偏差严重,可责令船东(船长)出航前整改,并申请检验机构临时检验。

11.7 渔船航行、作业等过程中严禁超载。如发生超载航行,已构成了违法行为,可依据《中华人民共和国渔业船员管理办法》《中华人民共和国渔业港航监督行政处罚规定》进行立案调查与处罚。

11.8 对于存在较大隐患,如靠泊港无修理能力,必须进厂修理,在已采取了有效的临时性措施情况下,并经船检机构进行了相应的检验,在明确了限制航行条件的情况下,船东可以向渔业渔政主管部门提出申请,考虑在下一港或限期纠正。

11.9 钢质风雨密舱口盖关闭后,未能真正达到风雨密要求的,缺陷是由于舱口盖设计、制造等原因而出现的变形、较大偏差引起,且不宜修复,可考虑在船检机构认可情况下,将其改造为加帆布的风雨密舱口盖,并在"渔船安全证书(检验证书)"或"舱口盖结构图"中进行相应改正。

小结与建议

1 对行政执法部门的建议

1.1 隐患判定原则

1.1.1 在对渔船稳性方面进行检查时,最需要考虑的是不同检验规则的适用性和开口的风雨密要求。

1.1.2 对船板局部轻微锈蚀、腐烂并缺少保护的,舷外标识不清晰、遮挡或部分缺失等属于日常管理和保养问题,可判定为隐患。

1.1.3 对于水密、风雨密舱壁、门窗和风暴盖等水密(风雨密)结构存在功能失效,载重线浸没,甲板以上网具超限堆放、渔业船舶受风面积的改变,以及不良浮态等影响渔业船舶安全航行作业的,应判定为隐患。

1.1.4 对于渔业船舶未经批准违建、改建,改变渔业船舶装载、水密、防火或船员保护等功能结构和稳性状态的,可组织船舶检验部门开展技术论证,经集体讨论判定隐患。

1.2 处理原则

1.2.1 对判定为隐患的,应责令船方限期整改或出航前整改。

1.2.2 隐患涉及相关法律规定的,应责令船方出航前整改,恢复原始状态和功能。

1.2.3 对于渔业船舶未经批准违建、改建,改变渔业船舶装载、水密、防火或船员保护等功能结构和稳性状态的,并且未获得船舶检验部门批准认可,可责令船方按规定要求限期整改。

2 对船方的建议

2.1 船舶建造完成或购入时，应索要经检验机构批准的稳性手册并随船携带；船长应熟悉其包含的装载，以及在正常和应急情况下安全航行作业所必要的任何其他指南内容。

2.2 船长要在任何情况下确保船舶保持良好浮态，渔获物装载应考虑船舶油料、淡水等的消耗；并确保载重线不被水浸没。

2.3 船舶甲板渔获物和网具的堆放，要保持排水舷口的畅通，严格控制在稳性手册的限度以内，确保船舶稳性不被破坏。

2.4 在甲板线上方搭建水箱、暂养池等任何建筑时，应报请船舶检验机构批准。

2.5 做好船舶钢板、强力构件、水密（风雨密）门窗、风暴盖及其开闭装置的日常保养，确保其保持良好状态。

2.6 渔业船舶在生产作业中要注意避免因超载而发生违法行为，受到行政处罚和被扣留的处理，船上应认真控制好渔获物装载过程，确保相应航区和季节要求载重线的适用。

2.7 无论天气和风浪的影响如何，渔船是否装载，船上都应在开航前关妥舱口盖、出入门，防止海浪打入造成储备浮力减少，影响渔船稳性。

2.8 船长应注意排查与渔船稳性结构相关的隐患，同时在生产实践中掌握渔船的稳性性能，保障渔船安全。

3 对渔业企业（或所有人/经营人）的建议

3.1 做好日常隐患排查，确保安全生产资金的投入，特别是老龄船，发现有锈蚀、腐烂超过极限的，有水密、风雨密结构受损的，有船员保护设施功能受损的，要及时按规定要求修理。应指导船上做好构件的维护保养，及时修复，避免锈蚀程度超过允许极限。在渔船建造过程中应按图施工，并且选用船检机构认可产品、材料。

3.2 确保船舶稳性手册随船携带，了解其中内容，督促船长熟练掌握船舶在正常和应急情况下安全航行作业所必要的任何指南。

3.3 增加或改变船舶功能，尤其是需要在上层建筑搭建水箱、暂养池等固定设施改变船舶载重和稳性的，应经船舶检验机构批准后方可开工。

3.4 如存在与船舶检验责任有直接关联的隐患，应向船检机构申请检验，并对隐患进行确认。为避免因此类隐患耽误船期，作为船东应在渔船检验期间，提醒检验人员认真做好检验工作，船上应按提出的要求及时整改。

3.5 在对油舱（柜）的空气管及其管头的隐患进行明火作业整改时，因未对油舱（柜）及管系进行清舱处理，而发生爆炸事故屡见不鲜，因此需特别给予足够的重视。

第四节 消防设备

1 水灭火系统

船长大于或等于24m海洋渔业船舶的固定灭火系统的配备要求见表1-4-1,对于船长小于45m的渔船,不论建造材质为何,均需要配备水灭火系统。因此在隐患排查中需要重点关注水灭火系统。

固定灭火系统配备表 表1-4-1

渔船材质/尺度	处所	固定灭火系统要求
钢质 $L≥60m$	燃油锅炉、燃油装置或总输出功率≥750kW的内燃机处所	压力水雾喷射灭火系统;窒火气体灭火系统;或高膨胀泡沫火火装置之一
	总输出功率≥750kW的汽轮机或封闭式蒸汽机处所(可用45L泡沫灭火器或等效物替代)	
钢质 $60m>L≥45m$	燃油锅炉、燃油装置或总输出功率≥750kW的内燃机的处所	
玻璃钢和木质 $L≥45m$	燃油锅炉或内燃机位于由该类材料围蔽的机器处所	
$L<45m$	机器处所	水灭火系统

1.1 排查要点

1.1.1 证书、文书的检查

1.1.1.1 首先根据渔船种类、总吨位、船长、安放龙骨日期等数据,确定渔船所适用的检验技术规则。

1.1.1.2 核对“防火控制图或消防设备布置图(船长小于45m可用消防设备布置图)”和/或“渔船安全证书(检验证书)”中“水灭火系统”栏中要求配备的应急消防泵类型、型号、排量、压头、数量、原动机额定功率,是否与渔船实际相一致。从“发电设备”栏中主电源、应急电源的设置情况,以确定应急消防泵的驱动动力要求,如由电动机作为驱动源的,除主电源供电外,还需由应急电源或其他发电机供电。

1.1.1.3 核查船上水灭火系统及附属设备的布置是否与“防火控制图或消防设备布置图”或“总布置图”中标识位置相符。

1.1.1.4 要求船上提供消防泵的船用产品证书,核对其产品型号、排量、压头是否与实际一致。船长大于或等于45m至少设置2台,船长大于或等于30m小于45m设置1台,均为独立动力驱动。船长小于30m,至少设一台消防泵,可为独立动力驱动,亦可为主机带动的动力泵并处于随时可用状态,见图1-4-1。

1.1.1.5 当船长大于或等于45m时,主要或全部以木材或玻璃纤维增强塑料建造的船

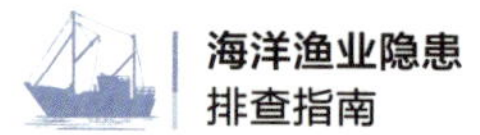

舶，当其设置的燃油锅炉或内燃机位于由该类材料围蔽的机器处所时，应配备压力水雾灭火系统或窒火气体灭火系统或高膨胀泡沫灭火系统。

1.1.2 检查前的准备工作

应急消防泵通常设置在艏尖舱、船舯隔舱、舵机间凹陷处等相对封闭的深舱处，平时人员出入较少，舱内空气未能有效流通，因此，进入该处所时应预先进行有效通风，必要时进行测氧，安排好观望人员后，人员方可进入，以确保人身安全和身体健康，见图 1-4-2。

图 1-4-1 独立驱动消防泵

图 1-4-2 应急消防泵

1.1.3 应急消防泵处所的检查

1.1.3.1 如设置应急消防泵的处所与机器处所直接相邻相通，是否采用一条气锁通道，该通道的两扇门是否为自闭式防火门，并且其相邻舱壁应为非水密舱壁要求。如采用水密门隔离，水密门的操作、报警是否满足相应的要求。两处所之间舱壁的耐火完整性是否达到 A 类机器处所与控制站防火等级。

1.1.3.2 应急消防泵间内及其进出梯道处是否设置了主照明和应急照明，并且灯具完整、照明正常。

1.1.3.3 进出通道的梯道、扶梯是否完整安全。

1.1.3.4 处所内是否堆放有杂物，处所内是否存在积水。

1.1.4 消防管系和泵体的检查

1.1.4.1 消防管系是否存在锈蚀、洞穿、渗漏、砂眼或对洞穿处仅作临时性包扎处理等情况，对管系的锈蚀处有怀疑的，可以用锤子敲去锈皮，确认其锈蚀程度，如图 1-4-3 和图 1-4-4所示。

图 1-4-3 消防管系洞穿

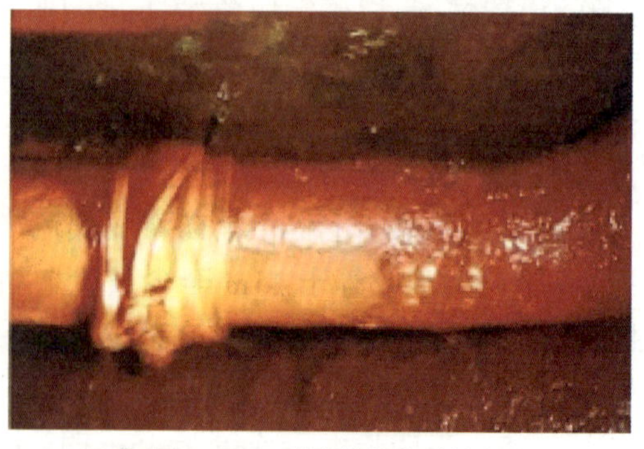

图 1-4-4 消防管线临时性包扎

1.1.4.2 阀门、消防栓维护保养是否良好,操作灵活,有无锈死、卡阻、缺损、漏水等情况,见图1-4-5。

1.1.4.3 在消防管系的较低部位是否设置了放残旋塞,见图1-4-6。

图1-4-5 消防栓锈蚀

图1-4-6 U形消防支管最底端未设置放残旋塞

1.1.4.4 冬季航行于寒冷海区时,是否对消防管系进行防冻处理。

1.1.4.5 穿过机舱间的应急消防泵的吸入、排出管是否进行钢质防护或隔热处理。

1.1.4.6 压力表、真空表是否完好。

1.1.4.7 消防泵泵体是否存在裂纹,轴封处渗漏是否严重。

1.1.4.8 消防泵是否是船检机构认可产品,可从泵铭牌上的船检机构标识来确定。

1.1.4.9 消防总管和消火栓连接法兰是否使用了高温作用下会失去作用的橡皮垫圈、短接塑料管或橡胶膨胀接头,见图1-4-7。所有船应禁止新装含有石棉的材料。因此,整改时不能使用石棉垫圈。

1.1.4.10 消防管应使用无缝钢管等材质,不得使用塑料管等可燃材料。

1.1.5 驱动柴油机、电动机的检查

1.1.5.1 启动原动机为柴油机的检查,见图1-4-8。

(1)柴油机燃油柜容量是否满足检验规则的相应要求,所储备的油量是否充足。油柜、输油管系是否存在漏油现象,输油管上设置的阀门、速闭器是否有效,油柜油位计、输油管是否用普通塑料软管代替。

(2)排气管是否进行有效隔热防护包扎,是否延伸至开敞处所外,是否存在漏烟现象。

(3)柴油机维护保养是否正常进行,能及时启动且工况良好。

(4)柴油机是否是船检机构认可产品,可从其铭牌上的“CCS”或“ZC”标识来确定。

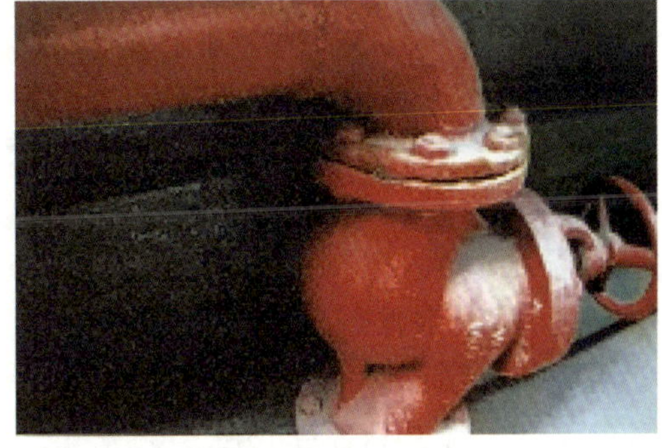

图1-4-7 消防总管法兰接头处使用橡胶垫圈

图1-4-8 原动机为柴油机的应急消防泵

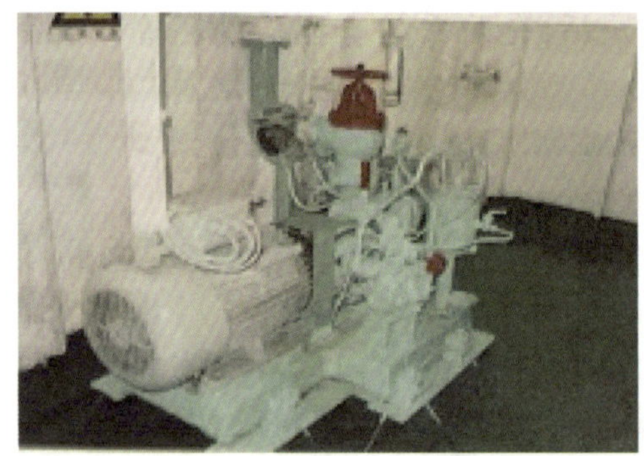
图 1-4-9 原动机为电动机的应急消防泵

1.1.5.2 启动原动机为电动机的检查，见图 1-4-9。检查项目如下所列：

(1)看能否随时启动并满足规则要求；

(2)电动机的供给电源是否由应急配电板输出；

(3)电动机控制箱上的相关仪表、按键等是否完好；

(4)电动机以及其控制箱的接地连接是否完好。

1.1.5.3 便携式双启动应急消防泵，见图 1-4-10。

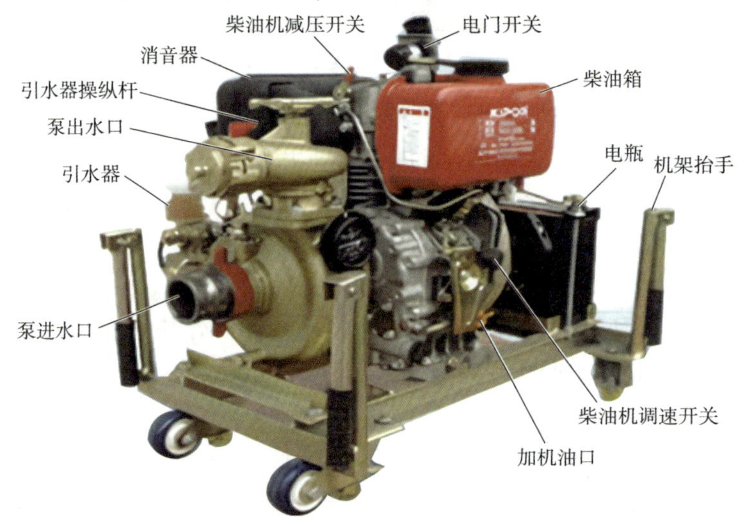

图 1-4-10 便携式双启动应急消防泵图示

1.1.6 隔离阀的检查

1.1.6.1 在主消防泵处所外的消防总管上是否设置了隔离阀，其是否能满足在关闭该阀时，除主消防泵处内消火栓外，其他部位的消火栓能由应急消防泵进行供水，即只隔离主消防泵处所内管系。见图 1-4-11。

1.1.6.2 如初步检查难以确定隔离阀的设置是否满足要求，可以在关闭隔离阀的情况下，分别由主消防泵和应急消防泵供水，查看生活处所外的消火栓是否能出水来确定。

1.1.7 出水压力的检查

1.1.7.1 出水压力是否达到检验规则中相应的要求，可以查看消防泵出水管上的压力表来确定，但此处所指示的压力并非规则中所指的在任何消防栓处的出水压力，还必须考虑到消防栓高度、管路摩擦等阻力的损耗，故压力表所指示的压力必

图 1-4-11 消防总管隔离阀

须明显超过检验规则中所要求的在任何消火栓处所需的最低压力,而不是封闭压力。

1.1.7.2 如出水管上未设置压力表或压力表失效,可以任意选择 2 个消火栓,连接好水带、水枪后,检查其水柱射程是否能达到 12m,并使劲踩压消防水带,如水带无明显变形,可以认为其出水压力达到规则要求。

1.1.7.3 空载时,消防泵(包括应急消防泵)是否能正常出水,并且出水压力满足相应要求。

1.1.8 国际通岸接头的检查

1.1.8.1 船长大于或等于 60m 的渔船是否配备了国际通岸接头,见表 1-4-2、图 1-4-12。

国际通岸接头法兰的标准尺寸 表 1-4-2

项目	尺度
外径	178mm
内径	64mm
螺栓节圆直径	132mm
法兰槽口	直径为 19mm 的螺栓孔 4 个,等距离分布。开槽口至法兰外
法兰厚度	至少 14.5mm
螺栓与螺母	4 副,每只直径 16mm,长度 50mm

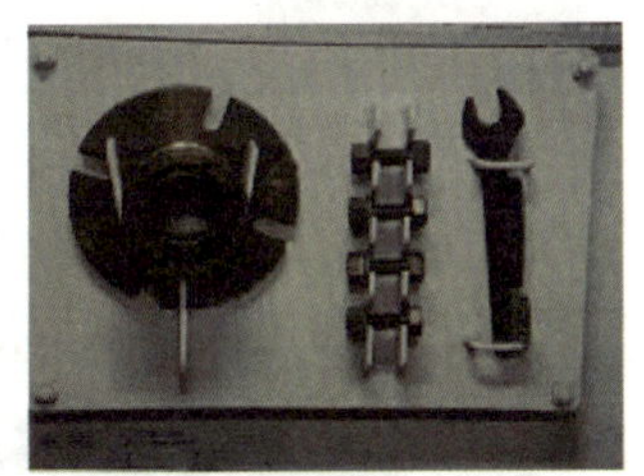

图 1-4-12 国际通岸接头

1.1.8.2 国际通岸接头是否符合相应的技术要求。

1.1.8.3 国际通岸接头的垫圈、螺栓、垫片数量是否满足要求。

1.1.8.4 国际通岸接头存放或设置的位置是否与“防火控制图或消防设备布置图”所标注的位置一致。

1.1.9 其他项目的检查

1.1.9.1 消防水枪是否是水雾/水柱两用型的船检认可产品,可从铭牌或枪体上船检机构标识来确定。

1.1.9.2　消防水带是否是船检认可产品，配备的数量是否满足要求，其长度是否满足使用处所的要求。如检查发现水带状况不良，可以实际打水检查水带是否存在漏水现象，连接接头是否达到密性要求，水带接头是否与水枪、消火栓相匹配，存放位置是否与“防火控制图或消防设备布置图”所标识的相一致。

（1）接头上有“CCS”标识或渔检标识、证书编号或注册商标，并且应与船上提供的产品证书上所标注的产品编号相一致，一般用激光或钢印进行标识。水带接头一般为铜或铜合金，而非铝材。

（2）消防水带端头处印有：生产厂家，公司注册商标，“CCS”标识，生产日期，证书编号，材质种类，规格型号信息，见图 1-4-13、图 1-4-14。

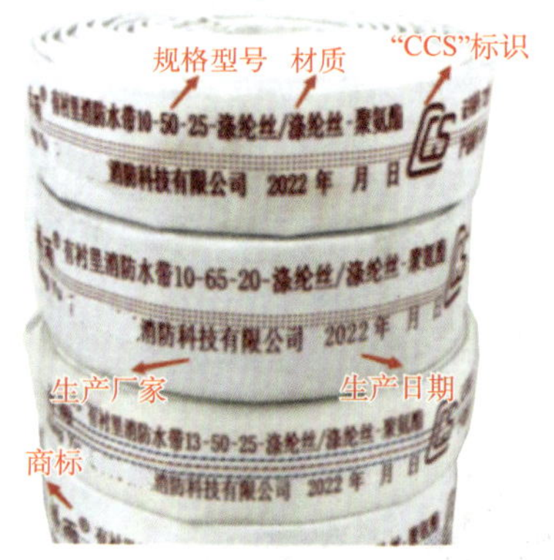

图 1-4-13　消防水带上标识

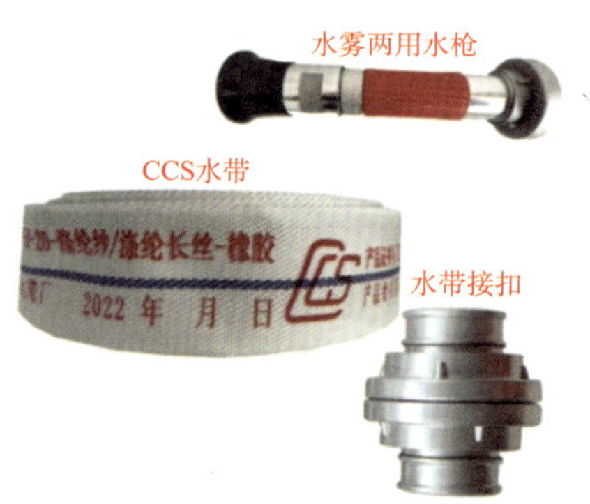

图 1-4-14　CCS 认证水带、两用水枪

1.1.9.3　消防水带箱是否在正确位置固定安装，状况是否良好，见图 1-4-15。

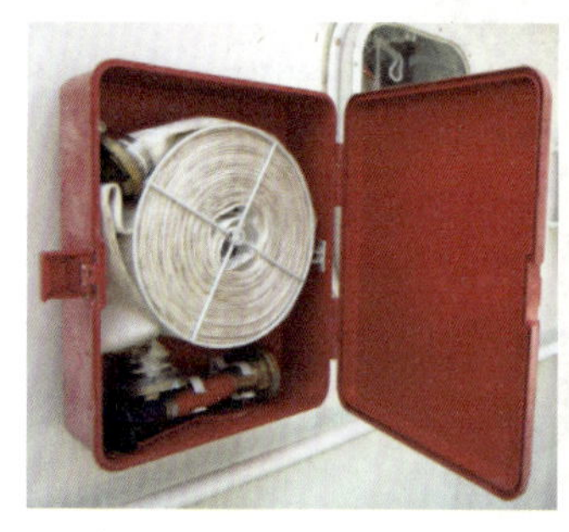

图 1-4-15　正确放置的消防水带箱

1.2　常见隐患

1.2.1　未按检验规则要求设置固定式应急消防泵灭火系统。

1.2.2　应急消防泵无法启动、启动困难；消防泵出水压力不足。

1.2.3　消防泵泵体开裂、裂纹，盘根漏水严重。

1.2.4　应急消防泵驱动电动机仅能由主电源供电。

1.2.5　未按检验规则要求设置隔离阀，隔离阀设置位置不正确。

1.2.6 消防管锈蚀严重,局部洞穿,或仅做临时性包扎处理。

1.2.7 消防水枪为非水雾/水柱两用型,见图1-4-16。

1.2.8 消防水带为非船检认可产品,消防水带局部破损、接头处漏水,见图1-4-17。

1.2.9 消防水带接头与消防栓接口不匹配,消防栓损坏、生锈卡死,见图1-4-18。

1.2.10 船长大于或等于60m渔船未配备国际通岸接头,配件不全。

1.2.11 消防水带箱内未配备消防水枪,见图1-4-19。

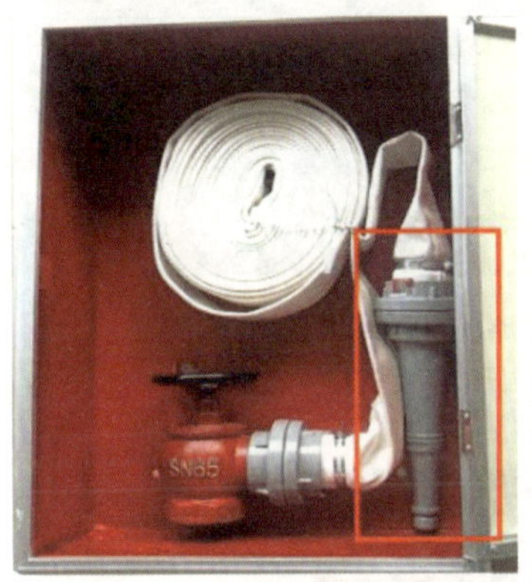

图1-4-16 非两用型水枪

图1-4-17 消防水带破损漏水

图1-4-18 消防栓生锈卡死

图1-4-19 消防水带箱内未配备消防水枪

1.2.12 消防水带箱随意堆放,没有在正确位置固定安装,见图1-4-20、图1-4-21。

图1-4-20 消防水带箱堆放在杂物间

图1-4-21 未固定安装且无消防水带、水枪

1.2.13　船长大于或等于45m的未按规定配备固定水灭火系统。

1.2.14　消防水泵进、出口管路使用塑料管，见图1-4-22。

图1-4-22　进、出口管路使用塑料管

1.2.15　消防水带与接扣未连接，见图1-4-23。

图1-4-23　消防水带与接扣未连接

2　灭火器

2.1　排查要点

2.1.1　船上配备的灭火器是否为船检机构认可产品，可以从灭火器壳体上有无张贴"CCS"标签来确定，见图1-4-24～图1-4-27。

2.1.2　船上配备的灭火器数量是否满足在"渔船安全证书（检验证书）"中所标注的要求，并且是否配备了相同数量的备用灭火器。

2.1.3　灭火器的布置位置是否符合检验规则的相应要求，并且与"防火控制图或消防设备布置图"所标识的相一致，见图1-4-28。

2.1.4　灭火器是否存在灭火剂过期、压力不足、空瓶等情况。

2.1.5　灭火器喷嘴组件是否存在老化、皲裂、断裂等以及连接接头存在松动情况，见图1-4-29。

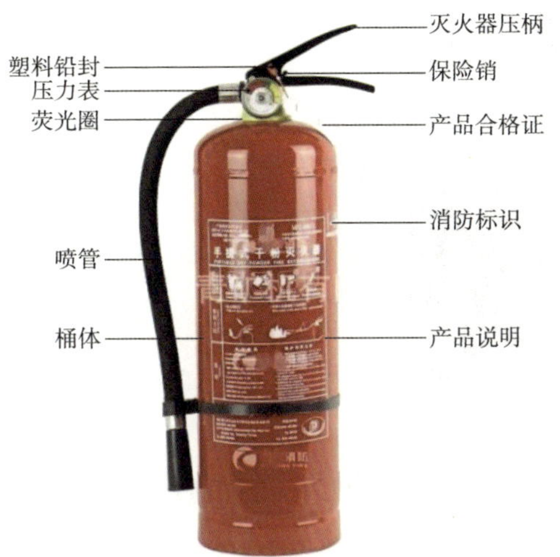

图 1-4-24 手提式干粉灭火器结构示意图

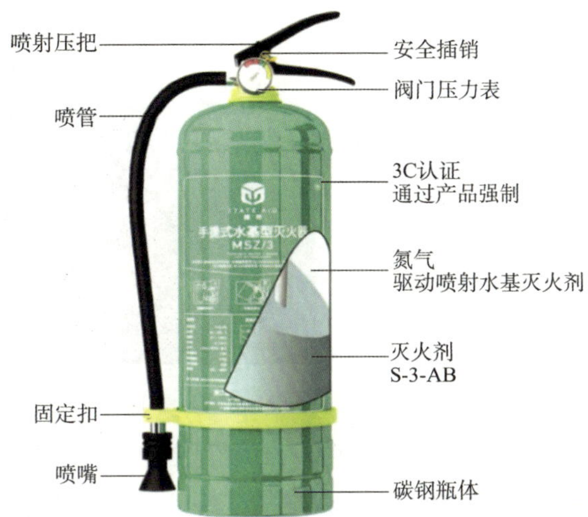

图 1-4-25 手提式水基灭火器结构示意图

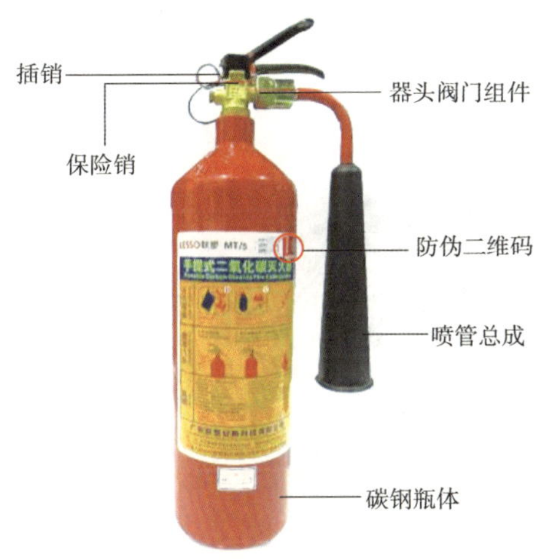

图 1-4-26 手提式二氧化碳灭火器结构示意图

图 1-4-27 推车式灭火器机构示意图

图 1-4-28 灭火器的固定

图 1-4-29　灭火器喷管老化龟裂

2.1.6　灭火器筒体及其底部是否存在严重锈蚀，或因锈蚀出现小坑、凹痕、片状麻点、锈蚀沟、槽等情况，如锈蚀超过容器壁厚 10%，应由认可单位进行水压试验，以确定是否应更换。

2.1.7　压力表是否存在变形、损伤等缺陷，压力显示是否在正常范围（正常范围指示在绿色区内），见图 1-4-30。

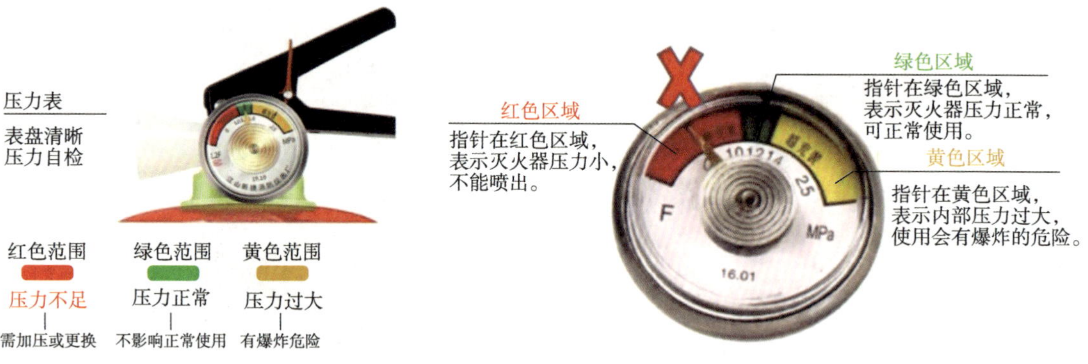

图 1-4-30　压力表压力指示

2.1.8　灭火器的压把、阀体等金属件是否存在严重损伤、变形、锈蚀等影响使用的缺陷，见图 1-4-31。

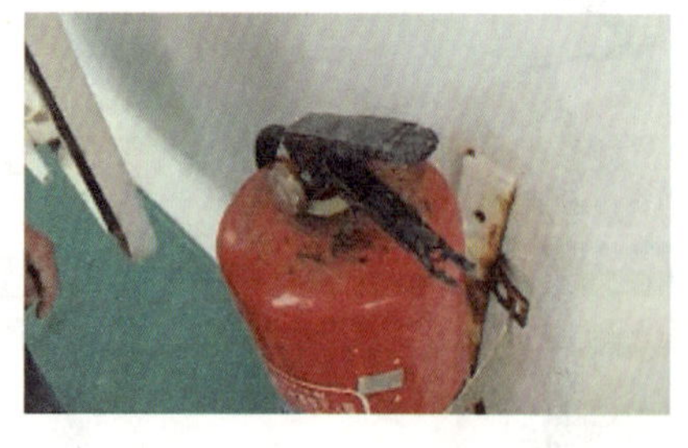

图 1-4-31　灭火器压把锈蚀、压力表损坏

2.1.9　灭火器的安全插销是否处于即刻可拔出状况。

2.1.10　大型灭火器的走车机构和架子是否能正常推行，强度是否足够，喷管、喷头状况是否良好。

2.1.11 灭火器是否按规定的间隔期间由认可的检修单位进行了定期维护保养，简体上是否按规定贴了相应的维修标牌，船上是否留存了相应的维护保养报告，并与实际相一致。

2.1.12 船上是否由专人对灭火设备进行间隔不超过3个月一次的定期检查，是否将检查情况如实记录在渔船消防安全记录表和灭火器所附的标签上，并签署检查日期和检查人姓名。

2.2 常见隐患

2.2.1 手提式灭火器为非船检机构认可的船用产品；

2.2.2 未配备备用手提式灭火器，或灭火剂过期、失效；

2.2.3 灭火器喷管老化、龟裂，筒体(把手)锈蚀严重；

2.2.4 船长大于或等于30m的钢质渔船未按检验规则要求配备45L的泡沫型灭火器或等效物；灭火剂过期、失效；

2.2.5 船长大于或等于60m的钢质渔船的锅炉舱未配备135L的泡沫型灭火器或等效物；灭火剂过期、失效；

2.2.6 手提式灭火器的数量、存放位置与“防火控制图或消防设备布置图”不符，见图1-4-32；

2.2.7 未按要求对灭火器进行认可的维护保养、过期；

2.2.8 灭火器存放处所未粘贴灭火器反光标贴，见图1-4-33；

2.2.9 灭火器压力不足或压力过大，见图1-4-34；

图1-4-32 灭火器随意堆放

图1-4-33 灭火器存放处正确粘贴反光标贴

图1-4-34 灭火器压力不足

2.2.10 灭火器未正确安装固定，或集中存放，或被捆绑、锁住，见图1-4-35。

3 探火与失火报警系统(仅限船长大于或等于60m的渔船)

3.1 排查要点

3.1.1 是否按渔船建造日期、船种、总吨的要求，设置了固定式探火与失火报警系统或手动报警系统，见图1-4-36～图1-4-38。

图 1-4-35　灭火器集中存放

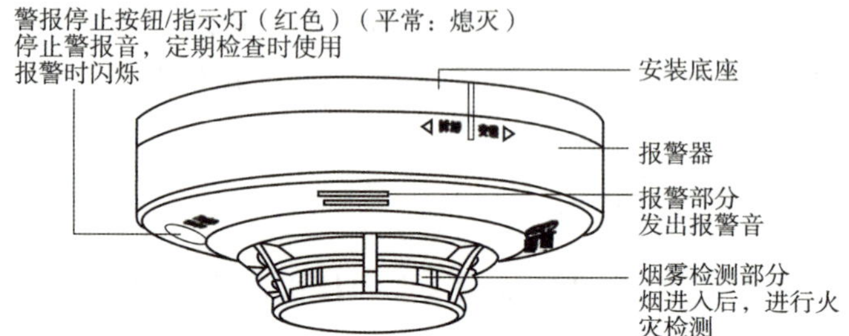

图 1-4-36　感烟探测器结构示意图

图 1-4-37　感烟探测器工作正常

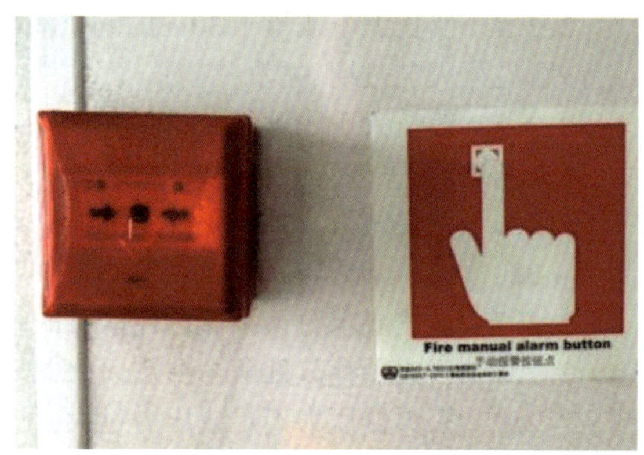

图 1-4-38　手动报警按钮完好无损

3.1.2　对照“探火与失火报警系统图”或“探火与失火报警布置图”或“防火控制图”，以及在检验证书中标注的数据，是否与实际安装的控制板、复示器、手动报警按钮、探测器的数量、位置、类型等相一致。

3.1.3　通过控制板上的自查按钮，检查系统是否正常。

3.1.4　通过切换控制板上安装的电源开关或外围电源供电，确定供电电源能否自动转换。

3.1.5　切断供电电源、拧出探测器、启动手动报警按钮，在其控制板上能否发出声、光故障报警，并且显示或标识的位置是否与实际安装位置相一致。

3.1.6　拧出探测器、启动手动报警按钮，在其控制板上发出声、光故障报警，在未消音的情况下，在 2min 内是否能启动通用警铃，向全船发出声响报警。

3.1.7　应使用配套的试验工具定期试验探测系统的功能，以保持其应有的功能要求。如船上未配备配套的试验工具，对于感烟探测器，可以采用点烟方式进行模拟试验，感温型探测器，可以采用电吹加热方式进行模拟试验，光电感光探测器可以采用遮光板进行模拟试验，能否发出声、光故障报警，见图 1-4-39、图 1-4-40。

3.1.8　检查手动报警按钮面板玻璃是否完整，附装的小锤是否缺失或锈蚀严重，见图 1-4-41。

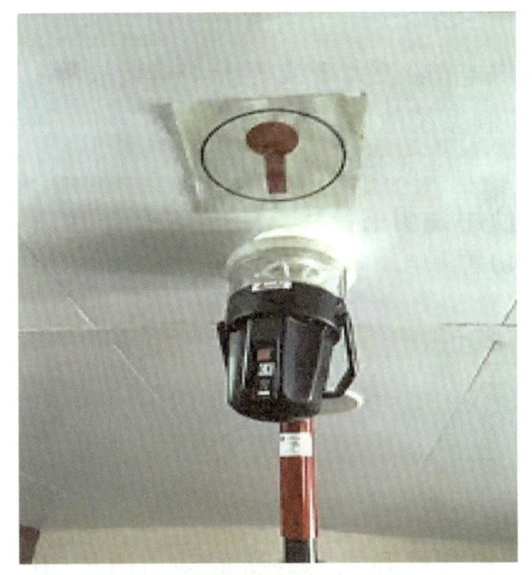

↑ 图 1-4-39　使用配套的试验工具进行试验探测

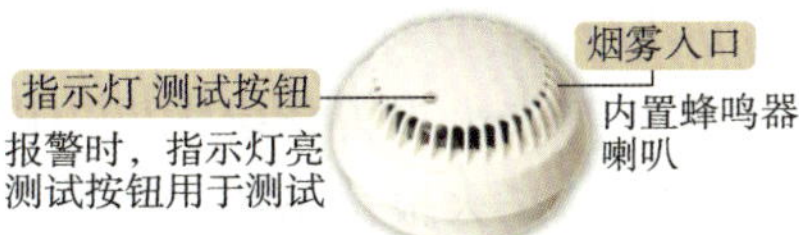

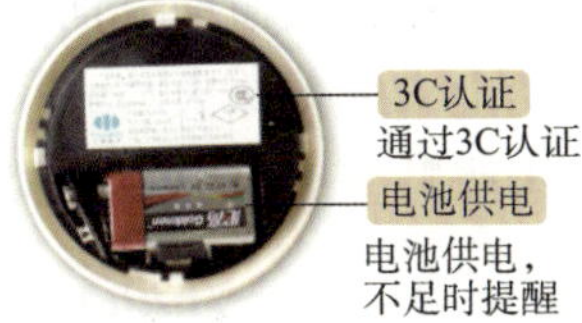

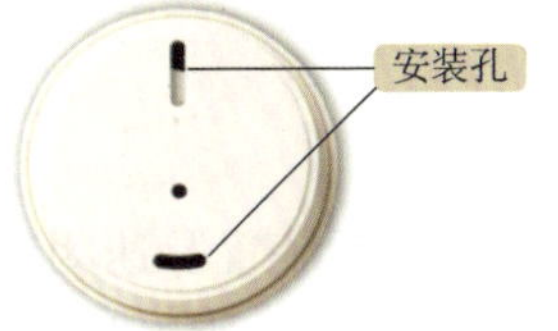

↑ 图 1-4-40　探测器检查

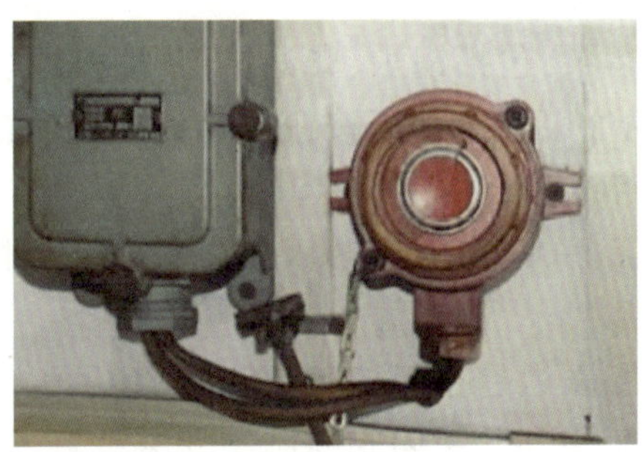

↑ 图 1-4-41　手动报警按钮

3.1.9　在整个营运期间,报警系统是否处于正常开机状态,见图 1-4-42。

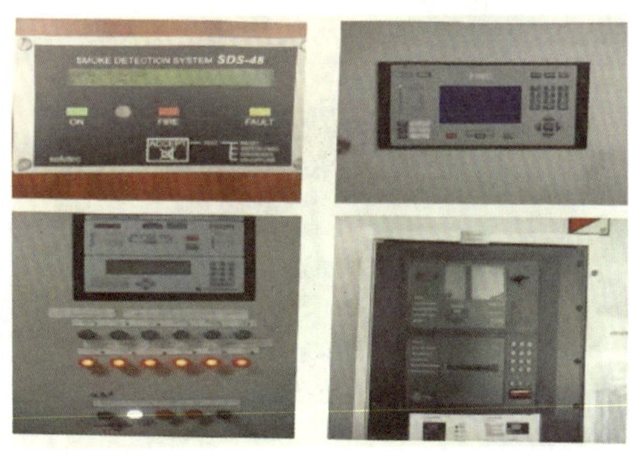

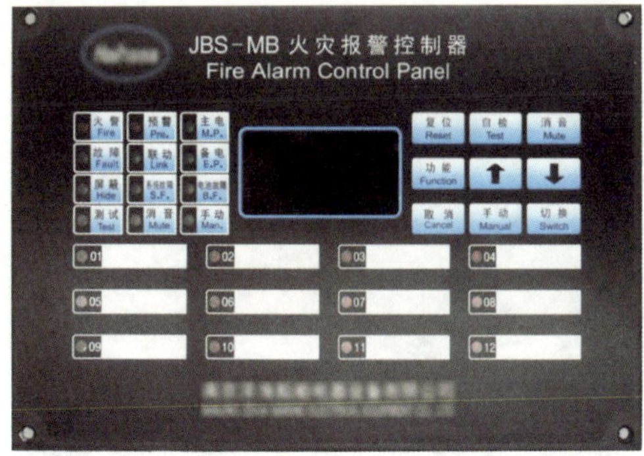

↑ 图 1-4-42　探火与失火报警系统

3.1.10　船上是否配备了探火与失火报警系统操作说明书。

3.2　常见隐患

3.2.1　未按检验规则要求设置探火与失火报警系统,未在规定的位置设置探火与失火报警系统的手动按钮；

3.2.2　探火与失火报警系统无应急电源供电（船长大于或等于45m）、故障；

3.2.3　探火与失火报警系统的探测器、控制系统故障；

3.2.4　手动报警按钮玻璃面板缺失、破损、手锤或复位工具缺失；

3.2.5　船上未配备探火与失火报警系统使用说明书；

3.2.6　未张贴探火与失火报警系统操作规程。

4　燃油、滑油与其他易燃油类的布置

4.1　排查要点

4.1.1　风油切断装置及速闭阀

4.1.1.1　起居处所、服务处所、鱼舱处所、控制站和机器处所的动力通风，在其服务的处所外面附近是否装设了风机紧急切断按钮或装置，通过实际测试检查其功能是否正常。在切断装置上或其旁边是否标明了相应的标识。

4.1.1.2　机器处所内的所有燃油驳运泵，包括锅炉、柴油机、分油机的燃油泵等，是否在机器处所外出入口旁设置了上述所指的油泵紧急切断按钮或装置，通过实际测试检查其功能是否正常，在切断装置上或其旁边是否标明了相应的标识。

4.1.1.3　是否根据渔船安放龙骨日期、总吨位、船种以及油柜种类和舱柜容量，在油柜燃油管上装设了速闭阀，见图1-4-43。

4.1.1.4　速闭阀箱内的启动压缩气瓶压力是否保持正常范围，其供气、启动管系是否存在漏气现象，气瓶是否设置在保护的处所之外。速闭阀控制箱安装位置及拉索贯穿孔是否破坏了舱壁的耐火完整性。

4.1.1.5　暴露在开敞处的拉索式速闭阀的拉手、拉索状况是否良好，见图1-4-44。

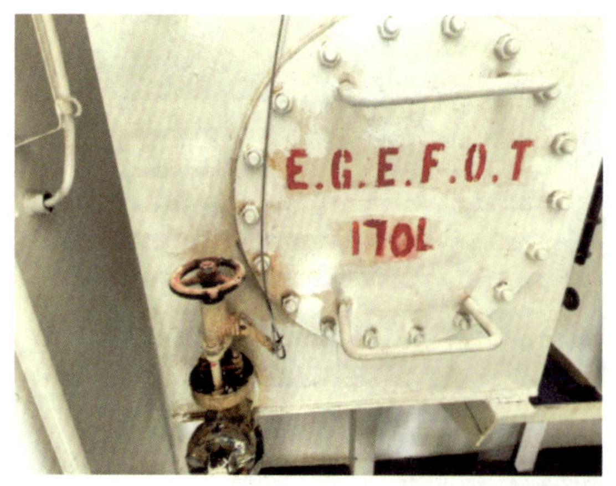

图1-4-43　速闭阀

图1-4-44　拉索式速闭阀的拉索及拉环

4.1.1.6　对速闭阀进行实际操作，是否存在拉索锈死、损坏、卡住等情况，气动速闭阀能否正常关闭。

4.1.1.7 在速闭阀拉手上或控制阀上是否标明了相对应的油舱(柜)标识。

4.1.2 油位计和测量管

4.1.2.1 油舱(柜)的油位计是否是船检机构认可的船用产品,油位计与油柜之间所装的阀是否为自闭阀。禁止使用圆柱形玻璃油位计,或使用塑料管替代。检查油位计连接接头处是否存在漏油或堵塞现象,平板玻璃表面是否被油污污染,导致无法看清实际油位,见图1-4-45。

4.1.2.2 设于机舱双层底的油舱测量管端口上自闭重力块是否缺失,端口下部是否设有用于防止测量管端口打开时,油可能从端口溢出的自闭控制旋塞,见图1-4-46。

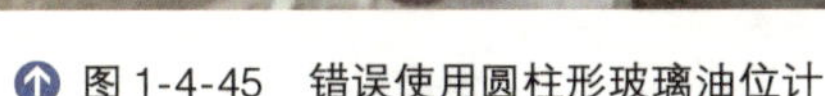

图1-4-45 错误使用圆柱形玻璃油位计

图1-4-46 油舱测量管端口自闭重力块缺失

4.1.3 高压燃油套管漏油报警装置,见图1-4-47。

图1-4-47 柴油机高压燃油管保护装置以及泄漏报警探测器

4.1.3.1　柴油机是否加装了高压燃油管套管管系和漏油报警装置，或者设置了防溅挡板。

4.1.3.2　高压燃油管套管管系或防护外壳是否存在被人为拆除的情况，见图1-4-48。

4.1.3.3　高压燃油管套管管系和漏油收集容器内是否被残油积住。

4.1.3.4　防溅挡板的强度是否能抗住漏油的冲击，其能否围住自高压油泵至喷油嘴之间的高压燃油管路。

4.1.3.5　直接向漏油收集容器倒入燃油进行测试，检查高压燃油管漏油报警是否能正常报警。

4.2　常见隐患

4.2.1　风(油)切断装置及速闭阀

4.2.1.1　机舱风(油)切断装置故障；

4.2.1.2　机舱部分油泵未接入风油切断控制系统，未在机舱间出入门外附近设置机舱风(油)切断控制按钮，仅设置在机舱间内；

4.2.1.3　机舱风(油)切断控制按钮保护玻璃(盖子)缺失；

4.2.1.4　机舱风(油)切断控制按钮旁无“风油切断”字样的标识；

4.2.1.5　油舱(油柜)速闭阀故障，见图1-4-49；

图1-4-48　柴油机高压燃油泄漏报警管系被人为拆除

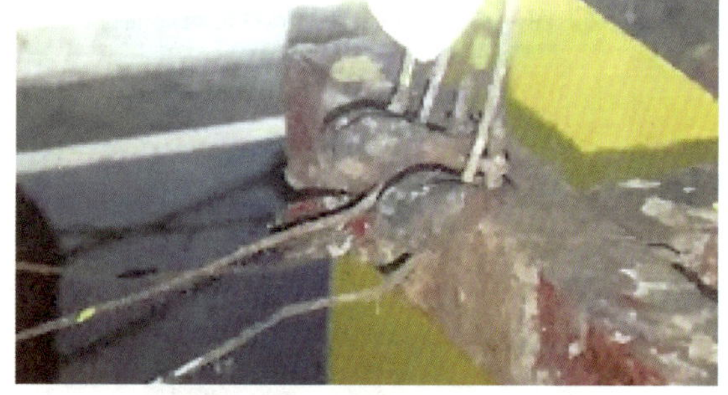

图1-4-49　速闭阀拉索锈蚀严重

4.2.1.6　机舱油舱(油柜)速闭阀驱动空气瓶无压力；

4.2.1.7　机舱油舱(油柜)速闭阀控制箱内控制阀(控制拉手)无油舱对应的标识；

4.2.1.8　机舱油舱(油柜)速闭阀驱动空气瓶设置在机舱内；

4.2.1.9　机舱油舱(油柜)速闭阀控制箱压缩空气驱动管系漏气；

4.2.1.10　机舱(应急发电机)油舱(油柜)燃油管上未按检验规则要求装设速闭阀。

4.2.2　油位计

4.2.2.1　机舱(应急发电机)油舱(柜)的油位计使用圆柱形玻璃油位计替代；

4.2.2.2　油舱(柜)的平板玻璃油位计旋塞为非自闭阀；

4.2.2.3　油舱(柜)的平板玻璃油位计被油黏附，无法看清油位；

4.2.2.4　油舱(柜)的平板玻璃油位计连接接头处漏油；

4.2.2.5　油舱(柜)使用塑料管替代油位计。

4.2.3 高压燃油管漏油报警装置

4.2.3.1 主机(柴油机)高压燃油管未设置漏油报警装置(或未采取适当的围蔽保护);

4.2.3.2 主机(柴油机)高压燃油管漏油报警信号未延伸至机舱集控站(驾驶室、轮机员处所);

4.2.3.3 主机(柴油机)高压燃油管漏油报警装置故障;

4.2.3.4 柴油机高压燃油管防护外壳被拆除(缺失);

4.2.3.5 主机高压燃油管的漏油集合管系被拆除(缺失);

4.2.3.6 多台发动机供油管路未相互隔离。

5 通风

5.1 排查要点

5.1.1 检查通风筒防火挡板或挡火闸的有效性,关闭挡板后,是否能达到适当气密,确定挡板是否与通风筒相匹配,挡板是否存在变形或锈蚀等情况,挡火盖板衬垫胶条是否完整,无脱落、老化或缺失等现象。

5.1.2 通风筒的防火挡板(或挡火盖板)是否存在锈死等情况,在挡板手柄或手轮旁是否标识了"开、关"字样。如果设有气控关闭装置,检查其是否有效可用。

5.1.3 通风管上装设的自动挡火闸是否是船检机构认可的船用产品,是否在分隔舱室(甲板)的限界面两面均设置了手动关闭拉索(或开关装置),检查其有效性。用打火机对热敏金属片进行加热,确认其自动关闭挡火闸的功能是否正常。

5.1.4 在开敞处的通风筒筒体部分是否存在局部锈蚀严重的情况,可用锤子对可疑处进行敲击,确认其锈蚀程度,并且检查确认其在强度、高度、水密性等方面是否能满足载重线方面的相应要求。

5.1.5 贯穿A级(B级)舱壁、甲板或处所的通风导管,是否进行了相应的耐火隔热处理或装设了自动挡火闸,管壁厚度是否达到相应的要求。如采用钢质套管对通风导管进行耐火隔热处理,套管的长度、厚度、耐火完整性是否满足相应的规则要求。具体可参阅"通风筒、排水舷口、泄水孔、进水口和排水口布置图""机舱和全船通风管系图"与通风导管的实际布置和耐火隔热处理进行对比。

5.1.6 贯穿起居处所或内含可燃材料的处所的厨房炉灶排气管道,其导管下端是否装设了挡火闸,船长大于或等于75m时是否装设了用于熄灭管道内火灾用的固定灭火装置,该灭火装置的灭火剂是否进行相应的检测或称重,并在有效期之内。厨房间是否安装了风机紧急切断按钮,并有效。

5.1.7 贯穿的舱壁、甲板的空调系统的回风管、新风管是否破坏了相应的耐火完整性。见图1-4-50。

5.1.8 厨房炉灶的排气管的检查

5.1.8.1 厨房炉灶的排气管道通过起居处所或内含可燃材料的处所时,是否按A级分隔建造。每根排气管道是否设有：集油器、挡火闸、在厨房内操纵的关闭抽风机的装置以及船长大于或等于75m时应设固定式灭火装置。

5.1.8.2 厨房炉灶的排气管道未通过起居处所或内含可燃材料的处所，而直接通至开敞甲板的，需在排气管的出口端装设防火挡板或风雨密罩盖，并满足载重线方面的相应要求。

5.2 常见隐患

5.2.1 船长大于或等于30m时，贯穿起居处所(应急发电机间)的机舱通风导管紧靠其限界面处上未设自动挡火闸，并且在挡火闸以外5m长度内未用绝缘材料对通风导管做A-60级耐火隔热处理(或对整段贯穿处所的通风导管用绝缘材料对通风导管做A-60级耐火隔热处理)；

5.2.2 船长大于或等于30m时，净横截面积超过0.075m^2的某处通风导管贯穿A-X级舱壁(甲板)未设自动挡火闸(或对穿的通风导管用绝缘材料做A-60级耐火隔热处理)；

5.2.3 贯穿需做隔热处理处所的通风导管套管未用隔热绝缘材料做A级耐火隔热处理；

5.2.4 通风筒筒体锈蚀严重，局部锈穿；

5.2.5 通风筒防火挡板(盖板)局部锈穿，变形，关闭时未能达到适当气密，见图1-4-51；

图1-4-50 贯穿通风筒破坏舱壁的耐火完整性，通风筒使用白铁皮

图1-4-51 通风孔无法从外部关闭

5.2.6 通风筒防火挡板(盖板)锈死，通风筒防火挡板与筒体不匹配，关闭时达不到适当气密；

5.2.7 通风筒防火挡板(盖板)“开”“关”未标识，见图1-4-52；

5.2.8 机舱间通风筒防火挡板气控关闭装置故障(如有)。

6 消防员装备

海洋渔业船舶的消防员装备(图1-4-53)的配备要求参见表1-4-3，技术参数参见表1-4-4：

图 1-4-52　挡板手轮旁没有标识“开、关”字样

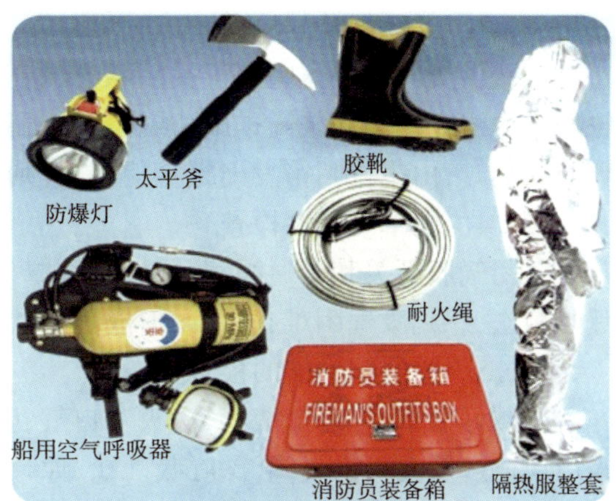

图 1-4-53　消防员装备

消防员装备配备表　　表 1-4-3

渔船尺度	配备数量	备注
$L \geqslant 60m$	2 套	符合《国际消防安全系统规则》的规定并认可；贮藏在易于到达的位置，且位置应有永久性的清晰的标志。2 套及以上时应尽量相互远离
$45m \leqslant L < 60m$	1 套	
$L < 45m$	不要求	—

消防员装备技术参数表　　表 1-4-4

序号	名称	技术参数
1	防护服	铝箔复合阻燃材料，$10kW/km^2$ 辐射热源照射 30s 后，其内表面温升不大于 25℃
2	空气呼吸器	气瓶工作压力 30MPa
3	耐火绳	30m
4	防爆灯	照射时间大于 3h
5	太平斧	绝缘耐压
6	安全头盔	耐穿刺
7	消防靴	防滑、抗穿刺、耐酸碱
8	安全带	—

6.1　排查要点

6.1.1　气瓶压力的检查

将供气阀和旁通阀关闭，打开气瓶阀，查看高压表指针读数，要求气瓶内压缩空气压力保持在 28～30MPa 范围之内，即压力表指针在刻度盘绿色区之内，超出绿色区范围时应进行再充气。

6.1.2　系统气密性的检查

确认供气阀和旁通阀均处于关闭状态，打开气瓶阀，观察压力表的读数，稍后再关闭气瓶阀，如果在几分钟之内压力表读数无明显下降，表明系统气密性良好。

6.1.3　低压报警的检查

确认供气阀和旁通阀处于关闭状态，打开气瓶阀，稍后关闭，然后慢慢地转动旁通阀手轮使管内留存的空气缓慢排出（或轻轻按动供气阀膜片），观察压力表读数变化，当压力降至4～6MPa时，由报警哨笛发出报警信号，否则报警哨笛存在故障。

6.1.4　面罩气密性检查

关闭气瓶开关和旁通阀，佩戴好全面罩（或用手掌心捂住面罩），用脸紧靠面罩接口，深呼吸数次，感到吸气困难，面罩内形成负压状，双手松开面罩不脱落，证明面罩气密性良好。

6.1.5　供气阀功能的检查

佩戴好面罩，打开气瓶阀，深吸一口气，听到“啪”的一声，供气阀气门打开供气，屏住呼吸后应能自动关闭供气阀，深呼吸几次，如果吸气和呼气均舒畅无不适感觉则说明供气阀正常。再打开旁通阀开关，面罩内应有股连续气流供气，说明旁通阀功能正常。

6.1.6　其他项目的检查

6.1.6.1　背带和面罩头带是否完好。

6.1.6.2　气瓶定位是否正确，并牢靠地固定在背托上。

6.1.6.3　高压管路和中压管路是否存在纽结或其他损坏。

6.1.6.4　全面罩的面窗是否清洁明亮。

6.1.6.5　防护服与呼吸器面罩是否相匹配。

6.1.6.6　防护服是否存在发霉、老化、隔热铝箔局部脱落等情况。

6.1.6.7　安全灯、太平斧、头盔、消防靴、耐火救生索是否齐全有效并存放整齐。

6.1.6.8　消防员装备是否成套存放在一起，并且与“防火控制图”标识的位置一致。存放位置是否有永久性的清晰标志。

6.1.6.9　配备的消防员装备数量是否满足规则要求，是否配备了相应数量的备用气瓶，是否按规定的间隔期对气瓶进行了检测。

6.1.6.10　消防员装备中的太平斧手柄是否满足高电压绝缘要求。要求应配备图1-4-54所示的船用高电压绝缘太平斧。

6.1.6.11　配备的消防员防爆无线电话机在穿着消防服时是否能正常使用。普通防爆无线电话机虽然满足相应的防爆等级和持有相应的“防爆合格证”“船用产品证书”，但是当消防员穿戴上呼吸器、消防头盔和手套后，声音无法有效传播，使用普通防爆对讲机无法进行正常通话。因此，为满足消防员能正常通话和解放双手，目前市面上出现了与防爆双向便携式无线电话机相配套的头骨传导和喉震传导防爆耳麦，利用头骨或喉头的震动来传导说话声，见图1-4-55。

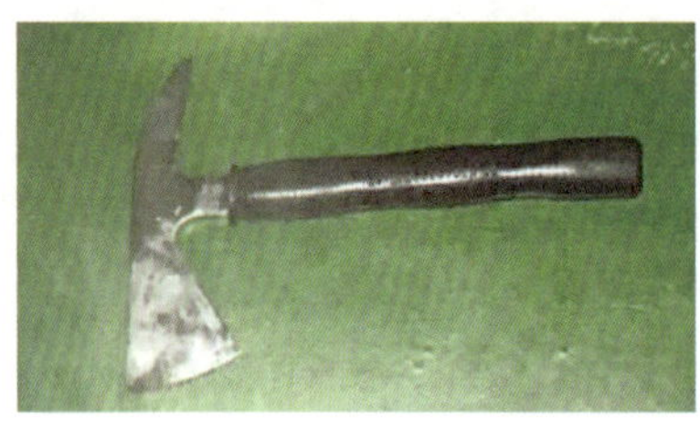

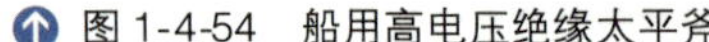

图1-4-54　船用高电压绝缘太平斧

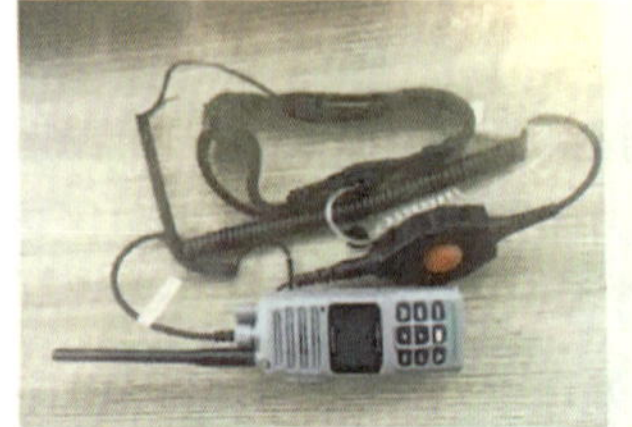

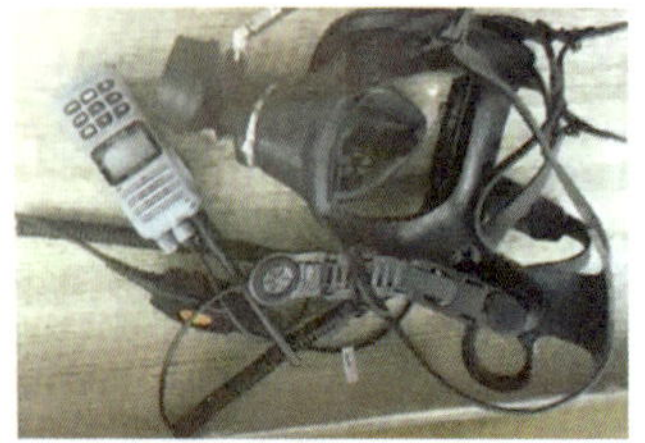

图1-4-55　头骨传导和喉震传导防爆耳麦

6.1.6.12 耐火救生索是否配备,外观有无破损,内芯钢丝是否拉丝、断裂。

6.1.7 注意事项

拔快速接头时,不要带气压拨开,应关闭供气阀,打开旁通阀(或按压供气阀转换开关),将呼吸器内残留气体放出后,再拔快速接头,以免伤人。

6.2 常见隐患

6.2.1 消防员装备配备数量不足,未配备消防员装备备用气瓶、数量不足,存放位置不便于到达(船长≥45m)。

6.2.2 消防员装备的呼吸器气瓶压力低于额定工作压力。

6.2.3 消防员装备的呼吸器低压报警故障,呼吸器呼气阀故障。

6.2.4 消防员装备的呼吸器面罩损坏(老化、模糊不清)。

6.2.5 消防员装备未整套存放在一起。

6.2.6 消防员装备的呼吸器输气管系漏气。

6.2.7 消防员装备个人配备(防护服、消防靴、头盔、安全灯、太平斧等)缺失(损坏),消防员装备的安全灯未装电池。

6.2.8 消防员装备的防护服局部破损(发霉、老化),消防员装备的防护服外表隔热层局部脱落,消防员装备的防护服与呼吸器尺寸不匹配。

6.2.9 消防员装备存放处所没有设置应急照明。

6.2.10 消防员装备未存放于“防火控制图”所指定的位置,或存放位置缺少永久性的清晰的标志。

7 防火控制图或消防设备布置图

船长大于或等于45m的海洋渔船应配备“防火控制图”,船长小于45m可使用“消防设备布置图”。

7.1 排查要点

7.1.1 核对船上消防设施(设备)存放(设置)位置与“防火控制图或消防设备布置图”中所标注的内容是否相一致。

7.1.2 船长大于或等于45m渔船,是否在驾驶台、生活区主通道或其他公共处所之一,固定展示“防火控制图”(或以每个高级船员人手1本,另有1本放于船上易于到达可随时取用的地方的手册形式替代)。

7.1.3 检查“防火控制图或消防设备布置图”标识的内容是否清楚。

7.1.4 “防火控制图或消防设备布置图”是否经船检机构审核批准。

7.1.5 是否根据船上实际配备的消防设备和装置,编制了灭火设备的保养及操作说明书。

7.1.6 船长大于或等于45m的渔船,检查甲板室外存放筒内是否存有“防火控制图”,且状况良好,见图1-4-56。

7.1.7　职位船员是否能熟练查阅本船“防火控制图或消防设备布置图”。

7.2　常见隐患

7.2.1　船上消防设施(设备)存放(设置)位置与“防火控制图或消防设备布置图”中所标注的要求不一致。

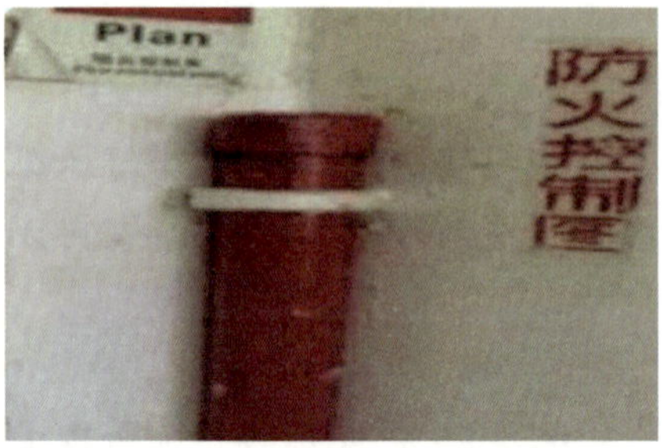

图 1-4-56　室外的防火控制图存放筒

7.2.2　“防火控制图或消防设备布置图”部分内容褪色,无法看清楚。

7.2.3　“防火控制图或消防设备布置图”未经船检机构审核批准。

7.2.4　船上未编制灭火设备的保养及操作说明。

7.2.5　船长大于或等于 45m 渔船,在甲板室外的存放筒无明显标志、非风雨密或筒内没有防火控制图。

8　火灾隐患

8.1　排查要点

8.1.1　液化气灶的使用是否满足相关安全要求,是否在船上自行增设了未经船检机构认可的液化气灶。使用液化气灶的厨房,其结构、布置是否满足相应的要求。

8.1.2　油漆间安装的电气设备是否满足危险处所的相关要求,是否在油漆间设置了相应的灭火设施。

8.1.3　船上是否存在火灾隐患,如乱拉电线,电气设备发生非正常发热,未遵守吸烟制度,乱堆放可燃杂物,配电系统绝缘值过低,液化气输气管老化等。

8.1.4　电取暖器是否固定装设,且不准使用明火取暖。

8.1.5　气瓶是否按规定涂刷识别色漆,并以清晰字迹标明瓶内品名及其化学分子式,且应固定;易燃、危险气体的气瓶和空瓶,应存放并固定于开敞甲板,应防护气瓶不受过大的温差变化,见图 1-4-57。

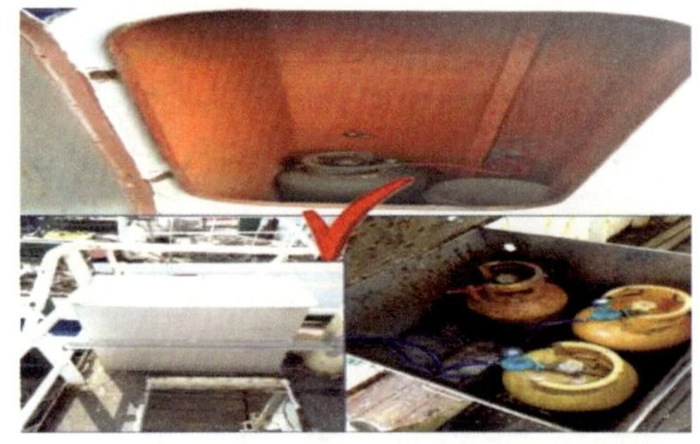

图 1-4-57　气瓶放在室外独立处所,要有良好的通风和遮挡并固定

8.1.6　存放易燃气体处所,除工作必需外,不得装设电线及电气设备,并进行热源隔离,将“禁止吸烟”“禁止明火”的告示标在明显之处。不同类型的压缩气体是否分开存放。

8.1.7　输油管系是否存在滴、漏、冒等情况,机舱舱底污油水是否过多,油柜、主辅机排烟管上包扎的隔热材料是否被油渗入严重,机舱花甲板表面是否存在污油,机器表面残油是否未清除。

8.1.8　泄油管是否被堵住,而导致集油盘积满残油,见图1-4-58。

8.2　常见隐患

8.2.1　液化气炉灶

8.2.1.1　贯穿起居处所的厨房炉灶排气管上未设置集油器、下端未设置挡火闸。

8.2.1.2　船长大于或等于75m渔业船舶,未设置用于对贯穿起居处所的厨房炉灶排气管灭火的固定灭火装置。

8.2.1.3　液化气炉灶的输气软管老化,装设的液化气瓶炉灶无火焰熄灭自动关闭装置。

8.2.1.4　液化气瓶存放在房间内,见图1-4-59。

图1-4-58　集油盘积满残油、隔热材料被残油侵蚀

图1-4-59　液化气瓶存放于室内

8.2.1.5　未装设用于紧固并能快速脱开的液化气瓶瓶箍,见图1-4-60。

8.2.2　火灾隐患

8.2.2.1　机舱分油机(油柜)下方油槽积存大量残油。

8.2.2.2　机舱间堆积可燃杂物,含油抹布等易燃物品随意丢弃、存放,靠近主机、烟道等热源,见图1-4-61。

图1-4-60　液化气瓶未按规定加以固定

图1-4-61　含油抹布放在机器旁

8.2.2.3 氧气和乙炔气瓶存放在一起(同一处所),氧气瓶存放间与乙炔瓶存放间之间舱壁存在缝隙(孔)。

8.2.2.4 船上未设置专用油漆间,且船上堆积有油漆桶。

8.2.2.5 主、辅机供油单元表面残油过多,舱底污油水或积油严重。

8.2.2.6 高温蒸汽管系裸露。

8.2.2.7 电取暖器未固定设置,且距离可燃物较近。

9 结构防火

9.1 排查要点

9.1.1 舱壁、甲板耐火完整性的检查

9.1.1.1 根据渔船安放龙骨日期、船长、渔船种类等要素初步确定处所之间舱壁的耐火分隔等级,如对分隔等级有怀疑,可以查阅船上留存的“防火区域划分图”“全船绝缘布置图”“防火控制图或消防设备布置图”的具体细节要求。

9.1.1.2 在舱壁上的各种开口是否用钢板进行了密封环围处理,如设置于机舱棚上的速闭阀箱、消防箱背面的开口,是否存在未用钢板围住开口,或仅使用白铁皮覆盖处理。

9.1.1.3 舱壁上敷设的绝缘材料是否是船检认可产品,其厚度、接缝、固定方法、完整性以及敷设面等是否与“防火结构典型节点图”的要求相一致。特别是固定方式,应使用金属碰钉和弹性压圈固定,还需注意碰钉分布密度,低质量渔船普遍存在将绝缘材料直接衬于舱壁上,用白铁皮覆盖的处理方法,存在漏铺、厚度不足、不完整等诸多问题,完全达不到按《国际耐火实验程序应用规则》中对A级舱壁的实验要求。

9.1.1.4 绝缘材料铺设的舱壁面,是否与“全船绝缘布置图”中所要求的相一致。

9.1.1.5 绝缘材料在结构交接点和终止点的热传递是否按“防火结构典型节点图”所要求进行了延伸处理。

9.1.1.6 需注意舱壁上设置的各种控制箱、油柜、水舱等背面,是否存在漏铺或未能达到耐火等级的要求。如隔热材料敷设在机舱棚舱壁外部,往往存在隔热材料敷设的结构形式不符合要求,以及走廊天花顶上部的舱壁漏敷的现象,需拆除天花顶上的照明灯具以便检查确认。见图1-4-62和图1-4-63。

9.1.1.7 要求达到A级以上耐火完整性的甲板,是否铺设了甲板基层敷料,其铺设的厚度是否达到规定要求,是否存在漏铺现象,特别需注意二氧化碳气瓶组或应急发电机下部是否存在漏铺。铺设的甲板敷料是否存在开裂、起弯等强度不足现象。

9.1.1.8 厨房炉灶与舱壁之间是否至少隔开150mm,并与炉灶相对的舱壁上是否敷设了绝热材料,并外包镀锌铁板。

9.1.1.9 贯穿A、B级耐火舱壁或甲板的电缆筒(管),是否使用相应耐火等级的电缆填料函做耐火填充处理,不允许用橡皮泥作为填料函使用,见图1-4-64。

9.1.1.10 主要或全部以木材或玻璃纤维增强塑料建造的渔业船舶,主、辅机和厨房烟囱与船体结构之间应采取适当的隔热措施,机器处所的地板应采用钢质或其他不燃材料。

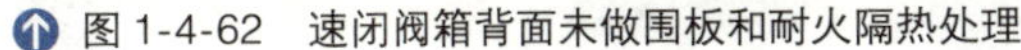

图 1-4-62　速闭阀箱背面未做围板和耐火隔热处理

图 1-4-63　走廊天花顶上部的舱壁漏敷耐火材料

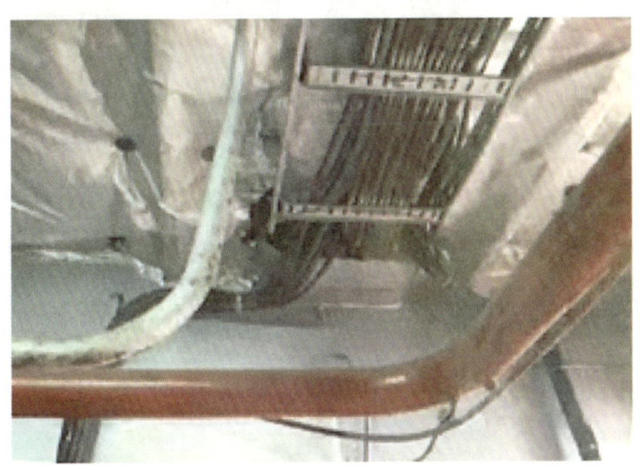

图 1-4-64　贯穿二氧化碳间 A 级舱壁的电缆贯穿件正确采用了相应耐火等级的填料函进行密封

9.1.2　脱险通道的检查

9.1.2.1　根据渔船种类、船长以及安放龙骨日期，确定是否设置了符合检验规则要求的脱险通道。

9.1.2.2　脱险通道是否通至机舱最底层，出口门或盖板是否能内外开启。

9.1.2.3　脱险通道内是否设置了主、应急照明，并且灯具完整，工作正常。

9.1.2.4　入口门是否使用与脱险通道周围耐火等级相应的防火门，防火门自闭器工作是否正常。

9.1.2.5　通道周围是否存在各种洞、孔、空隙等情况。

9.1.2.6　是否有主、辅机排烟管等穿过脱险通道。

9.1.2.7　脱险通道内部环围是否达到规则要求的最小尺寸，需注意出口处围板尺寸也应满足最小尺寸要求。

9.1.2.8　是否对整条脱险通道用钢质环围做完整的防火遮蔽，见图 1-4-65。

9.1.2.9　是否用钢板（B 级板）对起居处所内梯道的环围进行了分隔处理，整个环围是否能达到适当的气密，不允许存在孔、缝隙、开口或焊接不完整等情况。每层独立分隔的内梯道，是否在每层均装设了梯道防火门。

9.1.2.10 脱险通道是否按规范设置了逃生指示标志，且通道畅通、无杂物堆放，见图 1-4-66。

图 1-4-65 未用钢质环围对整条脱险通道做完整的防火遮蔽

图 1-4-66 脱险通道畅通

9.1.3 防火门的检查

9.1.3.1 检查进出生活处所内梯道、机舱间及其脱险通道的防火门上是否安装了自闭器，是否存在自闭器被人为拆除或脱开的情况。门背上是否设有普通的背钩，或用绳索拉住，使防火门未能处于常闭状态。开闭一下防火门，查看防火门是否能达到自闭功能，见图 1-4-67。

9.1.3.2 查看防火门的铭牌，其标识的耐火等级是否达到其所在舱壁或环围的耐火等级要求，见图 1-4-68。

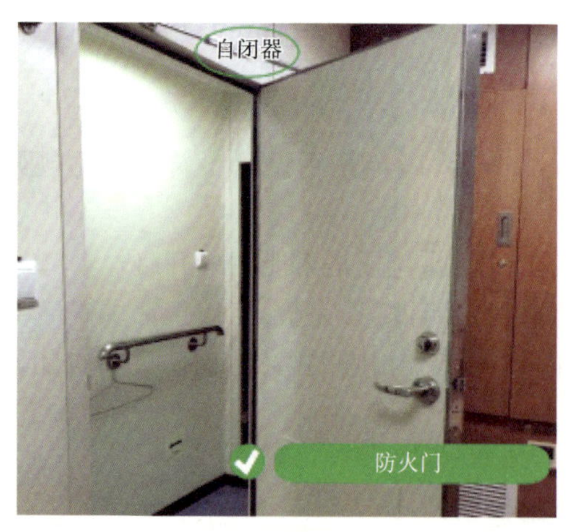

图 1-4-67 自闭试防火门完好

图 1-4-68 厨房门未使用符合规范要求的防火门

9.1.3.3 查看防火门及门框的状况是否良好，是否存在局部变形、洞穿以及把手缺失、损坏等情况，关闭后能否保证适当气密要求。

9.1.3.4 是否采用连续焊的方法将防火门门框安装在舱壁或环围上。不应采用螺栓或铆钉固定的方式安装防火门，这种安装方式未能使防火门与舱壁之间达到气密和牢固的要求。见图 1-4-69。

9.1.3.5 是否存在使用木质门、外包铁皮的木质门以及风雨密门替代防火门的情况，见图 1-4-70。

图 1-4-69 防火门采用螺栓或铆钉固定方式

图 1-4-70 驾驶室通道使用木门替代防火门

9.1.3.6 船员卧室门是否使用设有紧急逃生口的防火门。

9.1.3.7 是否存在用设有逃生口的船员卧室门替代生活处所梯道的防火门。

9.1.3.8 防火门及其自闭器是否是船检机构认可的船用产品，可从其铭牌或自闭器上的"CCS"标识来确定。

9.1.3.9 在机器处所和应急消防泵及其动力源处所之间（通常是应急消防泵及其动力源在舵机间，机舱与舵机间）开有通道的情况，见图 1-4-71：

(1)机舱与舵机间开有的通道是否为气锁通道；

(2)该通道的 2 扇门是否为自闭式，自闭器是否完好有效；

(3)2 扇门是否完好，能使该通道形成气锁通道；

(4)水密门液压、手动功能和报警是否正常。

图 1-4-71 机舱与舵机间的水密门

9.1.4　窗的检查

9.1.4.1　机舱天窗上是否镶有玻璃，除非天窗上永久性附装了钢质盖板。天窗围板是否良好，锈蚀严重处，可以用锤子敲击，除去锈皮或敲出破洞，以确定其锈蚀程度和范围。天窗连接螺栓是否齐全，连接处衬条是否完好。天窗盖是否存在变形、锈穿、紧固螺栓缺失、铰链锈蚀、胶条老化脱落等情况。

9.1.4.2　对于大的机舱天窗不应使用葫芦使天窗处于拉起状况。气动关窗装置关闭系统是否处于正常工作状态，并能在机舱外关闭。

9.1.4.3　A 类机器处所的限界面上是否设有窗（舷窗）。

9.1.5　舱壁、围壁开口的检查

9.1.5.1　与机舱直接相通的烟囱围壁上的百叶窗开口是否附装有关闭装置，关闭后能否达到适当气密可以从烟囱围壁内往外看，是否存在透光情况。见图 1-4-72 和图 1-4-73。

9.1.5.2　与机舱相通的烟囱围壁是否锈蚀严重，特别需注意围壁下部。

9.1.5.3　与机舱隔离的烟囱平台，是否存在局部锈穿情况，或主辅机排烟管贯穿上述平台处留存的空隙未经密封处理。

图 1-4-72　百叶窗开口未附装有关闭装置

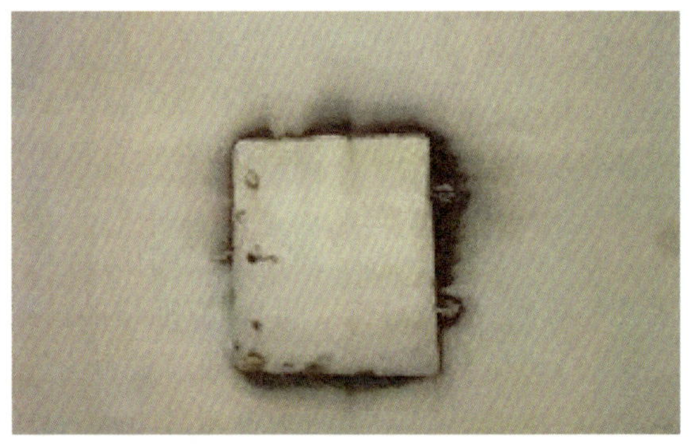

图 1-4-73　百叶窗开口未能达到适当气密

9.1.5.4　二氧化碳间、电瓶间、内梯道的环围、舱壁等处是否存在各种贯穿件开口、缝隙、孔洞、漏焊等未能保证气密的情况。

9.2　常见隐患

9.2.1　舱壁、甲板

9.2.1.1　铺设于舱壁的隔热绝缘材料为非船检机构认可材料。

9.2.1.2　要求为 A-0 级以上要求的舱壁未用绝缘材料做耐火隔热处理。

9.2.1.3　应急发电机组（二氧化碳间瓶组）下部部分甲板上未用甲板敷料做耐火分隔处理。

9.2.1.4　铺设于舱壁的绝缘材料其完整性、厚度、方式和绝缘节点的处理等布置情况与船检机构设计图纸不一致，未能满足相应的耐火分隔等级要求。

9.2.1.5　铺设于舱壁绝缘材料局部缺损（脱落）。

9.2.1.6　未用绝缘材料对舱壁扶强材做耐火包裹处理。

9.2.1.7　铺设于舱壁上耐火绝缘材料使用塑料铆钉固定,用于固定耐火绝缘材料的金属钉使用胶水固定。

9.2.1.8　设置于机舱棚壁上的速闭阀控制箱的舱壁开口,未用钢板做环围处理,并且未用绝缘材料做相应的耐火隔热处理。

9.2.1.9　贯穿于机舱棚舱壁上的速闭控制箱内的控制管(拉杆)开孔未做耐火隔热处理。

9.2.1.10　设置于机舱棚(应急发电机间)舱壁上的配电箱(油柜等)背面部分舱壁未用绝缘材料做耐火隔热处理。

9.2.1.11　舱壁上存在缝隙、小洞,舱壁上贯穿口未用复板做密封处理。

9.2.1.12　贯穿A级舱壁(甲板)的电缆贯通件未用认可的耐火填料(如使用橡皮泥)进行密封或堵塞处理。

9.2.1.13　未使用绝缘材料对贯穿机舱(应急发电机间)舱壁绝缘耐火层的管系做延伸包裹处理。

9.2.1.14　与机舱相通的烟囱围壁上百叶窗开口处未设关闭装置,烟囱围壁上百叶窗盖板关闭后,未能达到适当气密,百叶窗关闭设置未能在烟囱围壁外操作。

9.2.1.15　起居处所、服务处所内大量使用易燃或燃烧时产生有毒气体的装饰材料。

9.2.1.16　主要或全部以木材或玻璃纤维增强塑料建造的渔业船舶,主、辅机和厨房烟囱与船体结构之间未按规定采取隔热措施或机器处所使用木质地板。

9.2.2　脱险通道

9.2.2.1　未按检验规则要求设置机舱脱险通道。

9.2.2.2　未用钢质围壁对机舱脱险通道做连续的防火遮蔽,未按检验规则要求用绝缘材料对机舱脱险通道围壁做A-60级耐火分隔处理。

9.2.2.3　机舱脱险通道未延伸至机舱最底层。

9.2.2.4　机舱脱险通道与主、辅机排气管共用通道。

9.2.2.5　机舱脱险通道出口盖不能从内部开启。

9.2.2.6　机舱脱险通道环围内部(出口处围板)尺寸未按检验规则要求。

9.2.2.7　机舱脱险通道内钢梯固定点背面钢质围壁未做隔热处理。

9.2.2.8　机舱脱险通道围壁存在缝隙(孔)。

9.2.2.9　机舱脱险通道内未设置应急照明、应急照明故障。

9.2.2.10　起居处所只有一条脱险通道,且内走廊至脱险通道门口长度超过7m。

9.2.2.11　起居所内梯道上未设扶手,梯道环围上留有缝隙(孔)。

9.2.2.12　起居处所内起居处内走廊净宽度未能满足检验规则要求,梯道门道宽度小于梯道宽度,见图1-4-74。

9.2.2.13　脱险通道无逃生标识、无应急灯光、堵塞及堆放杂物,见图1-4-75。

9.2.2.14　擅自改变脱险通道用途,见图1-4-76。

9.2.3　防火门

9.2.3.1　防火门上未安装自闭器,自闭器故障、损坏或被人为拆除,见图1-4-77。

图 1-4-74　起居处内走廊净宽度未能满足检验规则要求

图 1-4-75　脱险通道堵塞及堆放杂物

9.2.3.2　使用外包铁皮的木质门(风雨密门)替代防火门,防火门为非船检机构认可的产品。

9.2.3.3　防火门耐火等级未能达到舱壁耐火的相应等级。

9.2.3.4　防火门把手缺失,门扇下部局部锈穿,门扇、门框变形严重。

图 1-4-76　机舱脱险通道擅自改为通风口

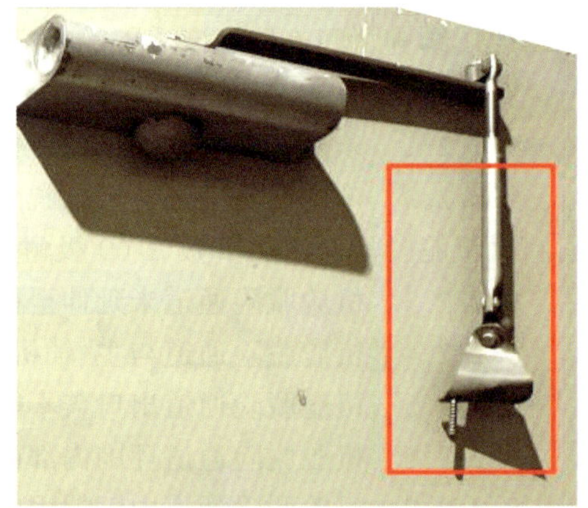

图 1-4-77　自闭器损坏

10　隐患处理

10.1　在隐患排查中,在渔船消防方面存在下列隐患极易导致渔业生产延误,需特别给予关注,以免给渔业企业、渔船带来不必要的影响:

10.1.1　消防泵存在无法启动、排量(压力)严重不足、未设置固定式应急消防泵、消防泵故障、消防管局部锈穿、未按要求设置隔离阀等隐患。

10.1.2　二氧化碳灭火系统未能正常使用、管系严重漏气、使用老旧设备材料拼装、灭火剂数量不足、报警故障、未按营运规程要求进行检测等隐患。

10.1.3　船上配备的灭火器数量严重不足,大部分灭火器失效等隐患。

10.1.4　固定式探火与失火报警系统存在未能正常使用的故障。

10.1.5　舱壁、甲板以及各种开口、通风导管的耐火隔热处理和完整性，以及脱险通道未能满足检验规则相应要求，风、油应急切断失效等隐患。

10.1.6　未按检验规则要求设置柴油机高压燃油管泄漏报警或防溅挡板。

10.1.7　消防员装备存在未能正常使用的缺陷。

10.2　渔船消防方面存在的其他一般性隐患，在隐患排查中，一般会要求在开航前纠正。如“防火控制图或消防设备布置图”存在的缺陷需经船检机构重新审核批准的，通常会适当放宽一段时间。

10.3　如果应急消防泵的吸入管被堵塞，在本港无能力解决，可以向船检机构申请检验，限制航行条件和落实替代措施的情况下，向渔业渔政主管部门申请允许渔船至下一港或限定在较短时间内做永久性修复。

10.4　消防管的管壁腐蚀极限厚度已达到3.0mm，甚至船舷局部锈穿的情况，一般应更换消防管，修复后需经1.25倍设计压力的密性试验，上述试验应申请船检机构进行检验。

10.5　如果二氧化碳灭火系统总管焊缝存在漏气经修补后、加装了二氧化碳气瓶组，应向船检机构申请进行检验，并且进行压力至少为11.8MPa的液压试验，提供试验报告和检验报告。

10.6　在渔船消防方面存在与船舶检验责任有关的缺陷，往往是建造时存在的先天性缺陷，主要原因是船检机构在渔船建造时未认真履行建造检验的责任，在隐患排查中，可能会被渔业渔政主管部门追究相关责任，具体有如下隐患：

10.6.1　使用非船检机构认可的消防泵及其驱动设施、未按要求设置固定式应急消防泵、未按要求设置隔离阀、应急消防泵仅有主电源供电等隐患。

10.6.2　二氧化碳灭火系统存在总管焊缝处漏气、使用老旧设备材料拼装、实际配备灭火剂数量未能满足检验规则要求，使用非船检机构认可产品等隐患。

10.6.3　未按检验规则要求设置火警警报系统，未在规定的位置设置火警警报系统的手动按钮。

10.6.4　未按检验规则要求设置机舱脱险通道，未用钢质围壁对机舱脱险通道做连续的防火遮蔽，未按检验规则要求用绝缘材料对机舱脱险通道围壁做A-60级耐火分隔处理，机舱脱险通道未延伸至机舱最底层，脱险通道尺寸未满足检验规则要求。

10.6.5　起居处所只有一条脱险通道，且内走廊至脱险通道门口长度超过7m。

10.6.6　铺设于舱壁的绝缘材料其完整性、厚度、方式和绝缘节点的处理等布置情况与船检机构核准的设计图纸不一致，未能满足相应的耐火分隔等级要求，使用非船检机构认可的隔热绝缘材料做隔火分隔处理，隔热处理不完整。

10.6.7　通风导管未按检验规则的要求设置挡火闸耐火隔热处理。

10.7　如机舱、泵舱间、油路管系存在严重的滴、漏、冒现象和舱底污油水过多等火灾隐患，以及消防安全制度未落实，有可能会被渔业渔政主管部门作为违法行为查处。

10.8　对船员在消防设备进行实操检查，往往会结合渔船消防演习实操同时进行，如果被认定为未能熟悉使用设备、不熟悉操作程序,会被要求在开航前纠正。

10.9 在消防设备方面存在责任船员未按渔业企业安全管理要求进行有效维护保养的隐患,可能会作为安全管理方面存在的隐患处理。

小结与建议

1 对行政执法部门的建议

1.1 在对应急消防泵检查时,建议先关闭隔离阀,在应急电源或驱动柴油机的驱动下,由应急消防泵供水,以防止船上用主消防泵替代。

1.2 在对二氧化碳灭火系统进行检查时,建议需注意如下事项:

1.2.1 检查时尽量避免自己动手操作,以免引起不便。

1.2.2 在实操检查前,需向轮机部确认,开启释放箱是否会切断机舱风油,否则要求其做好准备工作。

1.2.3 在检查前检查人员应熟悉系统布置和操作程序,做到心中有数。

1.2.4 检查过程中,要随时提醒操作人员,避免误操作,如发现错误操作,应及时阻止。

1.2.5 如发现瓶头阀连接管存在松动、漏气现象,船上想自己动手修复时,需提醒船员插好瓶头阀安装保险销或用铅丝包扎好,避免不小心误放气瓶,如问题严重最好建议请专业单位修复。

1.2.6 在检查过程中万一发生误开了瓶头阀,首先应保持镇静,立即通知相应处所人员快速撤离,避免人员伤亡事故的发生。如释放阀处于关闭状态则应立即撤离二氧化碳间,打开出入门,随其自然释放,避免冻伤人员或高压伤人。对于杠杆式瓶头阀,可以在套好防护手套的情况下,将瓶头阀复位,对于刺破式瓶头阀,一旦刺破全瓶会放空。

1.2.7 如查出有部分二氧化碳气瓶为空瓶,可以要求对所有气瓶重新进行称重检测,提交称重报告,并视称重结果作出相应的处理。

2 对船方的建议

2.1 目前,在渔业企业、渔业船员、渔船检验、渔船检查等各环节中,普遍存在重硬件轻管理的现状,在渔船消防管理过程中,"预防为主"未能得到有效执行,各种情况的火灾隐患随处可见,船员消防安全意识淡薄,消防演习和训练仅流于形式,甚至存在仅做一下记录,设备的维护保养未能有效进行,特别是乱拉电线、使用加热器、抽烟、漏冒油、乱堆可燃物品等隐患存在较普遍。因此,建议船上应引起足够重视,防火制度真正能落到实处。

2.2　渔船消防设备的日常维护保养和检查通常由船副或助理船副负责，其是否能按要求做到，直接关系到渔船消防设备能否处于即刻可用状态。目前存在这方面的问题较为突出，主要是船副或助理船副本身不熟悉设备的维护保养和检查流于形式，仅在检查表上打钩，也不在乎设备实际情况。因此，建议船上应对船副或助理船副进行有效培训，如船上无能力培训应申请渔业企业安排培训资源或提供相应培训资料。船长应对船副或助理船副的维护保养进行跟踪和核查，保证按要求进行维护保养。

2.3　渔船应增强消防意识，避免燃气事故。应使用正规产品，液化气瓶、灶具、减压阀、燃气软管，必须购买符合国家有关规定的产品；气瓶应有牢靠的系固装置，固紧的瓶箍应能方便、快速地脱开，底部应有防撞击的木质垫料；厨房的门、窗应通向开敞甲板处所，且保证有足够空间保持自然通风或机械通风，使用燃气后，应当关好灶具开关、灶前阀，防止燃气泄漏。人员长时间离船，还需关闭表前阀，做到使用过程“不离人”；定期自检自查，软管长度不超过2m，使用燃气专用金属波纹管或金属包覆管；胶管不能高出灶台，避免软管穿越门窗、橱柜、暗埋等现象；不准在厨房堆放易燃易爆物品，储存的气量应仅供生活用量的需要，不得超额储存；炉灶房的材料应为防火材料，且不应悬挂窗帘或其他织物。烟道及相邻结构应分隔；有条件的可安装燃气泄漏报警器以及时有效地发现燃气泄漏。

2.4　消防员装备是渔船(船长大于或等于45m)重要的消防设施，是船上发生火灾时进行自救的必备装备。在隐患排查实践中发现，最突出的问题是船上探火员未进行经常性训练，出现探火员未能熟练、正确地穿戴和使用消防员装备，更谈不上进行探火、救助、灭火的操作。因此，建议船上按要求开展渔船消防演习，并对探火人员进行培训和训练。

2.5　为避免消防设备的证书、报告发生过期或遗失等情况，船上应妥善保存好相应的证书、报告，并进行登记和专人负责保管，特别需注意二氧化碳灭火系统的管系试压报告、检测报告等间隔期较长的报告，应妥善保存好，对于已过期的报告应另行保存。检修、检测快到期设备。应提前安排好设备的检测工作。

2.6　渔船消防设备是隐患排查的必查项目，也是存在隐患较多和导致处罚的项目，因此，在船上迎接隐患排查前，建议船上对消防设备进行自查，及时消除问题，以免检查时被发现，作为隐患来处理。

2.7　渔船消防水带作为船上必备的常用设备，磨损及消耗较大。在日常的存放与维护保养方面应注意以下几点：

2.7.1　水带应存放在专用箱内，按要求进行检查和维护保养；

2.7.2　连接之前，应认真检查滑槽和密封部位，若有污泥和砂粒等杂质须清除，以防装拆困难，密封不良；

2.7.3　备用水带存放时注意避免与酸、碱等化学药品等接触，以防金属件腐蚀和橡胶密封圈变质；

2.7.4　水带充水后应避免强行拖拉，需要移动时要尽量抬起，以减少水带与地面

的磨损,或被钩破;

2.7.5 使用中发现有破损小孔,应用水带包布裹紧;

2.7.6 为防止水带内胶层相互粘连和折痕处加速老化,至少每半年翻动和交换折边一次;

2.7.7 水带使用后要用清水进行清洗干净,以保持清洁和保护胶层,待水带晾干后才可以收卷存放。水带粘贴上油脂,可用温水或肥皂洗刷。

3 对渔业企业(或所有人/经营人)的建议

3.1 水灭火系统是船上最重要的消防设施,在检查实践中常常会遇到无法出水或出水压力不足等情况,主要是应急消防泵布置在船艏所造成的,特别是空载时,出水压力过低更为明显。因此,建议渔业企业在建造渔船时尽量避免将应急消防泵布置在船艏部位,向渔船设计部门提出设计更改要求。

3.2 二氧化碳灭火系统是渔船最重要的消防设施,在检查实践中,往往存在一些突出问题,如管系松动、漏气、报警故障,启动瓶无压力、使用非船检机构认可产品,以及检测试验过期、检测单位未按要求进行实际检测等现象,特别是船上责任人员不熟悉系统工作原理,怕万一被误放的心理原因,不敢去碰,更谈不上按要求进行维护保养,及时消除隐患。因此,建议渔业企业做好如下工作:

3.2.1 应该选择信誉好的检测单位,督促检测单位按要求进行检测和试验,并且消除存在的隐患。

3.2.2 督促船上应妥善保存好相应的证书、报告,并及时安排好检测工作,避免发生过期或遗漏等情况。

3.2.3 应对负责二氧化碳灭火系统操作和维护的责任船员进行培训,使其真正掌握。如渔业企业没有培训能力,可以邀请生产厂家或检测单位来培训,同时考虑到目前船员流动性较频繁,在对相关船员进行培训时,最好拍成视频,以便新上任的船员进行学习。

3.3 渔船结构防火是隐患排查中重要的检查项目,在检查实践中经常会发现各种不同情况的隐患,特别是低质量渔船舱壁的耐火隔热材料敷设的结构形式、厚度、传热点等未能满足相应要求,达不到相应的耐火等级和完整性要求,还存在局部漏敷现象。主要原因是为省材料和减少工程量,以及船厂、船东、船检机构对耐火完整性要求未引起足够重视,或缺乏相关知识,造成了先天性隐患。如存在上述类似情况,整改的工程量较大,并存在一定安全风险。因此,建议渔业企业应尽量安排在修船时作为必修项目,避免在渔船营运期间在隐患排查中被查出,极易导致耽误渔业生产。

3.4 渔船消防重在预防,建议渔业企业在对渔船进行平常检查时不应忽视对船上火灾隐患的检查,及时消除火灾隐患,督促船上落实好防火制度,按要求开展消防演习和培训。

第五节 救生设备

1 救生设备的配备

1.1 排查要点

1.1.1 船长大于或等于24m海洋渔业船舶的救生艇、筏的配备要求为每艘渔船配备的救生艇、筏的乘员总定额对船上总人数的百分比,应不少于表1-5-1的规定。

救生艇筏配备表 表1-5-1

航区	船长 L(m)	气胀式救生筏
远海航区	$L \geqslant 75$	150% A型筏或可吊式救生筏
	$75 > L \geqslant 45$	125% A型筏或可吊式救生筏
	$L < 45$	100% 可为Y型救生筏
近海航区	$L \geqslant 24$	100% 可为Y型救生筏
沿海、遮蔽航区	$L \geqslant 24$	100% 可为Y型救生筏

1.1.2 船长大于或等于24m海洋渔业船舶的救生圈的配备应符合表1-5-2要求:

救生筏存放筒

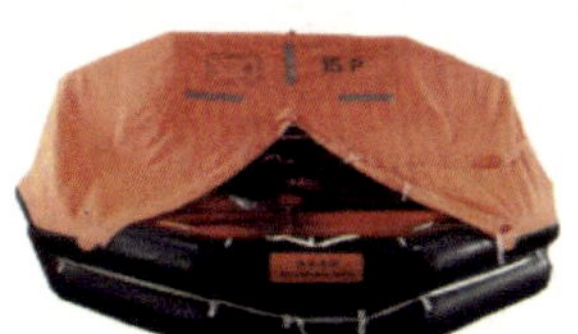
救生筏

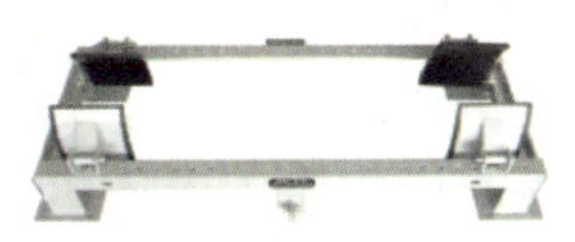
救生筏架

静水压力释放器

救生圈配备表 表1-5-2

<table>
<tr><th rowspan="3">船长 L(m)</th><th rowspan="3">救生圈总数
(只)</th><th colspan="3">带自亮浮灯或救生浮索</th></tr>
<tr><th colspan="2">带自亮浮灯</th><th rowspan="2">带救生浮索
(只)</th></tr>
<tr><th>总数(只)</th><th>同时带烟雾信号</th></tr>
<tr><td>$L \geqslant 75$</td><td>8</td><td>4</td><td>每舷至少1只</td><td>每舷至少1只</td></tr>
<tr><td>$75 > L \geqslant 45$</td><td>6</td><td>3</td><td rowspan="2">—</td><td>每舷至少1只</td></tr>
<tr><td>$45 > L \geqslant 24$</td><td>4</td><td>1</td><td>每舷1只,不得配自亮浮灯</td></tr>
</table>

注:救生浮索的长度大于或等于30m。

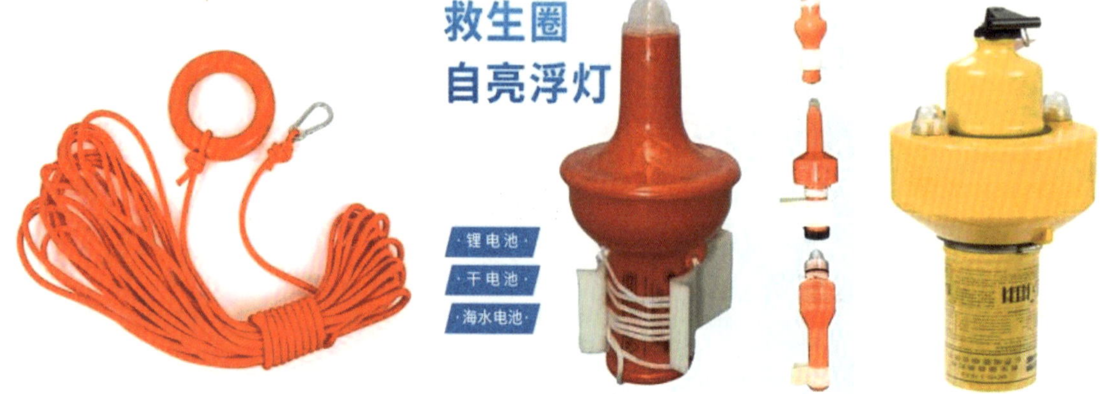

救生圈属具(救生浮索、自亮浮灯、烟雾信号)

1.1.3　船长大于或等于24m海洋渔业船舶的烟火信号及其他救生设备的配备应符合表1-5-3要求。

烟火信号及其他救生设备的配备　　表1-5-3

船长 L(m)	烟火信号	抛绳设备(套)	通用紧急报警系统
	火箭降落伞火焰信号(只)		(汽笛、号笛或电铃)
$L \geqslant 75$	12	1	1
$75 > L \geqslant 45$	8	1	1
$45 > L \geqslant 24$	4		1

注:抛绳设备(套)包括抛绳枪1支,抛绳、火箭体和击发器各4支。

1.1.4　船长大于或等于24m海洋渔业船舶的救生衣配备要求:

1.1.4.1　应为船上人员每人配备1件救生衣(150%);

1.1.4.2　应配备足够数量的救生衣,以供值班人员使用。供值班人员使用的救生衣应存放在驾驶室、机舱控制室和任何其他有人值班的地方;

1.1.4.3　每件救生衣应配备1盏救生衣灯,救生衣灯的种类通常有海水电池救生衣灯、干电池救生衣灯、锂电池救生衣灯;

1.1.4.4　救生衣应存放在容易到达之处,其位置应予明显标示。

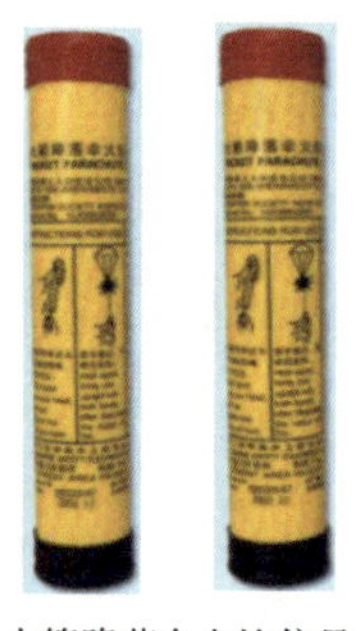
火箭降落伞火焰信号

抛绳设备

汽笛

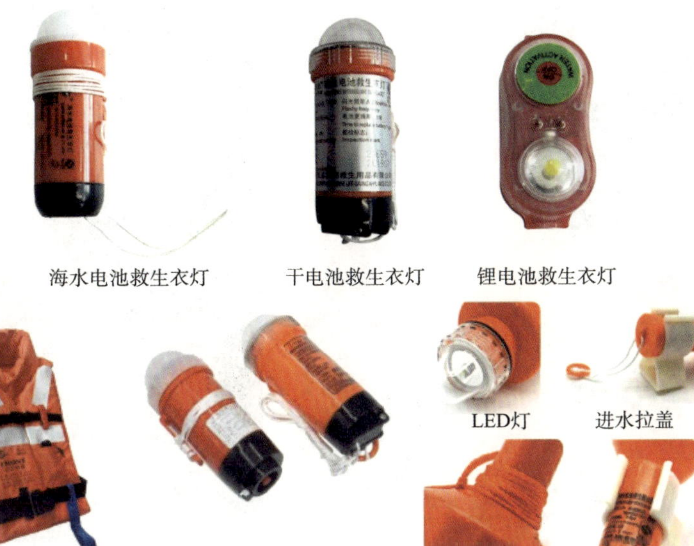

救生衣　　救生衣灯（通常需额外购买）

1.1.5　可以从“渔船安全证书(检验证书)”“救生设备”栏或“救生设备布置图及明细表”中查看各救生设备配备的种类、数量,再核对实际配备情况是否与记载内容一致。

1.1.6　通过计算,核查船上救生艇筏的总容量是否满足船上实际人数的要求。

1.1.7　对救生艇和救助艇可兼用的,是否在证书中予以标识,并核实其是否满足兼用的要求。

1.1.8　对配备可转移式救生筏的,应检查其是否满足可舷对舷的移动要求。

1.1.9　检查抛投式救生筏的重量、存放高度是否满足要求,否则应装设吊架降落设备。

1.1.10　救生设备的配备是否能满足相关法规要求。

1.2　常见隐患

1.2.1　救生设备的实际配备情况与“渔船安全证书(检验证书)”“救生设备”栏或“救生设备布置图及明细表”中的记载内容不一致。

1.2.2　船上救生艇筏的总容量不满足船上实际人数的要求。

1.2.3　配备的可转移式救生筏无法满足可舷对舷的移动要求。

1.2.4　未按规则要求配备遇险火焰信号或数量不足,见图 1-5-1。

1.2.5　遇险火焰信号随意存放,无明显标示,见图 1-5-2。

1.2.6　遇险火焰信号过期,见图 1-5-3。

1.2.7　未配备抛绳设备(船长≥45m),见图 1-5-4。

图 1-5-1　烟火信号种类(火箭降落伞火焰信号、手持火焰信号、漂浮烟雾信号)

图 1-5-2　遇险火焰信号随意放在桌子上或散落地上

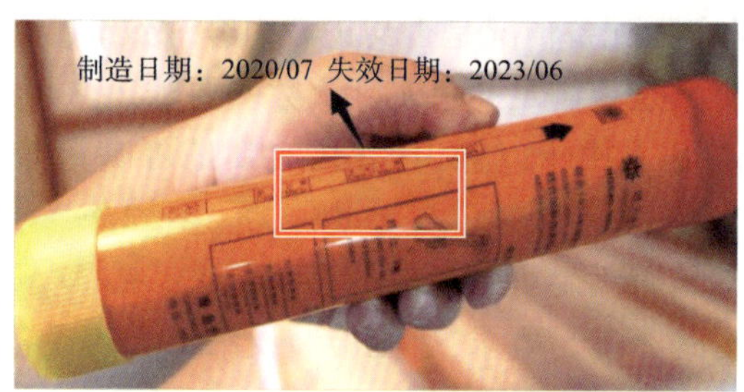

图 1-5-3　遇险火焰信号过期

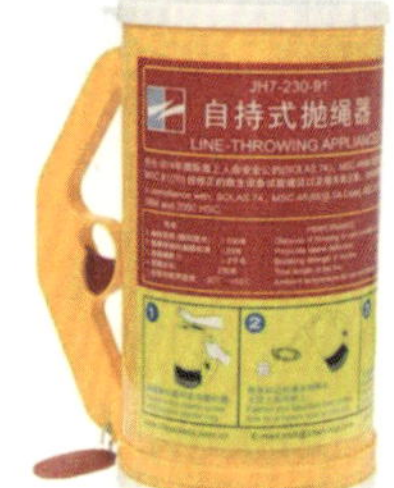

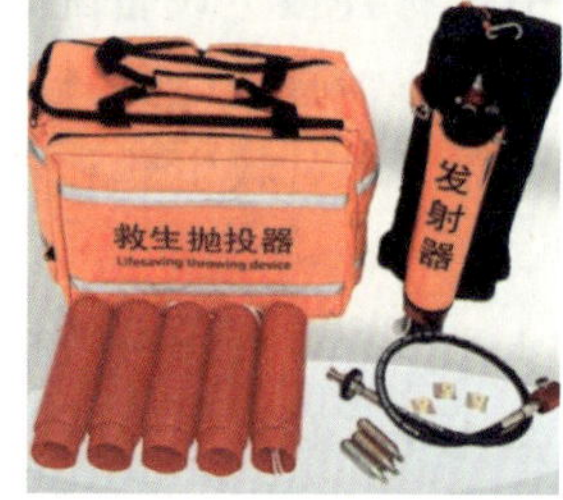

图 1-5-4　自持式抛绳器(左)与火箭式抛绳器(右)

1.3　隐患处理

1.3.1　救生设备的实际配备与“渔船安全证书(检验证书)”“救生设备”栏或“救生设备布置图及明细表”中的记载内容不符时。对于一般隐患可考虑限期纠正或要求船检机构在开航前予以确认。对“救生设备”栏或“救生设备布置图及明细表”存在的缺陷需经船检机构重新审核批准的,通常会适当放宽一段时间,也可要求在开航前纠正或禁止开航。

1.3.2　船上救生艇筏的总容量不能满足船上实际人数的要求必须在开航前整改。

1.3.3　可转移式救生筏无法满足舷对舷移动的需开航前纠正。

2　救生艇

2.1　排查要点

2.1.1　救生艇艇体

2.1.1.1　艇体外壳的水密完整性和强度的检查,见图 1-5-5 ~ 图 1-5-10。

(1)是否存在艇体老化、变形、开裂、破损等情况,特别需关注被艇架托处挡住的艇体是否存在被挤破现象,或存在艇体破损后未经船检机构认可的自行修理情况。

(2)艇体龙骨是否存在外层树脂开裂、缺失等情况,并使龙骨出现局部腐烂现象。龙骨是否存在断裂和腐烂情况,对腐烂部分应尽量去除,以确定其腐烂的原因。

(3)艇体外表树脂是否存在龟裂、脱落等情况,或出现上述情况后,船上仅用普通油漆涂刷处理,如此处理未达到保护艇体外壳和水密性要求,稍长时间,外涂油漆会发生与本体脱离,表现大面积起泡现象。

(4)艇体外舾装件处的水密处理是否能保持水密,如艇机排烟管贯穿口、把手固定件、舵杆贯穿口等,要对艇体上的渗水、滴水的原因及时核实。

(5)开敞式救生艇艇边缘是否存在局部开裂、变形或破损情况,特别是与艇架保险钢索接触处,更容易出现问题。

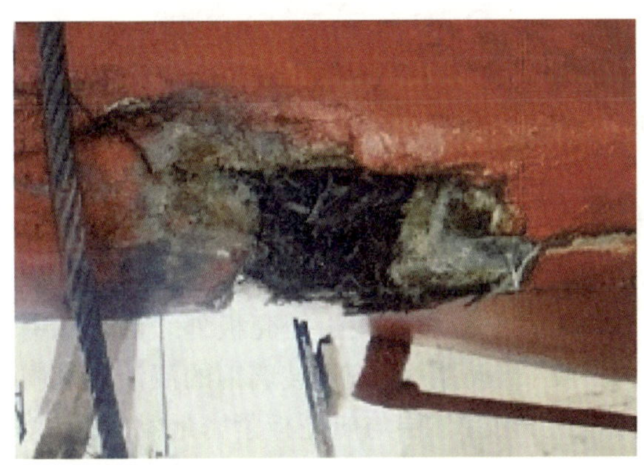

图 1-5-5　救生艇艇底龙骨局部腐断

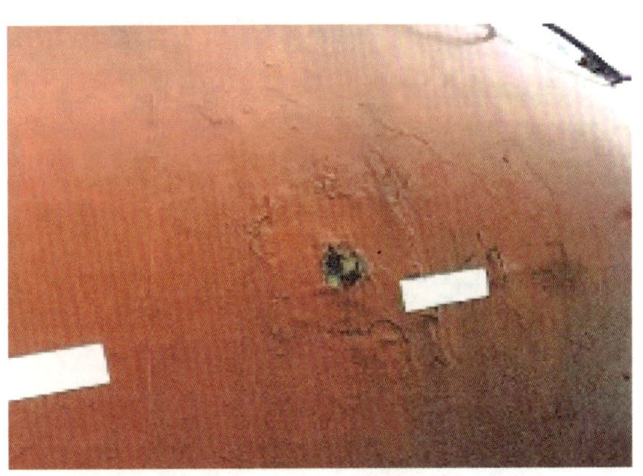

图 1-5-6　救生艇舭部局部破损

图 1-5-7　救生艇艇边缘局部开裂

图 1-5-8　艇体破损,局部龟裂

2.1.1.2　开敞式救生艇因艇内面板直接暴露,经受风水侵蚀,时间经久,艇内面板、纵板往往会出现龟裂、局部破损、板材鼓起等情况,见图 1-5-11。

(1)主要原因是板材局部破损后进水,使硬质闭孔泡沫塑料吸水,经长期暴晒和水的浸泡,引起泡沫塑料不断膨胀,最终导致上述情况发生。

(2)由于硬质闭孔材料的吸水及内部储备浮力空间储水增加了救生艇自重,减少了储备浮力。

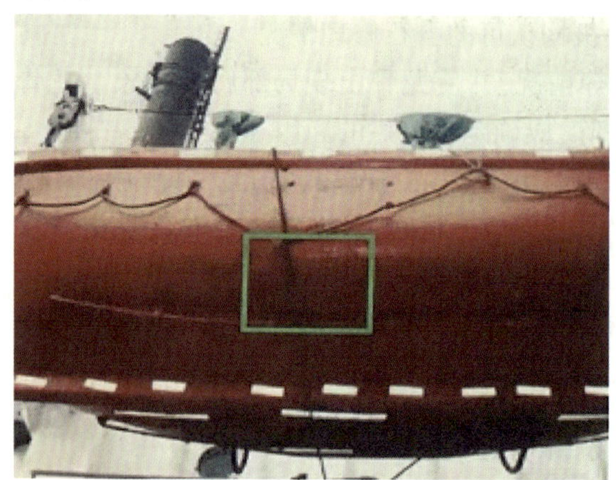

图 1-5-9 艇体破损未经认可的修理

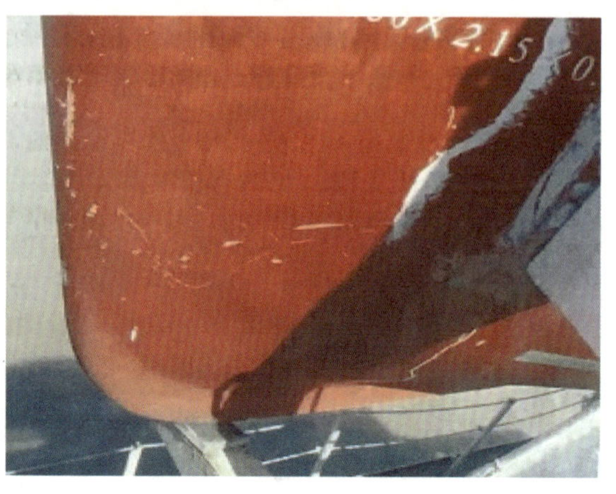

图 1-5-10 艇底托锈蚀严重

图 1-5-11 救生艇艇内面板、纵板局部破损

（3）如果发现上述情况，检查时可以对纵板底部钻个孔，查看是否会渗水出来，或用木棒从破损处插入，查看木棒是否吸水，以确定泡沫闭孔材料吸水程度，从而进一步判定缺陷的严重程度。

2.1.1.3　玻璃钢救生艇壳板外表面应涂有一层叫“胶衣”树脂，以改善玻璃钢的浸渍性和抗老化性能。“胶衣”层与艇壳板紧密地黏合，其厚度均匀，且不超过 0.5mm。艇外表层出现龟裂、局部脱落等情况时，实际上很多船上常用普通油漆对艇体外表面加刷一层，时间一长外刷的油漆会普遍出现大面积龟裂、脱落现象，并未对艇体起到真正的保护作用，对于耐火救生艇采用普通油漆也不符合耐火要求，这种处理方法是不允许的。

2.1.1.4　设有可拆式或内接式的救生艇空气浮力箱应每 2 年或检查发现空气箱存在洞穿情况下应做一次密性试验，并提交经船检认可的密性试验证明或报告。如果发现空气箱外观检查可疑，可以按下述方法进行密性试验，确定是否合格：

（1）将空气浮力箱浸没在 0.6m 深的水中，1h 后称其重量，若无变化，则认为合格。

（2）或者从气压试验接头上充入 6120Pa 压力的压缩空气，5min 内不得有压力下降现象，则认为合格。目前仍在使用水密空气箱作为救生艇内部储备浮体的救生艇已很少见了，见图 1-5-12。

2.1.1.5　在老龄船上偶然还会见到金属艇，常见的为钢质艇和铝质艇。

（1）钢质艇主要检查艇壳外板的锈蚀程度，可以用锤子敲击锈蚀点，以确定其锈蚀程度。

（2）如果是铝质艇，主要检查铝板表面及铆钉是否有严重腐蚀斑点以及明显可见的白粉末，特别需注意艇底放水孔周围，因常积水，最容易出现锈蚀问题，以及放水孔螺纹锈蚀等情况。因铝质艇修理工艺比较复杂，常会遇到船上用树脂或硅胶进行修补，应不予认可。

2.1.1.6　检查封闭式救生艇的门、窗及舱盖是否存在破损变形,能否从船内、外轻便地开关门、窗、舱盖,铰链是否存在锈蚀、变形、损坏等情况,门、窗、舱盖水密胶条是否缺损、老化,关闭时是否达到水密,瞭望处玻璃视线是否清晰,玻璃上溅住的油漆点是否清除干净。

图 1-5-12　水密空气箱

2.1.1.7　救生艇艇体水密性检查:

(1)救生艇下艇体水密性检查,可将艇降入水中做实际查看,检查艇体以及艇底塞、舵托、冷却水管接头、吊钩底座、静水压力释放器、艉轴等处是否漏水或渗漏现象。如仅是外艇体漏水,可以将艇体从水中收回后,查看有否漏水或渗漏现象,但需排除艇体外表漆起泡积水。

(2)封闭式救生艇上艇体包括门窗、舱盖以及舾装件安装部位的水密情况,可通过冲水试验来确定。

2.1.2　救生艇艇机及操纵系统

2.1.2.1　艇机外观是否良好,机壳是否完好,是否存在裂纹等隐患。艇机基座、转轴轴承座以及紧固螺栓是否存在锈蚀等情况。

2.1.2.2　能否正常启动艇机,其运转是否平稳,有无异常响声或振动,加速、减速是否正常。对于设有两组启动电瓶的救生艇,应分别使用单组电瓶启动救生艇艇机,以验证是否两组电瓶均正常可用,实际检查中两组电瓶存在一组电瓶故障的缺陷较为常见。

2.1.2.3　艇机各仪表、开关是否完好,显示是否正常。

2.1.2.4　启动艇机后,检查高压油泵、曲拐箱和离合器的滑油是否正常,检查冷却水排出量是否正常,检查艇机的排烟温度和颜色是否正常。检查油路、冷却水、排气等管系是否有渗漏和堵塞现象。

2.1.2.5　启动艇机后做正、倒车和空挡的离合试验,操作手柄能否灵活、可靠地对离合器进行换向操作,并且离合器应无异常响声。

2.1.2.6　艇机启动电瓶、再充电设施应是船检机构认可产品,不允许使用移动式充电器。

2.1.2.7　检查艉轴前后填料函水密情况,如发现艉轴缝隙过大或艉轴套管洞穿,可以采用向艉舱内灌水,启动艇机转动螺旋桨,是否发生漏水现象,来判断艉轴处是否漏水严重。艉轴传动轴需加装轴套管或罩壳的防护装置,以免伤人。

2.1.2.8　应设有由阻燃材料制成的艇机防护罩,以保证艇内人员不会因意外而触碰到发热和转动的发动机部件,还应具有适当隔音、防风雨作用。符合上述要求的防护罩,最常见是玻璃钢罩。不允许用铁皮简易制成,除非将可能伤害人员的铁罩棱角有适当保护,但是不允许使用帆布防护罩。见图 1-5-13。排气管应用隔热材料进行完整的包扎处理,还应检查是否存在老化、脱落等情况,新更换材料不允许使用含石棉的隔热材料。排气管状况应良好,不允许出现存在短缺、锈洞等漏烟现象,穿过艇体的排气管贯穿孔两端应达到水密要求,以免艇内进水。

2.1.2.9 油箱及送油管系状况是否良好,有无存在漏油、渗油情况,见图1-5-14。输油管是否使用非认可的普通塑料管,燃油和润滑油是否足够,油质是否符合要求。在冬季,航行于气候寒冷海域,是否已更换了能满足连续航行12h所需 -10 或 -20 号燃油。

图1-5-13 非阻燃材料制成的艇机防护罩

图1-5-14 救生艇油箱洞穿

2.1.2.10 螺旋桨叶片是否存在变形、缺损、裂纹或更改为塑料螺旋桨等情况,螺旋桨的保护罩是否变形或存在其他隐患。

2.1.2.11 操舵装置的检查:

(1)液压操舵系统主要检查液压舵机、液压油缸以及管系是否存在损坏、漏油等异常情况,检查时进行实际操作,确定系统能否正常工作。

(2)机械操舵系统主要检查舵机、齿条以及转轴是否有损坏、卡住、松动等异常情况,方向盘转动是否灵活,舵或桨舵转舵动作是否与操舵动作同步。

2.1.2.12 舵的检查:

(1)木质舵板是否存在开裂、腐烂、破损等情况,玻璃钢舵板是否存在局部破损、外层树脂局部缺失或张度不足等情况。钢制舵板是否存在锈蚀严重、局部锈穿等情况,可以用锤子敲击锈蚀处锈皮,确定锈蚀严重程度。

(2)舵支架构件包括紧固螺栓是否存在锈蚀过度情况,特别需注意钢制舵板与舵杆法兰连接处,该部位最易锈蚀,甚至出现锈穿、锈断的情况。见图1-5-15。

2.1.3 舾装件及其他项目

2.1.3.1 救生艇座板无腐蚀,座板固定件状况良好,板上应标出每一座位。艇内踏板应固定住,且状况应良好。

2.1.3.2 救生艇舭部扶正把手和其紧固螺栓状况应良好,不得存在锈断、脱焊等强度不足情况。扶正索及其固定环不得存在断裂、老化、霉烂、锈蚀等情况。艇底托架锈蚀是否严重。

2.1.3.3 救生艇属具应存放于艇上以备用,并且应齐全、有效。饼干、淡水、烟火信号、急救药箱等有有效期要求的属具,如果已过期,应及时更换,不应存放在艇上。艇内舾装件如桨叉、桨桅、帆等情况良好,数量符合规范要求。

2.1.3.4　艇艏缆应设2根,长度至少15m。对于全封闭式或半封闭式救生艇,应设置有能在救生艇内部脱开的艏缆脱开装置,检查脱开装置可靠性。

2.1.3.5　操舵罗经、海锚、艏缆、淡水、口粮、火箭降落伞火焰信号、手持火焰信号、漂浮烟雾信号、急救药包、可浮救生环、手摇泵、手持灭火器、探照灯、保温用具、雷达反射器等属具必须是船检认可的船用产品。

2.1.3.6　用于储存水、口粮、救生信号等属具的水密舱柜必须达到水密要求,以免下雨储存舱进水,属具被水浸泡。见图1-5-16。

图1-5-15　舵板腐蚀且局部破损开裂

图1-5-16　属具储备舱舱盖锈蚀严重

2.1.3.7　乘员安全带状况应良好,固定螺栓、锁紧卸扣应无锈蚀现象,相邻座位的安全带颜色是否明显不同。见图1-5-17、图1-5-18。

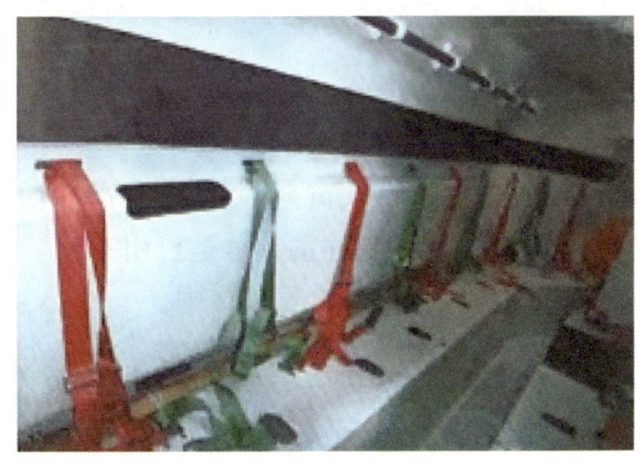

图1-5-17　相邻安全带颜色明显不同(正确)

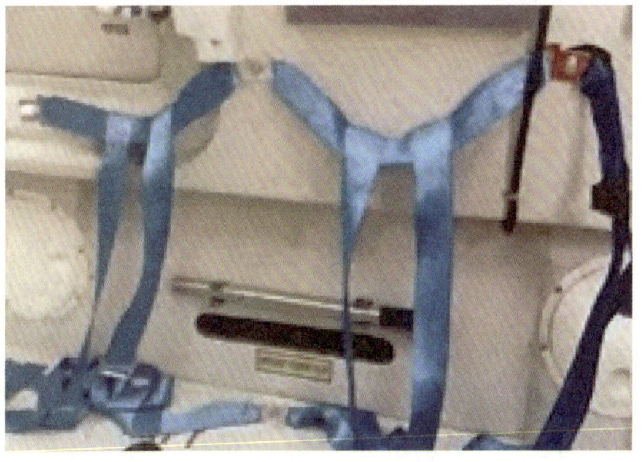

图1-5-18　相邻安全带颜色相同(错误)

2.1.3.8　救生艇的集合与登乘地点的布置应能够将病人用担架抬入救生艇。救生艇的入口周围是否存在影响病人和担架进入救生艇的障碍物。

2.1.3.9　反光带应按规定张贴,张贴的反光带是否有破损或脱落等现象。所属船名及船籍港等标识是否用油漆清晰标写在救生艇的规定部位。

2.1.3.10　艇机启动蓄电池应置于水密的电池箱内,电池箱的顶盖应设有通气孔,以便充电时将气体排出。蓄电池组数量是否满足要求,并且应是船检认可的蓄电池。艇内是否安装有认可的固定式的充电器或充电装置。不允许使用移动式充电器作为替代。拔出或插上船电插头,查看充电器的电源、充满、充电指示灯显示是否正常。一般充电器具有充满电后自动切断功能,蓄电池通常应处于满电状况,其指示灯显示为绿色(如蓄电池设有该功能),以此判断蓄电池是否处于充满电状态。

2.1.3.11　救生艇筏的集合与登乘地点以及通往集合与登乘地点的走廊梯道和出口应设置应急照明,可结合应急电源的试验检查。集合与登乘地点通常设在救生艇筏存放处附近甲板,集合站应张贴专用符号,通往集合站的路线应设有发光指示标志。

2.1.3.12　检查救生艇降落过程中提供应急照明的探海灯,该照明灯及开关应是船检认可产品,照明灯防护等级为 IP56,开关防护等级为 IP55,该灯基本上由 24V 直流电源供电,应设置在救生甲板或该甲板以上甲板的舷边,能够转动至舷外并照射到救生艇筏降落的海面,检查灯架及灯具状况是否良好,照明测试是否正常。

2.1.3.13　进入救生艇的通道表面是否设有防滑层,防滑层通常是救生艇外部非光滑的表面布满凸点的。

2.1.3.14　开敞式救生艇的吊艇架上应安装一根横张索,横张索应收紧,并且横张索应装设 2 条安全索,该索通常为白棕绳,不应使用塑料绳,因塑料绳伸缩过大,不安全。应在适当的间隔连续打结以防滑,长度至渔船空载时的水面,横张索及链接卸扣、安全索应保持良好状况。

2.1.3.15　检查救生艇艇底是否设置排水孔,并按规定配备以不锈索系连于艇上的由不锈材料制成的艇底塞和能够自动关闭排水孔的浮球,不锈材料通常为铜质,浮球状况应当良好,自由降落救生艇可不设置。是否设置了固定式排水泵,排水泵橡胶膜是否破损或龟裂,手柄是否缺失,对排水泵进行实际排水操作,是否能正常排水,送水管是否存在老化、破损或缺失等情况。

2.1.3.16　在 2002 年 2 月 28 日以后建成的船,不允许存在使用老旧救生艇及其降落与回收设备的情况。

2.1.3.17　证书、文书检查:救生艇、吊艇架、绞车必须是船检认可的产品,应有产品铭牌和相应证书,核对证书是否与实际相一致,包括与检验证书中所标注的型号是否相一致。

2.1.3.18　是否将救生艇日常维护保养的相关要求,纳入渔船安全管理之中。

(1)责任船员是否每周对救生设备进行了目视检查,艇机、齿轮箱运行试验,救生艇在不载人的情况下从其存放位置做必要的移动,并将检查情况记载在航海日志或渔捞日志中。

(2)责任船员是否每月对救生艇的属具进行检查,并将检查情况记载在航海日志或渔捞日志中。

2.1.3.19　船上是否制定了对救生艇相关维护保养文件。

2.2　常见隐患

2.2.1　救生艇艇体

2.2.1.1　救生艇艇体开裂、洞穿,或未经认可的临时性修理。

2.2.1.2 救生艇艇体外表胶衣树脂局部龟裂、脱落。

2.2.1.3 救生艇未标明尺度、乘员定额、船名、船籍港和下方加注拼音,或与实际不一致。

2.2.1.4 救生艇上未张贴反光带,或反光带脱落、失效、张贴不符合要求。

2.2.1.5 救生艇艇内纵面板开裂、变形、浮力舱充水、水密空气箱洞穿。

2.2.1.6 救生艇水密空气箱未做密性试验,或过期。

2.2.1.7 耐火救生艇艇体外壳使用普通油漆涂刷。

2.2.1.8 救生艇视窗玻璃被油漆覆盖、模糊不清(或破损)。

2.2.1.9 救生艇通道盖局部破损、变形、水密胶条脱落。

2.2.2 救生艇艇机及操纵系统

2.2.2.1 救生艇艇机无法启动、启动困难,艇机启动电瓶电量不足。

2.2.2.2 救生艇艇机安装基座、紧固螺栓锈蚀严重、变形。

2.2.2.3 救生艇艇机燃油输送管、回油管使用未经认可的普通塑料管,燃油输送管接头处漏油。

2.2.2.4 救生艇艇机启动电瓶未安装在水密箱子内,为非船检机构认可产品。充电装置无法实现水密。

2.2.2.5 救生艇内未设置对启动电瓶进行再充电设备。

2.2.2.6 救生艇螺旋桨叶片损坏、变形。

2.2.2.7 救生艇操舵装置损坏,救生艇舵板、支架或支撑处锈蚀严重、变形。

2.2.2.8 未设有用阻燃材料制成的艇机防护罩或妨碍手动启动,艇机传动轴未设置防护罩。

2.2.2.9 救生艇艇机排烟管洞穿,未用隔热材料包扎或老化、脱落。

2.2.3 救生艇属具

2.2.3.1 未配备救生艇属具,或未存放在艇内。

2.2.3.2 配备的救生艇艇底塞数量不足,或未以不锈索系于艇上。

2.2.3.3 救生艇属具数量不足或过期。

2.2.3.4 救生艇带钩艇篙、划桨烂断,桨架损坏。

2.2.3.5 救生艇上未设置探海灯。

2.3 隐患处理

2.3.1 救生艇艇体

2.3.1.1 艇体出现破损、开裂、强度不足、变形等重大缺陷,应由船检机构认可的救生艇厂进行修理,修理时应申请船检机构进行检验,并进行相应的水密或满载负荷试验,检验合格后,由船检机构出具检验合格报告。

2.3.1.2 救生艇舾装件存在的隐患,应在开航前纠正。

2.3.1.3 救生艇存在的艇体破损、储备浮力不足、变形、强度不足等隐患,会导致渔船被禁止开航作业生产。

2.3.1.4 水密空气箱洞穿、密性试验过期,会导致渔船被禁止开航作业生产,且船方须向船检机构申请检验。

2.3.2 救生艇艇机及操纵系统

2.3.2.1 救生艇艇机及其附属设备存在的隐患,均应在开航前纠正。如艇机故障、无法启动、运行工况过差、离合器故障等涉及艇机无法正常运行的隐患,会导致渔船被禁止开航作业生产。

2.3.2.2 救生艇驱动装置和操纵设备出现严重故障或影响实际航行效果的,会导致渔船被禁止开航作业生产。

2.3.2.3 艇机手动启动故障,电启动装置不符合检验规则要求,可能会导致渔船被禁止开航作业生产。

2.3.2.4 艇机如仅设有电启动装置,而所设再充电装置不符合检验规则要求或故障,可能会导致渔船被禁止开航作业生产。

2.3.2.5 艇机启动电瓶为非船检机构认可产品,可以限期更换。

2.3.2.6 艇机手动启动正常,电启动故障,可以限期纠正。

2.3.3 救生艇属具

救生艇属具存在的缺陷均应在开航前纠正,如属具缺失数量严重,会导致渔船被禁止开航作业生产。

3 存放、降落与回收装置

3.1 排查要点

3.1.1 吊艇架

3.1.1.1 吊艇架外观性检查必须良好,不允许存在锈蚀、洞穿、缺口、变形以及不符合要求的修理等情况,包括吊钩、眼板、链环、转轴、紧固件卸扣等配件也必须保持良好状况,见图1-5-19、图1-5-20。对可疑部位用锤子敲掉油漆层和锈皮,确认其锈蚀严重程度,特别注意被滑轮挡住的吊艇架部位是否存在锈蚀、洞穿等情况。

图1-5-19 吊艇架基座锈蚀、局部洞穿

图1-5-20 链环、卸扣、紧固件锈蚀严重

3.1.1.2 吊艇架的活动臂、滑车滑道不允许存在锈蚀、洞穿、缺口、变形以及卡住等情

况。吊艇架的锁艇保险装置维护保养是否正常,应无锈蚀、卡死等情况,活动部件应涂刷润滑剂,应在徒手的情况下顺利脱开保险装置。

3.1.1.3　吊艇索转向滑轮基座及其钢索压板是否存在锈蚀,滑轮槽边沿是否存在缺口,滑轮是否存在锈住、卡住、变形等情况,放艇时查看各滑轮是否能转动。见图1-5-21～图1-5-24。

图1-5-21　导向滑轮基座局部锈穿

图1-5-22　吊艇架锈蚀严重、边沿缺口

3.1.1.4　活动零部件、滑轮、滑车等最大耗蚀不允许超过原尺寸10%,销轴的最大耗蚀不允许超过原直径的6%,或有裂纹、显著变形以及滑轮轮缘裂纹应予换新,或降落装置进行了对强度有影响的修理后应对吊艇架做2.2倍安全工作负荷的强度试验,并对绞车做1.5倍安全工作负荷的静负荷试验。

3.1.1.5　检查动力复位限位装置的有效性和安装位置准确性。

(1)拨动限位行程开关的活动推杆是否具有复位弹性,行程开关是否是船检认可的船用产品,并且防护等级为IP55。

图1-5-23　导向滑轮边槽局部缺口

图1-5-24　导向滑轮变形、未经认可的修理

(2)利用电力回收的,拨动行程开关推杆或使用铁块触发磁性开关,检查其是否能够切断绞艇机动力,并且限位开关的安装位置是否能保证吊艇架活动臂在即将复位前就能切断动力。

(3)利用气力回收的,按压泄气阀推杆是否能正常泄气,切断气泵。检查气源供气是否正常,气动管系及阀门状况是否良好,有无漏气现象。

3.1.1.6　吊艇索是否按规定的间隔期进行更换处理，并且吊艇索是防旋转型钢索。检查艇索的状况，是否存在断丝、抽丝或过度锈蚀等情况，需关注钢索端及其头压板、压扣处是否出现锈蚀情况，整条吊艇索是否涂满了润滑油，润滑油状况是否良好，以保护艇索不被锈蚀，钢索直径是否与滑轮槽相匹配。吊艇索因日常维护保养不良，存在锈蚀、断丝等情况，可导致收艇时钢索断裂。吊艇索应使用免打结的船用专用钢索，更换新钢索时，船上应留存相应的船用产品合格证或证书。通过降落和回收救生艇的操作，确认两条吊艇索的调整，是否能保证救生艇两头同步降落和回收。

3.1.1.7　检查各转轴、滑轮、滑道等活动部件的润滑油加注情况，部件加油嘴是否存在被油漆堵塞或未经常性加注润滑油的情况。

3.1.2　吊艇钩

3.1.2.1　艇吊钩组件及其基座状况必须良好，无锈蚀、无卡住等情况，活动部件必须加注润滑油。对于老旧救生艇需特别关注艇吊钩及其支承座、连接螺栓的锈蚀情况，如耗蚀超过原来尺寸10%时，应予以处理或换新，修理后应做满载负荷强度试验，并提交经船检认可的试验证明或报告，对于换新的艇吊钩应提供拉力试验证明。见图1-5-25、图1-5-26。

图1-5-25　艇吊钩基座锈断

3.1.2.2　艇吊钩脱钩装置外观应良好，无明显锈蚀，脱钩组件表面禁止刷油漆，因脱钩装置长期未经常性进行脱钩操作，常出现释放钩被锈住或卡住情况。

3.1.2.3　检查连接环与释放钩连接的可靠性，连接环在无负荷的情况下是否可以自由摇摆。对于未设副钩装置的吊艇架活动臂或滑车设有救生艇艇底龙骨托架的，无需采用放艇下水进行直接脱钩操作检查可以采用简单方法：即必须在吊艇架处于复位状态，艇架保险杆锁住转动臂（单点倒臂式）或锁住救生艇滑车（重力滑轨式）的情况下，提起绞车上手动制动杆，用手摇柄摇动绞车齿轮箱，放松吊艇索，使吊艇钩连接环与艇吊钩释放钩松开，再用手提释放钩，看能否提起，来确定释放钩是否被锈住或卡住。

3.1.2.4　检查释放钩是否完全关闭，钩子艉部是否能完全被安全销挡住到位。

3.1.2.5　检查释放钩的支架的螺栓和螺帽是否上紧，无任何锈蚀，其转轴应上润滑油。

3.1.3 绞艇机及制动装置

3.1.3.1 检查绞艇机基座和基座紧固螺栓的状况是否良好,是否存在过度锈蚀、局部洞穿以及不适当的修理等情况。见图 1-5-27。

图 1-5-26 艇吊钩基座不符合要求的修理

图 1-5-27 基座底部锈蚀

3.1.3.2 检查制动装置是否具有有效性和可靠性,制动器操作杆锈蚀程度是否影响了强度要求。在对重力降落式救生艇进行放艇检查时,当救生艇降落时达到一定速度,可示意操作人员进行紧急刹车。如果救生艇在刹车后仍会滑落一段距离后才能刹住,或刹不住或时好时坏,则说明绞车制动存在问题。为确认其制动是否可靠,应进行多次降落制动操作。制动失效的原因往往是由于制动器中的刹车片或弹簧变形、错位或操作杆位置调整不当引起。如有必要可以拆开制动装置,做详细检查。

3.1.3.3 检查绞艇机齿轮箱外观状况是否良好,箱体是否存在锈蚀或渗漏情况。如有必要可拆掉齿轮箱盖板,检查确定齿轮组状况是否良好,齿轮润滑油是否变质,液位是否处于正常范围。

3.1.3.4 检查绞车电机联锁装置是否有效,联锁装置主要是为防止救生艇在降落、动力回收时,手柄或手轮忘记脱开,而随绞车转轴转动,可能发生伤人事故。该装置是通过安装在手柄插入口内的行程开关来切断动力或手柄存放处设有绞车电机切断联锁开关来实现联锁功能。在未插入手柄前,先进行外观性检查,是否安装了联锁装置,行程开关的状况是否良好,按压行程开关的推杆,是否富有弹性。在收艇的过程中用起子拨动行程开关(或手柄从设有联锁开关处拿开),检查行程开关是否有效切断动力,然后再插入手柄,人员避开手柄后,再做收艇操作,看行程开关是否有效、可靠,安装位置是否准确。

3.1.4 救生艇脱钩装置

3.1.4.1 封闭式救生艇和自由降落式救生艇在艇内应张贴脱钩操作说明,操作说明是否详尽并与实际相符。

3.1.4.2 检查封闭式救生艇下水后脱钩保护静水压力释放器是否有效动作,脱钩装置是否能顺利脱钩和正确复位;封闭式救生艇脱钩拉杆是否固定牢靠,无松动。锁定钩与锁定活动块耦合间隙是否过大或锈蚀严重。

图 1-5-28　自由降落式救生艇脱钩控制手柄未涂刷与周围环境颜色明显不同的标志

3.1.4.3　联动装置的检查主要关注其刚性结构有无腐蚀、开裂、变形以及各支撑结构包括万向节的润滑状况，释放钢缆的保护套有破损和保养不良等情况。

3.1.4.4　检查脱开控制器控制手柄和安全销的可靠性，脱开控制手柄应有明显标志，标志颜色与手柄周围颜色有明显的差异。见图 1-5-28。

3.1.4.5　检查对包括互锁装置在内的承载释放装置的操作，可在降落或释放之前就如何使该装置复位并防止其在回收时意外脱开询问负责操作该装置的船员，可参考艇内的操作和复位说明予以回答。

3.1.4.6　释放装置应设计成艇内的船员能清晰地观察到该装置已正确复位并可以起吊。

3.2　常见隐患

3.2.1　吊艇架、吊艇钩、滑轮腐蚀严重、变形，或未经认可的临时性修理。

3.2.2　吊艇钩脱钩装置锈死（如联锁保护拉索），操作须知与实际不一致。

3.2.3　吊艇索锈蚀严重、断丝、抽丝，未在规定的期限内调头或换新。

3.2.4　救生艇限位开关非船检认可的 IP56 防护等级，安装位置未能满足到动力复位时自动切断电源的要求，或脱落、故障。

3.2.5　未设置救生艇动力回收与手动制动器及手摇装备相联锁的动力控制装备。

3.2.6　救生艇手摇柄插入口与动力回收艇的联锁行程开关失效，手动回收装置失效。

3.2.7　救生艇绞车手动制动器失效，制动器操作手柄锈蚀严重，强度不足。

3.2.8　未设置能在舷边和艇内操作的拉索式遥控放艇装置。

3.2.9　未设置能延伸至舷边操作的动力收艇的线控装置。

3.3　隐患处理

3.3.1　吊艇架及其基座、吊艇钩、吊艇索、滑车、滑轮等主要受力部位、部件出现锈蚀严重的（超过原来尺寸 10% 时），修理后应做满载负荷强度试验，并向船检机构申请检验，检验合格需提交检验报告。对于换新的吊艇钩，应提供拉力试验证明。

3.3.2　吊艇架及其基座、吊艇钩、吊艇索、滑车、滑轮等主要受力部位、部件出现锈蚀严重的（超过原来尺寸 10% 时），脱钩装置存在未能达到快速释放要求，绞艇机的制动器失效的缺陷，会导致渔船被禁止开航作业生产。

3.3.3　如存在故障或达不到限位作用的隐患，可能会导致渔船被禁止开航作业生产。

3.3.4　未设置救生艇动力联锁开关或失效（包括限位行程开关故障或安装位置达不到限位作用），未设置拉索式放艇装置、线控动力回收装置、拉索锈蚀等缺陷，会导致渔船被禁止开航作业生产可能。

3.3.5 吊艇索的使用日期超过规定年限后,未更换新钢索,应在开航前纠正。

3.3.6 吊艇索为非防旋转及耐腐蚀的钢丝索,可以限期纠正。

3.3.7 限位行程开关为非船检认可的产品,可以限期纠正。

4 救生筏

4.1 排查要点

4.1.1 存放筒的检查

4.1.1.1 救生筏存放筒外壳上所标明的形式、乘员定额、总重量、制造厂名、制造编号、制造年月、检验单位、检修单位及下次检修日期是否完整、清晰。

4.1.1.2 存放筒上是否张贴了人工释放操作图示。

4.1.1.3 存放筒是否存在老化变脆、破损等情况,以免抛落时因筒体强度不足造成破损后而有可能刺破筏体,同时存放筒因破损进水而失去浮力。

4.1.1.4 存放筒之间齿口密封条是否存在老化、脱胶等情况,存放筒封口扎绳是否存在断裂、缺失或使用非认可的其他绳索替代等未能保持筒体水密的情况。

4.1.1.5 可吊式救生筏的存放筒开口盖板是否能保持水密状况,以免受海水和雨水影响,造成卸扣锈蚀、筏体、吊带等发霉、老化。

4.1.1.6 固定存放筒用的缚带或钢索是否用索具螺旋扣紧,钢索是否锈蚀严重。易断绳(又称薄弱环)其破断力为220±40kg,应是船检机构认可的专用绳,年度检修时由筏站更换,不得用其他绳索替代。检查时确认该绳是否出现损坏、发霉、腐烂或缺失等情况。

4.1.1.7 不得有任何妨碍救生筏自动释放后自由上浮水面的情况存在,如用绳索将筏体永久性绑扎在筏架上,或系固装置连接错误,以及在救生筏正上方设有甲板、雨篷、救生艇等情况,见图1-5-29。

4.1.1.8 救生筏上下壳体之间有细绳连接的救生筏的包装带应剪断,而上下壳体之间没有细绳连接救生筏的绑扎带不允许剪断,要注意筏体或绑扎带上的标签,见图1-5-30、图1-5-31。

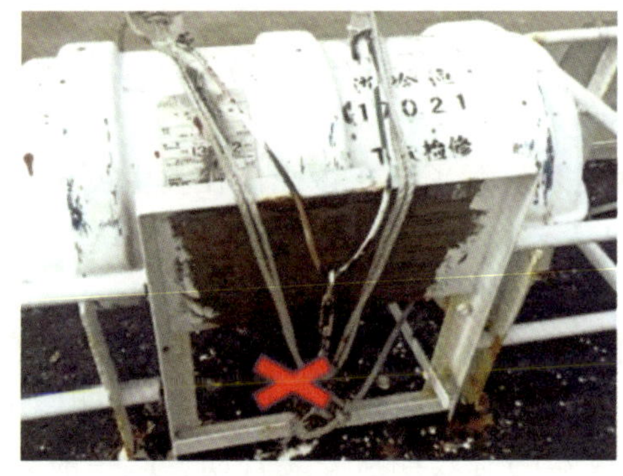

图1-5-29 用绳索将筏体绑扎在筏架上

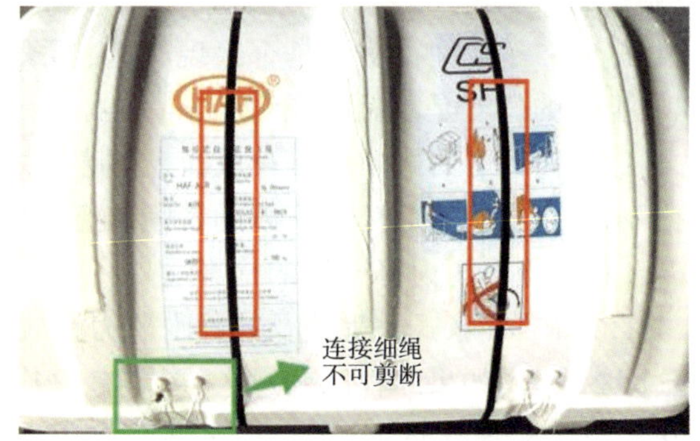

图1-5-30 筒体上包装带未剪掉

4.1.1.9 救生筏是否水平存放,安装时存放筒上漏水孔应朝下,以便及时排出筒内积水，避免筏体发霉、老化。

4.1.1.10　发现筏龄较长的救生筏，如果其存放筒出现局部破损、老化等状况较差的情况下，可以打开筒体，对筒内筏体进行详细检查，查看筏体是否存在局部老化、破损、脱胶等情况，见图1-5-32。

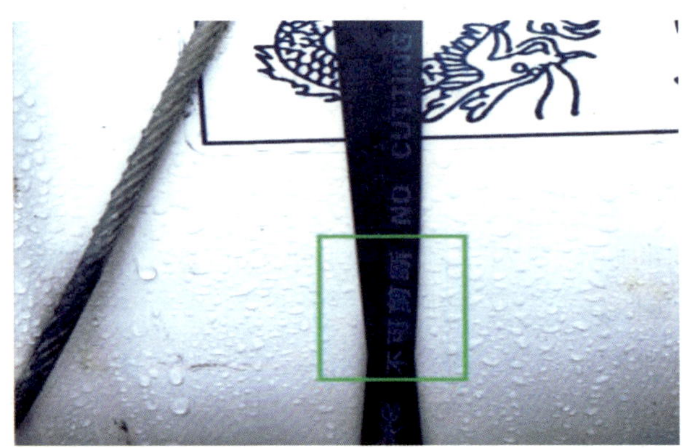

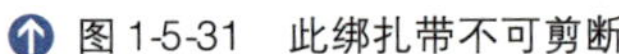
图1-5-31　此绑扎带不可剪断

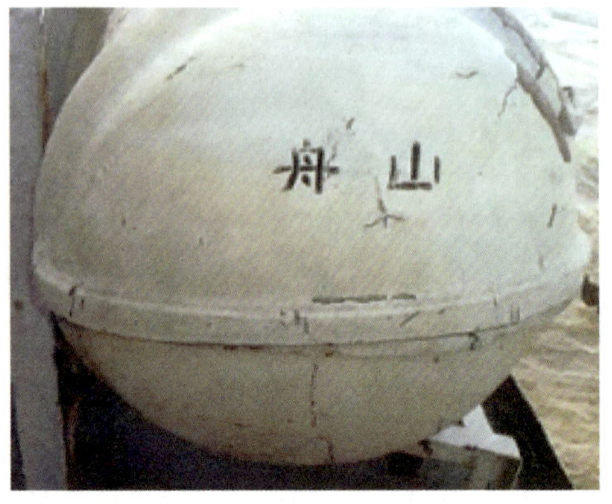

图1-5-32　救生存放筒有破损

4.1.1.11　救生筏存放的位置以及存放架的活动转肩长度，是否能满足在人工抛投时，保证筏体直接滚落到舷外。舷边抛投口妨碍救生筏快速抛投的栏杆或舷墙是否割除，并且抛投口尺寸是否满足要求，是否在抛投口设置了人员防护链环，链环是否能快速脱开。

4.1.1.12　“渔船安全证书（检验证书）”或“救生设备布置图及明细表”中所标注的救生筏型号和数量，是否与船上实际配备相一致，并且其存放位置与“救生设备布置图及明细表”所标识的要求是否相一致。

4.1.1.13　需注意抛投式救生筏存放高度的限制，其存放位置距离渔船空载时的水线高度，是否超过救生筏存放筒上所标识的水线以上最大允许存放高度，该限制高度可以从其船用产品证书中或存放筒外壳中查到。

4.1.1.14　是否在吊架降落式救生筏登乘口甲板上设置了系筏羊角，用于保证将救生筏可靠地贴紧舷边。

4.1.1.15　救生筏艏缆是否出现腐烂、断裂等情况，艏缆的连接和系固是否正确，艏缆抽出救生筏的长度是否控制在约1.5m左右。

4.1.1.16　可吊式救生筏存放筒上下壳体之间是否设置了防止该壳体在救生筏充气和降落下水过程中及以后坠落下海的系固装置，见图1-5-33。

4.1.2　静水压力释放器的检查

4.1.2.1　气胀式救生筏及其静水压力释放器的首次年度检修期限，应从装船之日算起不超过12个月，如果库存时间过久，还需考虑其属具是否已过期。以后按“检修证明”中所标明的“下次检修日期”确定。一次性静水压力释放器的有效期从安装日期算起一般为两年，到期日期以有效期标识上打孔的日期来确定，如果有效期标识脱落遗失，又不能提供相关产品证书或合格证，则应按过期处理，见图1-5-34。

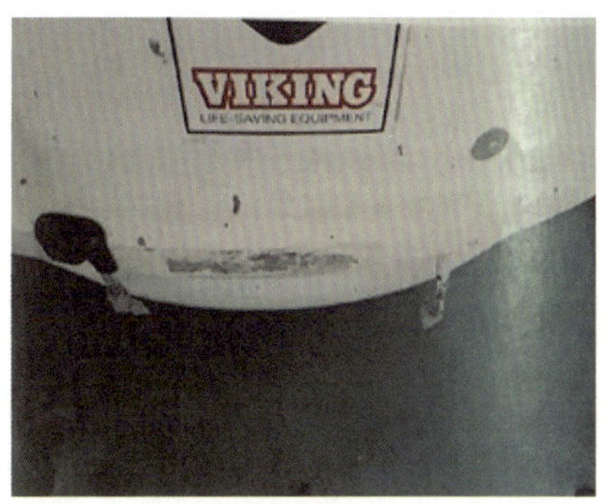

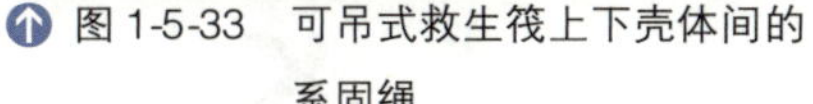

图 1-5-33 可吊式救生筏上下壳体间的系固绳

图 1-5-34 一次性静水压力释放器

4.1.2.2 静水压力释放器是否用两个螺栓将其垂直地安装在筏架的下横杆上，并且其铭牌面朝向舷内，以便船上日常维护保养。一次性静水压力释放器则采用绳索系固，检查确认系固绳状况是否良好，见图 1-5-35。

4.1.2.3 静水压力释放器的安装、绳索的连接是否正确。大吊环应与链钩连接，小吊环应与卸扣连接，卸扣上系上艏缆和易断绳，绳索端部连接应牢靠，外露的艏缆（兼用启动绳）、易断绳不得有腐烂现象。链钩上的开口销装配时其折角不得大于30°，开口销从正面插入，便于应急时用手拉出，见图 1-5-36 ~ 图 1-5-38。

图 1-5-35 静水压力释放器铭牌面未朝向舷内与正确安装方向

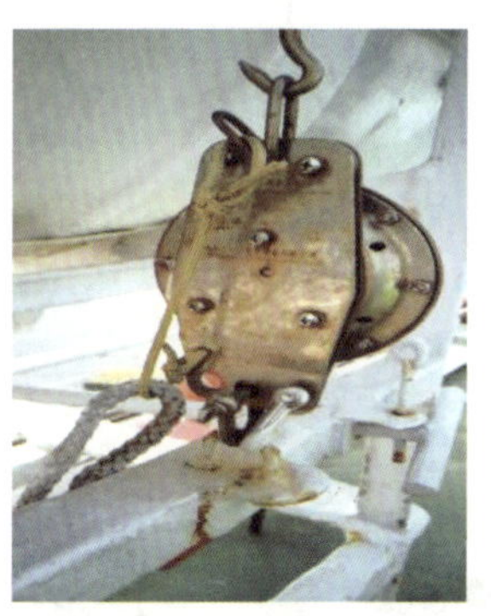

图 1-5-36 艏缆与易断绳未正确连接

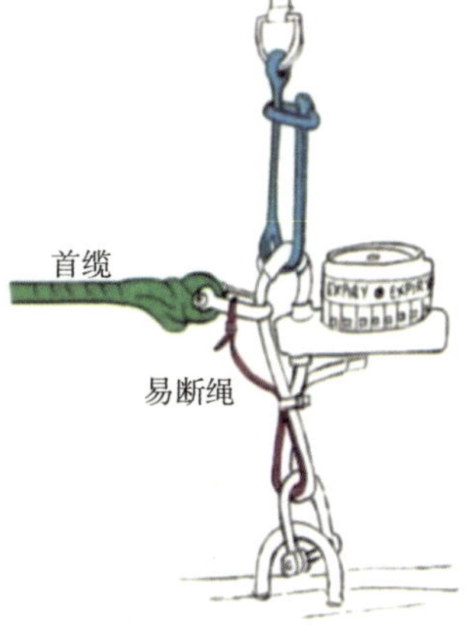

图 1-5-37 艏缆与易断绳正确连接方式

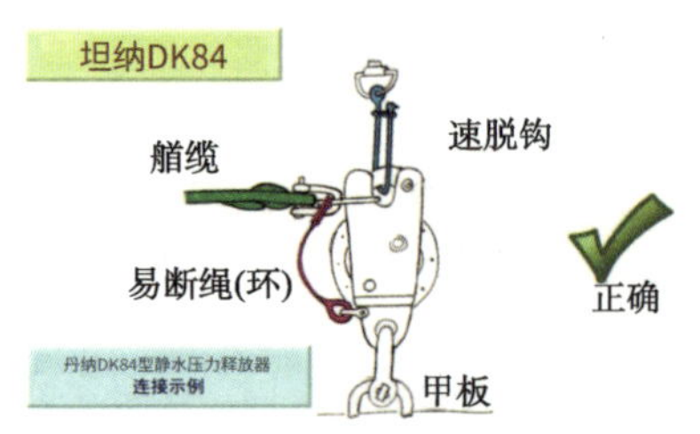

不正确连接方法的示例

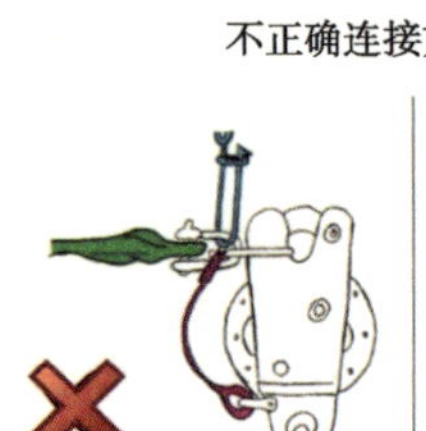

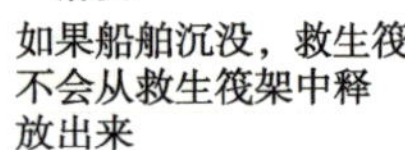

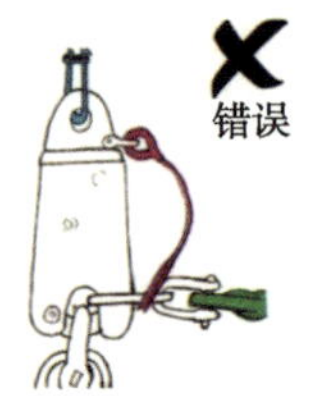

可能自动释放时被缠结

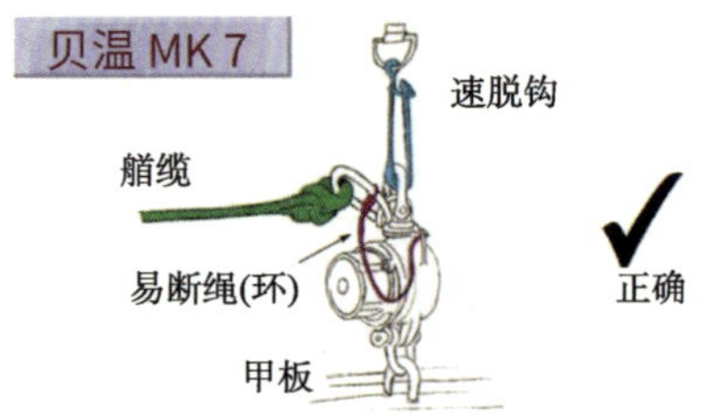

不正确连接方法的示例

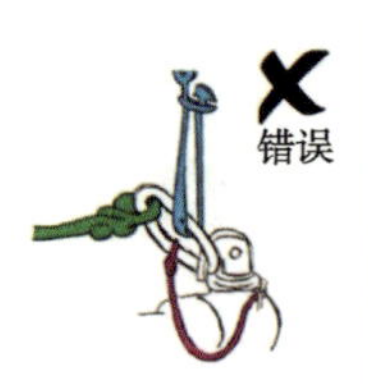

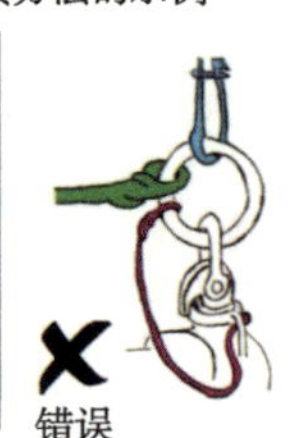

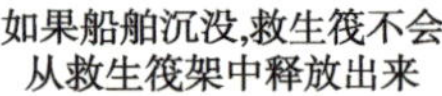

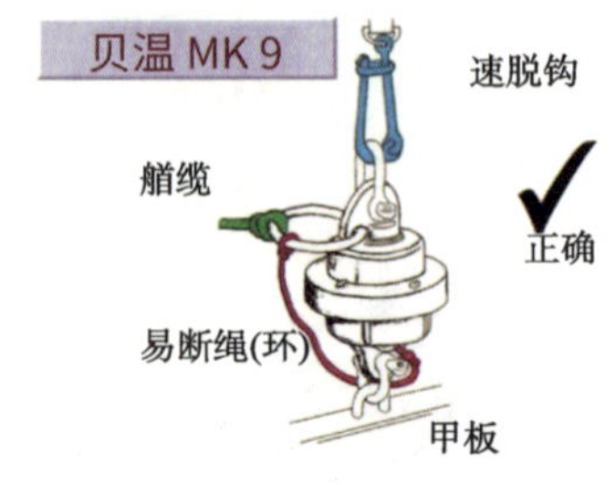

不正确连接方法的示例

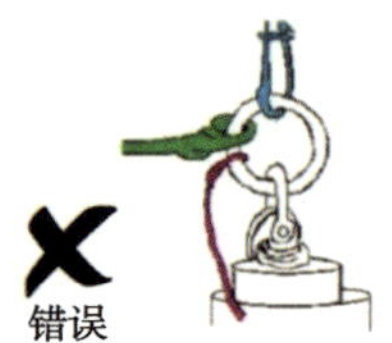

如果船舶沉没，救生筏不会从救生筏架中释放出来

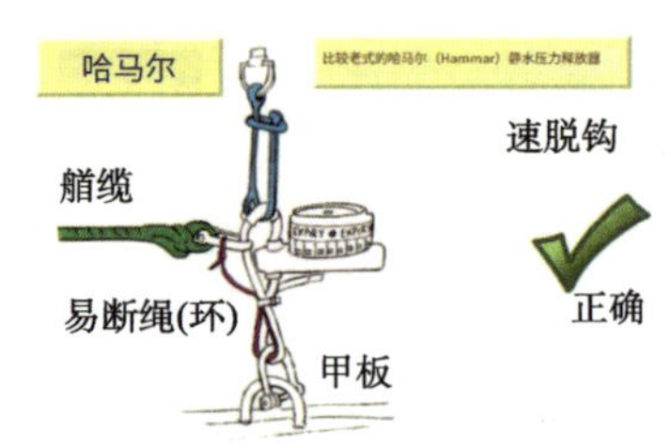

不正确连接方法的示例

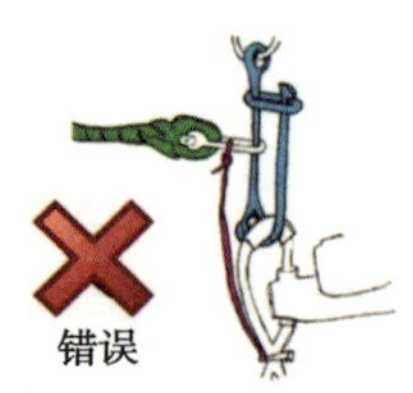

如果船舶沉没，救生筏不会从救生筏架中释放出来

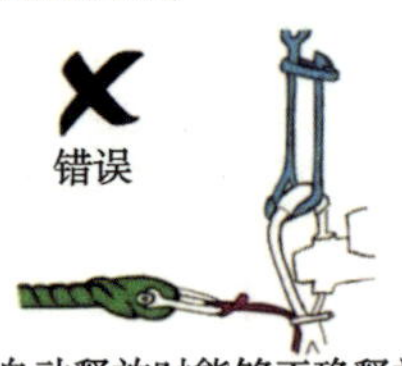

自动释放时能够正确释放，当手动抛投时，由于首缆仅与易断绳（环）连接，当易断绳（环）破断，救生筏将丢失

图 1-5-38　不同型号静水压力释放器连接说明

分析：以上4组图片的静水压力释放器连接方式在船上较为常见，其中上面为正确的连接方式，下面为错误的连接方式。拿最后一种举例，航缆（绿色）通过一个卸扣与静水压力释放器相连接，静水压力释放器与甲板上的地铃相连接，而易断环（红色）连接艏缆上的卸扣和甲板上的地铃，当静水压力释放器受到水压作用自动弹开时，腊缆上的卸扣也随之与静水压力释放器脱开，此时救生筏是通过艏缆、易断环与甲板地铃连接，受到较大的浮力作用时，救生筏就会自动弹开，易断环也会受到较大的拉力而断开，从而完成救生筏的释放；而在错误的图中，静水压力释放器自动弹开后，易断环受到救生筏的浮力而断开，但是由于崩缆上的卸扣直接与绑扎救生筏的卸扣（蓝色）（此卸扣一端绑扎救生筏，另一端连接在救生筏架上，而救生筏架是与船体焊接连接的）相连接，而不是只与易断环连接，因此当易断环被拉断时，腊缆还与绑扎救生筏的卸扣相连接，最终此救生筏将被沉船拖入海底，而无法完成漂浮状态的释放。

4.1.2.4　释放器外壳是否涂有油漆,或黏附水泥、矿物等杂物,否则可能会发生堵住进水孔、卡住芯轴、吊钩、保险钩的滑动部件等情况。

4.1.2.5　静水压力释放器应与救生筏一同送检,其有效期可从“气胀救生筏检修证明”和“静水压力释放器检修证明”中“下次检修日期”查看,并核对气胀筏外壳上标识的“下次检修日期”是否与“检修证明”相一致。

4.1.2.6　静水压力释放器内部橡胶压力膜片,不得存在明显龟裂或破损,可用手电筒照入进水孔内查看膜片情况,对可疑之处,可以用小木箸拨动查看膜片是否龟裂严重或破裂,若膜片存在明显地皲裂或破裂,可要求船上拆出膜片确认其严重程度,见图1-5-39。

4.1.2.7　如果发现静水压力释放器外观状况较差的情况,可以用释放器上附带的专用按钮或小起子,向释放器轴芯孔用力挤压轴芯,绕轴是否能转动而脱开连接环,在用此方式检查之前,必须用绳索捆住救生筏,以免脱钩后筏体掉落水中,见图1-5-40。

图1-5-39　橡胶压力膜片龟裂

图1-5-40　对压力膜片的检查

4.1.3　可吊式救生筏自动释放钩的检查

4.1.3.1　是否配备了可吊式救生筏降落设备自动脱开吊钩,该吊钩应具有型式认可证书和产品证书。

4.1.3.2　可吊式救生筏吊钩是否具备自动脱开功能和承载脱钩功能,现场检查时,可以将该吊钩挂在地铃上或者某固定点上,电动机绞升至吊钩受力后,轻拉释放把手使吊钩处于释放位置,然后抬起刹车重锤使吊钩不受力,检查吊钩是否能够自动脱开。检查承载脱钩功能的话,可以在吊钩受力状态下,继续用力拉动释放把手(可能需要很大的力气),检查吊钩是否能够脱开。

4.1.3.3　检查船员是否熟悉自动释放吊钩的使用方法,目前常见的救生筏自动释放吊钩有两种,船员往往认为直接拉动释放把手或者同时拉动两个释放把手即可,船员不熟悉救生筏自动释放钩的问题普遍存在。

4.1.4　救助艇、可吊式救生筏降落与回收装置检查

4.1.4.1　对于配备自由降落式救生艇的渔船,需要配备一艘救助艇和至少在一舷配备可吊式救生筏,所以该救助艇和可吊式救生筏往往配备在同一舷,并且共用同一个降落与回收装置。

4.1.4.2　检查蓄能器压力是否足够,蓄能器能否驱动吊架旋转足够角度。

4.1.4.3　检查齿轮箱液压油液位是否正常,是否存在漏油现象。

4.1.4.4　是否配备了遥控拉索,用于遥控吊架旋转控制手柄和刹车重锤,特别需要注意的是拉下旋转控制手柄后,再放松遥控拉索,旋转控制手柄能否自动回弹并且吊架停止旋转。

4.1.4.5　检查船员是否熟悉该降落与回收装置的操作,特别是使用蓄能器和使用手动操作的阀门转换,以及蓄能器的充能操作等,见图1-5-41。

4.2　常见隐患

4.2.1　未按规定配备救生筏。

4.2.2　救生筏年度检修过期,见图1-5-42。

图1-5-41　救助艇可吊式救生筏降落与回收装置

图1-5-42　年度检修过期

4.2.3　救生筏存放筒外壳破损,齿口间水密胶条脱落。

4.2.4　救生筏存放筒外壳上未标注船名、船籍港、上次检修时间等。

4.2.5　救生筏易断绳烂断、缺失,使用普通绳索替代气胀筏易断绳,或未正确连接。

4.2.6　救生筏存放位置不符合要求,如妨碍其自由漂浮、超高,或影响其他救生设备的操作,或释放通道被堵塞,见图1-5-43。

4.2.7　救生筏静水压力释放器过期、缺失或安装错误,铭牌面未朝向船内侧。

4.2.8　救生筏艏缆未连接或连接错误。

4.2.9　手揿式静水压力释放器备用按钮缺失,见图1-5-44。

图1-5-43　释放通道被堵塞

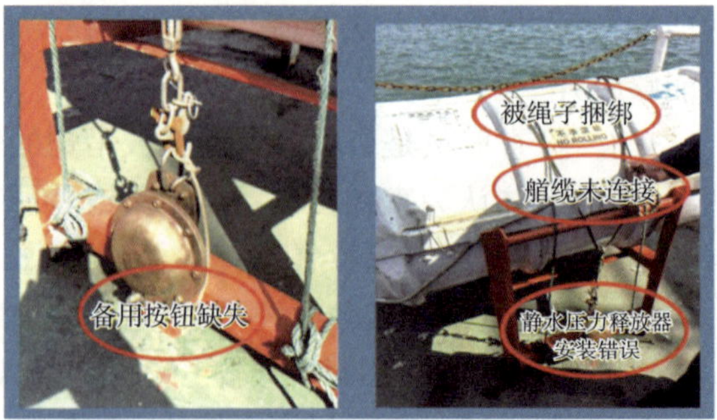

图1-5-44　静水压力释放器安装错误、艏缆未连接、备用按钮缺失且被捆绑

4.2.10 救生筏被捆绑或上面堆放渔网等杂物,见图1-5-45。

4.2.11 救生筏手动脱钩装置连接错误,见图1-5-46。

4.2.12 救生筏额定乘员不满足渔业船舶核定乘员。

图1-5-45 无筏架且被捆绑

图1-5-46 手动脱钩装置未正确连接

4.3 隐患处理

4.3.1 气胀式救生筏及其静水压力释放器的年度检修过期或内部压力膜的状况较差,会导致渔船被禁止开航作业生产。

4.3.2 救生筏存放外壳破损不严重的,允许船上自行修补,但要达到牢固的要求,并要求在开航前纠正。存放外壳破损严重的,应送检修单位进行检修或更换新壳,会导致渔船被禁止开航作业生产。

4.3.3 救生筏登乘位置离最轻载航行时的高度超过4.5m或以上,可移至不超过上述高度的合适位置,或增设吊筏架,可能会导致渔船被禁止开航作业生产。

4.3.4 未按规定要求配备用于船上培训的吊架降落式救生筏,可限期纠正。

4.3.5 未按规定在船艏(艉)处配备救生筏等其他隐患,应在开航前纠正。

4.3.6 船上可以自行更换同一型号的救生筏,如更换的为非同一型号,则应向船检机构申请办理变更校核。

4.3.7 救助艇及其降落架存在的隐患,原则上应在开航前纠正。

4.3.8 未能使用动力和蓄能器将救助艇降落的隐患,会导致渔船被禁止开航作业生产。

5 救生艇筏登乘设施

如救生艇筏的登乘甲板至船舶最轻载航行水线高度超过1.5m,救生艇筏登乘位置应至少设有1具经认可的登乘梯,以供船上人员登入降落到水面上的救生艇筏。

5.1 排查要点

5.1.1 在登乘口处是否设置了扶手,扶手状况是否良好,强度是否足够,扶手间距是否满足顺利布放登乘梯的要求。

5.1.2　登乘梯是否是船检机构认可产品，可以查看上端部踏板上的铭牌或登乘梯的产品证书来确定，见图 1-5-47。

5.1.3　登乘梯两边绳是否有中间接头，是否存在腐烂或使用非认可的绳索替代白棕绳等情况。对边绳腐烂有怀疑的，可以用脚摩擦，是否能很容易地断股来确定其腐烂程度。登乘梯边绳的扎带绳状况是否良好。

5.1.4　登乘梯踏板是否完好，不应存在开裂、断裂、腐烂或松动等情况。固定踏板的衬木是否腐烂或缺失。

5.1.5　登乘梯两端头是否用卸扣与甲板地铃相连，端头、卸扣、地铃是否存在锈蚀严重情况，见图 1-5-48。

5.1.6　特别需注意登乘梯端头处的边绳状况，因端头边绳经常被水浸湿，最易发生腐烂现象，见图 1-5-49、图 1-5-50。

图 1-5-47　非船检机构认可的登乘梯

图 1-5-48　登乘梯端头未用卸扣与甲板地令相连

图 1-5-49　登乘梯边绳端头烂断

图 1-5-50　正确放置的登乘梯

5.1.7　登乘口处的舷边栏杆(墙)是否割除，其开口尺寸是否能达到利于登乘梯的铺设，并且从载重线方面要求考虑，在栏杆开口处应装设防护链。

5.1.8　从铭牌上标注的长度来估算登乘梯长度是否达到要求，或通过实际布放来确定。

5.1.9　对于船艏或船艉距最近救生艇筏存放点超过 100m，在船艏或船艉配备了 1 只救生筏的，还需要在该救生筏存放位置附近设置一具登乘梯，并且在舷边合理可行的范围内设置登乘口。

5.2 常见隐患

5.2.1 未设置救生艇筏登乘梯，或登乘梯为非船检认可的船用产品。

5.2.2 登乘梯登乘口处的舷边栏杆未割除，或未设置扶手。

5.2.3 登乘梯卸扣未与地铃相连（或未设置连接地铃），连接地铃（卸扣）锈蚀严重。

5.2.4 登乘梯边绳、踏板不符合要求，如腐烂、断裂或为非完整的整根白棕绳。

5.2.5 登乘梯长度未能达到最轻载航行水线的要求。

5.2.6 登乘处所应急照明不满足要求。

5.3 隐患处理

救生艇筏登乘设施存在的隐患，均应在开航前纠正。

6 个人救生设备

6.1 排查要点

6.1.1 救生圈把手索由合成纤维制成，不允许存在老化变脆、烂断等情况。可以用力拉或来回扭动把手索，不应出现断丝情况。

6.1.2 救生圈一面应标识船名、船籍港，另一面应标识相应的汉语拼音，上述标识是否清晰可见，与渔船实际相一致，见图1-5-51。

6.1.3 救生圈反光带是否存在老化、脱落等情况，重新更换的反光带是否是船检机构认可产品。

6.1.4 救生圈可浮救生索直径应不小于8mm，较常见的是用筏用救生浮环替代，该索直径仅为4mm。可浮救生索应不打扭结，检查时若该绳索缠成一团或很容易缠绕打结，则不符合要求，见图1-5-52和图1-5-53。

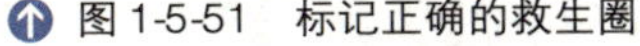
图1-5-51 标记正确的救生圈

图1-5-52 可浮救生索直径不足

6.1.5 海水电池型自亮灯是否在有效期之内，电池的进水孔应保持密封状况，如密封塞被开启，应按失效处理。

海水电池型自亮灯：自亮灯漂浮在海面时，两个海水电极遇水后形成的接触电阻接通电路而自动点亮灯。设有海水电极的锂电池自亮灯，平时应倒立放在存放架上。测试时，将其正立后，用沾水的手指同时触及两个海水电极，看其是否能点亮灯。如设有试验开关的，直接按此开关，进行测试，见图1-5-54。

6.1.6　干电池型自亮灯是否装上了电池，电池状况是否良好，电池是否超过一年使用期。将自亮灯拿正后，能否正常发光。

干电池型自亮灯：使用碱性电池供电，设有磁性开关和水银开关，自亮浮灯结构紧凑，外观轻巧，光源采用白光LED，通过拉出附装在存放架上的磁性插片自动接通磁性开关，并放正时点亮灯，插入磁性插片则断开电路（插销为插入状态时救生圈自亮浮灯处于关闭状态），该形式自亮灯克服了海水电极容易氧化的影响，见图1-5-55。

图1-5-53　可浮救生索非不打扭结型

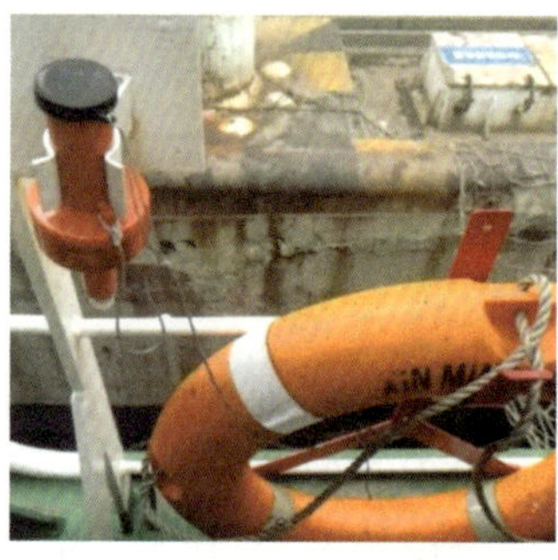

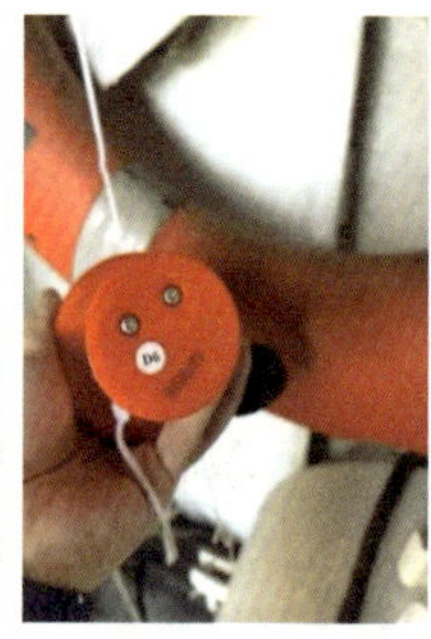

图1-5-54　海水电池型自亮灯及海水电极示意图

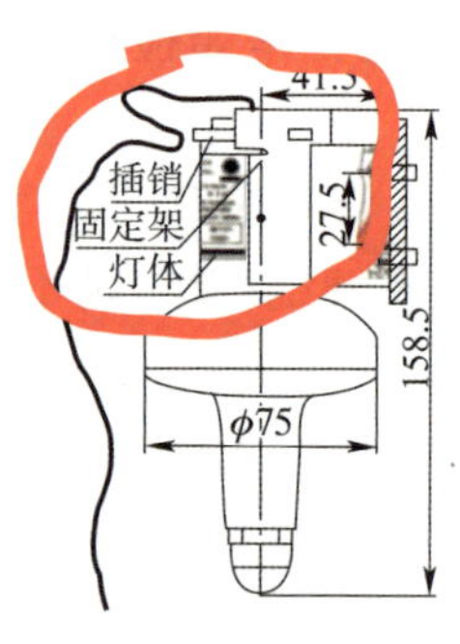

图1-5-55　干电池型自亮灯及磁性开关示意图

6.1.7　设置于驾驶室两翼侧带自亮灯和自发烟雾组合的救生圈，其重量是否大于4.5kg，可从救生圈上的标识确定。其安装位置，是否能达到当横销拉出后，救生圈能快速带动组合信号直接掉落到舷外。组合信号的系固绳、拉发索连接是否正确，组合信号存放架是否安装在舷边或靠近舷边，并且其开口朝舷外，否则无法被带动。释放横销是否能达到方便、快速地拉出，存放架尺寸是否过小会卡住救生圈，在拉着把手索的情况下，拉出横销后救生圈能否滚动，见图1-5-56。

图1-5-56　带自亮灯和自发烟雾组合的救生圈的正确设置

6.1.8 损坏或报废的救生圈及属具是否集中存放,以免紧急时被误用。

6.1.9 外包帆布的救生圈主要检查外包帆布和缝线的强度是否足够,应能达到用力拉不破的要求。

6.1.10 船上布置的救生圈及其属具,是否与“救生设备布置图及明细表”相一致,是否为船检认可产品。

6.1.11 设有自亮灯的救生圈同时设有可浮救生索。

6.1.12 是否按规定要求配备经船检认可的救生衣。

6.1.13 救生衣上是否标注船名号,配备救生衣灯、号笛、反光条(面积≥400cm^2)。

6.1.14 供值班人员使用的救生衣是否存放在驾驶室、机舱控制室和任何其他有人值班的处所。

6.1.15 人员是否能够正确穿着救生衣,见图1-5-57。

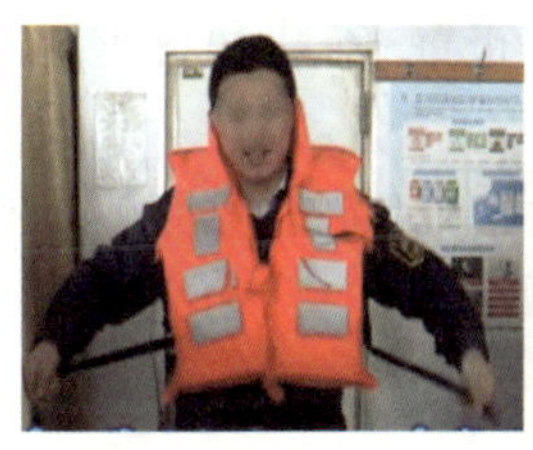
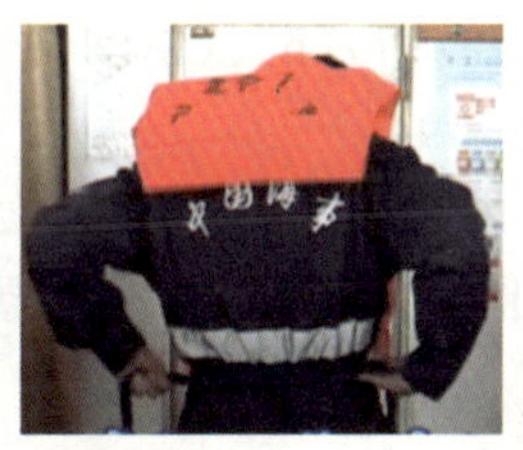

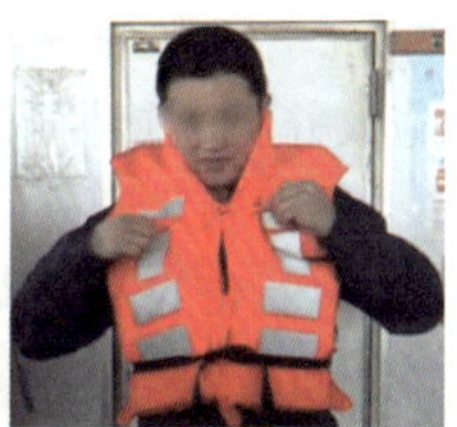

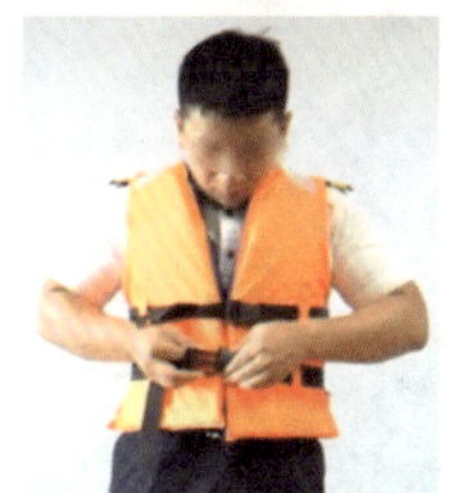

图1-5-57 救生衣正确穿着示意图

6.1.16 检查紧急逃生呼吸器(EEBD):核对其存放处所及数量,外观检查其完整性,见图1-5-58。

图 1-5-58

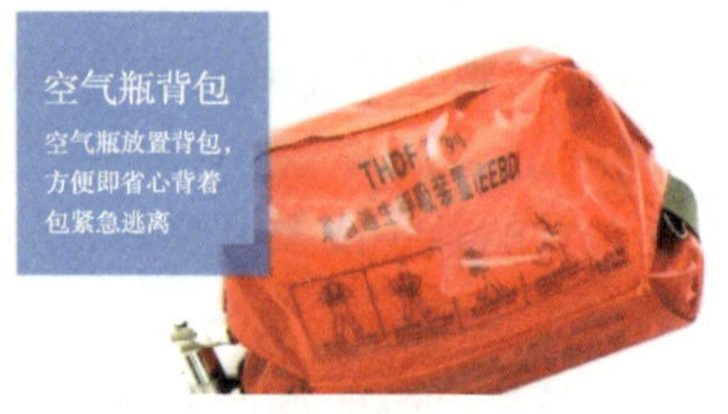

图 1-5-58　紧急逃生呼吸器

6.2　常见隐患

6.2.1　救生圈(救生衣、抛绳器)配备数量、布置、要求与“救生设备布置图及明细表”不一致或非船用产品。

6.2.2　驾驶室两翼侧带自亮灯和烟雾信号组合的救生圈，其布置、安装和自重达不到迅速施放并且直接掉落舷外的要求。

6.2.3　救生圈外壳老化、开裂，反光带老化破损或缺失，把手索老化、断裂，见图 1-5-59。

6.2.4　带自亮浮灯、可浮救生索的救生圈数量不足，或未与救生圈连接，自亮浮灯失效或故障，见图 1-5-60。

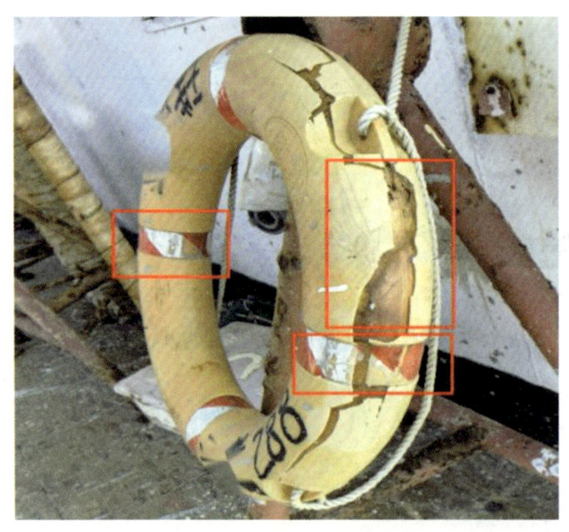

图 1-5-59　外壳老化、开裂，反光带老化破损

图 1-5-60　可浮救生索未与救生圈连接

6.2.5　救生圈(救生衣)上船名、船籍港和拼音未标识或标识不清，见图 1-5-61。

6.2.6　救生衣缺救生衣灯、缺哨笛，缺反光带或反光带亚光，见图 1-5-62。

6.2.7　用工作救生衣代替船用救生衣，见图 1-5-63、图 1-5-64。

6.2.8　驾驶室、机舱等有人值班场所未配备救生衣或集中存放，见图 1-5-65。

6.2.9　救生圈支架缺失或损坏，见图 1-5-66。

6.3　隐患处理

6.3.1　上述提及的个人救生设备存在的隐患，应在开航前纠正。

图 1-5-61 无船名、船籍港标识

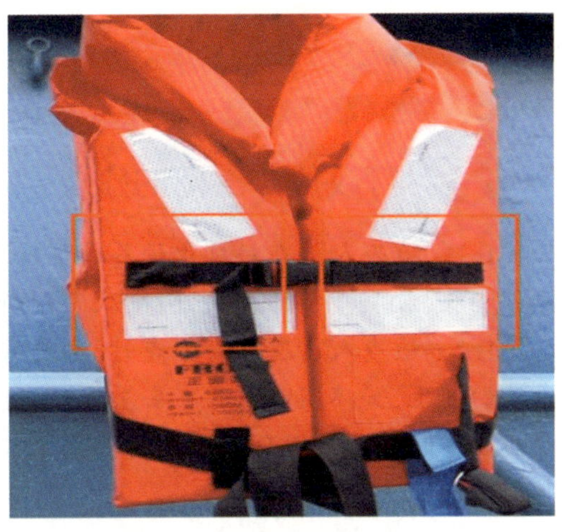

图 1-5-62 救生衣缺救生衣灯和哨笛

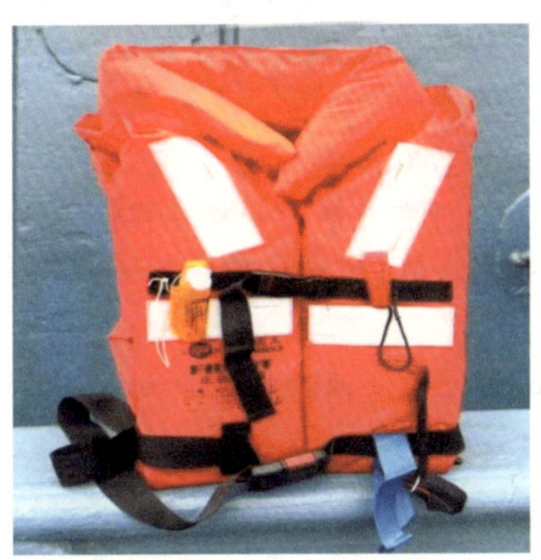

图 1-5-63 属具齐全的船用救生衣

图 1-5-64 工作救生衣

图 1-5-65 救生衣集中存放

图 1-5-66 存放架损坏被系在栏杆上

6.3.2 救生圈、救生衣存在标识的隐患,可以限期纠正。

6.3.3 海水电池自亮灯的密封孔被开启,应按失效处理。

小结与建议

1 对行政执法部门的建议

1.1 检查人员在对救生设备进行检查时，可以结合船员对相关设备的实际使用操作和收、放艇演练的形式进行，从而判断设备是否处于正常可用状态。

1.2 检查人员在现场检查时，尤其需要注意对风险的控制，杜绝因检查导致安全事故的发生，如怀疑可能存在安全风险时，应制止船员进行进一步的操作，在进行收、放艇操作时应尽量避免艇中坐有人。

2 对船方的建议

2.1 在收、放艇演习和对救生设备维护保养过程中，屡屡会发生人身安全事故，因此，船员应特别注意在演习和维护保养时的风险控制，应在保证自身安全的前提下进行以上工作。

2.2 在对救生设备维护保养时，应关注以下几点：

2.2.1 应按安全管理规定和相关要求，进行有效的维护保养，避免流于形式，特别是作为船长应对相关责任船员（船副或助理船副）维护保养须知进行跟踪考核，定期开展培训、训练。

2.2.2 在对吊艇架进行油漆保养作业时，应防止油漆将润滑油加油嘴覆盖住，如有应及时清除。

2.2.3 雨后要及时检查、清除艇内积水，特别要关注开敞式救生艇吊艇钩部位和属具存放箱积水的清除。

2.2.4 对于老旧的吊艇架，应着重查看被滑轮遮挡等不易看见而又容易发生腐蚀的部位。

2.2.5 要按时整理救生艇属具，对有有效期的属具进行整理登记，防止过期。

2.2.6 当渔船进入寒冷航区时，应及时更换艇机燃油、加注防冻液，以保证艇机在寒冷天气下能正常启动运转。

2.2.7 对艇机的启动、关闭，应按照规定的程序进行。

2.2.8 应按时对艇机启动电瓶进行充电。

2.3 实践中往往会有负责脱钩装置操作的人员不熟悉操作方法，尤其是对封闭式救生艇脱钩装置的操作，建议船上对相关操作进行培训和训练。

2.4 在收、放艇前，应检查舷侧是否存在突出物，并将登艇处的移动栏杆全部放倒；收、放艇时，应注意防止艇体与船舷的磕碰。在收艇快到位时，应减慢收艇速度，以防止艇体与碰垫之间的触碰压力过大。

3 对渔业企业(或所有人/经营人)的建议

3.1 渔业企业对渔船安全负有主体责任,渔船方面的需求,包括人员、备件物料及技术方面,渔业企业应及时提供支持。

3.2 渔业企业应督促船上严格执行安全管理的规定,建议渔业企业可采取要求对船上救生设备的维护保养、训练及收放艇演习进行拍摄、留存照片,通过这种形式可真正控制船上认真履行相关规定。

3.3 建议渔业企业对救生设备建立专项台账,特别是对有有效期的救生设备和文书的台账制定,可以有效防止因疏忽而导致救生设备和文书的过期,更可以及时安排艇筏的检修和维护保养。

第六节 航行设备

船长大于或等于24m海洋渔业船舶的航行设备的配备应根据其航区和船长(L),按表1-6-1的规定配备。

航行设备配备定额表　　　表1-6-1

设备名称 航区及最低配额	远海	近海	沿海	备注 (L为船长,m)
1. 航海罗经				
(1)磁罗经: 标准磁罗经	1	1		$L\geqslant 45$ 要求配备
操舵磁罗经	1	1	1	所有渔船均需配备。若配备有反射磁罗经的渔船可免除
备用标准罗经	1	1		$L\geqslant 45$ 要求配备,但已设有1台操舵罗经或陀螺罗经的渔船可免除
(2)陀螺罗经	1	1		$L\geqslant 45$ 要求配备
附属的方位分罗经	2	2		若方位分罗经设置于驾驶室外的两翼甲板上,而该甲板顶上是遮阳的。则应另在驾驶室顶上的露天甲板处增设1个分罗经
附属的航向分罗经	按需配置			至少应在主操舵位置(若此位置上能清晰地从主罗经读数则除外)和应急操舵位置上设置
(3)舵角指示器	1	1	1	$L\geqslant 45$ 要求配备
(4)推进器转速指示器	1	1	1	$L\geqslant 45$ 要求配备,调距桨或横向推进螺旋桨,应配有显示该桨的螺距和工作模式的指示器,所有这些指示器应能从指挥位置读出

续上表

设备名称 航区及最低配额	远海	近海	沿海	备注 （L 为船长，m）
2. 无线电导航设备				
（1）雷达	1	1		$L \geqslant 35$ 要求配备，并应能在 9GHz 频带上工作
（2）电子定位设备	1	1		$L \geqslant 24$ 要求配备北斗船位监控设备
3. 测深设备				
（1）回声测深仪	1	1	1	1）$L \geqslant 45$ 要求配备 2）可用带有回声测深功能的鱼群探测仪代替
（2）测深手锤	1	1	1	
4. 避碰仪器				
雷达反射器	1	1	1	非钢质渔船要求配备
自动识别系统（AIS）	1	1	1	$L \geqslant 24$ 要求配备

注：经渔船检验机构同意，可允许其他等效设备替代、特定航线可适当降低配备要求。

1　航海罗经

1.1　排查要点

1.1.1　根据渔船航区、船长和建造日期，是否按检验规则的相应要求配备了标准罗经、操舵罗经或陀螺罗经（方位分罗经、航向分罗经），见图 1-6-1。标准磁罗经应安装在船舶罗经甲板上，视野不受遮挡。操舵磁罗经应安装在驾驶室内，便于舵工清楚地读取航向数字。

1.1.2　在驾驶室是否备有磁罗经自差表，自差表是否在有效期之内，见图 1-6-2。

图 1-6-1　磁罗经

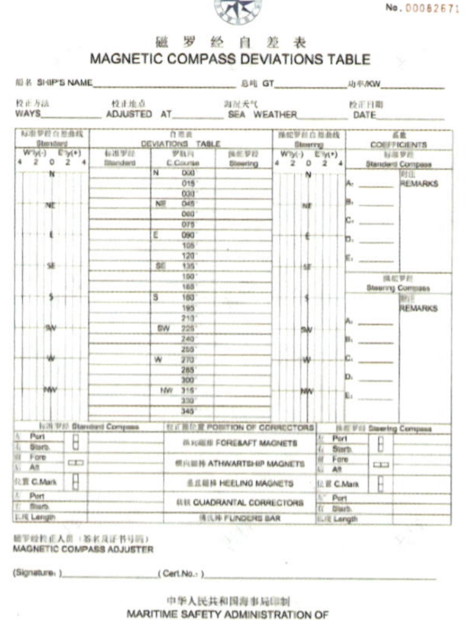

No. 00082671

磁 罗 经 自 差 表
MAGNETIC COMPASS DEVIATIONS TABLE

SHIP'S NAME______ GT______ /KW______

WAYS______ ADJUSTED AT______ SEA WEATHER______ DATE______

DEVIATIONS TABLE — Standard / C.Course / Steering: N 000°, 015°, 030°, NE 045°, 060°, 075°, E 090°, 105°, 120°, SE 135°, 150°, 165°, S 180°, 195°, 210°, SW 225°, 240°, 255°, W 270°, 285°, 300°, NW 315°, 330°, 345°

COEFFICIENTS — Standard Compass: A. B. C. D. E. REMARKS; Steering Compass: A. B. C. D. E. REMARKS

Standard Compass / POSITION OF CORRECTORS / Steering Compass: Port, Starb., Fore, Aft, C.Mark, Length; FORE&AFT MAGNETS; ATHWARTSHIP MAGNETS; HEELING MAGNETS; QUADRANTAL CORRECTORS; FLINDERS BAR

MAGNETIC COMPASS ADJUSTER

(Signature:)______ (Cert.No.:)______

中华人民共和国海事局印制
MARITIME SAFETY ADMINISTRATION OF THE PEOPLE'S REPUBLIC OF CHINA

图 1-6-2　磁罗经自查表

1.1.3　标准磁罗经的剩余自差是否超过 ±3°，操舵磁罗经的剩余自差是否超过 ±5°。(简单判断方法：如船上安装有陀螺罗经，首先通过电罗经测量某物标方位或渔船所靠码头的码头向判断电罗经是否存在误差，然后根据电罗经的读数与磁罗经读数进行对比，再综合地磁差来判断磁罗经读数是否存在明显偏差)。主罗经与分罗经之间的读数是否超过 ±0.5°的偏差。

1.1.4　如船艏向传感器安装在磁罗经刻度盘上，是否妨碍航向数据的读取。

1.1.5　磁罗经罗经液是否有泄露，盒内是否有气泡，或充满蒸汽等影响读数情况，见图 1-6-3、图 1-6-4。

1.1.6　转动罗经盒后，定向环能否恢复至水平状态。

1.1.7　调节罗经自带照明灯，其供电和调光功能是否正常。

图 1-6-3　磁罗经罗经液泄露无液体

图 1-6-4　磁罗经气泡过大

1.1.8　磁罗经及罗经柜是否完整，无部件松动、缺失等情况。

1.1.9　陀螺罗经在正常工作情况下，是否会出现温度和噪声异常情况。

1.1.10　磁罗经电气复示器工作是否正常，是否有主电源和应急电源(备用电源)两种电源供电。

1.1.11　船上是否配备了下列附件：方位读数仪、罗经盘读数放大镜、罗经备用补偿磁棒。

1.1.12　在陀螺罗经旁是否张贴了操作规程和说明。

1.1.13　如有纬度误差和速度误差调节按钮的是否进行了相应调整。

1.2　常见隐患

1.2.1　未按要求配备标准磁罗经。

1.2.2　未按要求配备陀螺罗经，或在舵机间设置陀螺罗经的航向分罗经，见图 1-6-5。

1.2.3　磁罗经的剩余自差超过规定值。

1.2.4　磁罗经自差表过期，或无自差表。

1.2.5　标准磁罗经的电气复示罗经仅由主电

图 1-6-5　磁罗经安装在驾驶台柜内，无视野

源供电。

1.2.6 磁罗经罗经液泄漏、气泡过大。

1.2.7 罗经自带照明故障。

1.2.8 主罗经与分罗经之间的读数偏差超过规定值。

1.2.9 主罗经温度过高、噪声异常。

1.2.10 磁罗经附近放置铁器或磁性物质。

2 雷达

2.1 排查要点

2.1.1 是否根据渔船建造日期、总吨以及航行海区,按检验规则的相关规定配备了符合要求的雷达。

2.1.2 从“渔船安全证书(检验证书)”“渔船安全设备证书”或“航行设备布置图”“航行设备系统图”中所标注雷达型号、机号、数量是否与实际相一致。

2.1.3 对显示器的有效直径有怀疑的,可以实际测量显示屏的有效直径。

2.1.4 是否能在规定的时间内正常开启雷达,并能正常显示雷达回波。然后检查各功能键、旋钮是否正常。

2.1.5 检查雷达的外围输入数据是否能正常显示。

2.1.6 雷达的天线装置、显示器、稳压源等是否在专用接地点上进行了接地处理。

2.1.7 检查雷达的操作系统的工作是否稳定,各菜单功能是否正常。

2.1.8 船上是否有雷达的中文操作手册及说明书。

2.1.9 配有电子标绘装置或自动雷达标绘仪(ARPA)的,检查其功能是否正常,可能存在如下常见故障:

2.1.9.1 ARPA 功能不能打开,不能进行操作:检查雷达的输入信号,包括 GPS 船位信号,计程仪船速信号、电罗经船艏方位信号,ARPA 功能的开启需要上述 3 种信号来计算相对位置,如缺少任何一个信号,ARPR 功能自动关闭,不能进行操作。

2.1.9.2 ARPA 功能能打开,但是不能捕捉目标或目标会跟踪丢失:主要是 ARPA 功能失效或者性能变坏所致,检查雷达视频处理板和 ARPA 板的视频信号是否正常,调整 ARPA 板的回波强度,更换 ARPA 板和回波处理板。

2.1.9.3 ARPA 不能打开,如 ARPA 板自检正常,应查看主板设置是否有问题,调整主板参数设置,ARPA 功能可以恢复正常。

2.2 常见隐患

2.2.1 未按相关规定配备符合要求的雷达;

2.2.2 “渔船安全证书(检验证书)”中所标注雷达型号与实际不一致;

2.2.3　雷达显示器的有效直径未能满足检验规则的要求；

2.2.4　雷达显示的回波不正常；

2.2.5　雷达功能键、旋钮故障；

2.2.6　雷达的外围输入数据未输入(如GPS船位信号、计程仪船速信号、电罗经船艏方位信号)；

2.2.7　雷达供电、显示、操作系统存在故障；

2.2.8　船上未配备雷达的中文操作手册及说明书。

3　AIS的检查

3.1　排查要点

3.1.1　AIS设备能否在开机后2min内正常工作，即能否正常接收并显示相应信息。显示器是否能正常显示信息，面板上各功能钮是否正常，AIS的操作系统是否正常。

3.1.2　进入“本船”界面，检查本船的静态信息、动态信息和与航次相关的信息：

3.1.2.1　静态信息是否与实际相符，见图1-6-6。

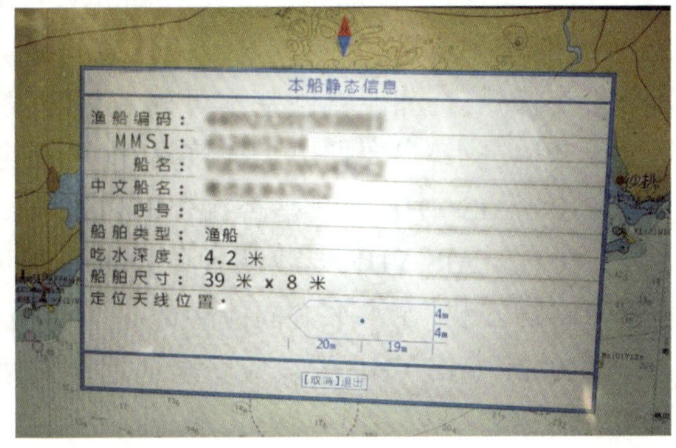

图1-6-6　AIS静态数据

(1)海上移动业务识别码(MMSI)与“识别码证书”中所标注的MMSI相符；

(2)船名(拼音)是否与“国籍证书”中所登记的船名(拼音)相符，并且每个字的音节之间、音节与数字之间是否用空格分隔；

(3)如果有呼号的，是否已输入正确；没有呼号，则应该用空格处理；

(4)船舶尺寸应与实际相符。

3.1.2.2　定位设备的天线包括内置和外置天线，在罗经甲板上设有多只定位接收天线，一般不易区分是内置或外置，还是其他定位天线。

3.1.2.3　如为B级AIS，静态信息能否随意被修改，是否记录并存储最近不少于10次的开关机时间。

3.1.3　由外接传感器提供的动态数据是否正常输入。通常对地航向(COG)、对地航速(SOG)，以及世界协调时(UTC)由外接GNSS提供，船艏向由电罗经数据输出端或安装在磁罗经上的传感器提供。核对船艏向数据是否与实际罗经指示度数相一致，并且显示的数据是否稳定。传感器不应安装在罗经读数盘上，以免影响罗经正常使用，安装是否牢固。

3.1.4　与航次有关的数据，在开航时及航程出现变化时，是否及时录入或更新：

3.1.4.1　吃水：是指本航次最大吃水；

3.1.4.2　目的地：是指某一明确的港口；

3.1.4.3　抵达时间：预计抵达目的港时间；

3.1.4.4　危险货物种类，按预设的列表中选用。

3.1.5　是否根据航行状态及时更新与航行状态有关信息，其更新应与号灯和号型的改变同时进行。

3.1.6　关闭外接 GNSS 设备电源，查看 AIS 是否会自动发出报警，并且内接 GPS 是否自动提供相应数据，即“显示屏”上经纬度 N、E 由“EXT”变为“INT”。

3.1.7　检查 AIS 数据接收能力，打开“目标航迹”窗口将海图比例扩大至 AIS 接收信息能覆盖的范围，确定本船 AIS 的实际接收能力。

3.1.8　检查 AIS 发射功能，可以通过 VHF 联系附近其他船。通过对方船上 AIS 接收的本船信息，开闭 AIS 电源，重新开机是否能自动进行 BIIT 内部测试，并显示相应报警，来确认其发射功能是否正常，发射的数据是否与实际相符。

3.1.9　或者利用“船讯网（www. shipxy. com）”或 VTS 地理系统或其他渔船 AIS 的显示，检查渔船相关信息，判断其显示的信息是否与实际相符，并可以确定外接传感器工作是否处于正常状况，查渔船轨迹基本可确定 AIS 发射功能是否正常。发射功能过弱的主要原因是天线老化进水，只要拧出天线接头，即可确定天线状况。

3.1.10　AIS VHF 天线是否符合下列要求：

3.1.10.1　AIS VHF 天线的安装位置应尽可能在水平面 360°内无障碍物，天线不应紧邻垂直障碍物安装，在水平方向应距离导体结构 2m 以上。

3.1.10.2　AIS VHF 天线应安全地远离雷达、发射机等类似的高功率源天线，最好距离发射波束外 3m。

3.1.10.3　AIS VHF 天线与渔船甚高频无线电话天线不应在同一水平面上，并使它们在垂直方向上间隔至少 2m，若必须在同一水平面上，则应在水平方向上相距至少 10m。

3.1.10.4　GNSS 天线应在水平 360°仰角 5°至 90°范围内无连续障碍物，桅、支架等障碍物不应在较大的水平角度范围内遮盖天线。天线应远离 S 波段雷达、INMARSAT 系统等高功率发射机发射波束 3m。

3.1.11　检查 AIS 收发天线及内置和外置 GNSS 天线安装情况，确认其安装位置与图纸所标相符，天线安装是否牢固可靠。

3.1.12　检查 AIS 及连接 GNSS 天线无过度老化、外皮剥落迹象，确认天线电缆连接处以及穿越舱壁处水密性能良好。

3.1.13　AIS 的安装是否符合船检机构审核批准的 AIS 布置图和系统图。AIS 的“显示屏”是否安装在驾驶室便于航行值班人员在通常的操作位置进行操作和观察的位置。

3.1.14　AIS 设备是否由主、应急电源（临时应急电源、备用电源）供电，是否由航行设备分配电板供电。通过转换供电开关，检查供电是否正常。

3.1.15 检查 AIS 设备铭牌及其船用产品证书,确定设备 A、B 等级,是否符合检验规则的要求。

3.2 常见隐患

3.2.1 未按检验规则要求安装 AIS 设备;

3.2.2 AIS 显示的船艏向与实际船艏向不一致(或 AIS 无船艏向显示);

3.2.3 AIS 无应急电源供电;

3.2.4 AIS 的 VHF 天线安装位置未满足规定要求;

3.2.5 输入 AIS 的静态数据(船名、MMSI 等)与实际不一致;

3.2.6 未及时更改与航次有关的数据;

3.2.7 AIS 未处于常开状态或破坏、拆卸、屏蔽 AIS,见图 1-6-7;

3.2.8 AIS 故障,接收或发射不正常;

3.2.9 安装两台不同 MMSI 的 AIS。

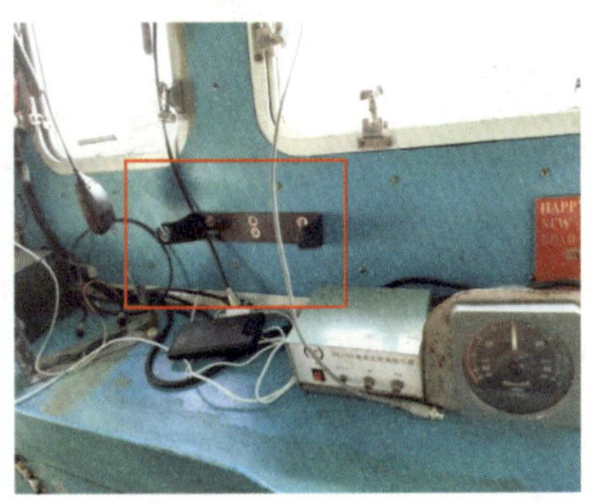

图 1-6-7 AIS 被拆卸

4 测深仪(渔探仪)

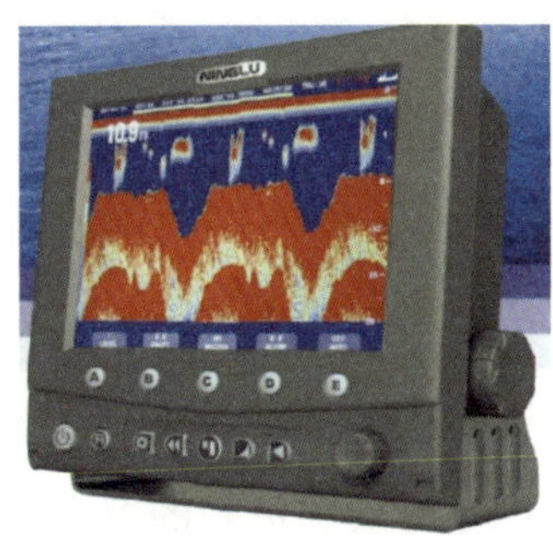

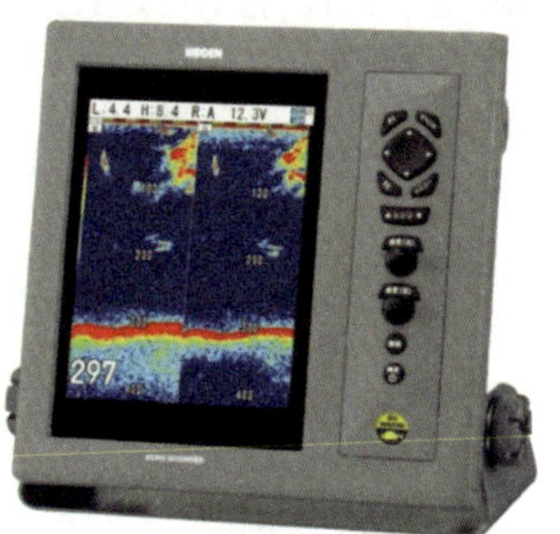

4.1 排查要点

4.1.1 检查时需注意渔船在码头靠泊时,因船底与海底之间距离过近,回声测深仪可能出现未能正常显示水深的现象。

4.1.2 是否根据渔船航区、船长按检验规则的相应要求在驾驶室或海图室内安装了回声测深仪,和配备了测深手锤。

4.1.3 通过检查测深仪的铭牌,和核对渔船安全证书(检验证书)所标注的相应数据以及船用产品证书,三者是否相一致。

4.1.4 以打印形式进行记录的测深仪,是否配备足够的打印纸。

4.1.5 查看测深仪装机的打印纸,判断船上是否按要求进行正常使用。

4.1.6 通过实际对测深仪进行测试,查看其供电显示、打印、走纸、工作稳定等情况是否正常,见图 1-6-8、图 1-6-9。

图 1-6-8 测深仪内部图示

图 1-6-9 鱼探仪

4.1.7 附有深度报警功能的,可以由数字按键选择小于渔船实际水深的深度,经测深后,蜂鸣器是否能发出响声,或指示灯是否正常闪烁。

4.2 常见隐患

4.2.1 未按检验规则的要求安装回声测深仪;

4.2.2 安装回声测深仪未能满足相应的检验规则要求;

4.2.3 未配备测深手锤;

4.2.4 测深仪供电、显示、打印、走纸故障;

4.2.5 配备的打印纸数量不足;

4.2.6 测深仪失电、水深报警故障。

5 航海图书资料

5.1 排查要点

5.1.1 渔船是否备有为其航次计划所必需的足够的和最新的海图、航路指南、航标表、航行通告、潮汐表以及其他所需的航海图书资料,可从相关部门出版的航海图书目录中查阅具体的出版时间。

5.1.2 航海通告和改正通告接收是否及时。接收期限,因船而异,如果船上可通过网络获得相关通告信息的,则要求及时进行小改正,如果船上靠通过岸基送船的,应根据航线的情况,及时要求船方改正(原则上控制在一个月之内),但是接收的与航次计划有关的航行警告信息必须及时处理。

5.1.3 可以根据渔船航次计划或海图登记簿,对与本航次有关的海图进行抽查,也可以针对本辖区的必备海图进行详细检查。

5.1.4 根据最新版“航海图书目录”核查相关海图是否为最新版,并且根据航保部的航海通告和海事局的改正通告检查海图是否及时改正。可以查阅海图改正记录检查驾驶员是否已改正海图,对于已改正的海图可通过查阅航海通告快速抽查核对。在海图上,永久性通告是否用红色水笔改正、临时通告和航行警告是否用铅笔改正、改正的内容和标注是否与通告上一致、小改正处是否登记。中版海图的改正情况可查阅每年年末出版一期《航海通告海图改正索引》上面列出所有海图当年的改正情况。由于海图改正存在动态变化,所以平时应注意港区海图改正情况的收集。

5.1.5 根据《渔业船舶航行值班准则(试行)》的要求,渔船离港前,船长应主持研究本航次与航行有关的航海资料、制定安全可靠的航行计划。航行中应尽可能实施预定的航行计划。由于渔业船舶的航行区域相对比较固定,检查时要特别注意所做的航次计划是否为机械地重复使用,并没有根据具体的情况变化做相应的改变。航次计划建议包括以下内容:

5.1.5.1 航线的总里程和预计航行的总时间;

5.1.5.2 预计航线上的气象情况和海况;

5.1.5.3 各转向点的经纬度;

5.1.5.4 各段航线的航程和预计到达各转向点的时间;

5.1.5.5 复杂航段的航法以及对航线附近的危险物的避险手段;

5.1.5.6 特殊航区的注意事项;

5.1.5.7 航次计划中航线的起始点需泊位至泊位。

5.2 常见隐患

5.2.1 未配齐预定航线所需要的海图,或为非最新版;

5.2.2 未配备海事局版的港口航道图,或为非最新版;

5.2.3 未对预定航线的海图进行改正;

5.2.4 未配备航海图书目录、航标表、航路指南、潮汐表等航海图书资料,或为非最新版,或未进行改正;

5.2.5 未及时接收航海通告和改正通告;

5.2.6 未按要求制定航次计划,或制定的航次计划不完整。

6 指示器

6.1 排查要点

6.1.1 舵角指示器显示的舵角度数是否与驾驶台操舵转向的舵角度数相吻合。

6.1.2 转速表指示器是否处于良好工作状态,见图 1-6-10、图 1-6-11。

图 1-6-10　舵角指示器

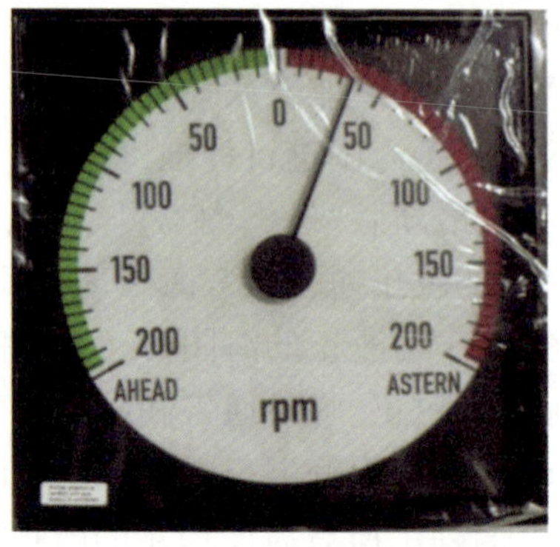

图 1-6-11　转速表指示器

6.2　常见隐患

6.2.1　舵角指示器所显示的舵角度数与驾驶台操舵转的舵角度数不一致；

6.2.2　转速表指示器故障，无法正确显示转速。

7　定位仪

7.1　排查要点

7.1.1　是否按规定要求配备定位仪，定位仪型号是否与安全证书（检验证书）中所标注的一致，见图 1-6-12；

7.1.2　定位仪状态是否良好，能够正确显示位置坐标、对地航向、对地航速等信息；

7.1.3　是否按规定要求安装了北斗终端，并做到一船一码一终端，见图 1-6-13；

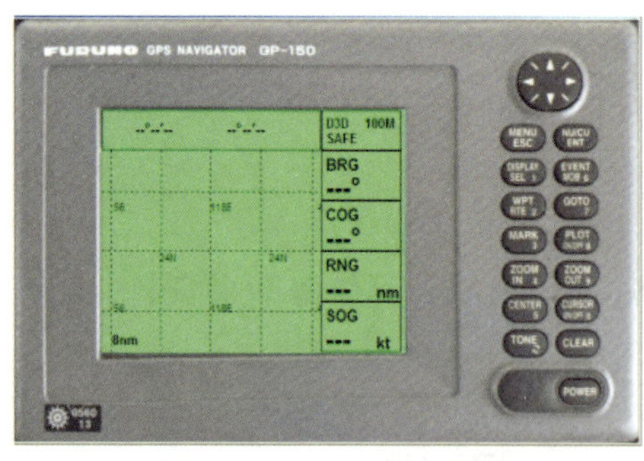

图 1-6-12　GPS 定位仪

图 1-6-13　北斗终端

7.1.4　渔业船舶营运期间（包括航行、作业和锚泊等），是否保持北斗终端处于常开状态；

7.1.5　是否存在擅自破坏、拆卸、屏蔽北斗终端现象。

7.2　常见隐患

7.2.1　未按规定配备定位仪或型号与安全证书（检验证书）不一致；

7.2.2　定位仪工作不正常，不能正确显示位置坐标、对地航向、对地航速等信息；

7.2.3 未按规定安装北斗终端或北斗终端ID与登记船舶不符;

7.2.4 关闭北斗终端或破坏、拆卸、屏蔽北斗终端。

8 隐患处理

8.1 在隐患排查中,如渔船在航行设备方面存在未按检验规则要求配备相应的航行设备、航行设备存在未能正常使用的缺陷并且船上未安排相应的替代或安全措施等隐患极易导致被禁止开航作业生产,需特别给予关注,以免给渔业企业、渔船带来不必要的影响。

8.2 未按检验规则要求配备相应的航行设备是由于船检人员未认真履行检验职责造成的,在隐患排查中,可能会要求船检机构确认,并按要求上报主管部门。

8.3 测深仪故障是由于收发换能器引起的,不易更换,应考虑在最近一次坞修时修复,在未修复之前应配备测深手锤替代,必要时加强测量频率。测深仪存在除换能器引起的故障外的其他缺陷,原则上会被要求在开航前纠正。

8.4 AIS的静态数据与实际不一致的,在检查过程中,会被要求立即纠正。

8.5 未配齐和更新预定航线所需要航海图书资料、长期未对海图做小改正,在隐患排查中,可能会被认为会对航行安全构成重大潜在威胁的可能会导致被禁止开航作业生产。

8.6 驾驶人员不熟悉航行设备的基本操作和未按要求对海图做小改正的隐患,在隐患排查时,会被要求在开航前纠正。

8.7 因船上未按渔业企业管理规定的要求对航行设备进行有效维护保养而引起的隐患、未按要求进行测试和值班记录,以及长时间未对海图做小改正、未配齐和及时更新图书资料的隐患,在隐患排查时可以从船上安全管理方面去追溯。

8.8 未按船员值班规则要求制定航次计划、对航行设备进行按规定的测试和记载的,在隐患排查中,相关责任船员会被作记分处理。

小结与建议

1 对行政执法部门的建议

1.1 对航行设备存在的缺陷进行隐患处理时,应充分考虑检验规则中的规定:当采取所有合理措施以保持航行设备章节中涉及的航行设备处于有效工作状态时,不能把这类设备的功能失常认为渔船不适航而禁止开航作业生产;或当所在的港口不能提供修理,可责令限期整改。

1.2 在对航行设备进行检查时,建议关注点:AIS的数据输入与更新;雷达显示器的有效直径;使用船检机构认可产品,和产品符合相关建议案要求;驾驶人员的熟练使用航行设备等。

2 对船方的建议

2.1 AIS信息可用于帮助做出避碰决定，当在船与船之间使用AIS以避免碰撞时，还应切记下列注意事项：

2.1.1 AIS是一个附加的航行信息来源，它不能替代但可支持诸如雷达目标跟踪和VTS等航行系统。

2.1.2 在任何时候，AIS的使用并不免除值班驾驶员遵守《国际海上避碰规则公约》的义务。

2.1.3 使用者不应依赖AIS作为唯一的信息系统，而应使用一切可利用的与安全有关的信息。

2.2 由于各航行设备均存在局限性的特点，建议驾驶人员在值班过程中应注意各设备的特点，并互相进行交流，和交接时作为必要的交接内容。

3 对渔业企业（或所有人/经营人）的建议

3.1 建议渔业企业可以利用船讯网等AIS网络平台，实时跟踪所属渔船的动态，提供必要的岸基支持。

3.2 建议渔业企业为渔船配备电脑和无线上网卡，以便船上第一时间获取《航海通告》《改正通告》的信息，及时完成海图小改正。

3.3 建议渔业企业科学地管理船上的航海图书资料。按照海图的常规管理方法，一般先对预定航线的海图进行改正，暂时不用的海图仅进行登记，等有时间时再改。但目前很多渔船的海图管理存在很多问题，如渔船只航行于相对固定的航线，船副或助理船副也因此只对目前使用的海图进行改正，而对其他所备海图既不改正，也不登记，等以后需要使用时只查看海图版本是否最新，如未改版就直接拿来使用，或者想改正但因为以前没有登记，造成海图改正的工作量极大而来不及改正，因此使用这种海图对航行安全就会带来隐患。建议渔业企业应加强航海图书资料的管理和检查工作，要求船副或助理船副及时对海图进行改正和登记，对暂时不用的海图至少应登记。其他航海图书资料也一样，如航路指南、灯标表等也应通过航海通告发布的改正信息进行改正，以确保航海图书资料的最新有效。

3.4 由于航行设备存在局限性的现实情况，建议渔业企业收集并建立各艘渔船上安装的航行设备存在的局限性的台账，以便告知新上船的驾驶人员。

第七节 无线电通信设备

船长大于或等于24m海洋渔业船舶的无线电通信设备的配备应不低于表1-7-1的要求。

无线电通信设备配备定额表 表 1-7-1

<table>
<tr><th rowspan="2">序号</th><th rowspan="2">设备名称</th><th colspan="4">按海区配备无线电通信设备的数量[a],台(只)</th></tr>
<tr><th>A1 海区</th><th>A1 + A2 海区</th><th colspan="2">A1 + A2 + A3 海区</th></tr>
<tr><td>1</td><td>甚高频无线电装置(VHF)</td><td>1</td><td>1</td><td colspan="2">1</td></tr>
<tr><td>2</td><td>奈伏泰斯接收机(NAVTEX)</td><td>—</td><td>1</td><td colspan="2">1</td></tr>
<tr><td>3</td><td>卫星紧急无线电示位标(S-EPIRB)</td><td rowspan="2">—</td><td rowspan="2">任选一台</td><td rowspan="2" colspan="2">任选一台</td></tr>
<tr><td>4</td><td>北斗应急无线电示位标(BD-EPIRB)[e]</td></tr>
<tr><td>5</td><td>中频无线电装置(MF)</td><td>—</td><td rowspan="2">任选一台</td><td>1[b]</td><td>—</td></tr>
<tr><td>6</td><td>中频/高频无线电装置(MF/HF)</td><td>—</td><td>—</td><td>1[b]</td></tr>
<tr><td>7</td><td>INMARSAT 船舶地面站(SES)(带 EGC)</td><td>—</td><td></td><td>1[b]</td><td>—</td></tr>
<tr><td>8</td><td>救生艇筏双向甚高频无线电话(Two-way VHF)</td><td>2[c]</td><td>2[d]</td><td colspan="2">2[d]</td></tr>
<tr><td>9</td><td>搜救定位装置</td><td>—</td><td>1[d]</td><td colspan="2">1[d]</td></tr>
</table>

注:a 仅在遮蔽航区作业的船舶可配备便携式甚高频无线电话设备以替代表 1-7-1 中的甚高频无线电装置;且不要求配备卫星应急无线电示位标或北斗应急无线电示位标。

b 作业于 A1 + A2 + A3 海区的船舶,可采用如下方式之一配置:一是 1 套中频无线电装置和 1 套船舶地面站;二是 1 套中/高频无线电装置。

c 不配救生艇筏的渔船可免配。

d 船长大于或等于 45m 的船舶需增配 1 只。

e 北斗应急无线电示位标应在满足如下所有条件后才可配备:

(a)完全建成完善的支持北斗应急无线电示位标的岸基控制和搜救网络;

(b)北斗应急无线电示位标应满足产品技术要求;

(c)船舶航行水域完全位于现有北斗卫星导航系统短报文服务覆盖范围内;若超出此范围,还应再单独配备 1 台卫星应急无线电示位标(S-EPIRB)。

1 配员与文件资料

1.1 排查要点

1.1.1 船上是否按“渔船最低配员证书”的要求配备了无线电操作人员,并且持有有效的证书。或是否按渔业企业管理规定的相关要求,明确兼职操作人员的职责分工,并按要求参加值班,按船员值班规则和渔业企业相关规定做好值班记录和设备的日常维护保养。

1.1.2 船上是否根据《中华人民共和国无线电管理条例》《水上无线电管理规定》和/或《渔业无线电管理规定》的规定配备了与渔船电台相关的业务文件和资料:

1.1.2.1 是否持有“渔船识别码证书(MMSI)”,并且证书中所标注的船名、所属渔业企业与实际是否相一致。《渔船电台执照》是否在有效期之内。

1.1.2.2 是否按要求对“无线电台日志”进行记载。

1.1.2.3 是否配备了《中华人民共和国船舶电台名录》《全球海上遇险和安全系统手册》《中华人民共和国海(江)岸电台名录》以及中文版的设备说明书等资料。

1.1.3 船上是否能提供与无线电设备有关的图纸、计算书以及船用设备产品证书。

1.1.4　船上是否按渔业企业安全管理的要求,对无线电设备进行有效的维护保养,并且按要求在相应的记录簿中进行记载。

1.1.5　在无线电室是否张贴了无线电操作规则。

1.1.6　是否在驾驶室和无线电室(如设有时)的明显位置张贴了"遇险船舶船长操作CMDSS设备指南"。

1.1.7　无线电室的结构布置、防火分隔、照明等是否满足相应的检验规则要求。

1.1.8　如适用是否按"渔船最低配员证书"要求配备了无线电操作人员,并检查船上是否按"应急部署表"上所要求的指定一名持证无线电人员只执行无线电通信责任,不参加其他应急任务。

1.1.9　无线电设备操作人员对无线电设备操作的熟练程度。

1.2　常见隐患

1.2.1　无线电设备操作员或兼职操作人员不熟悉VHF DSC等无线电通信设备操作;

1.2.2　无线电设备操作员或兼职操作人员不熟悉AC电源和DC电源之间的转换;

1.2.3　未按检验规则要求配备"无线电台日志";

1.2.4　"无线电台日志"记载不规范;

1.2.5　未按要求对无线电设备进行试验和维护保养;

1.2.6　未配备与无线电通信有关的文书、资料和中文操作说明书;

1.2.7　未持有"渔船电台执照"或过期;

1.2.8　不能提供经船检机构审查批准的"电台设备布置图""无线电应急设备布线图""天线装置图";

1.2.9　船上所持的"渔船识别码证书(MMSI)"上的移动业务识别码(九位码)与设备不符,见图1-7-1;

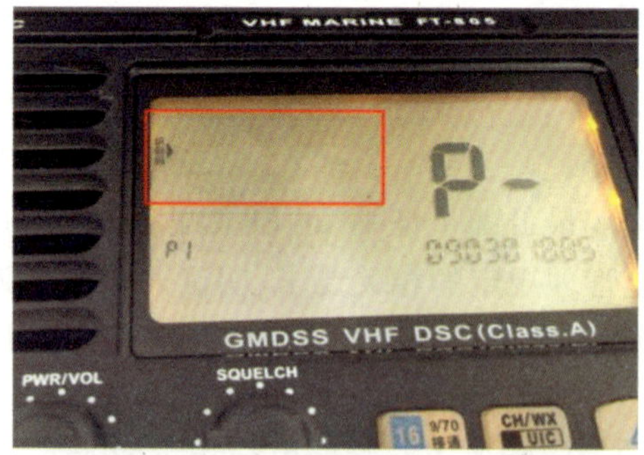

图1-7-1　无移动业务识别码(九位码)

1.2.10　无线电室的结构、布置未能满足船舶检验规则要求。

2 甚高频无线电话装置

2.1 排查要点

2.1.1 根据渔船核定海区,确认安装的甚高频无线电话装置是否带有 DSC 功能,通过检查装置的铭牌,确定其 DSC 的等级是否符合检验规则的要求,见图 1-7-2。

2.1.2 通过开机直接显示或进入 self system 菜单查看,因机型种类不同而有所差异。查核设备设置的识别码应与渔船安全证书(检验证书)中 MMSI 一致,见图 1-7-3。

图 1-7-2 VHF DSC 铭牌上确认 DSC 等级

无线电部分

无线电装置

	型号	输出功率(W)	识别码	数量	产品证书编号
甚高频无线电设备	IC-M304	25	412502423	1	C33201000160
中/高频无线电设备	IC-M802	150	412502423	1	C33200900327
渔船用无线电话	FT-801	—	86451092016	1	C35200903502
INMARSAT 船舶地球站	—	—	—	—	—
卫星紧急无线电示位标	SEP-406	—	412502423	1	C33201000781
救生艇筏双向无线电话	SE1500	—	—	2	C44201000015
搜救应答器	CRT-100	—	—	1	C33201001437
NAVTEX	HX-100	—	—	1	C44201100011
其他	—				

图 1-7-3 渔船安全证书(检验证书)无线电部分 VHF 标注

2.1.3 检查通话质量,要求达到清晰。

2.1.4 检查各功能键的有效性,显示屏显示、调光功能是否正常。

2.1.5 若条件允许用常规呼叫和岸台进行 DSC 联系,检查 DSC 收发功能。若船上设有双套设备可利用其进行互通验证 DSC 收发控制性能。

2.1.6 对遇险专用按钮进行效用试验,按下专用按钮并在生产厂商要求的时间内复位,只要设备显示遇险报警即将发射的声光指示即可。

2.2 常见隐患

2.2.1 未配备甚高频无线电装置;

2.2.2 配备的甚高频无线电装置为非 A 级;

2.2.3 甚高频无线电装置故障;

2.2.4 甚高频无线电装置识别码未输入;

2.2.5 甚高频无线电装置无备用电源供电;

2.2.6 甚高频无线电装置未接入由 GPS 提供的经纬度和时间信息;甚高频无线电装置的天线安装位置不符合要求,见图 1-7-4;

2.2.7 甚高频无线电装置或型号与渔船安全证书(检验证书)不一致;

2.2.8 甚高频无线电装置无 DSC 功能,见图 1-7-5。

图 1-7-4　无 GPS 船位信息

图 1-7-5　甚高频无 DSC 功能

3　中频无线电装置、中/高频无线电装置

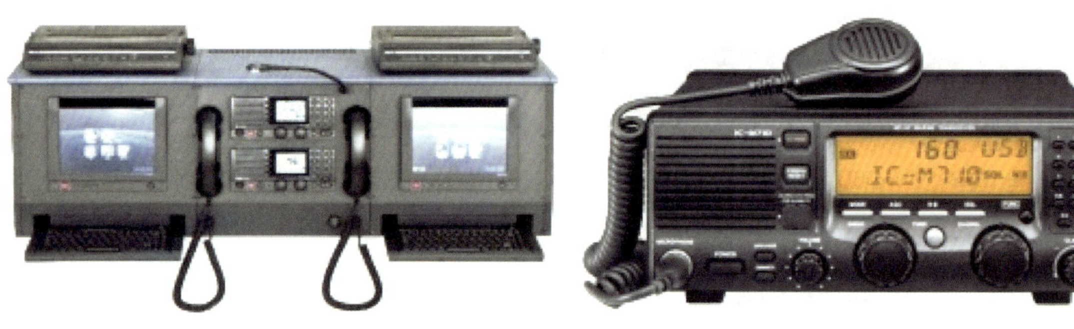

3.1　排查要点

3.1.1　检查时，将电源转换至备用电源供电以确定备用电源的供电状况。

3.1.2　在 SSB 模式下检查天线自动调谐功能是否正常，转换不同频段的频率，确定天线自动调谐是否在 MF 和 HF 整个波段内进行自动调谐，并达到最佳状态。如果天线自动调谐箱未发出调谐声或调谐声无法自动停止，说明天调功能故障。天调故障意味信号变弱，功放不匹配，功耗增大，工作时间一长会烧损功放。

3.1.3　检查天线自动调谐器安装位置是否符合要求，非室外型的天线自动调谐器不应安装在室外，否则极易造成进水短路，见图 1-7-6。

3.1.4　进入 SSB 模式主菜单中“SELF SET 系统设置”子菜单的下一级菜单“SELF TEST”进行自检，自检“Receive 接收机”“Watch 值守”“Exciter 激励器”“Tuner 调谐器”四个功能，如各单元功能显示为“good”表示通过自检，为“Error”表示未能通过自检。但需注意当“Gain 增益调整”旋钮调至过小时，“Receive 接收机”会出现自检通不过情况，需调至适当位置，重新进行自检。

3.1.5　通过“system setting”子菜单下级子菜单“self-ID Sets 本船 ID 码设置”中，查看本船识别码是否与渔船安全证书(检验证书)中 MMSI 一致。

3.1.6 在SSB模式下选择远、近距离的岸台,选用与距离相适应的岸台工作频率,通话询问对方所接收到的信号强度,以判断设备的收发性能。或直接按下送话器开关向送话器吹气,查看稳压源的电流表、电压表指针转动情况,如果电流表大幅转动,电压表略微转动,表明设备在SSB模式下工作正常。

3.1.7 调整控制面板上的各按钮、开关、旋钮,检查其功能是否正常,显示屏的显示和调光是否正常。

图1-7-6 非室外型的天线自动调谐器安装在室外

3.1.8 渔船需要与岸台进行MF/HF DSC常规测试时,应用安全(SAFETY)呼叫,用常规(ROUTINE)呼叫,岸台一般不给予收妥确认。采用安全(SAFETY)呼叫,并在遥控指令菜单中选用(TEST),岸台收到测试信号后给予收妥确认,上述测试不成功,并不表示设备有故障,可以更换电台发射、接收频率或选择其他岸台后进行测试。测试不能使用遇险(DISTRESS)和(URGENCY)呼叫种类,否则将造成误报警。

3.1.9 检查日常使用NBDP通信的记录,必要时打印一份已储存在设备中的收或发电文,核实NBDP终端识别码(即MMSI,包括应答码)。

3.1.10 若NBDP不是日常通信使用的设备,用ARQ方式和岸台联系并用“test”指令进行收发试验,然后编辑一份试验电文和另一终端直接通信。

3.1.11 如果中频无线电装置或中/高频无线电装置的船位和时间数据由电子定位装置接入的,可直接从DSC模式的显示内容确定,并核查显示的数据是否和电子定位装置的数据一致。

3.1.12 天线的检查:

3.1.12.1 天线的布置是否与批准的天线布置图纸的要求相符。

3.1.12.2 各鞭状天线的纤维外皮是否存在腐烂或脱落等情况。

3.1.12.3 中频无线电装置或中/高频无线电装置发射天线的状况,天线支架和防护栅是否锈烂,绝缘子是否完好,是否打上油漆,绞合线是否有断股及临时性修理情况,天线固定构件是否锈烂。对于非自撑式天线还应检查天线防断保护装置。

3.1.12.4 天线的位置与烟囱、桅杆及其上层建筑物等其他金属物体的距离是否小于1m。

3.1.12.5 自撑式天线端部高于渔船主桅杆高度时,其收放装置是否能便于操作。

3.1.12.6 非自撑式天线是否符合下列要求:天线材料应采用铜或铜合金的多股绞合线,跨距在45m以下截面积$16mm^2$,跨距在45m以上截面为$25mm^2$;采用平行天线时其间距不应小于700mm;安装天线的索具应能从两端升降,天线悬垂不应超过两悬挂点距离的6%;每根天线应由一整根绞合线构成,在天线与下引线必须打结时,应予以编织并可靠地焊接,下引线应与天线的电气连接与机械连接应分开;船长大于或等于45m时,为防止主天线由于强风或其他外力作用被拉断,应采取天线防断保护装置。

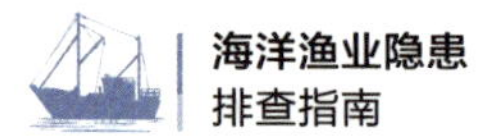

3.1.12.7　发射天线的裸露部分是否设有防护装置以及有高压危险字样的永久标志牌。

3.2　常见隐患

3.2.1　未按检验规则要求配备中、高频无线电装置；

3.2.2　中、高频无线电装置存在故障；

3.2.3　中、高频无线电装置无备用电源供电；

3.2.4　中、高频无线电装置未输入识别码、输入的本船识别码与渔船安全证书（检验证书）中MMSI不一致；

3.2.5　中、高频无线电装置接收、发射信号不良；

3.2.6　中、高频无线电装置没有配备独立于主电源和应急电源的可靠的、永久布置的电气照明；

3.2.7　中、高频无线电装置的自动天调箱未接高频接地、接地规格不符合要求；

3.2.8　未按要求设置中、高频无线电装置的天线，以及天线存在氧化、断股等不良情况。

4　船舶地面站（Inmarsat C船站）

4.1　排查要点

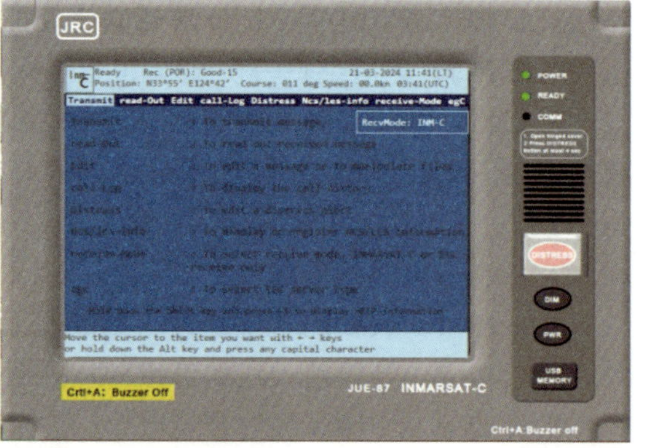

4.1.1　在对C站检查时，通常做功能检测试验的检查（即PV TEST），查看设备能否正常工作。

4.1.2　一个完整的PV试验大约需要15min，其工作步骤分以下几个阶段：

4.1.2.1　在检测菜单上选择“PV TEST”；

4.1.2.2　向网络协调站发送测试请求；

4.1.2.3　船站在接收到网络协调站的指令后进入运行状态；

4.1.2.4　网络协调站选择一个岸站（不繁忙）来进行这个测试；

4.1.2.5　岸站向船站发送一个测试的信息；

4.1.2.6　船站向指定的岸站发送测试信息；

4.1.2.7　岸站接收测试信息；

4.1.2.8　船站自动在2min内发送测试信息；

4.1.2.9　当呼叫测试结束后，测试的结果被送回船站。

4.2　常见隐患

4.2.1　性能测试（PV TEST测试）失败；

4.2.2　EGC航行区域选择不当；

4.2.3 遇险报警按钮未设置保护罩盖;

4.2.4 C站无备用电源供电;

4.2.5 C站设置在独立的无线电室,遇险报警启动按钮未延伸至驾驶室;

4.2.6 操作员不熟悉C站操作。

5 搜救应答器(RADAR-SART或AIS-SART)

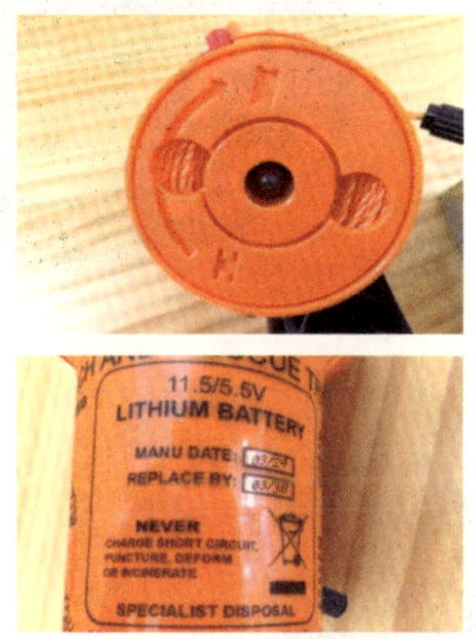

5.1 排查要点

5.1.1 船上是否按检验规则要求配备了搜救应答器。其型号、机号是否与船检证书所标注的相一致。

5.1.2 搜救应答器是否存放在驾驶台两侧门口附近最显眼的位置,在其存放位是否张贴了相应的标识,并能易于取下。

5.1.3 检查搜救应答器机身表面上是否清晰地标明了中文操作说明和电池的失效日期。新应答器电池的失效日期一般在电池有效期标识上相应的年月上打孔或涂上颜色,更换电池后在机壳上一般重新张贴有效期标识(或标注上到期年月),对上述情况有怀疑的可以要求船上提供电池更换报告(证明),予以确认,见图1-7-7。

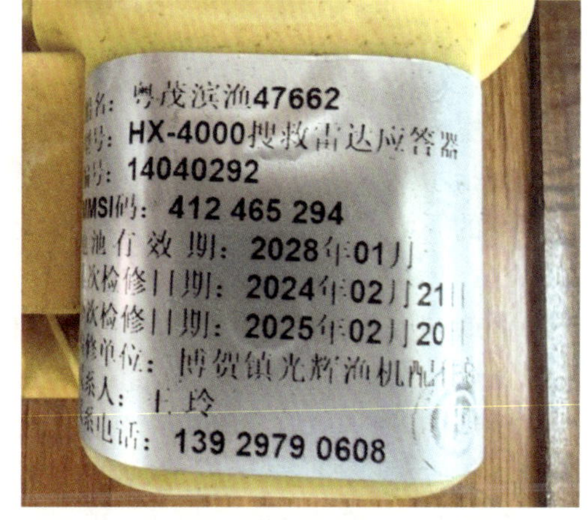

图1-7-7 搜救应答器标识清晰

5.1.4 尽管搜救应答器的电池有效期一般为5年,但实际上在平常试验时会消耗一部分能量,在检查中如果发现电池已耗尽或电量不足,应要求更换。对于电池更换过的应答器,应注意电池更换报告的内容是否与实际相符。

5.1.5 检查搜救应答器的水密性能应良好,是否存在外壳裂纹、破损或紧固螺栓松动等情况。

5.1.6 检查搜救应答器附带的浮力短绳是否存在缺失、老化等情况,是否整理妥当。

5.1.7 通过RADAR-SART与X波段雷达相结合进行试验,来测试应答器工作是否正常,见图1-7-8。

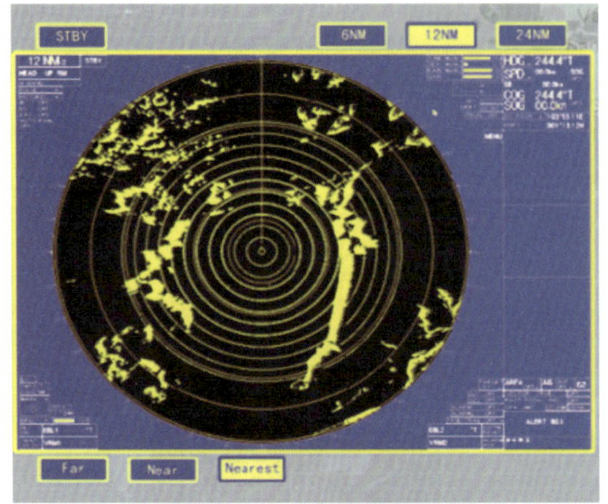

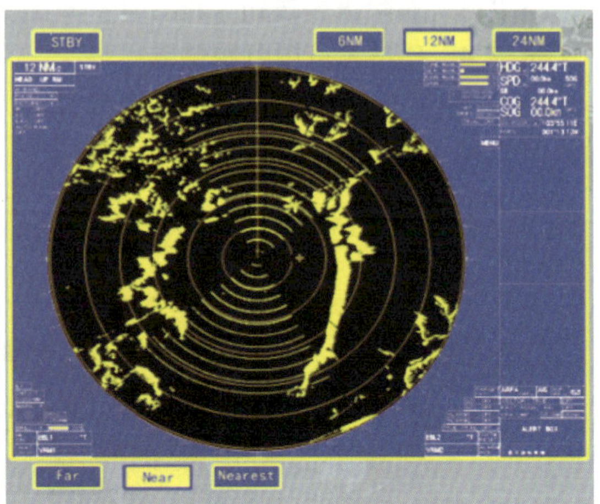

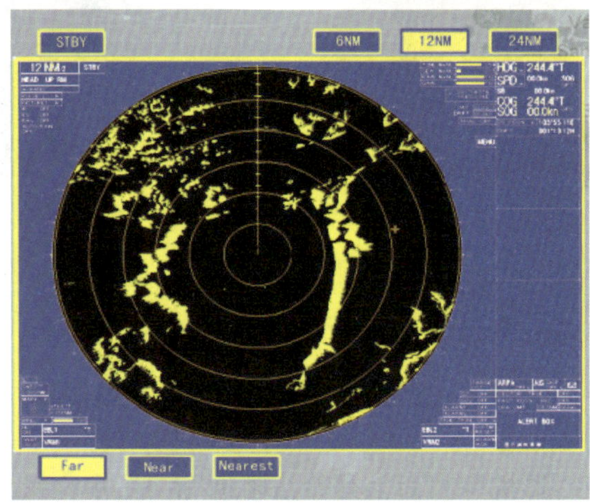

图 1-7-8 RADAR-SART 的试验与雷达回波

5.1.7.1 将 9GHz 雷达的量程调至 6 或 12n mile 上，增益调至比正常使用时偏高一些。在驾驶室内或两翼侧甲板处，将应答器开关置于“TEST”位置，应答器应发出“BEE BEE”声和看到指示灯有规律地闪烁，同时在雷达显示屏上出现微弱的回波圈，即在显示屏上是否出现等距的同心圆，以此判断应答器工作是否正常。

5.1.7.2 或做实际工作测试，将开关打到“ON”位置，观察雷达显示器上同样能显示出同心圆或同心弧线信号，以确定应答器自动触发功能是否正常。整个测试时间不宜过长，以免影响其他船雷达的正常工作，消耗电池的电量。

5.1.8 通过 AIS-SART 与 AIS 或接 AIS 信息的雷达相结合进行试验，来测试应答器工作是否正常，见图 1-7-9 ~ 图 1-7-12。

5.1.8.1 确认 AIS 或接入 AIS 信息的雷达处于正常工作状态。

5.1.8.2 将搜救 AIS-SART 拿至 AIS 或接入 AIS 信息的雷达旁，最好拿至驾驶室外敞开的地方，以便 GPS 进行接收定位，保持应答器垂直向上。

5.1.8.3 扳开红色插销，转动中部圆环，使圆环上的向上箭头指向“ON”位置。

5.1.8.4 检查 LED 灯指示，当闪亮时表示已启动，但 GPS 没有定位，当 LED 灯指示常亮时表示已定位。

图 1-7-9 AIS-SART 测试

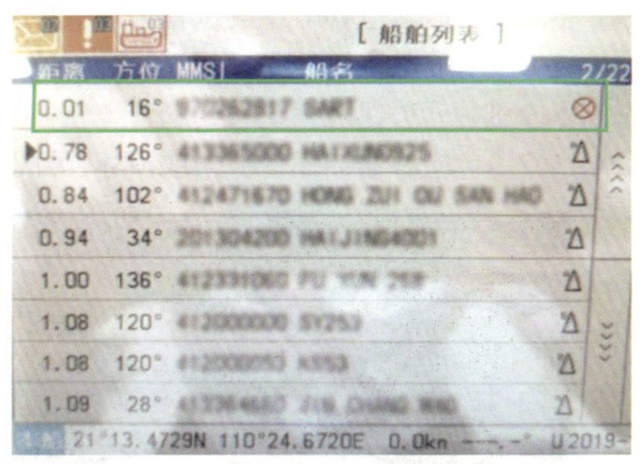

图 1-7-10 AIS-SART 测试信号在 AIS 上的显示

图 1-7-11 AIS-SART 产品编号

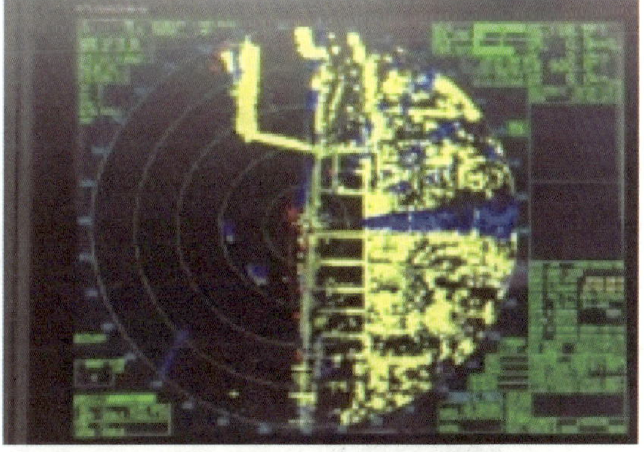

图 1-7-12 AIS-SART 测试信号在雷达上的显示

5.1.8.5 如内部蜂鸣器发出“滴、滴……”声音,表示正在发射。通常情况下,每分钟可以听到 8 个“滴”音,表示发射 8 个信息。

5.1.8.6 同时可以查看 AIS 显示屏的“目标清单”第一行上显示搜救 AIS 应答器的识别码(970……),激活信息,能否显示相应的信息。在 ARPA 雷达是否显示目标信号和相关信息。

5.1.8.7 显示的信息是否正常,识别是否与机上所标注的相一致。

5.1.8.8 报警结束后,转动中部圆环,使圆环上的向上箭头指向“OFF”位置,停止发射。

5.2 常见隐患

5.2.1 搜救应答器电池过期或有效期未标识;

5.2.2 搜救应答器配备数量不足;

5.2.3 搜救应答器外壳裂纹、破损、紧固螺栓松动、密封条老化以及电池桶未拧紧等未能水密;

5.2.4 不能提供搜救应答器电池更换证明;

5.2.5 搜救应答器外壳上张贴的操作说明为非中文；

5.2.6 搜救应答器存放位置错误，见图 1-7-13；

5.2.7 搜救应答器附带的浮力绳索缺失、老化、未整理等；

5.2.8 开关保险销缺失、断裂；

5.2.9 应答器伸缩杆缺失或损坏，见图 1-7-14。

图 1-7-13 SART 未正确安装

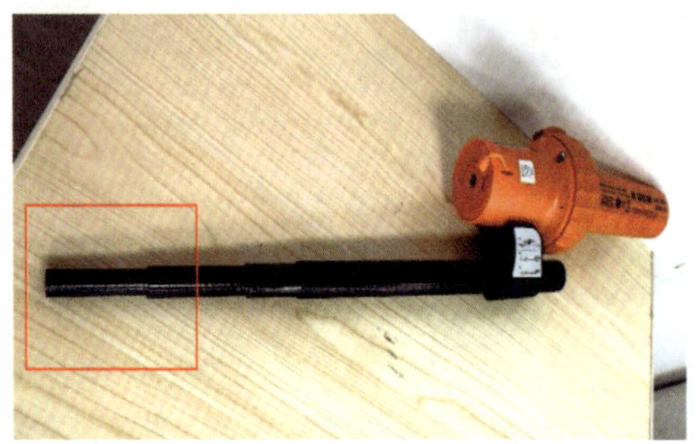

图 1-7-14 AIS 伸缩杆损坏

6 奈伏泰斯接收机

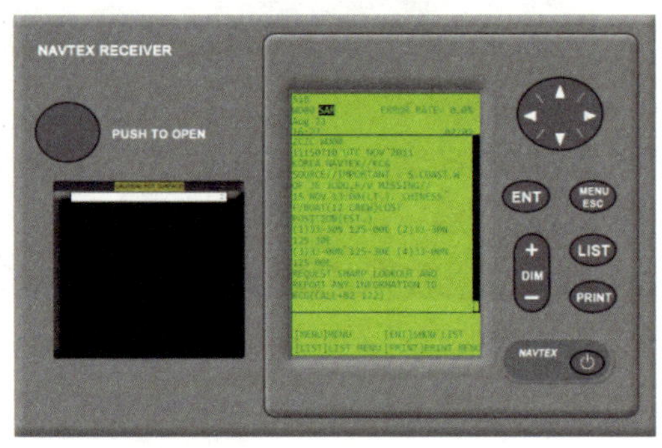

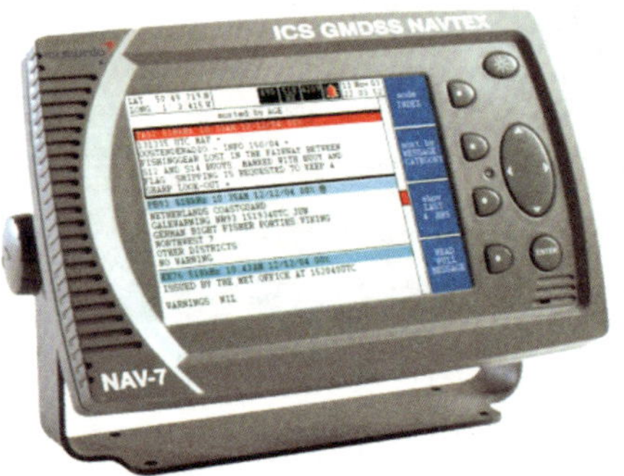

6.1 排查要点

6.1.1 通过自检测试检查接收单元、信号处理器和打印机的功能，对附近的海岸电台 NAVTEX 广播进行值班守听，查阅最新抄收的奈伏泰斯接收机的电文，了解设备最近的使用情况。

6.1.2 通过自检测试是否能清晰地打印出字母 A ~ Z 和数字 0 ~ 9。

6.1.3 查看显示器功能是否正常。

6.1.4 是否按渔船航行海区设置好相应的接收台。

6.1.5 是否按渔船航行海区，设置好适当的信息接收种类。

6.1.6 打印式接收机是否配备了足够数量的打印纸。

6.1.7 船上是否将与本船航行有关的信息及时进行登记和处理。

6.2 常见隐患

6.2.1 未按检验规则要求配备 NAVTEX 接收机；

6.2.2 奈伏泰斯接收机接收、打印、显示功能故障;

6.2.3 船上未及时对接收的航警信息进行处理;

6.2.4 奈伏泰斯接收机未处于开机接收状态;

6.2.5 奈伏泰斯接收机接收台站、接收种类设置不当。

7 卫星紧急无线电示位标(EPIRB)

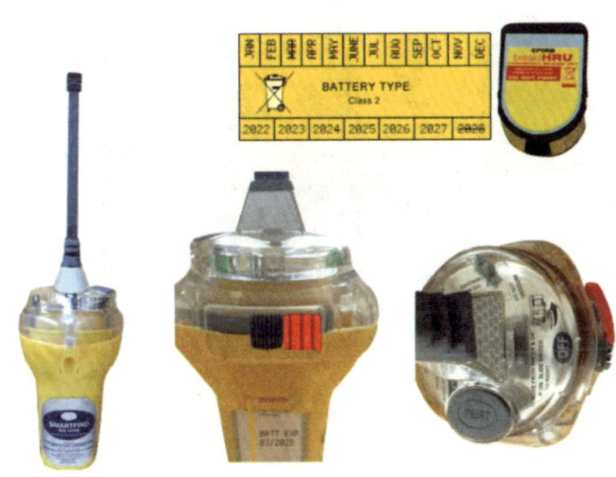

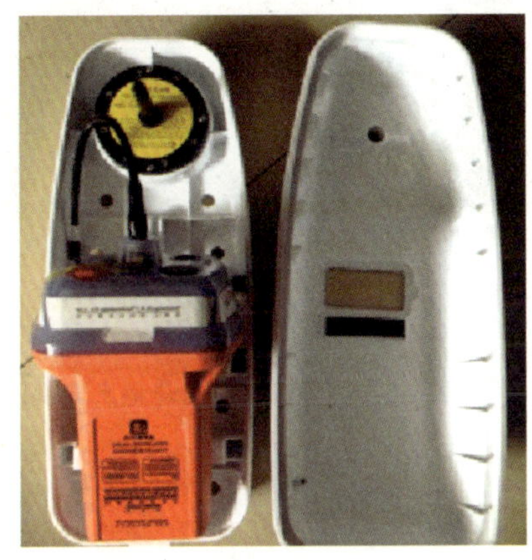

7.1 排查要点

7.1.1 船上是否按检验规则要求配备了示位标。其型号、机号是否与船检证书所标注的相符。

7.1.2 要求船上提供最近一次的年度检测报告和维护报告,报告是否规定的间隔期。报告后是否附有经船检机构认可的检测单位“无线电专业检测机构认可证书”复印件,以便确认检测单位的资质认可。

7.1.3 示位标是否进行了输码,通过查看输码报告、检测报告、识别码证书以及示位标上所标注的识别码来确认输码是否正确。

7.1.4 从年度检测报告中查阅渔船识别码、电池有效期、释放器有效期与示位标上所标识的实际是否相一致。

7.1.5 检查示位标电池有效期是否超过了其所标注的失效日期。电池通常采用锂电池,有效期一般为4~5年。

7.1.6 示位标是否安装在驾驶室两翼侧或罗经甲板上,便于达到的开敞处,并且在其设置位置上方适当范围内不得有妨碍其沉入水中时自由浮离至水面的顶篷、裙板等建筑物,也不得有任何形式的包扎物、覆盖物、遮挡物。示位标机壳安装是否牢固,安装螺栓是否存在锈蚀现象,见图1-7-15、图1-7-16。

7.1.7 检查示位标外部是否清晰标明简单的中文操作说明、渔船识别码、电池失效日期、释放器失效日期。在将示位标从存放盒取出前,需确认其未处于会自动启动状态,需注意不同型号的示位标,其自动启动的方式不同,见图1-7-17、图1-7-18。

7.1.8 检查示位标的水密性能是否得到保证,外观是否良好。

图 1-7-15　应急示位标未固定安装且上方有遮挡物

图 1-7-16　应急示位标被遮挡

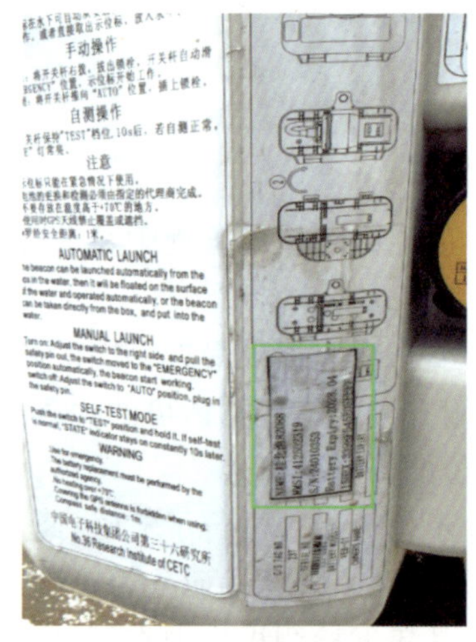

图 1-7-17　应急示位标外部标识脱落

图 1-7-18　应急示位标外部清晰

7.1.9　检查示位标浮力短索是否整理收妥，以防止示位标浮离时被渔船结构或其他物体缠绕，并需注意该短索不能与船体、机壳等任何物体相连，以防止示位标不能自由浮离水面。

7.1.10　检查示位标机壳是否存在破损或安装不到位，以免进水，见图 1-7-19。

7.1.11　检查示位标的安装方式是否正确，立式安装还是卧式安装应按照产品说明书安装，见图 1-7-20。

7.1.12　通过实际试验，来确认示位标是否正常：

7.1.12.1　示位标一般具有在实际不发射报警信号的情况下进行船上测试的功能，通过测试验证示位标是否能工作正常。该测试功能的操作因设备型号的不同而有所不同，多数型号设有“Test”开关，按下该按钮并持续几秒后再松手或打到“Test”位置就能启动自检功能，这种型号的试验是安全的。

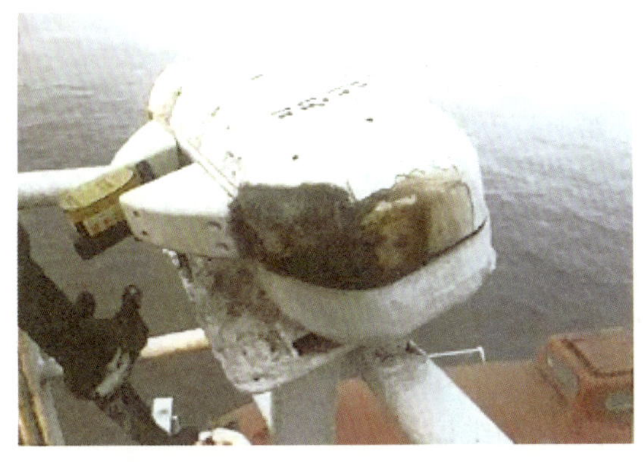

图 1-7-19 示位标机壳破损

图 1-7-20 要求立式安装的示位标以卧式安装

7.1.12.2 对于没有“Test”测试开关的，如进行测试，须先将开关打到“OFF”位置，将机身提起，再将开关打到“ON”或“AUTO/READY”位置，但该测试不能超过一定时间（30s），否则会发出有效遇险报警。

7.1.12.3 自测时顶部的闪灯将会周期性闪烁，说明工作正常。如果其闪烁没有规律，则说明有故障，应要求做进一步的检测修理。一些型号除此之外还设有指示试验通过的指示灯，更容易判断设备能否正常工作。

7.1.12.4 注意：

（1）部分型号的示位标平时放在“ON”或“AUTO/READY”位置，一旦人工脱离支座，将在一定时间后启动报警发射，因此必须将开关打到“OFF”位置后才能把 EPIRB 从支座取出。

（2）除非对该型号的示位标非常熟悉，否则千万不能乱动。可以让船员自己动手，或仔细阅读操作说明书后，参照机身上的操作说明后再进行试验。

7.1.13 静水压力释放器的检查

7.1.13.1 静水压力释放器基本上为一次性产品，安装后的有效期为 2 年，根据相关产品说明书的要求，包括库存时间在内，静水压力释放器自出厂时算起，有效期不超过 3 年。有效期通过在标签上的孔眼来确定，如遇到未打孔的，应要求船上提供其产品证书，按证书签发日期起计算，除非有其他明确的证据表明具体的安装日期。若有效期标签缺失，可查看示位标年度检测报告（或首次输码报告）中所标注的有效期，并参考产品证书签发日期来确定，见图 1-7-21。

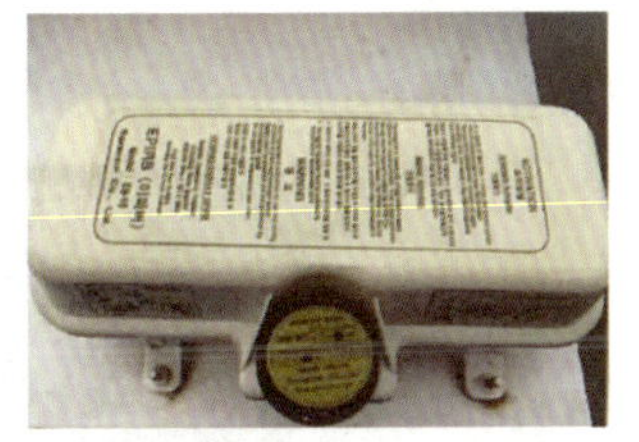

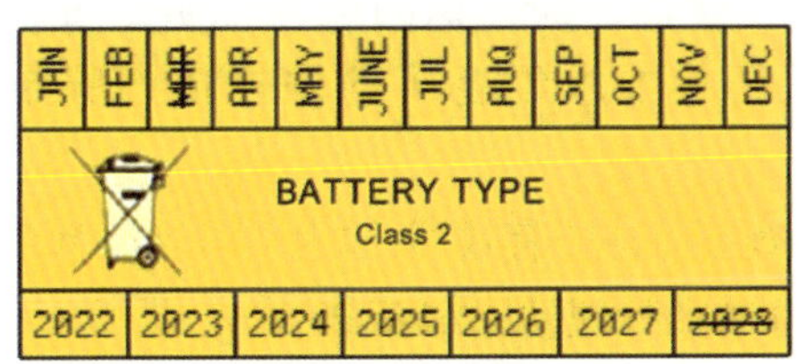

图 1-7-21 静水压力释放器有效期标签

7.1.13.2 静水压力释放器换新后，船上是否留存了相应的船用产品证书。

7.1.13.3 检查静水压力释放器连接杆是否断裂，连接杆不得用绳索、螺钉等其他材料替代。

7.1.13.4　静水压力释放器的手动释放插销是否缺失、锈蚀，并且能否易于拔出。

7.1.14　通过对示位标的检查和试验，来确认船上是否按规定进行了有效维护和检查。

7.2　常见隐患

7.2.1　应急示位标未按要求配备或应急示位标故障；

7.2.2　应急示位标设置位置、状态不能保证渔船万一沉没时能自由上浮；

7.2.3　应急示位标未按产品说明书要求安装；

7.2.4　应急示位标年度检测过期、未做5年间隔期的维护；

7.2.5　船上未能提供应急示位标年度检测、电池更换证明；

7.2.6　应急示位标电池失效、日期未标识、电池过期；

7.2.7　应急示位标静水压力释放器过期、有效期未标识、标识脱落；

7.2.8　应急示位标静水压力释放器连接杆断裂、用绳索（或钢质螺钉等其他材料）替代。

8　双向甚高频无线电话

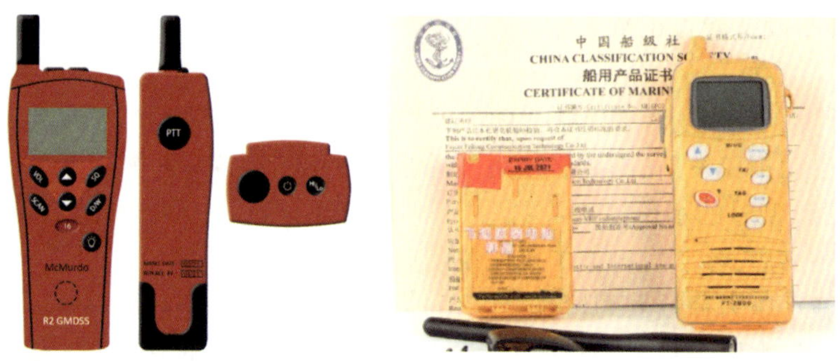

8.1　排查要点

8.1.1　检查设备的存放位置，是否存放在驾驶室内易于接近的明显位置，若存放于柜子里应在外部贴上识别标志，见图1-7-22。

8.1.2　确认配备的数量是否满足规定要求，其型号与检验证书中所标注的相一致。

8.1.3　检查设备外部标识的操作说明是否为中文，并清楚。是否按要求配备了薄弱连接的腕带或颈带。

8.1.4　检查原电池的有效期，原电池封条不允许被启封，若启封应作失效处理，见图1-7-23。

8.1.5　通过实际使用进行效用试验：

8.1.5.1　若船上存有被启封的备用电池，可使用16频道进行简短的通话试验；

图1-7-22　设备随意存放

8.1.5.2　噪声控制，当降噪接通时，应对噪声进

行有效抑制,但不影响正常通话;

8.1.5.3 音量控制效果明显;

8.1.5.4 波段转换易于进行,且在任何光线环境下都能指示出16频道已被选择;

8.1.5.5 若船上的设备仅配备原电池时,则仅对设备进行外部检查,避免使用未启封的原电池做试验,见图1-7-24。

图1-7-23 电池封条

图1-7-24 双向甚高频无线电话及未启封的原电池

8.2 常见隐患

8.2.1 船上配备的双向甚高频无线电话数量不足;

8.2.2 双向甚高频无线电话故障;

8.2.3 双向甚高频无线电话原电池过期、封条被启封、未标识失效日期;

8.2.4 双向甚高频无线电话未提供腕带或颈带未设置适当的薄弱连接;

8.2.5 双向甚高频无线电话存放位置错误。

9 设备接地

9.1 排查要点

9.1.1 检查发信机、自动天调箱是否用铜排进行了高频接地,铜排规格是否符合要求,是否将铜排完全与船体相连。

9.1.2 设备的金属外壳是否安装了保护接地,接地线是否使用截面面积不小于6mm^{2}的软铜线,接触面是否良好,无氧化严重的情况,接地电阻是否满足要求。

9.2 常见隐患

9.2.1 接地线接触面氧化严重。

9.2.2 接地电阻不满足要求。

10 供电设备

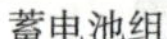
蓄电池组

应急发电机间

10.1 排查要点

10.1.1 备用电源的作用是当主电源或应急电源发生故障时，继续向无线电通信设备供电。供配备的甚高频无线电装置和中频无线电装置，或中频/高频无线电装置或船舶地球站，但不需要同时向独立的中频和中/高频无线电装置供电。船长等于和大于 45m 的渔船，还需为中频或中/高频无线电装置、甚高频无线电装置、船舶地面站提供船位、时间数据的电子定位装置供电。NAVTEX 接收机仅可由主电源供电。

10.1.2 备用电源可以由一个或多个可充电蓄电池组成，其充电装置应具有自动充电功能，并能在 10h 内将电池充至要求的最低容量；当渔船不在海上时，应在不超过 12 个月的间隔期内使用适当方法，检查电池的容量。

10.1.3 备用电源的容量至少应满足如下供电时间要求：如应急电源能向无线电通信设备供电的为 1h；应急电源不能向无线电通信设备供电的为 3h，具体可查阅《无线电备用蓄电池容量估算书》。

10.1.4 蓄电池的维护保养要求也应纳入渔船安全管理中。

10.1.5 通过分别切断无线电配电板和稳压源的开关、插头，来确定无线电设备的配电和备用电源的供电范围是否满足检验规则要求。查看稳压源输出端上是否接有与无线电设备无关的电气设备。

10.1.6 断开主、应急电源供电开关，检查无线电通信设备能否在备用电源供电的情况下正常工作。

10.1.7 备用电源的蓄电池组应是船检机构认可产品，可以从接线柱上是否有“CCS”标识或者在壳体上是否粘有“CCS”标识来确定，并且要求船上提供相应的产品证书来核对。

10.1.8 备用电源的蓄电池组是否设置位置和存放箱安放在渔船最上一层连续甲板之上，且从露天甲板易于到达之处。存放蓄电池的电瓶间是否满足结构防火、防爆等要求。

10.1.9 检查蓄电池组状况是否良好，不应存在接线柱氧化、馈电电线老化或接线零乱、电解液不足等情况。

10.1.10 检查蓄电池组电量是否处于充足状态，可通过测量电解液比重和端电压确定，充足电时铅酸电池液的比重为 1.28（个别形式为 1.24），端电压不低于 26.8V，若是电池,每一电池在快速充电后的端电压应达到1.6V,浮充时为1.4V,其他种类的电池必须参照厂家说明书进行测试。或采用压下送话器开关,用嘴吹气,使设备处于发射状态,看电压是否会明显下降至非正常范围,来判断电量是否充足。

10.1.11 检查蓄电池的容量是否符合业经审批的备用电源容量计算书的要求。

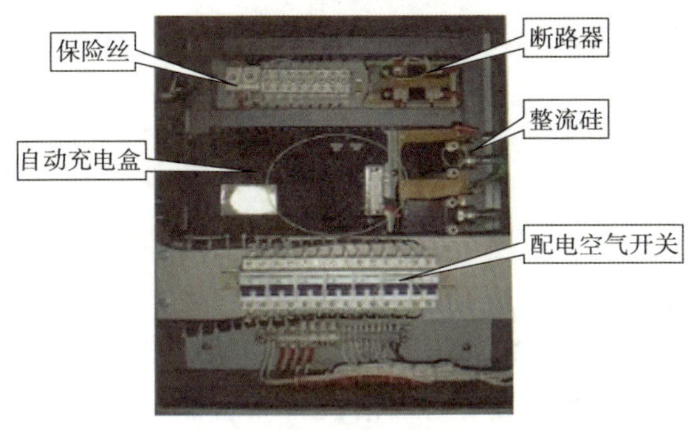

图 1-7-25 附带自动充电功能的无线电充放电板

10.1.12 备用电源的蓄电池组是否设有自动充电装置,该充电装置可以独立装置或附装在无线电充放电板内,并应是船检机构认可产品,可以从装置(无线电充放电板)的铭牌上是否有"CCS"标识确认。无线充放电板内是否附装有自动充电装置,可以打开充放电板盖板,或在充电状态下是否有内设风机运行声音来确定,见图1-7-25。

10.1.13 检查时尽量使用备用电源供电,如遇到设备无法开机、工作不稳定或跳机等现象,应考虑改用主电源供电,在主电源供电的情况下是否还会出现上述现象,从而来判断是设备本身原因,还是备用电源原因。但还需注意是由于稳压源的原因,而出现的故障。

10.1.14 在无线电室是否设置了主、应急照明,中频或中/高频无线电装置、船舶地面站旁是否设置了由备用电源供电的照明灯,照明灯可以设置在组合电台上或单独设置,见图1-7-26和图1-7-27。

图 1-7-26 照明灯设置在组合电台上

图 1-7-27 单独设置照明灯

10.2 常见隐患

10.2.1 未按检验规则要求设置备用电源;

10.2.2 无线电备用电源的充电装置无自动充电功能;

10.2.3 备用电源的蓄电池、自动充电装置、稳压源为非船用产品;

10.2.4 备用电源的蓄电池未正常维护保养;

10.2.5 备用电源的蓄电池组极板之间短路发热(变形、失效)以及电量不足;

10.2.6 备用电源的蓄电池箱未安放在渔船最上一层连续甲板之上,且从露天甲板易于到达之处。

11　隐患处理

11.1　在隐患排查中，如渔船在无线电设备方面存在下列隐患极易导致被禁止开航作业生产，需特别给予关注，以免给渔业企业、渔船带来不必要的影响：

11.1.1　未按船舶检验规则要求配备无线电设备；

11.1.2　无线电设备存在未能正常使用的故障；

11.1.3　无线电设备未能在备用电源供电的情况下工作；

11.1.4　未按船舶检验规则要求设置备用电源，或备用电源故障；

11.1.5　应急示位标静水压力释放器过期、损坏；

11.1.6　无线电操作员不熟悉无线电设备操作和通信规则。

11.2　未按船舶检验规则要求配备无线电设备和设置备用电源、备用电源充电装置为非船检机构认可的自动充电装置，以及实际设置未按照“无线电通信设备布置图”“无线电通信系统图”“天线布置图”的要求等缺陷，应认定为是与渔船检验责任有关的隐患，在隐患排查时，有可能会要求渔船检验机构确认，追究相应的责任。

11.3　在隐患排查中，在无线电设备方面存在的其他隐患，原则上会被要求在开航前纠正。与渔业渔政主管部门有关的隐患，如无“无线电执照”或过期、无“渔船识别码证书（MMSI）”或与实际不符，通常要求在1个月之内纠正。

11.4　无线电操作员不熟悉无线电设备操作和相关的通信规则，在隐患排查时，要求在开航前纠正。如果不熟悉无线电设备的基本操作，甚至会要求更换船员。

11.5　因船员未按渔业企业管理规定的要求对无线电通信设备进行有效维护保养而引起的隐患，以及未按要求进行测试和值班记录的，在隐患排查时，可能会从船上安全管理方面存在问题去追溯。

11.6　“无线电台日志”作为渔船法定记录本，按照《中华人民共和国渔业船员管理办法》的规定，如未如实记载的，将受到处罚。

小结与建议

1　对行政执法部门的建议

1.1　在对无线电设备进行检查、操作、维护保养时，应防止发生误报警，一旦发生误报警应按程序进行解除。在隐患排查时，除非检查人员非常熟悉设备的操作外，尽量避免自己动手操作。在检查过程中，及时提醒操作人员不应做实际遇险报警测试。遇到操作人员误操作时，应及时予以阻止。对无线电设备的检查应与船员操作性检查相结合。

1.2 在隐患排查时，对无线电设备的检查通常会与船员操作性检查相结合进行，可以要求船员做下列操作：

1.2.1 甚高频无线电装置：查看识别码、自检、DSC 呼叫操作、遇险和安全的 DSC 电文编写；

1.2.2 奈伏泰斯接收机：自检、接收电台的选择、报文的查看；

1.2.3 应急示位标：自检、手动启动；

1.2.4 雷达/AIS 应答器：自检、与 X 波段雷达/AIS 配合做实际测试；

1.2.5 中、高频无线电装置：查看识别码、自检、DSC 呼叫操作、遇险和安全的 DSC 电文编写、SSB 通话；

1.2.6 船舶地面站(C 站)：自检、PV 测试。

2 对船方的建议

2.1 渔船在海上时，船上应将甚高频无线电装置、中频无线电装置、中/高频无线电装置(船舶地面站)在 DSC 遇险和安全频率(频道)保持自动连续值守。

2.2 渔船在航行、系泊、锚泊期间应按避碰规则、港口、航道等规定，做好甚高频无线电话值守工作，以免错过与渔船安全有关的信息。同时因未值守有可能会被渔业渔政主管部门查处，受到行政处罚。应根据渔船作业和港口等相关规定，关闭相关无线电设备，并在相应的频道值守或功率调至适合的要求。

2.3 奈伏泰斯接收机应一直保持正常待机状态，以便与本船航行安全有关的重要航警信息第一时间进行处理，确保渔船航行安全。接收机应配备足够数量的打印纸，以免因打印纸用完，错失重要航警信息的打印。

2.4 为应对隐患排查和日常测试所用，建议船上增配一块双向无线电话的电池，或留存过期、被开封的电池。在隐患排查时，应主动与检查人员沟通，以免电池封条被不必要地启封。

2.5 备用电源的蓄电池应选用船检机构认可的产品，能适用船上工作环境，同时应督促相关责任船员按要求进行有效的维护保养，采取满充满放的方式，能使蓄电池在较长时间内保持容量，延长使用时间。

2.6 船上无线电操作人员应按船员值班规则和渔业企业安全管理的相关规定，做好日常的无线电设备的通信、测试、维护保养等的规范记录，妥善保管好“无线电台日志”，以避免因未按规定记载，被渔业渔政主管部门做记分处理和可能被行政立案处理。

3 对渔业企业(或所有人/经营人)的建议

3.1 为保证无线电操作员真正适任其岗位职责，建议渔业企业做好岗前考核，选用合适的持证人员。同时，为船上配备设备中文操作说明和齐全的通信资料。在渔船运营过程中，建议渔业企业、船长做好对 G 证人员在日常通信管理和维护保养方面是否按渔业企业安全管理规定的要求进行控制。

3.2 目前,海洋渔业船舶无线电操作员的无线电通信操作能力普遍不高,实操检查往往不合格,所持证书与实际操作能力不相称。渔业企业、船上对无线电设备的重要性认识不足,普遍认为无线电设备不重要,万一出事,还是手机有用,无线电设备成为摆设。对此,渔业企业、船上应引起足够的重视。

3.3 建议渔业企业、船上妥善保管和登记好与无线电设备有关的证书、文书和资料,特别是证书、文书准备一份复印件作为备份。

3.4 渔船更改船名或公司后,应及时向渔业渔政主管部门申请办理新的"渔业船舶无线电执照"和"识别码证书",更改相应的识别码。

3.5 中、高频无线电设备的天线普遍存在问题,在设备安装时,建议选择信誉好的公司或在安装天线时把好关,防止商家使用非标准的普通电缆替代多股铜线和省去接线绝缘子。

第八节 信号设备

船长大于或等于24m海洋渔业船舶的信号设备的配备可分别见表1-8-1～表1-8-5。

基本号灯配备表 表1-8-1

序号	号灯名称	$L \geq 50m$		$50m > L \geq 24m$	
		机动船	非机动船	机动船	非机动船
1	桅灯	2		1(1)	
2	左、右舷灯	1	1	1	1
3	艉灯	1	1	1	1
4	白环照灯(作锚灯用)	2	2	1(2)	1(2)
5	红环照灯(作失控灯用)	2	2	2	2

注:(1)可以配备2盏桅灯作前后桅灯用。

(2)可以配备2盏白环照灯,作前后锚灯用。

作业号灯配备表 表1-8-2

序号	号灯名称	拖网渔船		非拖网渔船	
		$L \geq 50m$	$L < 50m$	$L \geq 50m$	$L < 50m$
1	桅灯	1			
2	白环照灯	1+2(3)	1+2(3)	1+1或2(4)	1+1或2(4)
3	红环照灯	2(3)	2(3)	1	1
4	绿环照灯	1	1		

续上表

序号	号灯名称	拖网渔船		非拖网渔船	
		$L \geq 50m$	$L < 50m$	$L \geq 50m$	$L < 50m$
5	黄环照灯(闪光灯)			2(1)	2(1)
6	探照灯	1(2)	1(2)		

注:(1)仅围网渔船配备。

(2)仅拖网渔船配备。

(3)最小能见距离大于或等于1,但小于或等于2。

(4)为指示外伸渔具方向环照灯,根据使用情况可安装1盏或2盏。

1. 多种作业的渔船,应配齐各种相应的作业号灯。

2. 失去控制的、操纵能力受到限制的以及限于吃水的渔船所用号灯中的环照红灯;各种作业号灯中相同的号灯如性能相同而安装又能符合检验规则要求,可免除其重复的盏数。

闪光灯配备表 表1-8-3

序号	形式	用途	能见距离	灯质	配备要求
1	手提式	通信	2海里	白色定向	每艘配1盏
2	桅顶式	操纵	5海里	白色环照	L≥24m可配备1盏,以补充号笛发出的操纵信号,每盏闪光灯应有2个备用灯泡(此设备为自愿性安装)

号旗的配备 表1-8-4

号旗名称 配备数量	$L > 50m$	$50m \geq L \geq 24m$
本国国旗3号	1面	—
本国国旗4号	2面	1面
本国国旗5号	—	2面
国际信号旗3号	1套	—
国际信号旗4号	—	1套
手旗	1副	1副

注:1. 有渔船呼号的应配有与国际信号旗相同规格的渔船呼号旗1套及国际信号规则1本。

2. 非机动渔船可不配备国际信号旗与手旗。

音响信号器具数量要求 表1-8-5

序号	名称	$L > 75m$	$75m \geq L \geq 24m$
1	大型号笛	1	—
2	中型号笛	—	1
3	大型号钟	1	1

注:1. 船长大于或等于50m时,号笛的拉手或按钮应配置双套。

2. 除电气号笛外,安装在驾驶室附近的动力号笛,驾驶室内必须设有1个直通号笛本体的用机械传动的拉手装置。

1 号灯

各类号灯(依次为左舷灯、右舷灯、桅灯、艉灯、环照灯)

1.1 排查要点

1.1.1 航行灯

1.1.1.1 右舷绿灯和左舷红灯,其光照范围为从船的正前方到各自一舷的正横后22.5°;舷灯内侧遮光板表面是否涂刷了无光的黑色漆。舷灯相对于遮光板的位置是否能满足112.5°的可见角度,可以通过目视察看舷灯灯具的挡板两端延伸至遮光板端点的夹角来判断,采用环照灯光源的遮光板的安装参考图1-8-1,采用经认可的舷灯(指在环照灯侧后部增加247.5°的遮光罩)的安装见图1-8-2。对安装经认可的舷灯的遮光板可不要求涂刷无光的黑色漆。

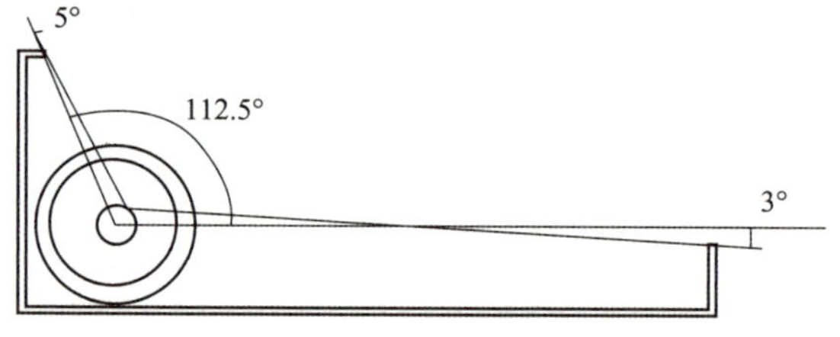

图1-8-1 环照灯光源的舷灯遮光板示意图

图1-8-2 经认可的舷灯遮光板示意图

1.1.1.2 桅灯应当安装在船的艏艉中心线上,光照范围为前照225°;船长大于或等于50m的渔船配备2盏,船长小于50m的渔船配备1盏。

1.1.1.3 艉灯应当尽可能接近船艉,光照范围为从船的正后方到每一舷67.5°内显示。

1.1.1.4 锚灯应是白色环照灯,船长小于50m的渔船可只配备1盏。

1.1.1.5 是否存在将航行灯装错位置的情况,如将桅灯灯具装错在了艉灯处,可从灯具的铭牌上的标注确认。

1.1.1.6 总长为50m及以上的渔船,其航行灯是否配备为双套灯具。打开灯具核实其使用的灯泡功率与灯具中所标注的额定功率相符,灯具的额定功率是否满足最小距离的要求。

1.1.1.7 灯具的状况是否良好,不应存在锈蚀、进水以及透镜表面沾有油漆、灰尘等影响发光距离的情况。灯具座状况是否良好,灯座不应存在严重锈蚀和固定螺栓锈断的情况。

1.1.1.8 舷灯灯座状况是否良好,是否存在积水现象,积水原因是漏水孔被堵还是未设置漏水孔造成的。

1.1.1.9 艉灯、后锚灯安装位置是否被旗杆遮蔽。

1.1.1.10 航行灯的安装是否达到水平要求,肉眼观察不应存在明显倾斜。

1.1.1.11 总长大于或等于35m的机动船,舷灯是否安置在舷侧或接近舷侧处,不应安置在前桅灯前面。

1.1.2 环照灯

1.1.2.1 上下安装的环照灯是否处于同一垂线上,其间距是否满足至少1.2m,最低的1盏号灯距离船体以上高度是否满足至少3m的要求,见图1-8-3。

1.1.2.2 环照灯、失控灯的安装位置是否离桅杆或其他建筑物过近,遮蔽的水平光弧度超过6°,见图1-8-4。

1.1.2.3 号灯安装位置、相对位置、数量、种类、等级是否满足检验规则和作业、拖带等情况的要求,并且与"航行灯和信号灯系统图"的要求是否相一致。

1.1.2.4 号灯的灯具是否处于水平状况。

1.1.3 渔船示向号灯

1.1.3.1 以从船边伸出的水平距离大于150m的外伸渔具方式作业的渔船,其示向号灯的水平距离应离开两盏环照红灯和白灯不小于2m但不大于6m;高度不低于舷灯但也不高于除拖网渔船外,渔船所显示的垂直两盏环照灯(上红下白)的高度。

图1-8-3 环照灯未在同一垂线上

图1-8-4 未按规定配备失控灯(垂直两盏红色环照灯)

1.1.3.2 从事拖网、围网捕鱼的渔船显示的额外号灯应安置在最易见处,其间距至少应为0.9m,水平四周照距至少1n mile但不超过失控灯的照距,安装高度应低于拖网渔船和渔船规定的号灯。

1.1.4 灯具

1.1.4.1 包括航行灯、环照灯、失控灯的灯具是否为船检机构认可的船用产品,可从灯具上铭牌上是否有船检机构标识来确定。从铭牌上标注的最小能见距离、灯泡功率,来确定号灯是否满足最小能见距离和灯泡功率的匹配要求,参见表1-8-6、表1-8-7。

1.1.4.2 号灯的灯泡是否为船检机构认可的防振型,可从灯泡玻璃球上标注确定,最大特点是灯丝比普通民用的粗，且被二电极固定住，不易晃动。

1.1.4.3　灯具及灯座是否存在破损、锈蚀、进水等情况。打开号灯控制箱开关，查看号灯是否存在故障等情况。

1.1.4.4　船上是否配备了相应规格和数量的号灯备用灯泡。

总长大于或等于 20m 但小于 50m 船舶灯具匹配规格　　表 1-8-6

名称	可见距离(n mile)	水平弧光(°)	额定电压(V)	灯泡功率(W)	颜色
右舷灯	2	112.5	DC.24	30	绿
左舷灯	2	112.5	DC.24	30	红
桅灯	5	225	DC.24	30	明
艉灯	2	135	DC.24	30	明
环照灯	2	360	DC.12/24	25/30	红(失控灯) 绿 明(锚灯)

总长大于或等于 50m 船舶灯具匹配规格　　表 1-8-7

名称	可见距离(n mile)	水平弧光(°)	额定电压(V)	灯泡功率(W)	颜色
双层右舷灯	3	112.5	DC.24 AC.220	60 65	绿
双层左舷灯	3	112.5	DC.24 AC.220	60 65	红
双层桅灯	6	225	DC.24 AC.220	60 65	明
双层艉灯	3	135	DC.24 AC.220	60 65	明
双层环照灯	3	360	DC.24 AC.220	60 65	红(失控灯) 绿 明(锚灯)

1.2　常见隐患

1.2.1　总长为 50m 及以上的渔船航行灯为非双套灯具，未按检验规则的要求设置失控号灯；

1.2.2　船上未配备号灯备用灯泡(数量不足)，号灯灯泡为非船检机构认可产品；

1.2.3　艉灯水平光弧角度被旗杆局部挡住，艉灯水平光弧角度未能满足 135°，艉灯遮光板锈蚀严重；

1.2.4　舷灯的遮板内侧表面未涂刷无光黑色漆(局部脱落)(认可舷灯可不要求)，舷灯水平光弧角度未能满足 112.5°，舷灯透镜玻璃表面溅满点状油漆(沾满灰尘)，见图 1-8-5，图 1-8-6；

图 1-8-5 左舷灯角度错误

图 1-8-6 右舷灯无黑色遮板

1.2.5 号灯之间间距不足 1.2m,未处于同一垂线,最低一盏环照灯离船体以上高度未能满足至少 3m 的要求,失控号灯距离桅杆过近,光弧角度被桅杆局部挡住;

1.2.6 部分环照灯故障,环照灯灯具进水;

1.2.7 环照灯灯具为非船检机构认可产品,灯具(灯座)局部锈穿;

1.2.8 桅杆上未安装攀爬装置,不能方便地进行拆装修理号灯;

1.2.9 示向号灯安装位置不满足检验规则要求;

1.2.10 号灯安装不规范、缺失、损坏;

1.2.11 桅灯、舷灯、艉灯光照范围不满足要求,使用环照灯或探照灯,见图 1-8-7、图 1-8-8;

1.2.12 号灯被遮挡,见图 1-8-9。

图 1-8-7 船艉无艉灯

图 1-8-8 船艉艉灯用探照灯代替

图 1-8-9 左舷灯被遮挡

2 号灯控制箱

2.1 排查要点

2.1.1 可以通过查看“航行灯和信号灯系统图”、渔船安全证书(检验证书)中的应急电源标注、号灯的工作电压,再通过开关号灯配电板配电开关和号灯控制箱的电源转换开关,来确认号灯的实际供电情况是否满足检验规则要求。

2.1.2 检查航行灯控制箱声、光故障报警功能,可通过自检开关,或切断供电电源,或拧出灯泡,查看故障报警能否正常响起和指示。是否存在供电故障、供电不稳定的情况。

2.1.3 检查确认控制箱(板)上的指示灯颜色与信号灯的颜色是否相一致,指示灯所标注的位置是否与号灯安装位置相一致。

2.1.4 通过按下试灯按钮,检查指示灯是否能正常点亮,同时声光报警是否能正常响起和指示。

2.1.5 调节指示灯亮度旋钮,指示灯的亮度能否被调节。

2.1.6 控制箱是否为船检机构认可产品,可以从铭牌上的船检机构标识来确定。

2.2 常见隐患

2.2.1 未按检验规则的要求装设航行灯(环照灯)控制箱;

2.2.2 航行灯(环照灯)控制箱为非船用产品;

2.2.3 航行灯(环照灯)控制箱声(光)报警功能故障,指示灯故障(缺失);

2.2.4 航行控制箱无声光报警功能;

2.2.5 航行灯(环照灯)控制箱供电源故障,仅由一种电源供电;

2.2.6 航行灯(环照灯)转换开关故障(接触不良),控制继电器异常发热(故障)。

3 手提式白昼闪光灯

3.1 排查要点

3.1.1 是否配备1盏手提式白昼闪光灯,并且在其存放箱内备有2只备用灯泡。

3.1.2 手提式白昼闪光灯是否为船检机构认可的产品,可以从灯具的铭牌上船检机构标识来确定。

3.1.3 灯具是否完整,反光玻璃是否存在破损。灯线接头与电源接头座是否相匹配,其形式是否符合要求,应使用类似于螺纹的锁紧装置。

3.1.4 是否在驾驶室装设了白昼闪光灯的控制箱或充电箱,手提白昼闪光灯不应单独由主电源供电,在任何情况下均应包括可携电池。驾驶室两舷附近是否都安装插座或电缆的长度是否满足从电源插座位置拖至两舷边。自充蓄电池电量是否保持充足状况,见图1-8-10。

3.1.5 是否将白昼闪光灯的存放箱固定存放在不妨碍操作和人员通行的驾驶室左前

角或右前角附近。

3.2 常见隐患

3.2.1 手提式白昼闪光灯为非船用产品；

3.2.2 船上未配备1盏手提式白昼闪光灯、未配备备用灯泡；

3.2.3 手提式白昼闪光灯故障、反光玻璃破损；

3.2.4 手提式白昼闪光灯插头与电源插座不匹配；

3.2.5 手提式白昼闪光灯无法在左(右)舷使用；

3.2.6 手提式白昼闪光灯自充蓄电池电量不足；

3.2.7 未在驾驶室装设手提式白昼闪光灯控制箱；

3.2.8 手提式白昼闪光灯仅由主电源供电；

3.2.9 未在驾驶室前部两侧附近设置由主电源和应急电源(或自充蓄电池)供电的白昼闪光灯插座。

图1-8-10 手提式白昼闪光灯的供电、充电

4 号型和信号旗

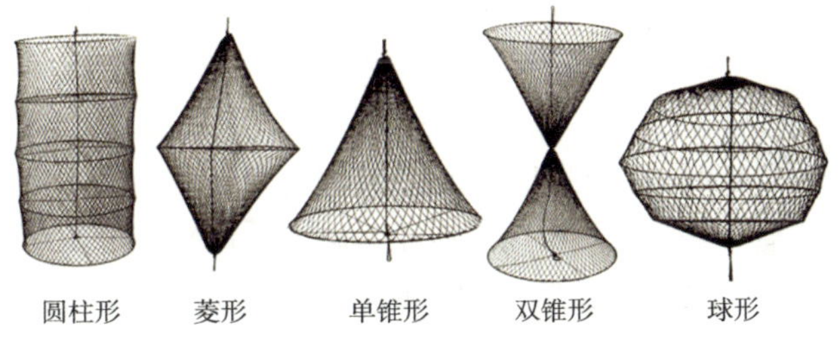

各类号型

4.1 排查要点

4.1.1 船上是否按渔船种类、作业情况，配齐号型和号旗，从事捕鱼的船舶，无论在航还是锚泊，只应显示一个由上下垂直、尖端对接的两个圆锥体所组成的号型；非拖网渔船当有外伸渔具，从船边伸出的水平距离大于150m时，应朝着渔具的方向显示一个尖端向上的圆锥体号型，见图1-8-11、图1-8-12。

图1-8-11 船长≥24m，在航或锚泊

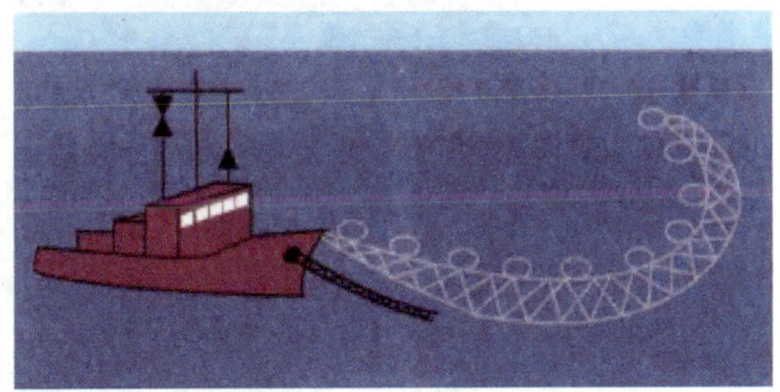

图1-8-12 $l_{渔具外伸}$ >150m，在航或锚泊

4.1.2 号型直径是否达到相应的规定，即大号球体、大号菱形体、圆柱体的建议直径为(610±10)mm，小号球体、小号菱形体的建议直径为(410±10)mm。数量是否满足要求，颜色是否为黑色，不应存在褪色，并是否处于随时可悬升的状态，见图1-8-13，图1-8-14。

图1-8-13 正确悬挂的锚球

图1-8-14 正确悬挂的作业号型

图1-8-15 旗绳悬挂装置

4.1.3 号旗数量是否齐全、规格是否满足要求，是否存放在驾驶室或其附近的专用旗柜内。

4.1.4 国旗是否清洁、完好，规格尺寸和数量是否满足要求，是否按规定进行升降旗。

4.1.5 有渔船呼号的渔船，船上是否配备了渔船呼号旗1套和《国际信号规则》1本。

4.1.6 在桅衍、桅柱顶部或各支索上是否至少有2根旗绳，各能同时悬挂国际信号旗4面，见图1-8-15。

4.2 常见隐患

4.2.1 锚球数量不足3只，未处于随时可悬升的状态；

4.2.2 大号球体直径不足600mm、号型颜色非黑色；

4.2.3 号型缺失、损坏，见图1-8-16、图1-8-17；

图1-8-16 锚球破损严重

图1-8-17 作业球破损

图 1-8-18 悬挂的国旗破损

4.2.4 桅桁处未设置 2 条悬挂号旗的绳索装置;

4.2.5 号旗配备的数量规格不符合检验规则要求;

4.2.6 未在驾驶室或其附近舱室内设置存放号旗的专用旗柜;

4.2.7 有渔船呼号的渔船未配备渔船呼号旗、《国际信号规则》;

4.2.8 未悬挂国旗,悬挂的国旗破损(污损),见图 1-8-18。

5 声响设备

5.1 排查要点

5.1.1 气动号笛供气是否正常,气瓶瓶体状态是否良好,瓶头阀开关手轮是否存在锈住,压力表显示是否正常,管系是否存在锈蚀、漏气的现象,见图 1-8-19。

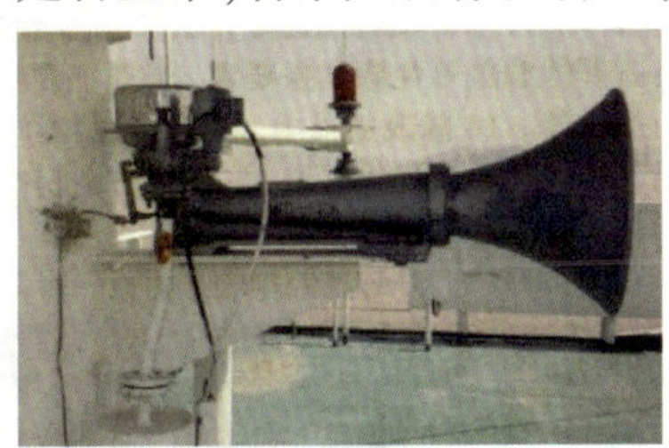

图 1-8-19 动力号笛

5.1.2 电气号笛是否由主电源、应急电源或临时应急电源供电,供电是否正常。经实际施放,声响和发声频率是否达到要求。

5.1.3 在驾驶室附近的动力号笛是否在室内设置了直通本体的机械传动的拉手装置,拉索功能是否可靠,有无存在锈蚀,可能出现被卡的现象,见图 1-8-20。

5.1.4 自动雾号控制装置供电是否正常,通过转换手动控制、自动控制的方式,检查确认其功能是否正常。

5.1.5 是否按规定配备了号钟,号钟直径 300mm,见图 1-8-21。

图 1-8-20 机械传动号笛拉手装置

图 1-8-21 号钟

5.1.6　当船长大于50m时，号笛的拉手或按钮是否配置了双套。

5.2　常见隐患

5.2.1　未配备或安装号钟、号笛，见图1-8-22；

5.2.2　号钟尺寸不符合要求、号钟无铃锤，见图1-8-23；

图1-8-22　号笛未接线

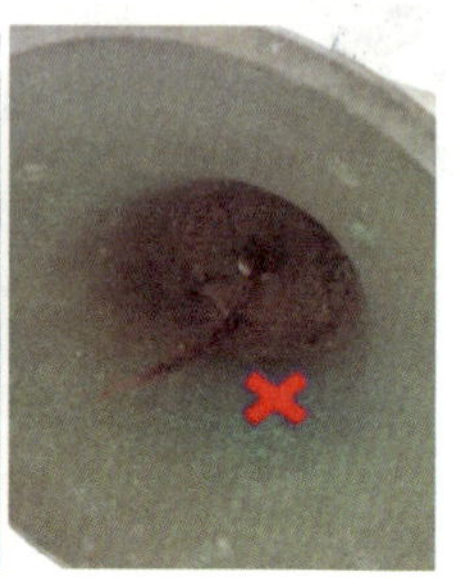

图1-8-23　号钟尺寸不符合要求，号钟无铃锤

5.2.3　号笛故障，号笛鸣放的声响不正常；

5.2.4　动力号笛拉索锈断（卡住），拉动动力号笛后控制气阀无法自动复位，动力号笛供气管漏气严重，未在驾驶室内设置机械号笛拉手装置，见图1-8-24；

5.2.5　电气号笛仅由一种电源供电；

5.2.6　自动号笛控制装置故障，自动号笛控制装置仅由一种电源供电；

5.2.7　船长大于50m的渔船的号笛的拉手或按钮未配置双套。

图1-8-24　未在驾驶室内设置机械号笛拉手装置

6　号灯显示

号灯要从日没到日出时或其他一切有必要的情况下显示，正确的显示号灯有助于目标识别、避免误判，保障航行安全。作为渔船职务船员不仅应该了解不同船舶类型、不同作业状态下的号灯显示要求。更应该清楚渔船在不同作业状态下的号灯显示要求并严格执行。

6.1　排查要点

6.1.1　航行、锚泊、搁浅

6.1.1.1　在航机动渔船应显示，见图1-8-25：

（1）前部1盏桅灯；

（2）第2盏桅灯，后于并高于前灯至少4.5m（总长<50m的渔船不硬性要求）；

（3）2盏舷灯（左红右绿）；

（4）1盏艉灯。

6.1.1.2　在航非机动渔船应显示：

（1）2盏舷灯；

(2)1 盏艉灯。

6.1.1.3　在锚泊时,仅显示锚灯(总长 <50m,1 盏白环照灯;总长≥50m,前部、船艉各 1 盏白环照灯),见图 1-8-26。

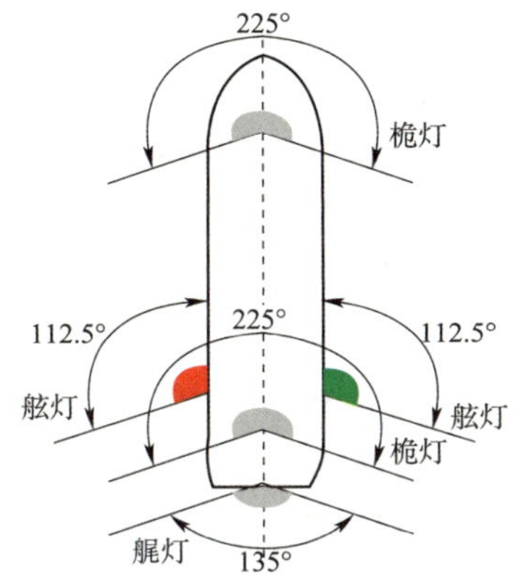

图 1-8-25　航行灯示意图

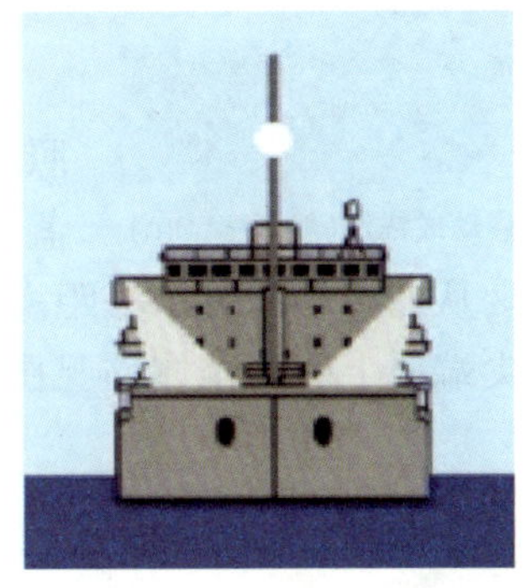

图 1-8-26　锚泊,总长 <50m

6.1.1.4　搁浅时,除了锚灯外(同锚泊)同时在最易见处外加垂直 2 盏环照红灯、白天垂直 3 个球体,见图 1-8-27。

6.1.1.5　失去控制时,在最易见处应显示垂直 2 盏环照红灯、白天垂直 2 个球体。如对水移动,还应显示 2 盏舷灯和 1 盏艉灯,见图 1-8-28、图 1-8-29。

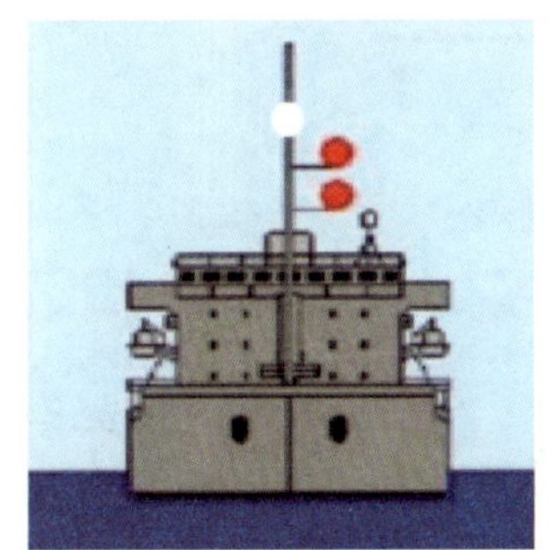

图 1-8-27　搁浅,总长 <50m

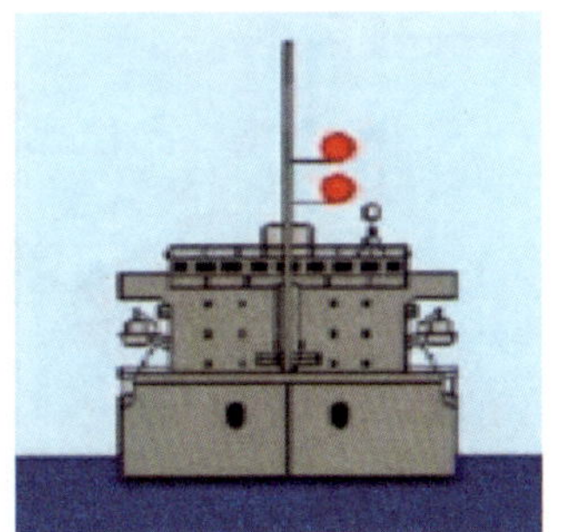

图 1-8-28　失控时不对水移动

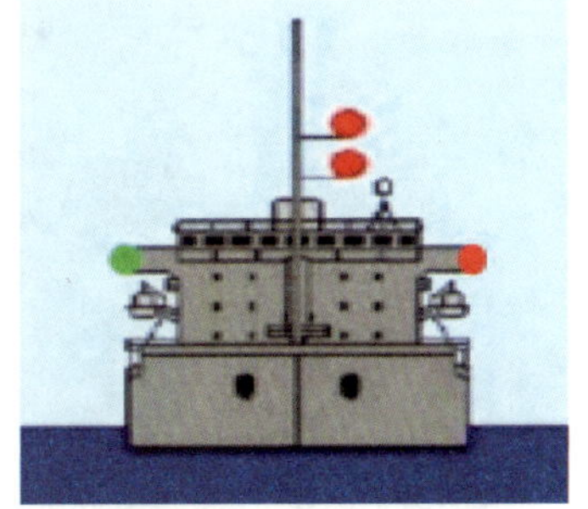

图 1-8-29　失控时对水移动(艉灯该视图不可见)

6.1.2　捕捞作业

6.1.2.1　拖网渔船作业应显示,见图 1-8-30 ~ 图 1-8-32:

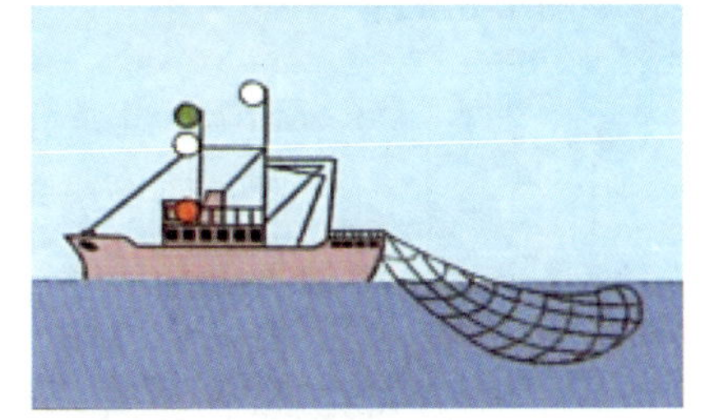

图 1-8-30　拖网渔船对水移动(船长≥50m,艉灯该视图不可见)

图 1-8-31　拖网渔船对水移动(船长 <50m,艉灯该视图不可见)

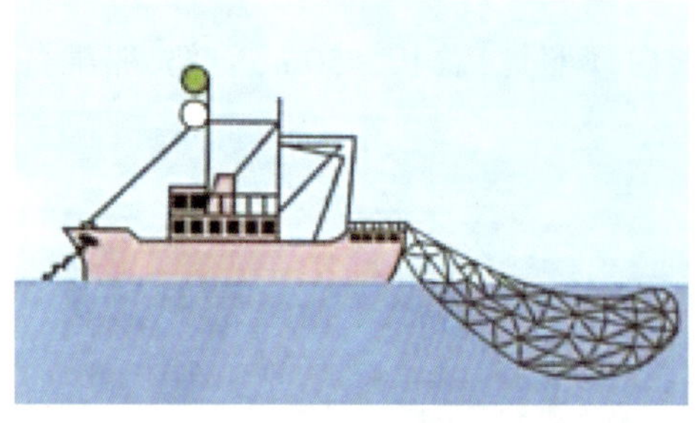

图 1-8-32 不对水移动或锚泊(船长 <50m)

(1)垂直 2 盏环照灯,上绿下白(白天为上下垂直、尖端对接的两个圆锥体);

(2)1 盏桅灯,后于并高于环照绿灯(总长 <50m,不硬性要求);

(3)如对水移动,还应显示 2 盏舷灯和 1 盏艉灯。

6.1.2.2 非拖网渔船作业时显示垂直两盏环照灯,上红下白,如对水移动还应显示 2 盏舷灯和 1 盏艉灯(白天为上下垂直、尖端对接的两个圆锥体);当有外伸渔具,从船边伸出的水平距离大于 150m 时,应朝着渔具的方向显示一盏环照白灯(白天为一个尖端向上的圆锥体);见图 1-8-33 ~ 图 1-8-36。

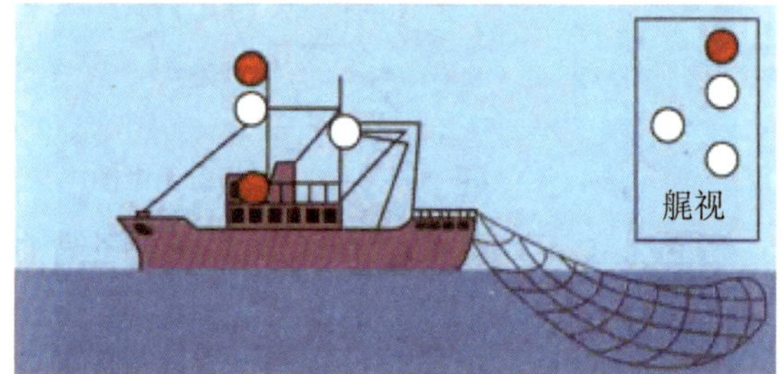

图 1-8-33 $l_{渔具外伸}$ >150m,对水移动(船长 <50m)

图 1-8-34 $l_{渔具外伸}$ ≤150m,对水移动

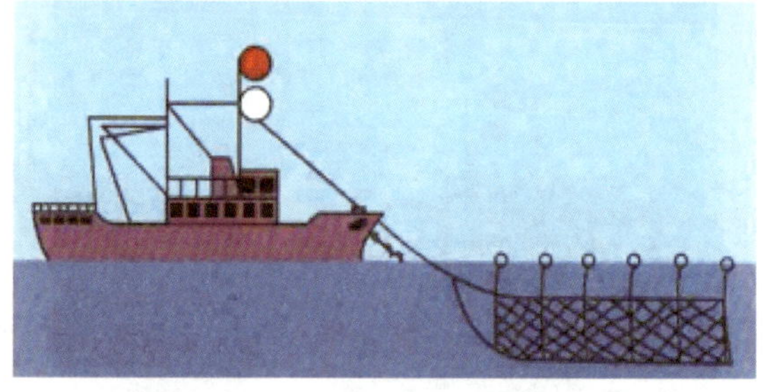

图 1-8-35 $l_{渔具外伸}$ ≤150m,不对水移动或锚泊(船长 <50m)

6.1.3 在相互邻近处捕鱼的渔船额外信号

6.1.3.1 拖网渔船额外信号,放网时,垂直 2 盏白灯;起网时显示垂直 2 盏灯,上白下红;网挂住障碍物时,显示垂直 2 盏红灯。见图 1-8-37 ~ 图 1-8-41:

图 1-8-36 $l_{渔具外伸}$ >150m,在航或锚泊

图 1-8-37 拖网渔船放网时,L≥50m

图 1-8-38 拖网渔船起网时,$24m≤L<50m$

图 1-8-39 拖网渔船网挂住障碍物时,$24m≤L<50m$

图 1-8-40 对拖

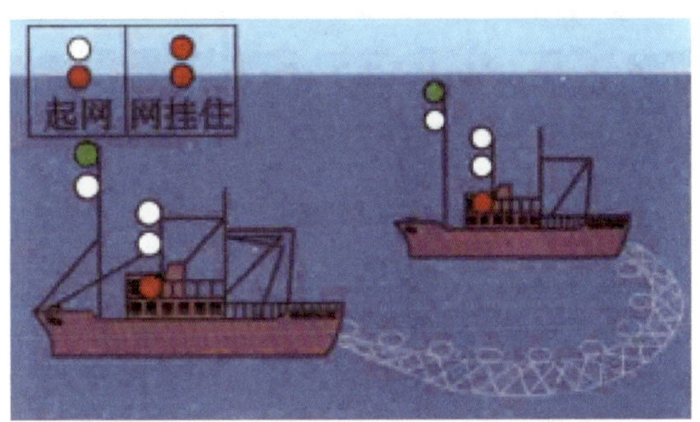

图 1-8-41 对拖放网(起网、网挂住)

6.1.3.2 围网渔船额外信号,可显示两盏交替闪光的黄色号灯,见图 1-8-42。

图 1-8-42 围网渔船额外信号

6.2 常见隐患

6.2.1 未按规定正确显示航行灯、锚灯和作业灯等号灯。

6.2.2 驾驶员对船舶不同状态下的号灯显示要求不清楚、不熟悉。

7 隐患处理

7.1 号灯(航行灯)的控制箱故障、声(光)报警功能故障、控制箱供电不符合检验规则要求,以及未设置失控灯、号笛故障等隐患,在隐患排查中,应禁止开航作业生产。其他方面的隐患,原则上要求在开航前纠正。

7.2 上下安装的环照灯同时存在未在同一垂线、间距不足的情况,要求在开航前纠正,安装位置偏差不是很严重时,一般会要求限期纠正。

7.3 使用非船检机构认可的灯具、灯泡,号型、号旗规格不符合检验规则要求,一般会要求限期纠正。

7.4 污损、褪色的国旗,应及时换新,否则可作出相应的处罚。

7.5 在隐患排查中,检查人员可对驾驶人员就信号设备系统的使用及避碰规则的熟悉情况进行实操检查时,存在问题可要求开航前纠正。

7.6 因船上未及时更换损坏的灯泡、灯具锈蚀、灯具内积水,以及出现故障的信号设备未及时安排修理的,检查人员可认定是船上未落实安全管理的相关要求,可作为船方安全管理方面的隐患进行处理。

小结与建议

1　对行政执法部门的建议

1.1　在对信号设备进行检查时,建议与对驾驶人员的避碰规则中有关信号使用规定的实操检查相结合。

1.2　在对号笛进行试验时,应注意保护好自己的耳朵,远离号笛。

1.3　对号灯检查时如需攀爬桅杆,应注意自身安全防护工作。

1.4　接触灯泡时,需注意应在切断电源的情况下进行,以防止触电。

1.5　对渔船在建造时,使用非船检机构认可的号灯及其控制箱、供电不符合规范要求、号灯间距和可见角度未能满足规范要求的情形,可以认定为与渔船检验有关的隐患.注意收集相关的证据,并按相关程序上报主管部门。

2　对船方的建议

2.1　在航行、锚泊、作业等期间,船上应认真遵守《国际海上避碰规则》,正确使用信号设备,特别是能见度不良情况下,更应谨慎,防止交通事故的发生。

2.2　夜间航行,应防止船上灯光外露,海图室灯光外泄,以免影响瞭望人员的视线和他船对本船航行动向的误判,建议船上严格控制灯光外漏,特别是桥楼的前侧和驾驶室的灯光。

2.3　在离泊期间,应避免同时开启锚灯和航行灯。在使用号灯和号型之前建议船上增加核实确认的环节,避免出现用错号灯和号型,以避免他船判断失误,出现险情或事故。

2.4　船上应按安全管理要求对信号设备进行有效的维护保养,及时修复出现的问题,保证灯泡的可靠使用,减少更换周期,建议使用防振的船用灯泡,并注意灯泡的功率匹配要求。

2.5　船上应按船员值班规则和渔业企业管理规定的要求,对信号设备进行试验、检查,并做好相应的记录。信号设备的使用记录极为重要,在发生碰撞事故时,用以表明本船的信号设备是处于正常状况,以保护自己和渔业企业的利益。

2.6　船上存在不按照升降国旗的规定进行升降,悬挂的国旗存在破损、污损、褪色的现象,建议加强船员对悬挂国旗的荣誉感教育,落实责任按规定进行升降,对不符合要求的国旗及时进行更换。

3 对渔业企业(或所有人/经营人)的建议

3.1 建议渔业企业在渔船建造检验期间应配合好船厂、检验人员,选用船检机构认可的号灯,按图施工,避免出现未能满足检验规则的情况。

3.2 建议渔业企业为船上配备船用号灯灯泡,减少因渔船振动发生断丝的故障,确保号灯长时间正常工作,减少换灯次数。

3.3 渔船处于能见度不良的情况下航行、锚泊时,建议渔业企业及时提醒船长,做好值班工作,必要时采取停航措施。

第九节 电气装置

9.1 排查要点

9.1.1 电源的设置

9.1.1.1 根据“渔船安全证书(检验证书)”,确认渔船主、应急电源的设置,是否符合规则要求,具体包括:

(1)主电源至少应由2台发电机组组成,也可采用具有同等电容量的2组其他电源装置。其中1台可采用主机驱动;

(2)当用电设备耗电总功率小于15kW、为主机服务的各种辅机、舵机油泵如可由主机驱动,并且渔船设有蓄电池组作为备用电源时,则可仅设1台与主机相独立的发电机组或1台轴带发电机作为渔船主电源,见图1-9-1。

图1-9-1 渔船柴油发电机

9.1.1.2　检查推进机械和轴系的速度和旋转方向变化时，是否影响主电源正常供电。

9.1.1.3　对主电源供电系统包含变压器的情况：

(1)应检查是否至少设置2台变压器，其容量应能在其中1台变压器停止工作的情况下，仍能保证主电源供电连续性；

(2)船长小于45m、用电设备耗电总功率小于15kW的渔船可仅设1台变压器。

9.1.1.4　核查"电力系统图""电力设备布置图"等图纸，确定应急电源系统的实际布置是否与上述图纸和渔船安全证书(检验证书)所标识的要求相一致。

9.1.1.5　对电力设备中要求为船用产品的设备进行核查，并要求船上提供相应的证书或合格证，予以核对。

9.1.2　柴油机调速器性能的检查

方法：启动一部发电机，观察其是否能保持转速的稳定，两部发电机并车是否成功，并联运转是否正常。发电机特性的检查测试，可以同时启动几个大功率负载，如空压机、主机润滑油泵等，再同时卸载，通过观察电压表、频率表及稳定时间，看是否符合法规要求。

9.1.3　主开关及配电板的检查

对于早期的机械保护装置，必须在发电机运行时通过试验来检验装置的功能，容易造成主控制开关的损坏，不推荐进行现场测试。而目前所使用的电子控制保护装置，一般都采用模拟试验法，即根据所使用的空气断路器所给出的技术要求，输入一个与故障信号相仿的电信号量，促使保护装置动作。同时检验整定时间的正确性。对于框架式自动空气断路器，应该按照渔业企业管理要求定期检查保养，通过查看检修记录是否按照管理规定进行维护。也可现场用专用工具将其拖出来，检查各活动部件是否活动正常，主触头表面是否光洁、接触良好，过载失压保护装置及其延时装置是否正常可靠，见图1-9-2。

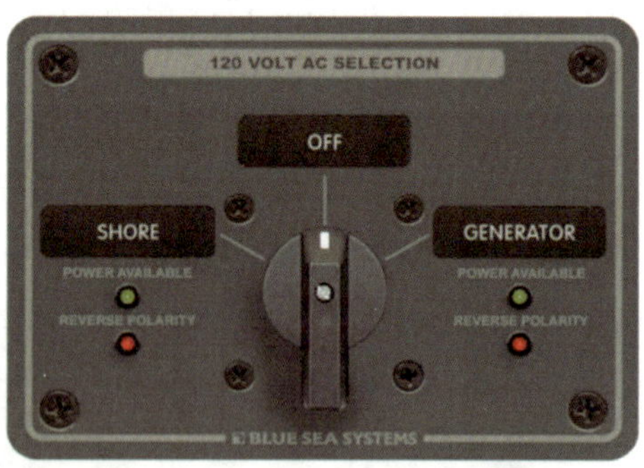

图1-9-2　发电机主开关

9.1.4　周期性无人值班发电柴油机组检查方法(如有)

9.1.4.1　通知驾驶台将相应的助航设备和电脑关闭，以免损坏。

9.1.4.2　分别设置好备用发电机组及主机服务泵浦打到自动状态。

9.1.4.3　人为设定停车故障，则运行机组停止并发出声光报警。如可以模拟滑油低压使之停机。

9.1.4.4　第一备用机组应该在规定时间自动启动合闸供电，如果第一备用机组故障(可以人为设定)，则第二备用机组执行相应程序。

9.1.4.5　恢复供电,主机的滑油泵、凸轮轴泵、冷却水泵、燃油泵等应依次自动启动(依延时设定不同而异),不能同时启动。

9.1.4.6　将备用机组全部转入手动状态以便检查分级卸载。

9.1.4.7　启动大功率负载,如主空压机、空调等使总的负载功率超过运行发电机的额定功率,则非重要设备应能自动切断。在自动化机舱,自动卸载往往分为两级(空气开关上面一般会标示,绿色为优先卸载,黄色为次级卸载,棕色或红色为重要负载),先卸载优先级,如果负荷仍然高,超出发电机能力,再卸载次级。

如果检查结果不能完全符合法规要求,则必须在开航前纠正,否则不满足 AUT-O 的标准。

9.1.5　应急电源

船长大于或等于 45m 的渔船应设有独立的应急电源。应急电源可以是发电机,也可以是蓄电池组。应急发电机应符合下列要求,见图 1-9-3 ~ 图 1-9-8。

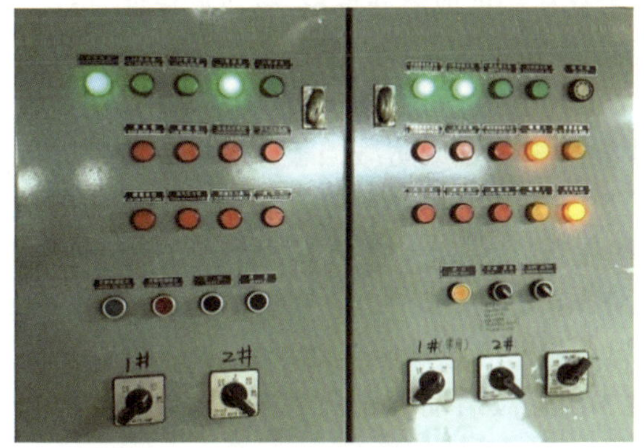

图 1-9-3　应急配电板

图 1-9-4　应急发电机

图 1-9-5　人工蓄能装置

图 1-9-6　配电板仪表

9.1.5.1　应急发电柴油机的检查与主柴油机的检查方法一样包括外观、警报及工况的检查。

9.1.5.2　发电机组及其馈电线和配电板的外壳是否加接了保护地线,该接地线是否牢固并与船体相通，接地线规格、接线形式、接地位置是否符合法规要求。

图 1-9-7　同步表

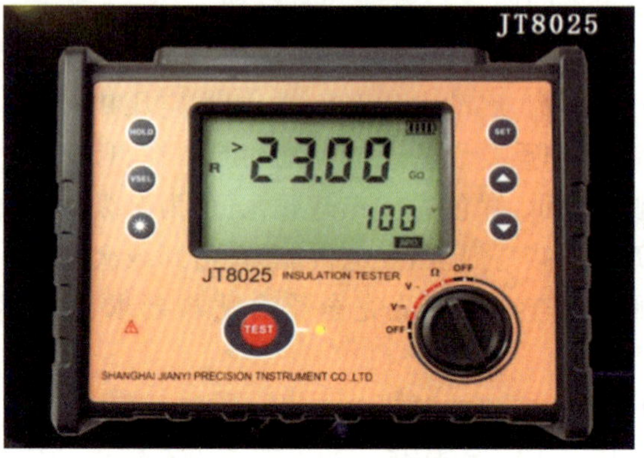

图 1-9-8　数字式绝缘表

9.1.5.3　柴油机冷却水箱以及冷却管路是否存在锈蚀或渗漏现象，冷却水是否加满。

9.1.5.4　盘车是否活络，润滑油油位是否位于液位的 2/3 ~ 3/4 处，通过检查油尺或油位表确定，润滑油油质是否合格。

9.1.5.5　是否按规定装设了高压燃油管泄漏报警装置或防溅挡板。对报警装置进行实际测试是否能正常报警。

9.1.5.6　检查发电机组控制箱，通过自检按钮查看各指示灯、面板显示是否处于正常状态。

9.1.5.7　切断主电源后，设计具有自动启动功能的应急发电机能否自动启动，在不超过 45s 时间内自动承载额定负载，并备有至少供 3 次连续启动的能源。该起动装置是否为船检认可产品。

9.1.5.8　应急发电机和应急配电板上各仪表、指示灯状况是否正常、有效；绝缘监测值是否满足法规要求（照明线路一般要求在 0.2MΩ 以上，动力线路一般要求在 1.0MΩ 以上）。

9.1.5.9　应急发电机组启动试验正常后，再使用主启动装置进行 3 次连续启动的检查。如果设置的是人工启动的，还需验证其有效性。人工充液的液压蓄能器启动系统能否建立起工作压力，并进行实际启动试验能否正常启动。管路是否存在渗漏现象；压缩空气启动管系上各阀门、接头是否存在漏气现象。空气瓶气压是否处于正常值。启动空气瓶是由机舱主或辅压缩空气瓶供气的，在供气管上是否装有止回阀。

9.1.5.10　油柜速闭阀能在应急发电机间外进行遥控切断；油柜禁止使用普通圆形玻璃管作为油位计以及无自闭功能的液位计。油柜导门盖、放残阀、速闭阀等及与之相连接的接头是否存在渗油现象。油柜油位是否处于 2/3 ~ 3/4。油柜下方是否装设了集油槽及泄油管系。

9.1.5.11　在冬季航行于寒冷海区时是否使用 -10 号（或 -20 号）燃油，如设有辅助加热装置以确保其低温起动性能应对辅助起动装置进行效用试验，加热装置是否有效。冷却水箱是否更换了防冷液。

9.1.5.12　船上是否备齐了柴油机及其自动控制装置、应急配电屏等重要设备的使用说明书,并在机旁张贴了相应的操作程序。

9.1.6 蓄电池组作为应急电源应符合下列要求:

9.1.6.1 是否按渔业企业体系文件或管理规定要求,定期检查电解液比重,保持电解液比重在1.23~1.28(常温下),并做好记录;当电解液密度下降到1.23时,是否立即进行了充电,以防蓄电池老化。是否每天测量蓄电池的电压,保持电压在额定值之内,并检查应急电源给各设备供电的可靠性。

9.1.6.2 检查电解液的高度,以距离极板1~1.5cm为宜,过高的液面会使船在摇晃或充电时溢出电解液,过低的液面会使电极板暴露,容易出现极板老化。

9.1.6.3 船上是否配备了用于加电解液的比重计、防护手套、护目镜等用具。在给蓄电池进行配电解液或检查时,是否能严格按照操作规程进行并做好防护工作,防止被电解液灼伤。

9.1.6.4 检查蓄电池表面是否清洁,蓄电池接线柱上是否存在白色硫化物,是否对接线柱用少许凡士林涂上,以防接线柱氧化。

9.1.6.5 蓄电池组的标称总容量是否符合规则要求,并与渔船安全证书(检验证书)中所标识的要求相一致。蓄电池组应是船检机构认可的船用产品,可以从接线柱上有无"CCS"标识,或者壳体上是否粘有"CCS"标识来确定,并且可以要求船上提供相应的产品证书来核对实际配备情况。

9.1.6.6 作为应急电源(临时应急电源)的蓄电池组,当主电切断后能否通过联锁继电器作用,立即(45s内)向应急电路供电。

9.1.6.7 不能仅凭蓄电池组电压来判断电量是否充足,一般应综合下列两种方法来判断:

(1)测量比重:使用比重计测量电解液的比重,若比重在绿色或者黄色范围则表示电量充足;

(2)实际放电试验:接通额定负载,蓄电池在法规要求的时间内电压保持稳定,电压不低于额定电压的88%。

9.1.6.8 蓄电池组的存放是否满足相应的要求。

9.1.7 电瓶间的检查

9.1.7.1 电瓶间的布置是否与生活处所相隔离,并与渔船图纸的标识要求相一致,见图1-9-9。

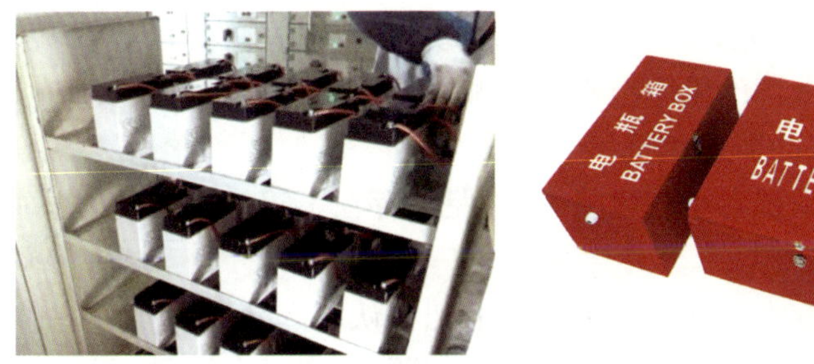

图1-9-9 电瓶间或电瓶箱

9.1.7.2 电瓶间舱壁是否存在孔、洞、缝隙以及焊缝不完整等情况。

9.1.7.3 蓄电池组的总充电功率大于2kW的电瓶间是否设置了机械通风装置,且风

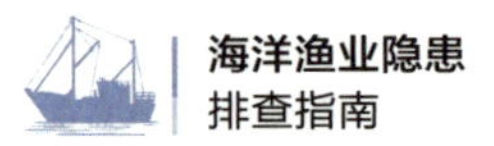

机系统符合防爆要求。

9.1.7.4　采取自然通风的电瓶间，其通风管出口是否通顶部的开敞甲板处，其任何部分与铅垂线的夹角是否大于45°并且在开敞甲板处的通风管是否满足了载重线和防火方面的要求。

9.1.7.5　作为应急电源（临时应急电源）的电瓶间是否设置了船用防爆照明灯，照明灯供电电缆是否采用了气密套管和外壳接地措施，包括主、应急照明。

9.1.7.6　电瓶间是否保持有效通风，避免氢气积累造成爆炸隐患。电瓶间进出风口是否包扎或安装金属防火网和设置了风雨密盖板。

9.1.7.7　电瓶间是否清洁，是否堆放有其他杂物。

9.1.7.8　充电功率大于2kW的蓄电池组应安装在专用舱室内，充电功率小于2kW的蓄电池组可安放在专用箱或柜中，在机舱内若条件不许可，则可以敞开安放在通风良好的地方。

9.1.7.9　置放蓄电池的箱或柜（架）及敞开安装蓄电池的场所附近，不应有排气管、蒸汽管等各种热源或产生火花的设备。

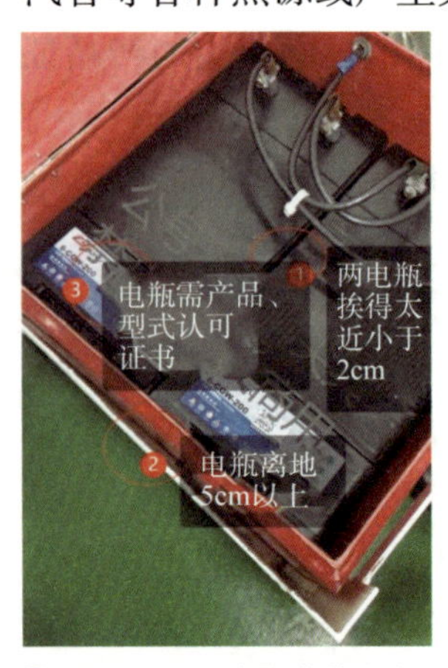

图1-9-10　电瓶存放示意图

9.1.7.10　蓄电池的安装应便于检测、加液，周围清洁，更换方便，空气流畅。上下层蓄电池之间应留有400mm的空间，每只蓄电池四周应留有不小于20mm的空隙。

9.1.7.11　蓄电池之间的空隙应用不吸潮，耐电解液腐蚀的绝缘材料楔隔、衬垫或加固。蓄电池箱和柜子底部应以耐腐蚀材料制成的托盘加以衬垫，托盘的四周高度应不小于45mm，托盘不应漏液，见图1-9-10。

9.1.7.12　蓄电池室的门和专用箱、柜外面应有"禁止烟火"的标志。

9.1.7.13　用作无线电通信设备备用电源的蓄电池组应安放在船舶最上一层连续甲板之上，且从露天甲板易于到达之处。

9.1.8　其他项目的检查

9.1.8.1　应急电源处所同相邻处所的防火分隔是否满足控制站要求，尤其要注意发电机组、配电屏的背面、下方等部分耐火分隔处理往往被忽略，穿过处所甲板、舱壁的电缆孔、管是否用耐火填料函进行填充处理，不允许用橡皮泥替代耐火材料。

9.1.8.2　核查应急电源的供电范围以及配电系统是否满足法规要求，实际配电情况是否与渔船电气图纸所标识的要求相符。

9.1.8.3　检查配电系统各电气设备、电缆是否存在不正常的发热、烧灼、异常声音以及接触不良等现象。

9.1.8.4　电缆是否存在老化破损或使用非船检认可产品。

9.1.8.5　应急照明系统的布置是否满足法规要求，实际布置是否与应急和临时应急照明系统图、布置图相符。各照明灯是否存在故障，灯具、灯座是否完整、牢固。

9.1.8.6　应急配电板前后甲板是否铺设防滑和耐油的绝缘地毯或绝缘隔栅；应急电源

供电的分路空气断路器是否处于备用状态。

9.1.9 一般电器检查技巧

9.1.9.1 检查船上是否存在乱拉或私接电线和私装插座、电拖板、用电器。

9.1.9.2 电网绝缘的检查,可以利用配电板上安装的绝缘表或测量装置,直接读出绝缘电阻值,测量绝缘电阻时,应将配电系统处于正常供电状态,或可以使用兆欧表测量绝缘电阻,测量时一端接地,另一端接测量部位。

测量原则:额定电压36V以下的设备,使用100~250V的兆欧表测量;额定电压36~500V的设备,使用500V的兆欧表测量;额定电压500~1000V的设备使用1000V的兆欧表测量;额定电压1000V以上的设备使用2500V的兆欧表测量。检查绝缘表或测量装置是否正常,如读数始终处于0或+∞或显示99999,说明测量设备本身故障。

9.1.9.3 检查重要电气设备是否是船检机构认可的船用电气设备。如发电机、发动机、配电屏、充电器、防爆灯、照明灯、蓄电池、配电箱、控制箱、信号灯、航行灯、开关、插座、电缆等,可以以设备上的铭牌有无"ZC"或"CCS"标识确定,有些设备采用张贴"ZC"或"CCS"标签。如有怀疑还可以核查其相应的船用产品证书或合格证来确定。

9.1.9.4 检查危险区域或处所,所安装的电气设备是否使用相应等级的防爆电气,电缆的铺设是否符合防爆的要求,特别是敷设电缆的整根金属管道必须达到气密要求。接头无松动。

9.1.9.5 检查电气设备的外壳防护罩是否完整,特别是防爆电气防护罩,不能有松动、破损、锈蚀等情况。

9.1.9.6 检查电气设备的清洁情况,是否存在受潮、油污、尘积等情况。

9.1.9.7 查看电气设备是否存在过载烧糊现象或异常发热,以及接触不良等情况。

9.1.9.8 检查电缆、电气设备是否按要求进行接地处理,接地形式是否符合要求,接地电阻是否能满足小于0.02Ω的要求。电缆外层防护技术网和接地线状况是否良好,有无锈蚀、断裂等情况。

9.1.9.9 检查配电板前后是否铺设了防滑和耐油的绝缘地毯或地毯式绝缘格栅。配电板上方及后面设有蒸汽管、油管、水管、油柜和其他液体容器等情况,是否有相应的防滴漏防护措施。

9.2 常见隐患

9.2.1 发电机达不到额定转速;

9.2.2 发电机组不能并电运行;

9.2.3 备用发电机组不能自动启动和合闸;

9.2.4 主电源切断后应急发电机不能自动启动和自动合闸供电;

9.2.5 应急发电机组仅设蓄电池一种启动装置,且仅有一组启动蓄电池;

9.2.6 应急发电机组启动电瓶组电压、电容量不足;

9.2.7 应急发电机组启动空气瓶无压力显示;

9.2.8 应急发电机组压缩空气启动管系接头处漏气;

9.2.9　应急发电机组无法人工启动；

9.2.10　电气设备未设置接地保护地线；

9.2.11　未设置固定式应急发电机启动电瓶充电装置；

9.2.12　应急发电机配电屏未设置在应急发电机间；

9.2.13　冬季未使用 -10 号(或 -20 号)柴油,致使应急发电机无法正常工作；

9.2.14　应急发电机组的驱动柴油机加热装置故障；

9.2.15　应急照明灯具上无红色标记；

9.2.16　应急照明系统故障；

9.2.17　应急照明灯故障；

9.2.18　照明灯灯具缺失(破损)；

9.2.19　未在规定处所设置应急照明；

9.2.20　设置在电瓶间的照明灯非船检认可防爆灯,或防爆灯无灯罩保护、灯罩破损、使用普通灯泡；

9.2.21　应急电源的蓄电池组电解液液面低于极板；

9.2.22　应急电源的蓄电池组接线柱氧化严重；

9.2.23　应急电源的蓄电池组电极极板严重变形,发热严重；

9.2.24　应急电源的蓄电池组非船检认可产品；

9.2.25　应急电源的蓄电池组设置在起居处所之内；

9.2.26　未在蓄电池室底部设置具有防火、防水装置的进风口管；

9.2.27　电瓶间未设机械通风装置(蓄电池组的总充电功率大于 2kW)；

9.2.28　蓄电池室进出风口未装金属防火网和风雨密盖板；

9.2.29　蓄电池室进出风口金属防火网破损；

9.2.30　蓄电池间出入门上未标识“禁止烟火”；

9.2.31　配备开放式结构铅酸电池的电瓶间内未配备蒸馏水、比重计、漏斗和橡皮手套,阀控式密封免维护铅酸电池不需要配备,但要注意有效期,见图 1-9-11；

9.2.32　24V 应急电源配电板设置在机舱间内；

9.2.33　主电源切断后 24V 应急电源(临时应急电源)未能自动合闸供电；

9.2.34　配电箱(控制箱)继电器接触不良,发热冒烟；

图 1-9-11　阀控式密封免维护铅酸电池

9.2.35　配电箱老化、破损、非船检认可的产品,见图 1-9-12；

9.2.36　使用裸露式闸刀开关,见图 1-9-13；

9.2.37　电动机故障；

9.2.38　电动机异常发热(噪声过大)；

9.2.39　控制器触头接触不良；

9.2.40　设于油漆间(蓄电池间)照明灯开关非船用防爆型；

9.2.41　贯穿蓄电池间(油漆间)电缆未通过金

属管道穿过;

9.2.42 蓄电池间(油漆间)照明灯馈线金属套管未延伸至灯座;

图 1-9-12 配电箱盖缺失、配电箱腐蚀严重

图 1-9-13 使用裸露式闸刀开关

9.2.43 电气设备为非船检认可的产品;

9.2.44 贯穿水密舱壁(甲板)的电缆管未使用水密式贯通件;

9.2.45 贯穿甲板的电缆管断裂;

9.2.46 电线电缆私拉乱接、无保护套管、老化破损、非船用产品,见图 1-9-14;

9.2.47 主配(应急)电板前后甲板上未铺设防滑、耐油的绝缘材料;

9.2.48 动力配电系统绝缘电阻监测装置故障;

图 1-9-14 电缆私拉乱接、未使用船用电缆

9.2.49 未装设动力配电系统绝缘电阻监测接地指示灯(小于 1600GT 要求);

9.2.50 动力(照明)配电系统绝缘电阻低于规定的 MΩ。

9.3 隐患处理

9.3.1 主应急发电机组隐患造成不能及时可靠地提供电源(或应急电源),应采取禁止开航作业生产措施。

9.3.2 应急发电机无法启动、工况不良、无法在规定的时间自动供电或达不到额定负载的,作为应急电源的蓄电池严重老化、容量不足应采取禁止开航作业生产措施。

9.3.3 主发电柴油机组的隐患处理应考虑渔船主发电柴油机的台数,对于所有主发电柴油机组均具有的缺陷应在开航前纠正,个别的一般故障限期纠正。

9.3.4 主发电机组无法并网供电，供电后无法保证电网稳定（在负荷一定的前提下）、各主发电柴油机工况不良等，渔业渔政主管部门可采取禁止开航作业生产措施。

9.3.5 设置有两台发电柴油机组的渔船，如单部发电机无法承担70%及以上额定负荷的，可采取禁止开航作业生产措施。

9.3.6 发电柴油机组警报及其他隐患限期纠正。

小结与建议

1 对行政执法部门的建议

1.1 检查人员进行电气设备检查时必须特别注意人身安全，应戴好安全帽，使用绝缘性护具，手及工具均应保持干燥。

1.2 检查过程中应加强对应急发电机性能的检查，必要时可以要求船员操作设备。

1.3 检查人员应注意即使24V之低电压（如紧急用电瓶），情况不良时，也有可能发生触电致死的事故，切勿轻率大意。高于36V的电气设备必须确认外壳可靠保护接地。在带电设备上严禁使用钢卷尺和线尺（因其中有金属丝）进行测量工作。在检查有大电容器的电气装置时，应将电容器进行充分放电。

1.4 应防止由于安全检查造成船方设备、人员的伤害。检查人员原则上不得随意操作船方设备，时刻提醒船员注意安全，部分检查项目如不满足检查安全条件，不必强求检查。

2 对船方的建议

2.1 电气设备检修应至少由2名取得相应资质人员共同开展，作业前应进行风险评估并取得书面作业许可。

2.2 检修人员应按规定穿戴安全帽、橡胶鞋、绝缘手套等防护用品，检查作业工具和仪表绝缘性能，检查灭火器、警示牌、警戒线等安全附具准备情况。

2.3 作业前应确保设备断电并悬挂“禁止合闸”安全警示牌，同时使用工具进行未带电认证，并完成工作接地保护后方可开展检修作业。检修完成后确认无工具或异物遗留于内部。

2.4 避免在雷雨天气下开展检修作业。日常应经常检查、维护电气设备的绝缘和壳体接地情况，发现电线破损、老化、短路等隐患时，及时检修排除。

2.5 如要在通电中检查或修理时,必须小心,避免身体与电器接触,以免触电,尤其航行中渔船摇摆剧烈时,更应注意。万一发生电击时,应立即切断电源。

2.6 充电时必须打开电瓶房的门窗及通风孔,保持空气流畅,预防氢气爆炸。

2.7 电瓶房附近严禁火气、禁止使用非防爆型手电筒,接头应接妥以防松动而发生火花。

2.8 补充电解液时,要特别小心,应使用护具以防电解液溢出伤到手脚、脸、皮肤或衣服。万一被电解液泼到时,应立即以淡水冲洗干净。

3 对渔业企业(或所有人/经营人)的建议

3.1 渔业企业对渔船电气设备安全负有主体责任,渔船方面的需求,包括人员、备件物料及技术方面,渔业企业应及时提供支持。

3.2 针对渔船电气设备的不同特点,渔业企业应充分考虑各种电气设备可能发生的故障,制定切实可行的维护保养计划及应急预案,避免渔船因发生失电故障而陷入险境。

3.3 渔业企业应加强对相关船上责任人的技能和安全培训,保证电气负责人员具有相应资质。

第十节 主推进及辅助装置

1 主推进装置

1.1 排查要点

1.1.1 铭牌的检查

检查柴油机船用产品证书及铭牌,是否存在老旧设备重新使用。

1.1.2 功率的检查

1.1.2.1 核查主柴油机的功率,是否存在“大功率、小证书”(渔船主机实际长期服务功率大于其额定功率)的问题。

1.1.2.2 重点关注50kW、250kW、750kW等轮机员等级证书节点的渔船。可以查阅轮机日志,通过耗油量(每kW/h耗油量约175g)初步核算,还可以查阅说明书、吊缸测量记录,进一步查清主机的缸径、型号,通过生产厂家明确主机的额定功率。

1.1.3 外观检查

1.1.3.1 各管系、附件是否存在严重锈蚀;

1.1.3.2　检查柴油机冷却水管、输油管、滑油管系及高压油泵是否存在滴漏等现象，关注各种管系的固定；

1.1.3.3　排烟管及缸头是否有冒烟的痕迹；

1.1.3.4　主机扫气箱或曲柄箱防爆门是否有反复动作的痕迹；

1.1.3.5　排烟管外层隔热包扎材料是否完整，包括中间膨胀节应使用可拆卸方式进行包扎处理；

1.1.3.6　柴油机的压力表、温度计、转速表是否完好、指示是否正常；

1.1.3.7　输油管是否使用未经认可的挠性管系；

1.1.3.8　高压燃油管是否具有双层套管和泄漏报警装置，或者防溅挡板，且是否完备；是否对柴油机传动皮带处加装了人员防护装置，见图 1-10-1、图 1-10-2。

图 1-10-1　曲柄箱防爆门

图 1-10-2　气缸套冷却水渗漏

1.1.4　起动检查

1.1.4.1　检查起动装置的设置及容量是否满足规范要求；

1.1.4.2　启动主柴油机，检查主机启动性能，具有正反转的主机，其换向是否迅速可靠；

1.1.4.3　检查压缩空气启动管系是否存在漏气现象。

1.1.5　工况检查

1.1.5.1　运转时是否存在异响；

1.1.5.2　转速是否稳定，如转速忽上忽下，可能存在某缸不发火或者调速器故障或油门调节装置异常磨损等；

1.1.5.3　各排温表的数值是否相差过大（30℃），如果发现某缸的排温明显偏高或偏低，需进一步查找原因；

1.1.5.4　检查柴油机排烟的颜色是否呈黑色的浓烟，需进一步检查，查找原因，正常排烟应为淡灰色；

1.1.5.5 检查废气涡轮增压器是否发生异常的振动和噪声,涡轮增压器扫气压力是否存在过高或过低的现象。

1.1.6 驾机通信检查

1.1.6.1 检查驾驶室与机器处所操纵台之间是否设置两套独立的通信设备,其中之一应是主机传令钟。

1.1.6.2 对船长在45m以下,且推进装置由驾驶室直接操纵的渔船,可允许仅设一套通信工具。

1.1.6.3 检查通信工具位置设置是否合理,能否保证方便地操纵主机;检查车钟指示、回令是否正常,铃声是否清晰。

1.1.7 主机报警和保护装置的试验

在监控面板上,装有测试灯按钮或功能试验按钮,按测试灯按钮,所有的灯应该亮,不亮的灯需更新。按功能测试按钮,所有监视点进入报警状态,未报警的监视点表示监视通道有故障,见图1-10-3。

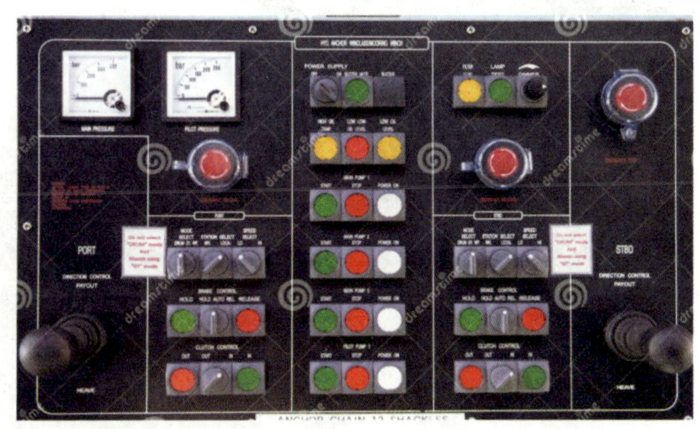

图1-10-3 机舱报警单元

1.1.7.1 主机滑油低压、凸轮滑油低压停车装置试验:将主机滑油压力传感器与原系统的接头脱开,接至手揿油泵并逐渐加压,当达到滑油正常压力时启动主机,使其低速运转,而后逐渐降低手揿油泵压力,当手揿油泵的油压力降低到规定的滑油低压停车压力时,压力传感器应动作并使主机自动停止运转。用类似方法检查凸轮轴滑油低压停车装置。

1.1.7.2 冷却水、轴承、滑油高温停车装置试验:将温度传感器温包从机上拆下,放入电加热的液体中,并放入测量用的温度表,不断搅拌液体,使温度均匀上升,此时启动主机使其低速运转,当液体的温度达到规定的报警温度应高温报警,继续加热温度升高,温度继电器动作使主机自动停车。

1.1.7.3 超速保护装置试验:由于主机超速保护装置形式较多,调试方法也有所不同,试验时要按不同机型的主机说明书或试验方法进行。试验主机超速停车装置时,一般不能将主机转速开得过高,故一般采用模拟方法试验。

1.1.7.4 电子超速停车装置的试验方法:先在电子超速停车装置上设定一个转速(转速应在主机系泊试验转速范围内)然后将主机加速到设定的转速,检查主机是否能自动停车。然后,在电子超速停车装置上设定另一个转速,当主机加速到这个设定转速时检查主机能否自动停车,试验1~2次。如果主机均在电子超速停车装置设定的转速时自动停车,则说明电子超速停车装置上标定的停车转速是正确的,动作是有效的,这样,就可根据设计规定的主机超速停车时的转速,调整电子超速停车装置设定的停车转速,并锁牢。对于柴油发电机额定功率大于220kW的机组,应做超速保护装置试验。在柴油机空载转动情况下,人为增加油门将柴油机转速从额定转速向上加速,当达到额定转速的115%时应能自动停车。或者通过手动触发超速保护电磁阀,发电柴油机应能自动停止,见图1-10-4~图1-10-7。

图1-10-4 集控室柴油机监控面板

图1-10-5 机旁柴油机监控面板

图1-10-6 压力传感器

图1-10-7 柴油机超速保护测试

1.1.7.5 对于通过离合器将主机功率传递给螺旋桨,或者螺旋桨采用可变螺距装置的船只,其主机超速保护装置的试验较为方便。对于采用离合器传动装置的,只要将主机与离合器脱开;对于变螺距装置的只要将螺距放在较小位置或“0”螺距,就可直接将主机转速加速,到主机达到停车转速时能自动停车。

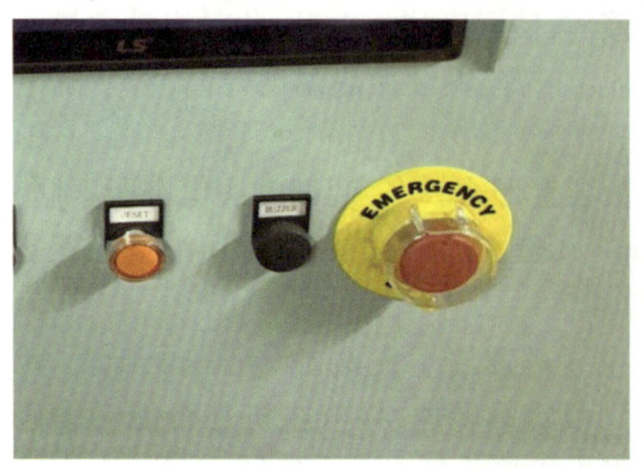

图1-10-8 主机紧急停车按钮

1.1.7.6 机旁应急停车装置试验:在主机低速运转时进行,用手按机旁(驾驶室)应急停车装置按钮,见图1-10-8。若主机能立即停车,则可认为应急停车装置工作正常。

1.1.7.7 盘车机联锁装置试验:盘车机未脱开时,柴油机启动系统的滑阀应能将空气切断(或电路切断)使柴油机无法启动。检验方法:在盘车机啮合状态,检查柴油机启动系统,若启动气路不通或电路不通，则盘车机构联锁装置工作正常。

1.1.7.8 高压燃油管漏油报警：常见的浮子式，其方法为直接向漏油收集容器倒入燃油或者将电线短接进行测试，检查高压燃油管漏油报警是否能正常报警（个别型号的柴油机如康明斯系列，未设漏油警报也予以认可），见图1-10-9、图1-10-10。

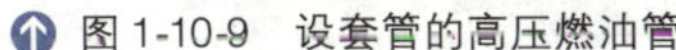
图1-10-9 设套管的高压燃油管

图1-10-10 未设置套管及防护围蔽的高压燃油管

1.1.7.9 曲柄箱油雾浓度高警报：以常见的MARK5为例，检查时按下面板上的"test"，如正常则红灯亮并发出报警。也可以模拟测试，将测量室的滑板抬起，会遮住部分光源，此时模拟方式灯（simulation mode）亮，显示器上的读数应在35%～60%之间，否则油雾探测器系统故障。还可以从采样管入口处吹一口香烟的烟雾进行试验，见图1-10-11～图1-10-13。

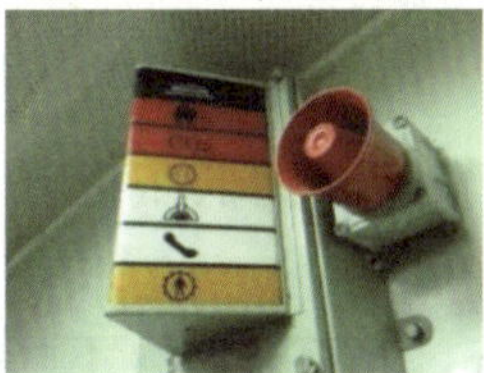

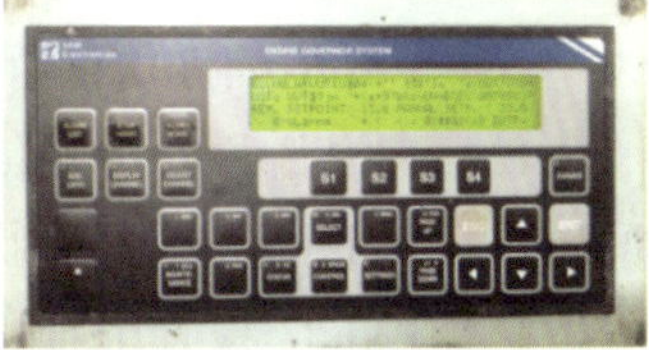

图1-10-11 不同类型的曲柄箱油雾浓度监视与报警装置（安装在机旁的）

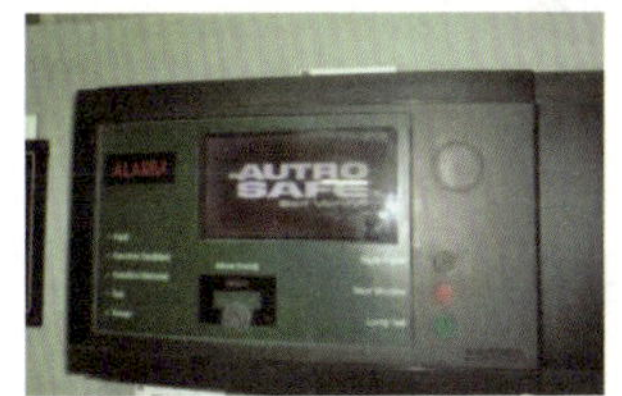

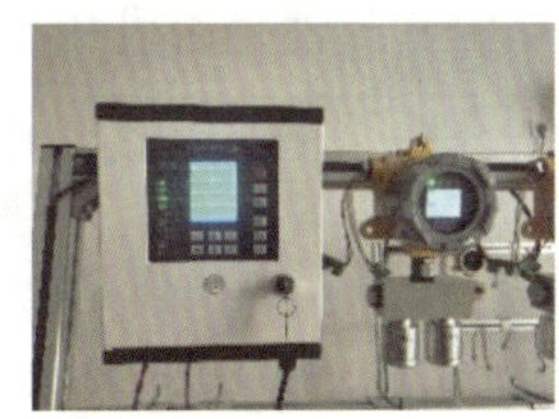

图1-10-12 不同类型的曲柄箱油雾浓度监视与报警装置（安装在集中控制室的）

图1-10-13 安装在机旁不同类型的曲柄箱油雾浓度监控探头

1.1.8　主机最低稳定转速的检查

1.1.8.1　调节主机转速至最低稳定转速，确定主机能否在该转速运转 5min。低速机（额定转速≤300r/min）的最低稳定转速应小于额定转速的 30%，中速机（额定转速≤1000r/min）的最低稳定转速应小于额定转速的 40%，高速机（额定转速＞1000r/min）的最低稳定转速应小于额定转速的 45%。

1.1.8.2　在主机的最低稳定转速下，进行“正车—倒车”和“倒车—正车”换向，每次换向所需的时间不大于 15s。

1.1.9　轮机员报警测试

船长等于和大于 75m 的渔船，在机器控制室将轮机员报警分别切换到不同轮机员房间，当警报响起时，在轮机员舱室应清晰地听到报警信号，见图 1-10-14。

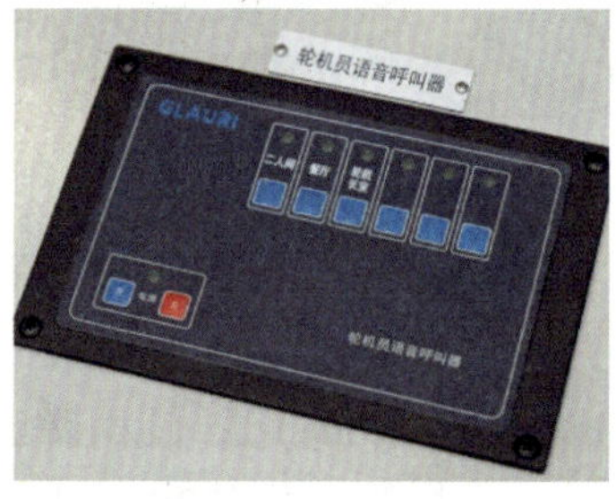

图 1-10-14　轮机报警呼叫设备

1.1.10　齿轮传动、轴系及推进器

1.1.10.1　检查齿轮传动装置的滑油系统的设置及滑油低压报警和高温报警；检查中间轴的冷却管系和润滑等状况。

1.1.10.2　检查艉轴密封是否存在泄漏，如艉密封油柜有明显下降的痕迹，说明油泄漏入海，打开艏密封放残考克，如有水说明油封泄漏。

1.1.10.3　检查艏艉密封油是否乳化，如滑油发白说明有乳化现象。

1.1.11　周期性无人值班机器处所的自动化系统的检查

1.1.11.1　系统设置：

（1）自动化控制的设备其人工操作是否设置并能正常工作，如主机机旁操作、发电机机旁操作、锅炉手动控制及主机各系统的参数（水温、油温、燃油黏度等）的人工调节等。

（2）备用设备是否设置自动转换装置，自动转换时是否报警。主机辅助泵浦的自动切换通过检测压力信号，当压力低于某设定值则自动转换到备用泵。如主机 NO.1 燃油泵运转，NO.2 备用，检查时关小 NO.1 泵进口阀，燃油压力降低到设定值，NO.2 应自动启动，NO.1 泵停止，并报警。

（3）驾驶台、集控室警报设置是否满足要求，集控室是否设置警报选择开关，轮机员舱室处所警报（L≥75m）是否正常。

（4）自动化系统是否设置独立的备用电源及指示。

1.1.11.2　主机遥控系统：

（1）驾控、集控及机旁操纵位置的转换，主要船员是否熟悉转换程序、操纵台各仪表及指示警报,分别在三个操作位置如何进行操纵。

(2)主机遥控系统故障警报测试,如空气低压、误向等,驾驶台的主机紧急停车装置测试。

(3)主机遥控系统模拟测试,如 AUTO-CHIEF4 可以使用模拟方式进行测试,进入模拟测试状态,可以观察控制面板上的流程图中的指示灯按照控制程序依次显示,如亮红灯则相应部位出现故障。

1.2 常见隐患

1.2.1 主机(发电机)无法启动;

1.2.2 主机(发电机)某处故障;

1.2.3 主机(发电机)调速器故障;

1.2.4 主机(发电机)工况不良(冒黑烟、排烟温度过高、各缸温差过大等);

1.2.5 主机(发电机)高压燃油管漏油报警故障;

1.2.6 主机(发电机)某气缸头漏水(漏油、冒烟);

1.2.7 主机(发电机)某管系泄漏;

1.2.8 主机(发电机)转速表(压力表、温度表)损坏;

1.2.9 主机(发电机)滑油低压(冷却水高温)声光报警装置未设置;

1.2.10 主机(发电机)滑油低压(冷却水高温)声光报警故障;

1.2.11 主机机旁处所未设置车钟装置;

1.2.12 驾驶室与机舱之间声力电话故障;

1.2.13 齿轮传动装置滑油低压声光报警装置未设置或故障;

1.2.14 主机(发电机)排烟管部分未用隔热材料包扎/局部脱落;

1.2.15 主机曲轴箱油雾探测装置故障;

1.2.16 主机(柴油机)高压燃油管未设置适当的围蔽予以保护或套管管路系统和燃油管泄漏报警装置;

1.2.17 某备用泵不能自动转换运行;

1.2.18 某设备自动化功能失效;

1.2.19 中间轴承冷却水管泄漏;

1.2.20 艉轴填料处渗漏严重;

1.2.21 艉轴艏(艉)密封油乳化;

1.2.22 轮机员不熟悉机旁操车流程。

1.3 隐患处理

1.3.1 主机动力系统的功能性故障,包括无法启动、换向、调速、停止、缸套(缸头)裂纹等严重影响渔船的安全航行,渔业渔政主管部门可采取禁止开航作业生产措施,并需船检检验方可解除。

1.3.2 主机各系统参数严重偏差(包括压力、温度、各缸负荷分配、不发火、滑油乳化等)、主机及其废气涡轮增压器的异常振动(非参数,如进排气正时、喷油正时、气阀间隙、轴承间隙等调整不当造成的)、主机无法保持最低稳定转速,渔业渔政主管部门可采取禁止开航作业生产措施。

1.3.3　自动化系统个别辅助设备自动功能失效需开航前纠正,主要设备无法自动控制且渔船未配备足够船员(此时应参考机舱有人值班配员)的渔业渔政主管部门会采取禁止开航作业生产措施。

1.3.4　主推进装置的其他隐患一般在开航前纠正。

1.3.5　声力电话、车钟故障,无法达到驾驶台与机舱正常通信功能的隐患,渔业渔政主管部门会采取禁止开航作业生产措施。

1.3.6　艉轴漏水、漏油,需根据艉轴类型区别对待:

1.3.6.1　艉轴轻微漏水、向机舱漏油的,可以结合年度检验,进坞修船时纠正。

1.3.6.2　如向外漏油和漏水严重,必须马上进坞修理,向外漏油涉及污染海域,还需立案调查。

2　舵机

2.1　排查要点

2.1.1　舵机设置情况

2.1.1.1　查阅“渔船安全证书(检验证书)”,核查主辅操舵装置形式等是否与船上实际设置情况相一致。

2.1.1.2　核查“主操舵装置”各设备是否与船上实际安装的设备相一致;核查其产品认可证书。

2.1.1.3　通过外观性检查和核查舵机设备的铭牌,是否存在老旧设备再用的情况。

2.1.2　舵机

2.1.2.1　舵机管系各接头、阀门以及油缸填料处是否存在渗、漏油现象。

2.1.2.2　液压舵机是否设置了再充液贮存柜和与舵机液压管系相连的固定式加油管系,储存柜中备用液压油是否足够;储存柜是否设有液位计。

2.1.2.3　设有2台相同动力设备的主操舵装置,其液压管系是否能相互隔离。

2.1.2.4　辅助操舵装置的管系与主操舵装置的液压管系是否相互隔离。

2.1.2.5　油缸两端是否装设了放气阀和压力表,各压力表是否正常。

2.1.2.6　舵杆轴套处是否出现因密封破坏而进水的情况。

2.1.2.7　舵机各部件螺栓是否有松动情况。

2.1.3　舵机间的检查

2.1.3.1　舵机间工作通道上是否铺设了木格栅、防滑花甲板等防滑设施,并从进口处起围绕舵机四周及应急操舵处是否设置了扶手栏杆。

2.1.3.2　舵机基座是否出现因基座强度不足的裂纹。

2.1.3.3　舵机基座四周是否设置了围油槽,防止漏油在甲板上横溢。

2.1.3.4 驾驶室与舵机室是否设置了声力通信电话，呼叫及通话是否正常，音量大小是否达到了在正常工作环境下能听清楚的要求。

2.1.3.5 舵机间的防火分隔等级是否符合法规要求。

2.1.3.6 如需设分罗经的，则应在舵机间操舵位置上看清分罗经上的读数。

2.1.3.7 舵机、驾驶室是否张贴了舵机原理方框图和详细的操作说明。

2.1.3.8 舵机脱险通道是否满足检验规则的相应要求。

2.1.4 舵机操作检查

2.1.4.1 在驾驶室对舵机的控制装置的检查：

(1)首先检查驾驶室内舵机系统的监测面板、转换开关等功能和供电情况是否正常；要求驾驶人员对所有操舵方式、动力设备以及监测面板进行逐一操作，并要求在左、右满舵、正舵以及某一舵角进行来回操作，检查系统中各功能是否正常，舵叶偏转快慢是否均匀，舵角跟踪是否正常。自任一舷的35°转至另一舷的35°，再从一舷的35°转至另一舷的30°所需时间是否在28秒之内。

(2)把转换开关转至随动操舵位置，随动操舵手轮分别转至0°、5°、15°、25°、35°及最大限位角的左右舵来回操作，核查驾驶室设置的舵角指示器所显示的舵角是否与舵机实际舵角的偏差在规定的范围之内。手轮旁的舵角刻度指示是否与舵角指示器所显示的舵角相符。

(3)如设有自动操舵器，可以将功能开关转至“自动”位置，自动操舵器上选择自动位，灵敏度调至一般位置，预置一角度，查看舵机是否会自动转至上述预置的舵角位，以此来判断自动操舵器工作是否正常。

(4)在检查过程中，询问相关人员船上是否按3个月一次进行了应急操舵演练，并且是否在航海记录簿中进行了相应记录。

2.1.4.2 舵机报警装置的测试：

(1)在舵机室分别切断舵机动力系统和操舵控制系统的电源，是否会发出失电声光报警。

(2)将三相电动机的任一相供电线路上的接线断开或拔出保险丝，是否会发出断相声光报警。

(3)液压油柜低液位警报一般为浮子式的，压下浮子或短接传感器接线，是否会在驾驶室和机舱间发出相应的声光报警。

2.1.4.3 舵机运行检查：

结束在驾驶室进行各项操舵方式检查后，如在舵机间设有机旁手动控制装置的，轮换选择液压动力组，分别作0°、5°、15°、25°、35°以及最大限位角进行来回转舵操作。

(1)检查液压管系、油缸等各接头处的密封性，不应有明显的渗漏或滴漏现象。特别是柱塞在油缸内移动后，它们之间的密封必须良好，无漏油现象，并且密封环的紧密程度应保证柱塞表面附有一层薄薄的油膜。

(2)检查转舵机构是否会发出明显的噪声和振动，如有上述现象可能是管路里有大量空气未排出。

(3)检查油泵及马达是否会产生异常的噪声或振动情况。

(4)检查各摩擦部位的润滑情况是否良好,磨损情况是否处于可接受的程度。

(5)检查舵机上安装的舵角指示尺所指示的舵角是否与舵角指示器显示的舵角在允许偏差之内,舵角反馈器连杆连接螺栓是否存在松动的情况。

(6)检查舵角限位器的有效性,有效切断位置是否在左右37°舵角位置。

(7)如设有应急电源供电的,再检查应急电源是否能在45s内为其提供正常供电,在应急电源供电下,舵机是否能正常工作。

(8)检查转舵情况是否正常,是否存在下列情况:不能转舵或只能单侧转舵、转舵时好时坏、空舵或跑舵、冲舵、滞舵(转舵迟缓或出现爬行)等不正常工作的现象。

(9)检查管系是否存在因松动,或未有效固定而发生振动和噪声的现象。

(10)检查船员是否熟悉通过空气阀排出油缸内空气的操作。

2.2 常见隐患

2.2.1 舵机失灵;

2.2.2 舵机随动操舵故障;

2.2.3 舵机自动操舵故障;

2.2.4 主(辅)操舵的转舵速度未能满足规则的相应要求;

2.2.5 舵机应急操舵装置故障;

2.2.6 舵机轴承磨损严重;

2.2.7 舵机油缸盘根处漏油严重;

2.2.8 舵机部分压力表失效;

2.2.9 舵机液压管系部分连接接头渗油;

2.2.10 舵机出现跑舵(冲舵、空舵、滞舵、失效等情况);

2.2.11 舵机油泵噪声过大,工况差;

2.2.12 舵角限制行程开关装置故障及动作位置不满足37°的最大限制角;

2.2.13 实际舵角与舵角指示器所指示的角度误差超过规定要求;

2.2.14 舵杆支撑处漏水;

2.2.15 舵机间与驾驶室之间的声力电话故障;

2.2.16 未设置用于再充液液压舵机的贮油箱和固定式加油管系、再充液的贮油箱上未装设液位指示器;

2.2.17 舵机基座局部脱焊、开裂,强度严重不足;

2.2.18 在驾驶室和舵机间未张贴舵机操作程序和系统转换框图;

2.2.19 舵机间工作通道未设置扶手栏杆和防滑地板;

2.2.20 舵机控制系统故障;

2.2.21 未在机舱间设置舵机失电、过载、失压报警器;

2.2.22 舵机失电(失压、低液位、断相)警报故障;

2.2.23 未在机舱间设置舵机液压油低位报警器;

2.2.24　轮机员不熟悉应急操舵流程。

2.3　隐患处理

2.3.1　舵机故障,不能及时有效转动舵叶的隐患,渔业渔政主管部门可采取禁止开航作业生产措施。

2.3.2　舵机故障、主(辅)操舵装置的转舵时间达不到28s(60s),或经调整达不到转舵角度的,渔业渔政主管部门可采取禁止开航作业生产措施。

2.3.3　液压油泵泄漏严重、舵机轴承间隙过大、油缸与撞杆之间泄漏等已严重影响舵机的正常使用,渔业渔政主管部门可采取禁止开航作业生产措施。

2.3.4　对于舵机基座局部脱焊(开裂)强度严重不足,渔业渔政主管部门可采取禁止开航作业生产措施,并要求船上向船检机构申请检验。

2.3.5　未按检验规则要求设置舵机报警装置或舵机报警系统功能失效,渔业渔政主管部门可采取禁止开航作业生产措施,报警装置未设置渔业渔政主管部门还可追究责任。

2.3.6　对于舵杆支撑处漏水,要看其漏水严重程度和性质,如果漏水严重,并且船上在近期也无修理计划,可采取禁止开航作业生产措施。如漏水并不严重,可以限期纠正。

2.3.7　未设置储油箱、扶手栏杆的,由于涉及明火作业,可以限期纠正。

2.3.8　其他隐患应在开航前纠正。

3　空气系统

3.1　排查要点

3.1.1　空气系统的设置

3.1.1.1　核查空压机是否具有船用产品证书,主空压机数量是否有两台;

3.1.1.2　主空气瓶是否设有两个;

3.1.1.3　空压机、空气瓶安全阀或易熔塞是否设置;

3.1.1.4　减压阀后安全阀及压力表和旁通管系是否设置;

3.1.1.5　卸载阀和放残阀是否合理设置;

3.1.1.6　主启动空气管系是否设置回火和防爆装置;

3.1.1.7　主辅柴油机的启动空气管是否与空压机的排出管完全分开。

3.1.2　气瓶充气试验

用主空气压缩机向主机空气瓶充气,气瓶压力从大气压力开始,充气至额定压力的时间应不超过1h。充气时,电机最大的工作电流应在额定范围内,电机及控制箱冷、热态绝缘电阻应大于1MΩ。

3.1.3　空压机的卸载起动

启动时起动电流较小,卸载电磁阀开启,听到气流声,延时一段时间达到额定转速后,卸载电磁阀关闭,气流声消失,电流明显上升,空压机进入压气阶段,随着气瓶压力上升,电流缓慢升高。检查时可以通过观察电流表,触摸电磁阀动作,结合听气流声来判断卸载起动是否正常。

3.1.4　自动起动和停止检查

空气压缩机充气至设计规定的最高压力时,空气压缩机应能自动停车。将已充气至最高工作压力的主空气瓶内的空气缓慢地向外泄,使气瓶内的压力下降,当空气瓶内压力达到规定的下限值时,空气压缩机能否自动起动向主空气瓶充气。

3.1.5　警报测试

空气压缩机如果设有高压、淡水高温、滑油低压报警装置,这些报警装置可以采用相应的模拟试验,检查报警装置是否有效。

3.1.6　空压机状况检查

3.1.6.1　空压机排气温度是否存在过高或过低情况,进气瓶的空气温度,水冷时不应超过进水温度加30℃,风冷时不应超过环境温度加40℃。

3.1.6.2　空压机级间压力是否存在过高或过低情况,气缸壁温度一般比冷却水温度高15~20℃,气缸冷却水温不应低于30℃。冷却水管系是否正常,应无渗漏等情况。

3.1.6.3　在空气压缩机充气过程中,检查空压机运转的状态,应无敲击声和发热现象。

3.1.7　其他项目

3.1.7.1　检查空气瓶、空气管是否存在漏气现象。空气管管壁锈蚀是否严重,管壁锈蚀至原壁厚的40%时,应换新。放残阀有无堵塞。联轴节螺栓、地脚螺栓、皮带有无松动。

3.1.7.2　温度表、压力表是否正常,压力表是否经认可机构的校验,并且在有效期之内。

3.1.7.3　调高空气压缩机自动停车的压力略大于1.1倍工作压力,向气瓶进行充气,达到安全阀调定的压力后,能否起跳。各安全阀铅封是否完好,状况是否正常,有无漏气。

3.2　常见隐患

3.2.1　空压机非船检认可产品;

3.2.2　空压机自动卸载阀故障;

3.2.3　空压机滑油乳化严重(白色);

3.2.4　空压机噪声大,异常发热、冒烟,工况差;

3.2.5　空压机安全阀铅封缺失;

3.2.6　安全阀开启压力大于压缩机的工作压力的1.1倍;

3.2.7　主空压机安全阀失效;

3.2.8　主空压机压力表未经认可的校核;

3.2.9　主空压机冷却器(管系)漏水;

3.2.10　未对主压缩空气减压阀设置旁通管;

3.2.11　未在主压缩空气减压阀后设置压力表和安全阀;

3.2.12　压缩空气管系接头漏气;

3.2.13　压缩空气管锈蚀严重;

3.2.14　空气压缩机排出管与空气瓶之间未设置油、气分离过滤器。

3.3 隐患处理

3.3.1 空压机及空气压力系统是船上动力的必要辅助设备,其存在的隐患,原则上应在开航前纠正。

3.3.2 由于主空气压缩机故障或工况差的原因,引起其他动力系统无法正常运行的,应作为禁止离港的隐患处理。

4 锅炉

4.1 排查要点

4.1.1 锅炉证书及相关文件的检查

4.1.1.1 船用锅炉必须是船检认可的形式,船上必须留存锅炉的型式认可证书以备查。

4.1.1.2 渔船安全证书(检验证书)上标注的锅炉型号及相关的参数是否与实际情况相符。

4.1.1.3 是否按规定的间隔期进行了检验,并能提供相应的检验报告。

4.1.1.4 船上是否能提供锅炉压力表的校验证书或报告。

4.1.1.5 船上是否能提供安全阀调定证书或报告,或在渔船安全证书(检验证书)中记录上述数据。

4.1.1.6 船上是否按要求对锅炉水的质量进行定期化验、处理,并能提供化验、处理情况的记录。

4.1.2 安全阀的检查

4.1.2.1 安全阀外观状况是否良好,是否存在锈蚀、漏气或渗漏等情况。

4.1.2.2 安全阀铅封是否完好,安全阀压力经调定后,应铅封,如发现铅封被破坏,则应对安全阀的工作情况进行详细检查。

4.1.2.3 是否能通过手动拉索顺利开启安全阀,松开拉手后,安全阀能否自动复位,且无漏气、漏水等情况发生。如通过上述手动操作,确认安全阀能正常工作后,才允许做下述启闭和屏气试验。

4.1.2.4 安全阀的启闭试验:关闭锅炉顶部的停气阀,使锅炉内蒸汽压力升至设计起跳值,观察记录安全阀的起跳压力值及关闭压力值,是否符合下列要求:锅炉安全阀的开启压力可大于实际允许工作压力的5%,但不应超过锅炉设计压力。安全阀启闭压差一般应为开启压力的4% ~7%,最大不超过10%,当开启压力小于0.3MPa时,最大启闭压差为0.03MPa。

4.1.2.5 安全阀的试验:关闭锅炉顶部的停气阀,在100%工况下充分燃烧,水位保持在安全范围内的情况下进行,并观察记录压力升高值,是否符合下列要求:对于烟管锅炉,其锅炉压力在安全阀起跳后15min内的升高值不得超过设计压力的10%,对于水管锅炉,其锅炉压力在安全阀起跳后7min内的升高值不得超过锅炉设计压力的10%,见图1-10-15。

4.1.3 锅炉高、低水位报警和自动给水效用试验的检查

4.1.3.1 将给水泵转换开关置于自动位,对于锅炉体外设有水位检测装置的,可以关

图 1-10-15 减压阀、安全阀及压力表

闭与炉内相连的通气阀和通水阀，打开放残阀，模拟锅炉水位下降，待水位低于报警水位时，应自动发出报警。对于水位检测装置设置在炉内，将转换开关置于手动位，通过开启排污阀降低水位至报警水位，来检测低水位报警效用。

4.1.3.2 燃油锅炉在低水位报警后，如果水位继续下降至最低水位时，应能自动控制燃油泵，停止向燃烧器供应燃油，并自动发出警报和停炉。

4.1.3.3 停炉后，锅炉给水转换至手动给水，按下水泵启动按钮补水，给水泵应能立即向炉内补水，不久后，报警应能自动消失，再将转换开关置于自动位，给水泵应能继续补水，直至设定的高水位，应能发出报警，并自动停泵。

4.1.3.4 水位计水位显示是否清晰可见、阀件是否活络、堵塞，有无滴漏等现象。

4.1.4 检查水质状况

检查热水井，如表面有油花说明蒸汽管泄漏，如水有咸味说明冷却管破损、泄漏，见图 1-10-16、图 1-10-17。

图 1-10-16 热水井表面有油花

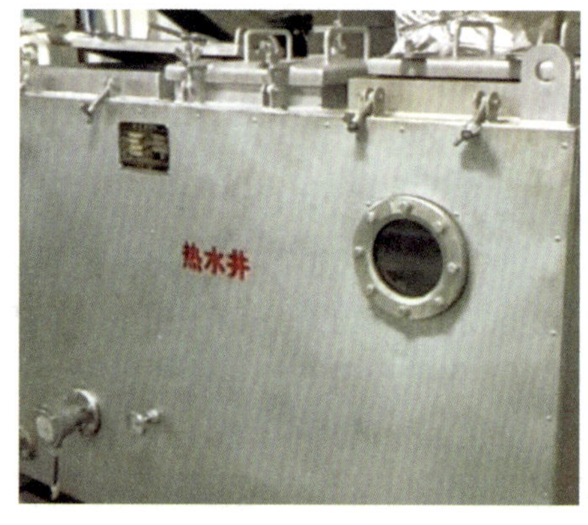

图 1-10-17 热水井

4.1.5 蒸汽管系的检查

4.1.5.1 检查锅炉蒸汽系统上各阀件和管路是否存在漏气现象，管路外表面是否进行有效隔热包扎处理，包扎材料是否出现局部脱落或受到油污等情况，特别应注意燃油管路的加热伴管是否已完全包扎隔离。当蒸汽管中蒸汽压力大于 0.98MPa 时，特别要注意管路布置与燃油舱壁间的距离，一般不小于 250mm。为防止管子的凝水造成水击损坏，蒸汽管子是否在适当位置上设置放水阀或旋塞，能有效地泄放任何管段的凝水。在低压蒸汽管路中减压阀的低压侧是否安装了相适应的压力表和安全阀，并是否有效。当蒸汽的工作温度超过 35℃管路上是否加装了热膨胀节头。

4.1.5.2 检查与锅炉相连的主蒸汽阀、炉水取样阀、空气阀、上下排污阀、吹灰器、蒸汽截止阀等阀件的外观状态是否良好，经实际开关操作，确认其有效性和易操作性。

4.1.5.3 大气冷凝器的冷却水管进出口温差是否合适，冷凝器的液位显示是否正常，压力表是否有效。

4.1.6 燃油供应系统的检查

4.1.6.1 燃油辅锅炉的燃油供应系统是否存在滴、漏油等现象,软性输油管是否出现老化、龟裂、渗漏等情况。锅炉燃烧装置下方是否设置了集油槽(图1-10-18)以防止漏油至主、副排烟管等高温部位,发生火灾事故。检查锅炉日用油柜的加热方式和温度控制方式的效能,燃油日用柜出口阀的速闭效能试验。

图1-10-18 锅炉燃烧装置下方未设集油槽

4.1.6.2 锅炉的燃烧控制系统检查:即在设定的蒸汽低压时锅炉能自动升火,在设定的蒸汽高压时能自动停火。

4.1.6.3 风门调节装置部件有无裂纹、变形、烧损。

4.1.7 锅炉警报的检查

火焰故障、高低水位、空气压力低、蒸汽压力高低、燃油压力低等警报,常见警报为火焰故障、低水位、空气压力低。在锅炉正常升火的情况下,人为地拔掉火焰探测器(光敏电阻探头),锅炉控制面板上能否发出锅炉熄火报警,并能自动切断锅炉的燃油系统。如将风门遮挡,则空气压力低报警并切断燃油。低水位警报则可以短接电线或将参考水位罐的水放掉进行测试。

4.2 常见隐患

4.2.1 超过规定周期未对辅助锅炉进行检验;

4.2.2 安全阀漏气;

4.2.3 安全阀无法开启(或开启后无法自动复位);

4.2.4 安全阀开启拉索设置不当(或拉索断裂);

4.2.5 锅炉压力表上未用红线标明锅炉的工作压力;

4.2.6 船上未能提供由认可的计量部门出具的锅炉压力表校验报告;

4.2.7 锅炉人孔盖变形严重,出现渗漏;

4.2.8 锅炉人孔接合面出现裂纹;

4.2.9 锅炉燃烧室(炉膛)耐火砖(炉墙)局部脱落;

4.2.10 锅炉炉座(底)出现裂纹;

4.2.11 锅炉炉座(底)腐蚀严重,超过厚板材的规定腐蚀程度;

4.2.12 锅炉烟管和管孔出现裂纹(烧损、变形);

4.2.13 未在锅炉供油总管上安装速闭阀;

4.2.14 锅炉燃烧器供油管接头处漏油;

4.2.15 未在锅炉燃烧器下方设置集油槽;

4.2.16 锅炉废气进口管与主机排气管联锁隔断装置故障;

4.2.17　锅炉水位计不能显示水位;

4.2.18　未设置用于固定锅炉炉体的支持板;

4.2.19　锅炉隔热炉衣局部脱落;

4.2.20　锅炉蒸汽管外层隔热包扎层局部脱落;

4.2.21　锅炉空气供给报警功能故障;

4.2.22　锅炉报警(火焰故障、低水位、空气压力等)功能故障;

4.2.23　锅炉给水泵自动供水功能故障。

4.3　隐患处理

4.3.1　主机使用重燃油的,燃油锅炉无法正常使用、锅炉安全阀或安全保护警报故障的,应在开航前纠正。

4.3.2　炉胆破裂、水管漏水等结构方面的缺陷造成锅炉无法使用且船员无法修复的,应在港口或船厂修理,并经船舶检验合格方能开航。

4.3.3　如手动给水功能正常,自动给水故障渔业渔政主管部门可以限期纠正,但船方应强化值班,加强锅炉的管理。

5　管路系统

5.1　排查要点

5.1.1　检查管路系统的设置:舱底排水系统是否采取2台动力管系;舱底排水及压载系统是否能够隔离;消防管系、燃油管系、空气管系及燃润油加热器等是否设置了安全阀;空气分配管系和蒸汽分配管系处是否设置了减压阀、安全阀、压力表及旁通管系;舷旁阀、海水箱上的阀、锅炉排污阀、燃油舱壁截止阀、消防水管、蒸汽管、舱底水管、压载水管及介质温度超过220℃的管路是否使用灰铸铁材料等;塑料管是否为认可型,燃油管系等介质温度高于60℃或低于0℃的管系是否使用了塑料管系。

5.1.2　检查管系的完整性:管系是否存在渗漏、洞穿或者部分拆除(参照完工图)。

5.1.3　检查管系固定及防护:管系是否固定;排气、蒸汽等高温管路是否用绝热材料包扎;液体管系或容器破损液体是否会影响配电板;管子穿过水密或气密结构处,是否采用贯通配件或座板或影响舱壁的水气密性,见图1-10-19。

5.1.4　如设有液位警报应进行测试。其方法可以短接电路或者抬动浮子使开关闭合。

5.1.5　泵的检查。

5.1.5.1　往复泵主要检查吸入真空度,一般在40%左右,真空度太大,原因是吸入滤器脏堵或吸入工质黏度太大;太小可能是吸、排阀漏泄或卡死,活塞环磨损;真空度为零主要是吸入管破损或吸空。易损件:吸、排阀和活塞环。

5.1.5.2　旋转泵的检查要点:检查运转时的声响、排出压力和排量,对于机械密封要求在填料涵处有每秒2~3滴的泄漏量。旋转泵由于多用来输送油类,内部磨损较少。

5.1.5.3　离心泵的检查要点:从离心泵的工作原理可知,叶轮的吸入则会产生汽蚀,使泵

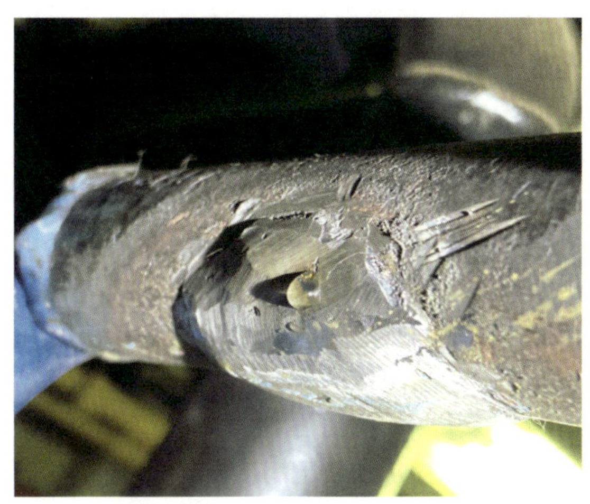

图 1-10-19 管系穿孔渗漏、管子使用卡箍包扎

的压头、流量和效率降低。大部分的离心泵为立式安装,因此轴承受到很大的轴向力的作用,易损坏;要注意倾听轴承运转的声音和检查轴承的温度。填料涵压盖受力均匀,保持少量漏水。

5.2 常见隐患

5.2.1 安全阀泄漏、卡死;
5.2.2 减压阀故障;
5.2.3 燃油管使用未经认可的塑料;
5.2.4 管路渗漏、洞穿或采取临时性包扎等;
5.2.5 排烟管未采用隔热材料包扎或隔热材料局部脱落;
5.2.6 某舱高(低)位报警故障;
5.2.7 管子穿过舱壁,未采用贯通配件或座板;
5.2.8 管路固定卡箍缺失或锈蚀;
5.2.9 泵体或电动机振动异响;
5.2.10 泵电动机风扇罩壳缺失;
5.2.11 盘根密封的轴封漏水、漏油或机械轴封损坏;
5.2.12 自吸式泵浦吸入真空度低,无泵效。

5.3 隐患处理

管路系统常见隐患以开航前纠正为宜。

6 制冷设施

6.1 排查要点

6.1.1 渔船安全证书(检验证书)上标注的制冷装置型号及相关的参数是与实际情况相符,见图 1-10-20;

冷藏装置

冷藏舱总容积(m^3)		300.0	设计最低舱温(℃)	-5
制冷剂		其他制冷剂	制冷方式	直接蒸发
制冷机	型号	数量	制冷能力(kW)	产品证书编号
	SPM6L300E	1	67.1	FZ22PNS00042_01
	SPM6L300E	1	67.1	FZ22PNS00042_05
	型式	数量		产品证书编号
冷凝器	QWS30HP	2		C44122200015/6
贮液器	V=20L	2		C44122200009/8
冻结装置	型式	数量		冻结间最低温度(℃)
	—	—		—

图 1-10-20　安全证书(检验证书)中制冷装置标注

6.1.2　制冷设施是否具有独立的通风系统和喷水系统;

6.1.3　制冷机处所和冷藏鱼舱(室)是否设有报警装置(或按钮),以防船员被阻时能向驾驶室、控制站等发出报警信号;

6.1.4　冷藏鱼舱和制冷处所是否至少有一个能从里面向外开启的门;

6.1.5　制冷系统中使用对人有害的任何制冷剂时,是否至少备有 2 套呼吸器,其中之一是否置于当制冷剂一旦泄漏而不致被阻隔的位置;

6.1.6　是否制定制冷系统的安全操作应急程序和指南,并张贴于制冷操作处所。

6.2　常见隐患

6.2.1　制冷设施无独立的通风系统和喷水系统;

6.2.2　制冷设施和冷藏鱼舱无报警装置(或按钮);

6.2.3　冷藏鱼舱和制冷处所未设置可从里面向外开启的门;

6.2.4　使用对人有害的制冷剂时,未配备呼吸器;

6.2.5　无制冷系统的安全操作应急程序和指南或未张贴在制冷操作处所。

6.3　隐患处理

6.3.1　制冷设施常见隐患以开航前纠正为宜。

6.3.2　制冷设施无独立的通风系统和喷水系统渔业渔政主管部门可采取禁止开航作业生产措施,报警装置未设置渔业渔政主管部门还可追究责任。

小结与建议

1　对行政执法部门的建议

1.1　检查人员进入机舱必须特别注意人身安全,应戴好安全帽,必要时塞好耳塞,远离运转部件的切线方向,不得触碰高温部件。

1.2　检查过程中应加强主辅机工况及性能的检查,必要时可以要求船员操作设备。

1.3 检查人员应注意检查技巧的运用,由表及里,透过现象弄清隐患的本质。如检查中应关注设备外观、压力、温度、转速表、电流表的指示,仔细倾听设备运转有无异常声音,还可问询船员,结合多种检查技巧来综合评判设备的隐患性质。

1.4 应防止由于隐患排查造成船方设备、人员的伤害。检查人员原则上不得随意操作船方设备,时刻提醒船员注意安全,部分检查项目如不满足检查安全条件,不必强求检查。如老龄渔船柴油机的超速保护实际操作、二冲程柴油机靠泊时的起动、换向实际操作等。

2 对船方的建议

2.1 船员严格按照安全管理的规定,认真落实各种应急情况的演习,做到程序熟练、动作准确、反应迅速。

2.2 对应急设备,特别是主机、舵机的应急操作渔船应在抵港前12h(短航程的2h)进行正倒车和操舵试验,确保在通过狭水道时主机、舵机状况正常。

2.3 船员对锅炉进行维护保养的内容和间隔期应包括如下要求:

2.3.1 每周化验两次,pH控制在9~10之间,总盐度小于300mg/L;

2.3.2 废气锅炉吹灰,航行时每天至少一次,烟侧清洗半年一次;

2.3.3 水位表冲洗每天一次;

2.3.4 用上、下排污阀进行排污每班一次;

2.3.5 手动开启安全阀每月一次。

2.4 渔船重要压力表需定期校核,如锅炉、空压机、油头雾化等压力表,且保管好认可的计量单位出具的校核证书(或报告)。

3 对渔业企业(或所有人/经营人)的建议

3.1 渔业企业对渔船安全负有主体责任,渔船方面的需求,包括人员、备件物料及技术方面,渔业企业应及时提供支持。

3.2 部分复杂设备的维护保养,如主机遥控系统、电子调速器、废气涡轮增压器等,渔业企业应与专业厂家签订维修协议,制定详细的长期计划由专业人员负责维护保养。

3.3 鉴于燃油质量问题造成主机失控的险情有增加的趋势,渔业企业应从源头把好燃油质量关,选择具有资质的信誉良好的供油商,同时督促船方注意供油样品的取样、密封及保存。为防止出现这种情况,渔业企业应酌情考虑备有相应数量的高压油泵等。

3.4 针对渔船设备的不同特点,渔业企业应充分考虑各种可能的轮机设备故障,制定切实可行的应急预案。

第十一节 甲板机械

1 锚及锚链

1.1 排查要点

1.1.1 通过查阅“渔船安全证书(检验证书)”中的“锚设备”栏目,核查船上实际配备的是否是证书中所标注的锚的数量、重量、形式和锚链直径、长度及等级等相一致。

1.1.2 从“渔船安全证书(检验证书)”中的“锚设备”栏目中查到具体的舾装数,再查阅《钢质国内海洋渔船建造规范(2019)》第2节中“锚泊与系泊设备”一表,核对船上实际配备的锚数量、重量是否符合规范要求,并且与“渔船安全证书(检验证书)”中有标注的要求相一致。

1.1.3 核查船上留存的锚、锚链、缆绳、锚机等产品证书或文书,是否与实际相一致。

1.1.4 锚的重量是否满足规范要求,可以粗略估算,即锚的重量除以舾装数所得的值,一般在2.8~3.2之间,舾装数越大,比值越接近3,如果小于这个区间,说明锚的重量不足。

1.1.5 锚的锈蚀程度是否严重,其失重是否超过了原锚重量的20%。

1.1.6 是否存在丢失锚的情况,或未按要求配备备用锚、备用卸扣和连接链环。

1.1.7 锚杆、锚爪、锚冠大横销是否出现变形情况,发现大横销磨损严重或锚爪、锚杆有晃动时,销轴应更换。对于变形的锚爪、锚杆应火工校正。锚爪、锚杆的裂纹允许电焊修理,施焊前应先将裂纹两端钻直径为8mm的止裂孔,然后才能施焊。当含碳量超过0.27%时,应预热至100℃,并在整个施焊过程中保持此预热温度,焊后进行退火处理。修理后,应做拉力试验。

1.1.8 收锚后锚爪能否紧贴船壳,锚杆连同转环能否收至锚链筒内。

1.1.9 链环、卸扣、转环等是否存在腐蚀、耗损等情况。锚链直径用卡尺测量,量取链环的腐蚀磨耗最严重部位,通常在环与环连接处和锚链与锚链筒的摩擦处最容易蚀耗。

1.1.10 锚链链环是否出现裂纹,应将裂纹均匀磨去,避免出现应力集中的凹痕。若磨去裂纹后,平均直径不小于85%的规定,可以继续使用,若超过规定时,应予以堆焊修理或换新,当含碳量超过0.27%时焊后应作退火处理,并作拉力试验。

1.1.11 锚链横档是否存在松动脱落,松动时应采取烘火紧档,如采用电焊时,只在横档的一端与链环电焊焊牢,见图1-11-1。

1.1.12 锚链是否出现弯扭变形,应予火工校正修理,修理后应做拉力试验。

1.1.13 锚与末端锚链相连的末端卸扣开口端是否朝向锚,否则在收锚进锚链筒时,易发生卸扣卡在锚链筒唇口处,航行时锚爪可能不断碰撞船体。

1.1.14 锚卸扣是否出现磨耗、弯曲及其横销松动等情况,否则应予换新。

1.1.15 是否按要求对锚链做了链节标记,并且清晰可见。

图 1-11-1 锚链横档脱焊松动

1.2 常见隐患

1.2.1 未按规范要求配备备用锚,未配备备用锚卸扣(连接链环、卸扣);

1.2.2 锚丢失,锚失重严重;

1.2.3 锚杆(锚爪、锚冠)横销变形(磨损严重),锚杆(锚爪)裂纹,锚卸扣磨耗严重;

1.2.4 锚卸扣横销松动,锚链环横档缺失(脱焊);

1.2.5 锚链环裂纹,锚链锈蚀严重,部分链环直径磨耗超过规定要求;

1.2.6 锚与末端锚链相连的末端卸扣开口端没有朝向锚;

1.2.7 没有按要求对锚链做链节标记,或标记不清;

1.2.8 锚链直径(长度)与"渔船安全证书(检验证书)"所标注的不一致。

2 锚机(起网机)

2.1 排查要点

2.1.1 启动锚机(起网机),进行空载运行,根据运行情况,确认工况是否良好,是否存在异常发热和敲击声。

2.1.1.1 液压锚机(起网机)进行正、倒车空载连续全速运转 20 ~ 40min,试验时每隔 5 ~ 10min 正、倒车变换一次,观察传动装置及各运转部件有无异常发热及敲击现象(如有液压制动器,观察其可靠性),并检查液压马达、液压系统的工作情况。

2.1.1.2 电动锚机(起网机)进行正、倒车空载运转各 15min,观察锚机各运转部件有无异常发热及敲击现象,同时检查电气控制设备各档调速和电磁制动器的可靠性,对防水型电动机的放水孔和空间加热器的工作情况进行检查,如为直流电动机尚应检查其换向情况。

2.1.1.3 机械式锚机(起网机)连续运转 30min,运转中离合 5 次,观察各运转部件及传动装置有无异常发热和振动现象。

2.1.1.4 人力起锚机(起网机)做人力转动试验,检查各转动部件的工作情况。

2.1.1.5 检查应急人力起锚(起网机)装置的起锚效能。

2.1.2 齿轮箱、马达、油泵以及操纵阀件是否存在泄漏情况。液压管是否存在漏油、锈蚀或对洞穿处经临时性处理。见图 1-11-2。

2.1.3 锚机运行时,对渔船电网的负荷冲击较严重,负荷是否相匹配。

2.1.4 如果发现齿轮箱运行不平稳,可以打开齿轮箱检查传动轮的磨损情况。各传动轮磨损不允许超过原来厚度的 10%,见图 1-11-3。

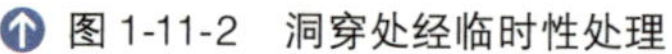

图 1-11-2　洞穿处经临时性处理

图 1-11-3　传动齿轮磨损严重

2.1.5　渔船处于靠泊状态时绞缆，应注意缆绳的吃力情况，以免发生意外事故。

2.1.6　检查锚机(起网机)基座及其连接螺母、螺栓的锈蚀是否严重，见图 1-11-4。

图 1-11-4　锚机(起网机)基座锈蚀严重

2.1.7　检查锚机(起网机)刹车带磨损情况，刹车带的磨损不允许超过其沉头螺栓，否则会影响刹车效果。刹车带磨损在其两端最严重，当两端磨损到原厚度的 1/3 时，应予以换新，见图 1-11-5。

图 1-11-5　刹车带磨损严重

2.1.8　检查离合器的动作是否灵活，离合器是否有可靠的锁紧装置，防止离合器因意外情况合上或脱开。离合部件是否涂上足够的滑油。离合器的操作杆强度是否足够，无锈蚀严重情况，见图 1-11-6。

2.1.9 检查电动锚机的电磁制动器动作是否灵活、声音清脆。检查电磁制动器的人工释放装置是否有效、可靠。

图 1-11-6 离合器锁紧装置缺失

2.2 常见隐患

2.2.1 锚机基座锈蚀严重,超过检验规程的相应要求。局部洞穿或存在不当的修补,锚机基座侧面支撑板锈蚀严重(局部洞穿);

2.2.2 锚机基座连接螺栓、螺母锈蚀严重;

2.2.3 锚机离合器操作手柄锈蚀严重,锚机离合器锁紧插销缺失;

2.2.4 锚机液压管锈蚀严重,局部洞穿(仅作临时性包扎处理),管系接头漏油;

2.2.5 锚机齿轮箱润滑油变质、不足,锚机齿轮磨损严重,锚机(起网机)齿轮箱轴封处漏油严重;

2.2.6 锚机刹车片磨损严重;

2.2.7 刹车带限位装置严重锈蚀,限位顶端与刹车带间隙胀死,刹车带不能完全松开;

2.2.8 锚机刹车的传动杆锈死,锚机机械部分润滑条件差。

3 系缆装置

3.1 排查要点

3.1.1 特别需关注老龄船的缆桩、导缆滑轮、绞缆机及其基座的腐蚀磨耗情况,其腐蚀磨耗是否超过允许的极限。是否存在对锈蚀部位进行不符合要求的复板处理。对于锈蚀部位或怀疑部位用锤子敲击,敲去锈皮或覆盖油漆层后,以确定实际锈蚀程度,见图 1-11-7 和图 1-11-8。

图 1-11-7 系缆桩基座局部锈穿、缆桩锈蚀严重

图 1-11-8 导缆滑轮基座局部锈穿

3.1.2 需注意导缆滑轮基座内的结构件是否存在严重锈蚀情况。滑轮能否自由转动,滑轮是否存在缺口,见图 1-11-9。

3.1.3 缆桩柱表面是否锈蚀严重,或呈表面粗糙等情况,见图 1-11-10。

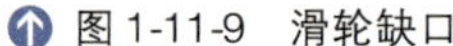

图 1-11-9　滑轮缺口

图 1-11-10　缆桩柱锈蚀严重

3.1.4　缆桩、导缆滑轮的基座以及导缆孔是否进行了加强处理，其焊接是否符合要求，其基座处的甲板是否存在锈蚀或变形等强度不足情况，见图 1-11-11。

3.1.5　缆索绞盘状况是否良好，见图 1-11-12。

图 1-11-11　导缆孔未做加强处理

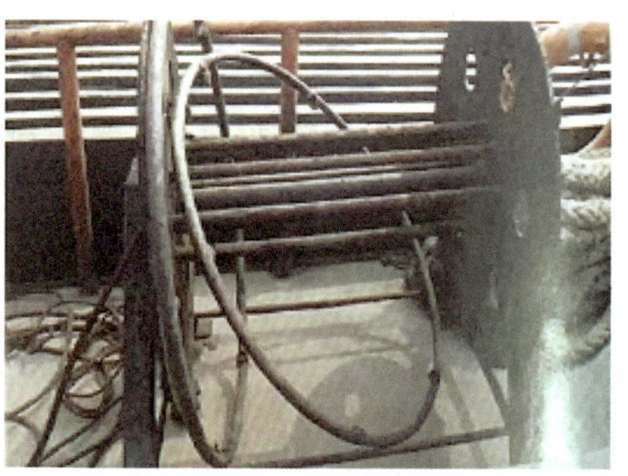

图 1-11-12　缆索绞盘锈蚀

3.2　常见隐患

3.2.1　系缆桩被拉斜、基座脱焊；

3.2.2　系缆桩基座锈蚀严重、局部洞穿；

3.2.3　系缆桩表面磨损、锈蚀严重；

3.2.4　导缆滑轮基座锈蚀严重、局部洞穿，滑轮锈死、缺口；

3.2.5　导缆孔边框锈蚀严重，导缆孔边框未做加强处理；

3.2.6　系船钢索锈蚀、断丝严重；

3.2.7　缆绳磨损、腐蚀严重，配备的完好缆绳数量不足。

4　其他项目

4.1　排查要点

4.1.1　锚链管端口是否存在开裂、破损情况，见图 1-11-13。

4.1.2 锚链冲洗水、供电是否正常,锚链筒内设置的冲洗孔的角度,能否冲洗净锚链,锚链冲水管是否状况良好。

4.1.3 在锚链孔处是否设置了防浪盖,以防止人员失足,防浪盖是否能便于操作。

4.1.4 锚链舱舱壁的锈蚀是否超过允许极限。如锚链舱积水,应查明积水原因,同时可以试验一下锚链舱的排水设施是否正常。

4.1.5 止链器及基座的锈蚀程度是否超过允许极限范围(图1-11-14),是否存在基座变形或不适当的修理。基座与甲板的连接是否牢固,焊接缝是否出现裂纹或存在漏焊、焊瘤、弧坑等缺陷。止链器闸刀和连接销状况是否良好,能否达到有效止链。

图1-11-13 锚链管端口破损

图1-11-14 止链器及基座锈蚀严重

4.1.6 是否按要求设置了弃链器,其结构形式是否直接用手能达到迅速解脱,并且安装位置能在锚链舱外人员易于到达的地方进行操作。检查确认其是否存在锈死、卡死以及安全插销能否用手直接拔出。在对弃链器进行实效试验时,应用制链器将锚制住,以免锚脱落水中,确认其是否能达到迅速、可靠地解脱。低质量渔船往往未设置弃链器、弃链器加工粗糙达不到用手直接解脱的要求,或用卸扣直接固定在锚链舱底部,见图1-11-15。

图1-11-15 未按要求设置弃链器

4.1.7 检查锚链管的腐蚀、磨损情况,是否存在锈蚀严重,甚至出现洞穿情况。

4.1.8 导链滑轮座的锈蚀程度是否已超过营运规程中相应的允许极限。

4.1.9 锚链筒、止链器、锚链轮轮毂上缘的三者中心线是否在同一直线上。

4.1.10 导链滚轮引向锚链筒的锚链与水平面间夹角是否小于30°否则易出现翻链和跳链现象。

4.1.11 操作平台是否出现锈蚀,或踏板缺失等情况。

4.1.12 缆绳的纤维断裂、起毛、磨损和断股是否严重,钢索锈蚀是否严重、是否出现10%以上的断丝情况,见图1-11-16。

4.1.13 船上配备的缆索数量、长度、规格是否满足规范要求。

4.1.14 渔网渔具是否有序堆放、摆放整齐,是否占用了逃生通道,见图1-11-17。

图 1-11-16 缆绳磨损严重

图 1-11-17 渔网有序堆放

4.1.15 渔网渔具是否及时固定，不至于撒落、丢失或影响其他设备正常工作。

4.2 常见隐患

4.2.1 未按规定设置弃链器；

4.2.2 弃链器设置在锚链舱内；

4.2.3 弃链器锈住、卡住；

4.2.4 弃链器结构形式未能达到迅速解脱的要求；

4.2.5 锚链管锈蚀、局部锈穿，锚链筒端口破损、开裂；

4.2.6 未按规定设置锚链舱排水装置，排水泵故障；

4.2.7 止链器基座锈蚀严重、局部洞穿；

4.2.8 抛锚时锚链无法可靠刹住；绞锚速度达不到 9m/min 的规定要求；对设置深水抛锚装置的渔船，绞锚速度通常于破土后应不小于 30m/min；

4.2.9 收链时，存在滑出（跳链）现象；

4.2.10 缆绳断股严重、起毛严重；

4.2.11 缆绳过短，数量不足，使用非船用产品；

4.2.12 渔网渔具随意堆放，占用逃生通道；

4.2.13 渔网渔具未有效固定，图 1-11-18。

图 1-11-18 渔网未及时整理

5 渔捞机械配置

5.1 排查要点

5.1.1 启动渔捞机械，进行空载运行，根据运行情况，确认工况是否良好，是否存在异常发热和敲击声。

5.1.2 如有遥控台应与机旁操作装置设有安全联锁。在遥控台处还应设有必需的仪表显示。

5.1.3 渔捞机械的底座是否具有足够的强度和刚度,并与船体结构牢固连接。

5.1.4 渔捞机械的运动部件是否有安全防护装置以避免对人员造成意外伤害;滑差离合器,溢流阀、安全阀等是否有超负荷保护装置并功能良好。

5.1.5 高度超过1.5m的作业平台是否设有不小于1m高的栏杆且栏杆状况是否完好。

5.2 常见隐患

5.2.1 渔捞机械的遥控台与机旁操作装置的安全联锁故障,仪表缺失或无法正常显示。

5.2.2 渔捞机械的底座锈蚀严重、局部洞穿或存在不当的修补,底座侧面支撑板锈蚀严重(局部洞穿)。

5.2.3 渔捞机械的底座连接螺栓、螺母锈蚀严重。

5.2.4 运动部件的安全防护罩缺失或锈蚀严重(局部洞穿)。

5.2.5 高度超过1.5m的作业平台没有设置栏杆,或尽管设置有栏杆,但存在高度不足1m、严重锈蚀,甚至出现洞穿等情况。

6 绞机

6.1 排查要点

6.1.1 是否设有防止渔具在过高速度下进入终点的设施,且该设施不应致使动力装置被切断。

6.1.2 双卷索滚筒的绞机是否为各自独立地进行控制。

6.1.3 操纵手轮或手柄的动作方向是否符合:当起纲时应沿顺时针或向前方向动作,放纲时则相反。操纵手轮或手柄应备有防止自行移位的制动装置。

6.1.4 如设有遥控,应能同时操纵各卷索滚筒,并能进行同步运转,且遥控与机侧控制之间应具有安全联锁。

6.1.5 检查离合器的动作是否灵活,离合器是否有可靠的锁紧装置,防止离合器因意外情况合上或脱开。离合部件是否涂上足够的滑油。离合器的操作杆强度是否足够,无锈蚀严重情况。

6.1.6 制动器性能是否满足规范要求,如当绞机发生故障时制动器能否防止钢索自行脱出。

6.1.7 卷索滚筒的状况是否良好,直径是否大于或等于所卷钢索直径的14倍,且设有防止全部钢索由卷索滚筒放完的措施。

6.1.8 排索装置、摩擦轮毂的工况是否良好。

6.1.9 输送带是否每不大于10m的间隔设有应急开关。长度大于15m的输送线是否设有启动时进行声光报警的装置。

6.1.10 检查渔捞机械,如绞纲机和起网机等的船用产品证书,是否经渔船检验机构检验和认可。

6.2 常见隐患

6.2.1 绞机没有安装防止渔具过高速度下进入终点的设施，或该装置故障。

6.2.2 设有遥控台的遥控与机侧控制之间的联锁装置故障。

6.2.3 绞机离合器操作手柄锈蚀严重，绞机离合器锁紧插销缺失。

6.2.4 自动制动器故障或自动制动器的手动释放装置故障。

6.2.5 卷索滚筒工况不良或其直径不满足大于或等于所卷钢索直径的14倍。

6.2.6 排索装置故障。

6.2.7 摩擦轮毂锈蚀严重、表面被钢索磨成沟槽。

6.2.8 输送带的应急开关或声光报警装置故障。

6.2.9 渔捞机械没有经渔船检验机构检验和认可的相关证明文书。

7 起重设备

渔捞起重设备是指用于渔获物及渔需物资的装卸和辅助起放渔具的装置。包括吊杆装置、起重柱、桅、起重架、绞车、天索吊以及其他附属设备。吊杆式起重机作为吊杆装置的一种。

7.1 排查要点

7.1.1 吊杆装置

7.1.1.1 检查吊杆和桅杆头部的眼板磨损情况。

7.1.1.2 检查吊杆根部叉头和销轴的变形、磨损、刻痕或其他缺陷。

7.1.1.3 检查吊杆根部滑车的磨损、固定情况。

7.1.1.4 检查用于正常装卸的甲板上眼板、系索枕、钢丝绳制止器等。

7.1.1.5 检查吊杆腐蚀情况（如有怀疑，必要时可清除油漆），特别注意吊杆与撑架接触的部分，必要时，可进行锤击检查。注意是否有刻痕或凹痕，吊杆是否弯曲。

7.1.1.6 检查滑车，特别注意滑轮的转动，有效的润滑和确保其没有严重的磨损。

7.1.1.7 检查滑车钢印是否存在，是否与证书相符。

7.1.1.8 检查卸扣、链环、环、吊货钩上钢印是否与有效证书相符。并检查磨损、变形或其他缺陷（各零部件应充分清除油漆、牛油、污垢后以便能进行适当的检查）。

7.1.1.9 仔细检查钢丝绳是否处于有效的工作状态，并且端头连接牢固，清除钢丝绳上的牛油、污垢，检查钢丝绳断丝、腐蚀及保养情况。

7.1.1.10 检查千斤链条，注意链条是否有变形、磨损或其他缺陷。

7.1.1.11 查看船方记录，了解对吊杆装置中的绞车是否进行了常规检修、保养，其工作是否正常。

7.1.2 起重（货）机

7.1.2.1 起重（货）机固定及活动零部件结构是否良好，无显著变形、破损、洞穿、裂纹。

7.1.2.2　起重(货)机要进行空载效用试验,检查回转、变幅、起升限位制动是否处于良好的工作状态。

7.1.2.3　仔细检查起重(货)机的臂架是否有磨损、变形、锈蚀、焊缝开裂,或其他缺陷,如必要时,可清除油漆进行仔细检查。

7.1.2.4　钢丝绳状况是否良好,无明显断丝;吊钩裂纹是否存在补焊现象;滑轮是否滚动灵敏、无松旷变形,有破损裂纹的是否及时进行了替换。

7.1.2.5　活动零部件、钢丝绳润滑是否良好,润滑油有无泄漏。

7.1.2.6　起重(货)机安全负荷标志是否清晰。

7.1.2.7　起重(货)机液压系统有无漏油现象。

7.1.2.8　检查起重(货)机的保养记录,绞车使用记录及修理记录,以示起重(货)机是否处于正常的维修保养。

7.1.2.9　查看船方记录,了解对起重(货)机装置中的绞车是否进行了常规检修、保养,其工作是否正常。

7.1.3　天索吊

7.1.3.1　检查滑车,特别注意滑轮的转动,有效的润滑和确保其没有严重的磨损。

7.1.3.2　检查滑车钢印是否存在,是否与证书相符。

7.1.3.3　检查卸扣、链环、环、吊货钩上钢印是否与有效证书相符。并检查磨损、变形或其他缺陷(各零部件应充分清除油漆、牛油、污垢后以便能进行适当的检查)。

7.1.3.4　仔细检查钢丝绳是否处于有效的工作状态,并且端头连接牢固,清除钢丝绳上的牛油、污垢,检查钢丝绳断丝、腐蚀及保养情况。

7.1.3.5　查看船方记录,了解对天索吊装置中的绞车是否进行了常规检修、保养,其工作是否正常。

7.2　常见隐患

7.2.1　起重设备固定及活动零部件破损、洞穿、裂纹或严重变形;

7.2.2　钢丝绳断丝、锈蚀严重,吊钩补焊,滑轮松旷、有破损或裂纹;

7.2.3　活动零部件、钢丝绳润滑条件差;

7.2.4　限位装置失效,安全负荷标志不清或起重重量超过额定安全负荷;

7.2.5　起重设备液压系统漏油。

8　隐患处理

8.1　如发现锚的形式、数量和重量,以及锚链及附件、缆、系船索的直径和长度,与检验记录不符,应责令船东(船长)离港前整改,或报请船舶检验机构检验批准。

8.2　锚与末端锚链相连的末端卸扣开口端没有朝向锚、没有按要求对锚链做链节标记,或标记不清,可责令船东(船长)离港前整改。

8.3　导链滑轮、止链器、缆桩、导缆滑轮、锚机、绞缆机及其基座腐蚀磨耗超过允许的极限,以及出现开裂、脱焊、变形等强度严重不足,锚机、绞缆机故障,锚丢失,未设置弃链器等缺陷,应责令船东(船长)整改后航行作业。

8.4　船上丢锚事件经常发生,如果船上已对配锚之事有合理的安排,在隐患排查时,上述缺陷可以视航行海区的风浪实际状况作出相应的处理意见。如未做合理安排,可能会遇到从严处理,甚至会做出禁止开航作业生产处理。

8.5　导链滑轮、止链器、缆桩、导缆滑轮、锚机、绞缆机及其基座腐蚀磨耗超过允许的极限,原则上不允许采用复板形式修理,应采用挖补和加强的方式进行修理,并且应向船检机构申请检验,提交相应的试验报告。

8.6　锚、锚链存在的缺陷需经焊接、热处理的应向船检机构申请检验,并需提供热处理证明、拉力试验证明及其他试验记录。

8.7　如个别锚链链环的腐蚀磨耗程度超过允许的极限值,应更换链环。仅有一节锚链的腐蚀磨耗程度超过允许的极限值,可以将该节锚环暂时装在锚链的最后一节处,限期更新。多节锚链并且有较多链环腐蚀磨耗超过允许的极限值,应整条更换,换新的锚链的规格应达到原锚链要求,并提交相应的产品证书。

8.8　对渔捞起重设备(包括吊杆装置、起重柱、桅、起重架、绞车、天索吊)以及其附属设备中受到重力影响的部位、固定零部件,如发现缺陷,可责令船东(船长)离港前整改。

8.9　渔捞起重设备的活动零部件存在缺陷的,钢印、标识缺失或不清的,应责令船东(船长)离港前整改。

8.10　排索装置、摩擦轮毂、绞机、渔捞机械及其基座腐蚀磨耗超过允许的极限,以及出现开裂、脱焊、变形等强度严重不足,绞机、渔捞机械故障,需要在开航前整改。

8.11　绞机、渔捞机械及其基座腐蚀磨耗超过允许的极限,原则上不允许采用复板形式修理,应采用挖补和加强的方式进行修理,并且应向船检机构申请检验,提交相应的试验报告。

8.12　因船上未按要求对设备进行有效的维护保养而出现的设备隐患,可以认定船上未按安全管理或有关规定的相关要求进行有效运行,可以要求渔业企业或船上制定整改措施限期进行整改。

小结与建议

1　对行政执法部门的建议

锚泊、系泊以及渔捞等甲板机械设备,是渔业捕捞生产的重要工具,船东(船长)日常比较重视对设备的运行维护,但是吊钩、滑轮等活动部件,钢丝绳索等容易疏忽。

1.1 隐患判定原则

1.1.1 设备与证书记载不一致，可责令船东（船长）申请船舶检验机构检验批准，未获得船舶检验机构批准的，可根据设备对安全的影响程度，依法采取相应措施。

1.1.2 设备及零部件的钢印、标识缺失或不清，应判定为隐患。

1.1.3 活动零部件存在缺陷、设备部件安装错误，应判定为隐患。

1.1.4 起重设备（包括吊杆装置、起重柱、桅、起重架、绞车、天索吊）以及其附属设备中受到重力影响的部位、固定零部件，发现缺陷的，应判定为隐患。

1.1.5 相关设备底座下甲板和构架有不良焊接、锈蚀及变形的，应判定为隐患。

1.2 处理原则

1.2.1 对船舶更换设备（与证书记载不一致），未经船舶检验机构检验批准的，因不能确认该设备是否满足检验技术规则要求，应要求船东（船长）向船舶检验机构申报检验批准，并在证书上予以记载；如未能通过检验，应责令船东（船长）在离港前整改。

1.2.2 排索装置、摩擦轮毂、绞机、渔捞机械及其基座的磨蚀磨耗严重超过允许极限，并且距最近一次检验不足3个月的，应认定为与船舶检验有关的缺陷，在隐患排查中，可要求船检机构确认和上报渔业渔政主管部门处理。

1.2.3 对甲板机械设备判定有隐患的，应责令船东（船长）在离港前整改。

2 对船方的建议

2.1 定期组织对设备的检查，对钢丝绳断丝、卸扣、滑轮等发现有故障、变形等情况，及时进行更换并做好相关记录，对发现有断丝的钢索，每月至少应检查1次。

2.2 重点检查设备的受力部件磨损、设备及其基座与甲板（舷墙）的焊接问题，及时维修，更换或修理影响其强度的部件，应进行试验和全面检查。

2.3 每次离港生产前，对锚机、渔捞设备、起网（重）机及其控制设备应进行试验和全面检查，确保设施设备在生产中正常运行。

3 对渔业企业（或所有人/经营人）的建议

3.1 老龄船的设备存在的问题更为突出，建议渔业企业应在修船时对超过腐蚀磨耗极限的部位按要求进行更换和加强，避免在隐患排查时，要求在开航前纠正，影响渔船作业。

3.2 渔业船舶所有人或经营人，应采购有船用产品证书的相关设施设备及其零部件。要求船长指定船员开展对甲板机械的日常检查，做好日常保养和记录；对老龄渔业船舶，重点检查设备与船体连接部位，发现有锈蚀、裂缝和变形等隐患的，及时停港组织修理。

第十二节 船员舱室

1 船员舱室

1.1 排查要点

1.1.1 起居处所的出入通道要充分保证安全,并应尽可能远离热、冷、噪声、振动和臭气源。出入通道的宽度应尽可能大于或等于550mm。

1.1.2 起居处所不应位于防撞舱壁之前,其构造材料,不得对船员身体有害。

1.1.3 一般不得从甲板开口、机器处所、厨房、鱼舱等直接进入卧室。

1.1.4 卧室与鱼舱、机舱、厨房、灯间、油漆间、机器间、杂物间、干燥间、公共盥洗室或厕所等处所之间不应有直接开口,其间的分隔舱壁和卧室任一暴露在露天的围壁,应为钢质或其他适宜的材料建造,并应为气密和水密。

1.1.5 起居处所应加以充分隔热,在与鱼舱、机舱、物料间等相邻时,应能防止气味的渗漏。

1.1.6 卧室的净高度应不低于1900mm。

1.1.7 每个卧室居住的船员数量:

(1)对船长大于或等于45m的渔船,普通船员应不超过6人、职务船员为1人;

(2)船长小于45m的渔船,普通船员应不超过8人、职务船员不超过2人。

1.1.8 每个船员的卧室居住面积、床铺的设置、无阻挡的通道宽度等是否满足规则要求。

1.1.9 所有床上用品及床垫是否选用了燃烧后可能产生有毒气体的材料。

1.1.10 船员舱室的照明是否足够;灯泡是否为船用产品;是否存在私拉乱接电线现象。

1.1.11 污水的排出管是否设有防异味溢出和防堵塞的装置,且不得通过淡水、饮水柜或餐厅、卧室的顶部。

1.1.12 厨房、浴室、盥洗室、厕所、医务室和病房或其他可能产生异味的舱室,其排风管道应与其他舱室的排风管道分开。

1.1.13 甲板间的梯道是否以钢或其他等效材料制成,梯道宽度一般应大于或等于600mm,梯道与地面的夹角应小于或等于70°。

1.1.14 船员居住舱室是否设置了两个逃生门或(逃生门+逃生窗),逃生窗一般设置在住舱前壁,若设置困难,可以设置在两舷(3人及以上)。

1.2 常见隐患

1.2.1 船员舱室与相邻杂物间的舱壁不满足气密和水密要求、无法防止气味的渗漏。

1.2.2 每个卧室居住的船员数量超过规定人数。

1.2.3 每个船员的卧室居住面积、床铺的设置、无阻挡的通道宽度等不满足规则要求。

1.2.4 床上用品及床垫选用了燃烧后可能产生有毒气体的材料。

1.2.5 船员舱室内照明不满足要求,如灯泡未固定、床头灯故障、灯罩缺失,见图1-12-1、图1-12-2。

图 1-12-1 灯泡未固定

1.2.6 甲板间的梯道与地面的夹角大于70°。

1.2.7 室内电缆私拉乱接、插座损坏,未使用船用电缆,见图1-12-3。

1.2.8 船员居住舱室未装逃生窗(3人及以上舱室),见图1-12-4。

图 1-12-2 灯罩破裂未更换

2 驾驶室视野

本部分适用于船长大于或等于45m的2018年1月1日起安放龙骨或处于相似建造阶段的渔船,小于45m的新船可参照执行。经渔船检验机构同意,可适当降低要求或豁免。

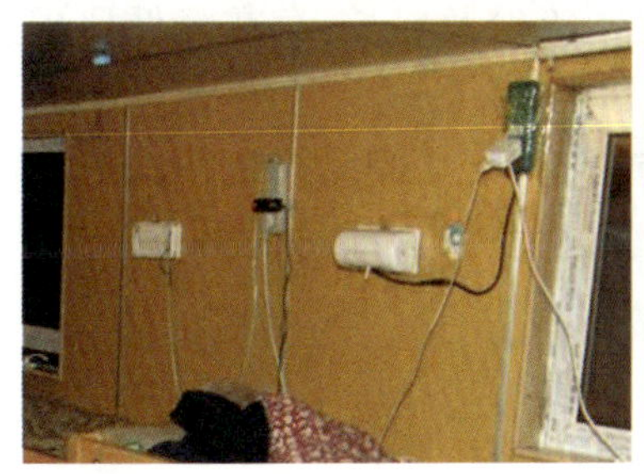

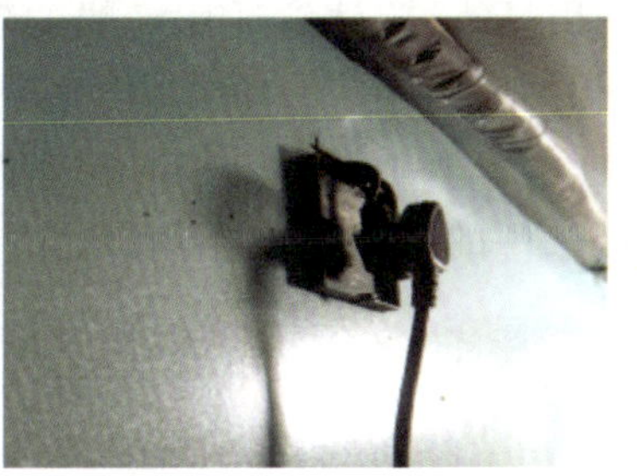

插座

图 1-12-3 插座损坏与完好插座

图 1-12-4　居住舱室无逃生窗

2.1　排查要点

2.1.1　驾驶室的实际布置是否与船检机构审查批准的图纸相一致，并且相应的图纸是否满足检验规则中对驾驶室视域规定；

2.1.2　从驾驶位置和主操舵位置上所能见的视域是否满足相应要求；

2.1.3　驾驶室翼桥的设置，能否满足从驾驶室侧翼能看到船舷；

2.1.4　检查窗玻璃不得使用偏光和有色玻璃，并确定是否满足在任何时候应至少有两个驾驶台前端的窗不遮蔽视线；

2.1.5　渔船指挥位置的海面视野，以船艏向前至任何一舷的10°范围内，不应有超过两倍船长的盲区。

2.2　常见隐患

2.2.1　驾驶室的实际布置与船检机构审查批准的图纸不一致，并且未能满足检验规则中对驾驶室视域规定；

2.2.2　从驾驶位置和主操舵位置上所能见的视域未能满足检验规则的相应要求；

2.2.3　从驾驶室翼桥侧翼不能满足看见船舷；

2.2.4　驾驶室窗玻璃使用偏光和有色玻璃；

2.2.5　船艏向前至任何一舷的10°范围内存在超两倍船长的盲区。

3　隐患处理

3.1　在隐患排查中，如渔船在船员舱室方面存在未按检验规则要求配置、存在未能正常使用的隐患，并且船上未安排相应的替代或安全措施等，需特别给予关注。如果未按检验规则要求配置相应的舱室设备是由于船检人员未认真履行检验职责造成的，在隐患排查中，可要求船检机构确认，并按要求上报主管部门。

3.2　对于可能严重危及船员生命安全的隐患，如床上用品及床垫选用了燃烧后可能产生有毒气体的材料，在隐患排查时，可要求及时整改。

3.3　针对驾驶室视野的隐患排查，应注意适用渔船的建造年份及船长，存在降低要求或豁免情况的需要提供船检的相关证明。

3.4　对于存在较大隐患，在已采取了有效的临时性措施情况下，并经船检机构进行了相应的检验，在明确了限制航行条件的情况下，船东可以向渔业渔政主管部门提出申请，考虑在适宜港口或限期纠正。

小结与建议

1 对行政执法部门的建议

1.1 在对船员舱室和驾驶室视野方面进行检查时，最需要考虑检验规则对不同船长和建造年月的渔船的适用性。

1.2 在对隐患做出处理意见和整改要求时，应考虑到是否必须进行明火作业，以及清舱的可能性，再做出合理的隐患处理意见和整改方案，以免出现安全风险。如存在与船舶检验责任有直接关联的隐患，检查人员应按相关程序上报。

2 对船方的建议

2.1 注意船员舱室的人居环境，保证足够照明、气密性和无阻挡通道的宽度，避免存在危害船员生命安全的隐患，如存放有燃烧后可能产生有毒气体的材料。严禁卧室居住的船员数量超员，保障在紧急情况下船员能够快速采取行动或撤离。

2.2 在驾驶室视野方面，关注船艏向前至任何一舷10°范围内的视觉盲区，避免影响到航行安全。如发现驾驶室实际布置与船检机构审查批准的图纸不一致时应及时通知渔业企业或渔船所有人并申请及时整改。

3 对渔业企业(或所有人/经营人)的建议

3.1 船员舱室和驾驶室视野方面存在的隐患可能间接危及渔船航行安全和人命安全，因此作为渔业企业或渔船所有人在渔船建造过程中应按图施工，并且选用船检机构认可的产品、材料。

3.2 如存在与船舶检验责任有直接关联的隐患，应向船检机构申请检验，并对缺陷进行确认。为避免因此类隐患耽误船期，作为船东应在渔船检验期间，提醒检验人员认真做好检验工作，船上应按提出的要求及时整改。

第十三节 防污染设备

1 术语与含义

1.1 油类：系指包括原油、燃油、油泥、油渣和炼制品(73/78 防污公约附则Ⅱ所规定的石油化学品除外)在内的任何形式的石油，以及不限于上述的石油，包括本章中所列的物质。

1.2　油性混合物:系指含有任何油分的混合物。

1.3　燃油:系指渔船所载有并用其作推进和辅助机器的燃料的任何油类。

1.4　最近陆地:系指划定其领海的基线。

1.5　零排放水域:系指在该水域内,船舶无论是否满足机器处所舱底水的排放要求,其机舱舱底水均不应排放。

1.6　残油(油泥):系指船舶正常操作过程中产生的残余废油产物,例如由主机或辅机的燃油或润滑油净化产生的残余废油产物,来自滤油设备的分离废油,滴油盘收集的废油,以及废弃液压油和润滑油。

1.7　残油舱:系指储存残油(油泥)的舱,通过标准排放接头和其他任何认可的处理措施可从该舱直接处理油泥。

1.8　含油舱底水:系指可能被由机器处所中的渗漏或维护工作产生的油污染的水。进入舱底水系统(包括舱底水阱、舱底水管系、舱顶或舱底水储存柜)的任何液体被视为含油舱底水。

1.9　污油水舱(含油舱底水储存舱/柜):系指在含油舱底水被排放、过驳或处理前收集含油舱底水的舱/柜。

1.10　含油舱底水可移动式收集桶:系指专门用于收集含油舱底水的可移动式容器,并配有可关闭的盖子,该收集桶不可兼做他用。

1.11　接收设施:系指岸上或污油水接收船上用于接收含油舱底水的设施。

2　除外和禁止

2.1　所述对油性混合物、生活污水、船舶垃圾的排放入海的规定及防止船舶造成空气污染的规定不适用于下列情况:

2.1.1　为保障船舶安全或维护海上人命所需要排放者;

2.1.2　由于船舶或其设备遭到意外损坏,已采取一切预防措施仍需排放者;

2.1.3　经港口主管当局批准为特殊目的而要求排放者。

2.2　禁止在渔船装货处所内装载散装油类。

防止油类污染

1　对机器处所的强制性要求

1.1　残油舱

1.1.1　凡400GT及以上的渔船和配备滤油设备的渔船,应参照其机型和航程长短,设置一个或几个足够容量的舱柜,接收不能以其他方式处理的残油(油泥),诸如由于净化燃油、各种润滑油和机器处所中的漏油所产生的残油。

1.1.2　残油舱应满足如下要求:

1.1.2.1 应设置能从残油舱抽吸的专用泵;和

1.1.2.2 不应设置通至舱底水系统、污油水舱、舱顶或油水分离器的排放连接,但可设置通往污油水舱或舱底水阱的泄水管并通过人工操作自闭阀和布置用于沉积水的目视监控,或设置替代布置,但该布置应不直接连接舱底水管系。

1.1.2.3 除本节1.2所述的标准排放接头外,进出残油舱的管路不应直接连通舷外。

1.2 标准排放接头

为了使接收设备的管路能与船上机舱舱底和残油(油泥)舱残余物的排放管路相连结,在这两条管路上均应装有符合表1-13-1的标准排放接头。

油类排放接头法兰的标准尺寸 表1-13-1

项目	尺寸
外径	215mm
内径	按照管路的外径确定
螺栓节圆直径	183mm
法兰槽口	直径22mm的孔6个等距分布在上述直径的螺栓圈上,开槽口至法兰外沿。槽口宽22mm
法兰厚度	20mm
螺栓和螺帽:数量、直径	6个,每个直径20mm,长度适当

注:法兰应设计为能接受最大内径小于或等于125mm的管路,以钢或其他同等材料制成。表面平整,这种法兰连同一个油密材料的垫圈,应能承受600kPa的工作压力。

1.3 滤油设备

1.3.1 400GT及以上的渔船,应装有保证通过该设备排放入海的含油混合物的含油量不超过15ppm① 的滤油设备。这类设备应经认可。

1.3.2 400GT以下的渔船需要排放机舱含油污水时,则应装设经认可的排出物含油量小于15ppm的滤油设备,并应设有处理残油(油泥)的设备,包括有足够容量的残油(油泥)舱及标准排放接头等。

1.3.3 如果400GT以下渔船符合下述所有条件,可以免除上述规定的滤油设备。

1.3.3.1 设有适用于该船的足够容量的机舱舱底含油污水的储存柜,其容积应大于或等于48h产生的舱底水量,小于320h产生的舱底水量。

1.3.3.2 应设有对贮存柜进行清洗和将其中的残油(油泥)或含油污水排入接收设备的适当设施。

1.3.3.3 应设有本节1.2规定的标准排放接头。

---

① 注:本书所述含油量"ppm"系指水所含油量的百万分比。

1.3.3.4 免除设置防油污设备的条件,应在渔船检验记录中予以载明。

1.3.3.5 泵和管路应为固定式,如认为实际上对该船不适当,经同意可用其他有效形式代替。

1.3.3.6 船舶停靠港或装卸站设有足够数量的接收设备。

1.3.4 《国内海洋渔船法定检验技术规则(2024 年修改通报)》生效之日(2024 年 9 月 1 日)起更换或安装上船的滤油设备,应满足国际海事组织 MEPC.107(49)号决议批准的并经 MEPC.285(70)决议修订的《船舶机器处所防污染设备的导则和技术条件》的要求,其额定处理量至少应符合表 1-13-2 的规定。该滤油设备应确保通过该系统排放入海的含油混合物的含油量应不超过 15ppm。

滤油设备的额定处理量 表 1-13-2

船舶总吨位(GT)	GT < 400	400 ≤ GT < 1000	GT ≥ 1000
滤油设备额定处理量(m^3/h)	0.1	0.25	0.5

1.4 含油舱底水的排放控制

1.4.1 为防止船舶含油舱底水污染水域,400GT 及以上的渔船应按本条 1.4.1.2 设置滤油设备,400GT 以下的渔船应采取下列措施之一:

1.4.1.1 设置污油水舱,将渔船所产生的污油水贮存在船上,由岸上接收设施或污油水接收船接收,严禁将污油水直接排至舷外。污油水舱应按照本节 1.5 的要求设置。

1.4.1.2 设置滤油设备,污油水经处理后排放,其排放的处理水含油量不应超过 15ppm。滤油设备的更换和安装应满足本节 1.3 的要求。污油水处理后所产生的污油应储存在船上,返港后由岸上接收设施或污油接收船接收。

1.4.2 经滤油设备处理后的含油舱底水的排放应满足下列要求:

1.4.2.1 渔船正在航行途中;

1.4.2.2 含油舱底水经本节 1.3 要求的滤油设备加工处理;

1.4.2.3 未经稀释的排出物含油量不超过 15ppm;

1.4.2.4 渔船不在零排放水域内。

1.5 含油舱底水的收集

1.5.1 污油水舱应设置固定安装的泵及管系和标准排放接头。对于 50GT 以下的渔船允许设置可移动式收集桶及收集器具作为等效措施,该收集桶应配有可方便开启且防溢出的桶盖,收集桶上应标注船名号和“油污水收集桶”字样。沿海挂桨渔船,应在柴油机下方设置集油盘,且集油盘内应采用吸油毡等油类吸附材料。

1.5.2 污油水舱和油污水收集桶应大于或等于船舶 48h 产生的舱底水量,也不必大于 320h 产生的舱底水量。船舶如设置污油水舱,应设有本节 1.2 规定的标准排放接头。

1.5.3 等效设置防油污设备的条件,应在渔船检验证书中予以载明。

1.6 油类与压载水的分隔及艏尖舱内不应装载油类的要求

1.6.1 如有需要载有大量燃油,致使必需在燃油舱中装载不清洁的压载水时,这种压载水应排入接收设备;或使用本节 1.3 规定的设备,按本节 1.4 规定排放入海。

1.6.2 400GT 及以上的渔船,其艏尖舱内或防撞舱壁之前的舱内不应装载油类。

2 油水分离器

2.1 排查要点

2.1.1 设备形式的检查

2.1.1.1 400GT 及以上的渔船,应装有经认可的通过该设备排放入海的含油混合物的含油量不超过 15ppm 的滤油设备。海洋渔船滤油设备额定处理量应≥0.25m^3/h;2024 年 9 月 1 日新建或改造渔业船舶按照本节对机器处所的强制性要求的相关规定执行。

2.1.1.2 400GT 以下的渔船需要排放机舱含油污水时,应装设经认可的排出物含油量小于 15ppm 的滤油设备,并应设有处理残油(油泥)的设备,包括有足够容量的残油(油泥)舱及标准排放接头等。2024 年 9 月 1 日新建或改造渔业船舶按照本节对机器处所的强制性要求的相关规定执行。

2.1.1.3 400GT 以下的渔船设有足够容量的机舱舱底含油污水的储存柜的,可免除设置滤油设备,且免除设置防油污设备的条件,应在渔船检验记录中予以载明。2024 年 9 月 1 日新建或改造渔业船舶按照本节对机器处所的强制性要求的相关规定执行。

2.1.1.4 检查证书附件中油水分离/过滤设备的认可标准依据:A.393(X)或 MEPC.60(33)或 MEPC.107(49),是否按设备安装上船的日期,满足上述相应的认可标准,特别需注意 2024 年 9 月 1 日起更换或安装上船的滤油设备应满足 MEPC107(49)的认可标准。通过该系统排放入海的含油混合物的含油量应不超过 15ppm,见图 1-13-1、图 1-13-2。

图 1-13-1 满足 MEPC.60(33)标准的油水分离器

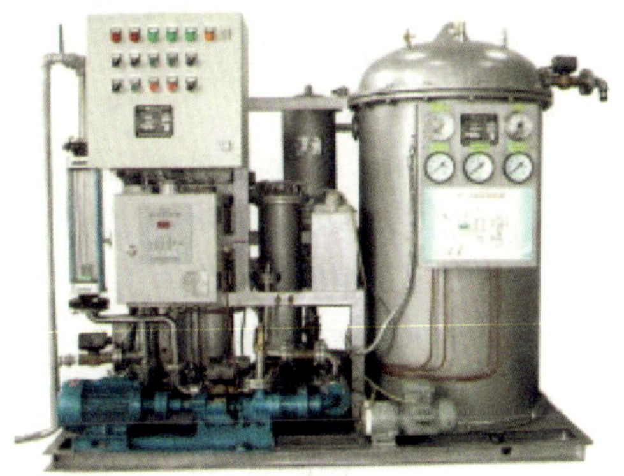

图 1-13-2 满足 MEPC.107(49)标准的油水分离器

2.1.1.5 油水分离器(包括控制箱)、油份计应经型式认可,并持有船用产品证书;其船用产品证书与检验记录中所标明的型号相一致。

2.1.2 外观性检查

2.1.2.1 首先核查油水分离器铭牌上所标注的设备型号、额定处理量、认可的技术标准等,是否与所持的设备船用产品证书、OPP 证书上所标明的相一致。

2.1.2.2 设备外表面是否清洁,管路走向及颜色、阀门标识或标牌是否清楚,设备、管路布置是否与标识的管路图相一致,是否设有未经油水分离器而直接通往舷外的非法旁通管路或接头,出口管路上法兰螺栓是否存在经常被拆卸的痕迹。

2.1.2.3 在港期间舷外排放阀是否处于关闭上锁状况,阀上是否挂有禁止排油的警告牌;在设备附近,是否悬挂或张贴了操作说明。

2.1.2.4 分离器筒体是否存在过度锈蚀、锈穿或渗漏等情况,筒体的端盖螺栓是否处于锈死状况,或长期未被拆卸的情况,来判断是否对筒体内部进行过维护保养。

2.1.2.5 备用期间筒体内应充满清水,打开筒体上各考克,查看筒体内充液情况,如有含油浓度较高的污油水流出,则说明船上未按要求对筒体内部用清水保养,可考虑拆开筒体对其内部滤器有效性进行检查;无水流出,说明油水分离器长期搁置不用或渗漏,还需考虑分离器由于安装位置不当,发生虹吸作用所致,可能导致筒体内粗粒化滤失效。

2.1.2.6 检查管路、筒体上各阀门、旋塞、放残阀取样龙头,是否处于开关自如;安全阀外观是否良好,手动开启自闭自如。

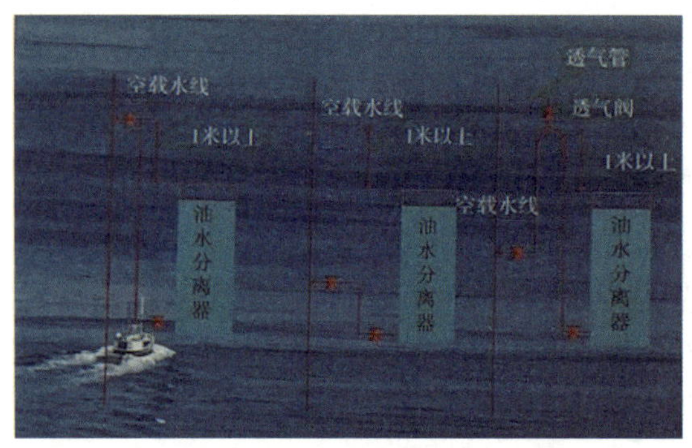

图 1-13-3 油水分离器安装位置图

2.1.2.7 确认分离器安装位置,是否满足在任何吃水情况下,都不应发生虹吸作用,而使分离器内水位下降,或发生排空等情况。具体可以按图 1-13-3 所示要求确定:

(1)如果分离器安装在轻载水线以下,分离器的顶部要低于渔船轻载水线 1m 以上,或分离器排水管的舷外排出口高于分离器顶部 1m 以上;

(2)如果分离器安装在轻载水线以上,则排水管必须高于分离器顶部 1m 以上,并在排水管的最高点上设有透气管和透气阀。

2.1.3 控制箱检查

电控箱各按钮、开关能否对相关的功能进行正常控制,相对应的指示灯能否正常显示,继电器能否动作。若电源指示灯不亮,则可能是总配电板或分配电板上油水分离设备电源开关未合闸,或电控箱内保险丝断了。

2.1.4 专用配套泵检查

2.1.4.1 查看配套的专用泵其铭牌上所标识的型号、排量,是否与各证书中所标识的相一致,不允许使用普通泵来替代配套的专用的往复泵或柱塞泵,特别需注意泵的排量是否满足相应的技术标准要求,或不大于分离器额定处理能力的 1.5 倍或 1.1 倍。

2.1.4.2 油水分离器启动运行后检查专用配套舱底水泵能否正常启动和运转,在泵浦运转过程中是否出现异常响声,传动皮带磨损、松紧情况是否良好,轴封、活塞环漏水是否严重,各活动部件是否润滑活络,齿轮箱状况是否良好。

2.1.4.3 检查泵浦的功效。正压式,压力在0.3~0.5MPa之间。对于真空式油水分离器,设备正常运行时真空表读数应在-0.01~0.06MPa之间。若系统不能建立起足够的压力或真空度,可影响分离器工作效果,排量会降低,严重者无法工作。

2.1.5 自动排油功能检查

2.1.5.1 控制箱上一般设有"手动/自动"排油转换开关,或在控制箱内设有试验按钮,可将排油控制开关"手动/自动"来回拨动或反复按下试验按钮,可听到排油电磁阀发出的"得得"动作声,如用手触碰电磁阀会有振动感,同时排油指示灯点亮,如果是气动阀可以看到阀杆上下移动,气动电磁组合还会听到"啪吱"动作声;对于有些形式的分离器,未设有上述排油控制开关和试验的按钮,可以通过调节检测器接线盒内的油位电阻器的电阻值,或试验按钮来检查排油阀是否正常。

2.1.5.2 检查排油阀是否正常,将分离筒内充满水后,通过上述方式使排油阀开启,如设排油观察镜,可以观看观察镜中,是否有污油水排出,或筒内压力是否出现快速下降,来判断排油阀功能是否正常。

2.1.5.3 对于气动或气动电磁组合排油阀发现故障现象,还得考虑检查驱动气体是否达到设定气压要求,或排油阀本身是否漏气。

2.1.5.4 排油控制电路通常处于非排油状态,只有当油位浸没上下检测电极时,才触发排油控制电路,控制电磁阀动作。因此分离器腔体内充满水时,控制箱面板上的排油工作指示灯是不亮的,如发现排油工作指示灯始终处于点亮情况,可能是因检测电极被严重油污覆盖整个电极,使电极间电阻值过大,触发控制电路,导致排油继电器动作,清洗电极后,指示灯仍被点亮,则可能是排油控制电路本身发生了故障所致,见图1-13-4。

图1-13-4 油位电极

2.1.6 油水分离器内部滤板、滤芯检查

开启油水分离器,比较各级间压力表(确认表无故障)指示压差。如压差较大(0.05MPa以上,具体查阅说明书),可以确定筒体内的滤板、滤芯或级间连孔被油泥、油渣等杂物污染、堵塞所致。如果发现压力差较小,可能是由于滤板、滤芯已被拆除、锈穿或滤芯上下端口盖板安装时未能密封,或滤芯老化变软而使油污水未经滤芯过滤而直接流出所致。

2.1.7 排油监控系统报警装置检查

排油监控系统的报警测试通常有两种方法:一种是按下报警器控制面板上的试验按钮进行测试;另一种方法是打开报警器测量室上的取样室孔盖,用测试纸或毛刷插入取样室进行测试。测试时观察15ppm报警器浓度显示是否出现快速增大，延时后能否正常发出报警信号，同时能自动停止污水泵或通过控制排放三通阀动作将污油水回流至舱底，还需注意报警装置的延时时间；检查时首先使用清水进行试验，正常情况下应显示0ppm，如果显示小于15ppm，则需用清水先进行清洗并调整至零位。如果15ppm装置出现持续报警，可关闭测试水样阀改用淡水冲洗15ppm报警器检测室，进行一段时间的冲洗后，再用测试水样进行试验，若继续报警，可能是由于15ppm报警器内的油分计测量室被污染，需进行清洗处理。清洗处理后，仍未排除报警的，基本可确定报警装置本身存在故障。如通过上述试验，再进行实际油污水分离操作，对真空式油水分离器，开启反冲洗气动三通阀，检查其功能是否正常，如15ppm超标报警，则可能滤芯脏污，见图1-13-5。

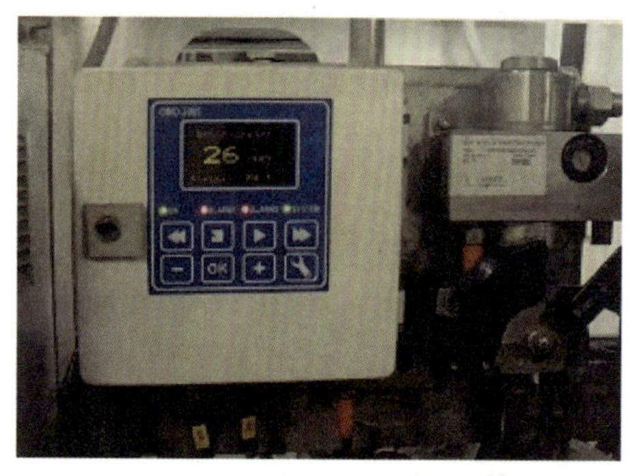

图1-13-5　排油监控装置

2.1.8　再循环装置的检查

2.1.8.1　MEPC.60(33)中仅要求在初次和定期检验时，提供循环设施；而MEPC.107(49)进一步明确强调了再循环装置以及安装的位置与作用。

MEPC.107(49)——为方便在船上检查起见，应按实际可行程度在尽量靠近15ppm舱底水分离器出口的排液管垂直部分设一取样点。应在关停装置舷外出口后面及附近装有再循环设备，使包括15ppm舱底水报警装置和自动关停装置在内的15ppm舱底水分离系统能在舷外排放停止的情况下进行试验，见图1-13-6和图1-13-7。

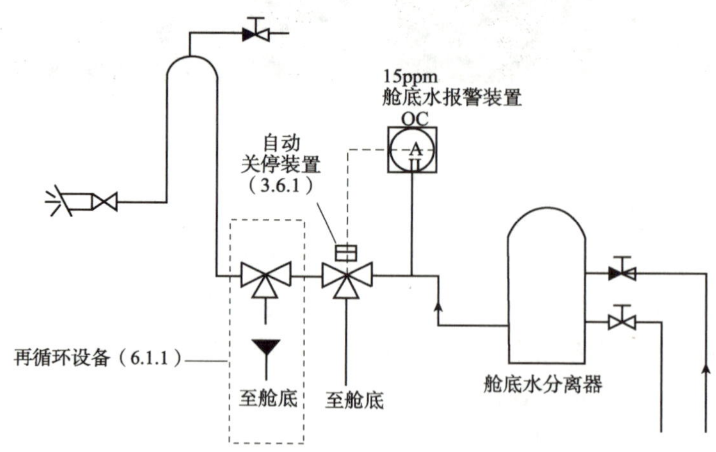

图1-13-6　MEPC.107(49)有关再循环设备安装的示意图

2.1.8.2　检查系统是否安装再循环装置;再循环装置安装的位置是否符合规则要求;再循环装置(二位三通阀)操作是否正常,阀件是否卡死/操作手柄是否完好等相关情况,见图 1-13-8 和图 1-13-9。

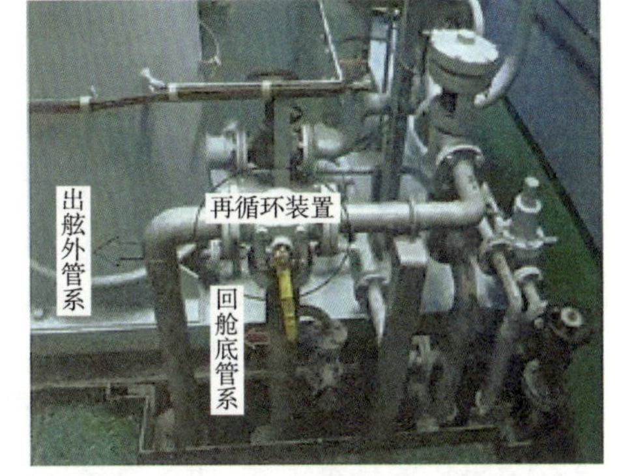

图 1-13-7　符合 MEPC107.(49)决议的相关要求安装的再循环装置

2.1.9　加热器检查

如油水分离器筒体内装有电加热器或蒸汽加热器,开启加热器后,如采用电加热,加热指示灯亮,过一段时间后,查看温度计,并用手探摸分离器筒体(或取样水测温),若温度没有升高,说明加热器故障,若感觉(或水样温度)证明温度升高,而温度表无相应变化,则说明温度表失灵。如采用蒸汽加热器,要看加热蒸汽进出管及其附件是否处于良好状态(管子的隔热包扎完好、没有泄漏蒸汽现象、温度表良好、相关阀件良好等)。

图 1-13-8　未按要求安装再循环装置

图 1-13-9　再循环装置卡死/操作手柄丢失

2.2　常见隐患

2.2.1　油污水分离器配套的专用舱底水泵故障;

2.2.2　油污水分离器配套的专用舱底水泵排量大于分离装置的处理量 1.5(或 1.1)倍;

2.2.3　2024 年 9 月 1 日及以后安装的油污水分离装置不符合 MEPC107(49)号决议技术认可标准要求;

2.2.4　油污水分离器 15ppm 舱底水报警装置的自动关停装置动作响应时间超过 ×s;

2.2.5　油污水分离器滤芯、滤板受油泥黏附严重,超过 15ppm 排放标准;

2.2.6　油水分离器的 15ppm 油份计显示超过 15ppm,而未能在 ×s 之内报警和自动停止排放;

2.2.7　油水分离装置上 × 阀(考克)锈死;

2.2.8　油水分离器排油(或反冲洗)电磁(气动)阀功能故障;

2.2.9　擅自关闭、拆除油水分离器等防污染设备或重要部件;

2.2.10　擅自加装管路,污油污水直接排海;

2.2.11　使用前没有进行三通阀测试或者 15ppm 报警装置测试;

2.2.12　操作结束没有进行相关记录。

3　其他防污要求

3.1　排查要点

3.1.1　标准排放接头,见图 1-13-22:主要检查是否设置标准排放接头,接头是否符合标准(包括管径、法兰开槽及厚度、螺栓数量等)以及锈蚀情况,参见表 1-13-1。

3.1.2　燃油舱的保护:先查看燃油舱的舱容表及舱容图,计算燃油舱的总舱容,分别计算出 C 值、h 及 w 值,再查看渔船布置图数据是否满足要求。如不满足,是否安装关闭装置,检查关闭装置是否正常,如条件允许应现场查看。

3.1.3　渔业船舶不同机舱总功率需对应配备的残油(油泥)舱容积可参考表 1-13-3。

不同机舱总功率渔业船舶残油(油泥)舱容积参考表　　表 1-13-3

序号	机舱总功率 P(kW)	设备形式	航区/容积(m^3)		
			遮蔽	沿海	近海
1	P＜50	残油收集筒	0.03(30L)		
2	50≤P＜100	残油(油泥)舱	0.04	0.06	0.09
3	100≤P＜200	残油(油泥)舱	0.06	0.12	0.18
4	200≤P＜300	残油(油泥)舱	0.09	0.18	0.26
5	300≤P＜400	残油(油泥)舱	0.12	0.23	0.35
6	400≤P＜500	残油(油泥)舱	0.15	0.29	0.44
7	500≤P＜800	残油(油泥)舱	0.23	0.46	0.69
8	800≤P＜1200	残油(油泥)舱	0.35	0.69	1.05
9	1200≤P＜1600	残油(油泥)舱	0.46	1.00	1.38
10	600≤P＜2000	残油(油泥)舱	0.58	1.15	1.69

3.1.4　400 马力(300kW)及以上渔业船舶是否持有油类记录簿,并进行了详细记载(记录内容的检查,参见本章十四节操作性检查 3 项书面记录类 3.1.3 款)。

3.1.5　400GT 及以上船舶是否配备了船上油污应急计划。

3.1.6　机舱内明显易见之处是否悬挂了“禁止排放油污”布告牌。

3.2　常见隐患

3.2.1　标准排放接头未设置或设置不符合要求。

3.2.2　标准排放接头锈烂洞穿。

3.2.3　燃油舱与某侧壳板的距离小于 1m,但未在燃油舱内或紧邻燃油舱旁设置关闭装置。

3.2.4 燃油舱与船底壳板的距离小于0.76m,但未在燃油舱内或紧邻燃油舱旁设置关闭装置。

3.2.5 燃油舱内吸阱与船底壳板的距离小于0.39(或h/2)m。

3.2.6 燃油舱关闭装置故障。

3.2.7 残油(油泥)舱容积配备不满足要求。

3.2.8 渔业船舶未按规定张贴布告牌,未按规定配备、携带油污应急计划、油类记录簿,及未按规定填写。

3.2.9 防油类污染设备的铭牌内容与证书记载不一致。

3.2.10 防油类污染设备缺失、未按规定安装使用或失效。

防止生活污水污染

适用于400GT及以上和小于400GT但经核定许可载运15人以上的所有渔船。

1 强制性要求

1.1 生活污水的排放

1.1.1 除下列情况之一外,禁止将生活污水排放入海:

1.1.1.1 船舶在距最近陆地3n mile以外,使用经认可的设备排放经过打碎和消毒的生活污水,或在距最近陆地12n mile以外排放未经打碎和消毒的生活污水。但不论何种情况,不得将集污舱柜中储存的生活污水或来自装有活动物的处所的生活污水顷刻排光,而应在船舶以不少于4kn船速在航行途中,以中等速率进行排放。或

1.1.1.2 船上装有经认可的生活污水处理装置正在运转,且船舶在航行中。同时排出的污水在其周围的水域中不产生可见的漂浮固体,也不使其变色。经生活污水处理装置处理后的排放污水应满足本节1.1.3中规定的生活污水污染物排放限值标准。

1.1.2 当生活污水混有其他废弃物或废水时,则除应满足规定外,还应符合其他相应的要求。

1.1.3 生活污水污染物排放限值

1.1.3.1 在2012年1月1日以前安装(含更换)生活污水处理装置的船舶,向环境水体排放生活污水,其污染物排放控制按表1-13-4规定执行。

船舶生活污水污染物排放限值　　表1-13-4

序号	污染物项目	限值	污染物排放监控位置
1	五日生化需氧量(BOD_5)(mg/L)	50	生活污水处理装置出水口
2	悬浮物(SS)(mg/L)	150	
3	耐热大肠菌群数(个/L)	2500	

1.1.3.2 在2012年1月1日及以后安装(含更换)生活污水处理装置的船舶,向环境

水体排放生活污水,其污染物排放控制按表 1-13-5 规定执行。

船舶生活污水污染物排放限值　　表 1-13-5

序号	污染物项目	限值	污染物排放监控位置
1	五日生化需氧量(BOD_5)(mg/L)	25	生活污水处理装置出水口
2	悬浮物(SS)(mg/L)	35	
3	耐热大肠菌群数(个/L)	1000	
4	化学需氧量(COD_{Cr})(mg/L)	125	
5	pH 值(无量纲)	6~8.5	
6	总氯(总余氯)(mg/L)	<0.5	

1.2　设备要求

为遵守本节 1.1 生活污水的排放要求,船舶应装有如下的设备:

1.2.1　在距离最近陆地 3n mile 以内排放生活污水时,应装有认可的生活污水处理装置;

1.2.2　如仅需在距最近陆地 3n mile 以外排放生活污水,船舶应装有将生活污水进行打碎和消毒的认可型装置;

1.2.3　如仅需在距最近陆地 12n mile 以外排放生活污水,可只设集污舱柜,该舱柜应考虑该船在营运期间船上人数以及其他有关的因素具有足够储存全部生活污水的容量。集污舱柜应设有观察生活污水液位的装置;

1.2.4　船上应设有便于将生活污水排往接收设备的管路,同时该管路上应装有按本节 1.3 规定的生活污水标准排放接头。

1.3　标准排放接头

1.3.1　为了使接收设备的管路能与船上的排放管路相连结,两条管路均应装有符合表 1-13-6 的排放接头法兰的标准尺寸。

生活污水排放接头法兰的标准尺寸　　表 1-13-6

项目	尺寸
外径	210mm
内径	按照管子的外径
螺栓圈直径	170mm
法兰槽口	直径 18mm 的孔 4 个等距分布在上述直径的螺栓圈上, 开槽口至法兰外沿。槽口宽 18mm
法兰厚度	16mm
螺栓和螺帽:数量,直径	4 个,每个直径 16mm,长度适当

注:法兰应设计为能接受最大内径小于或等于 100mm 的管子,以钢或其他同等材料制成。表面平整,连同一个适当的垫圈,应能承受 600kPa 的工作压力。

1.3.2　对于型深为5m和小于5m的渔船，排放接头的内径可为38mm。

1.3.3　所有适用渔船无论其是否安装了生活污水处理装置或集污舱，都应配备向港口生活污水处理设备排放生活污水的管路和符合1.3.1要求的标准接头。

2　生活污水处理装置

2.1　排查要点

2.1.1　生活污水处理装置的设置

400GT及以上和小于400GT但经核定许可载运15人以上的所有渔船，应装有认可的生活污水处理装置，见表1-13-7和表1-13-8。对现有渔船，可以符合国家标准《船用生活污水处理系统技术条件》。对于2010年1月1日及以后安装上船的生活污水处理装置，应参见IMO以MEPC.159(55)决议通过的《经修订的生活污水处理装置排放标准和性能试验实施导则》，对2016年1月1日及以后安装到船上的生活污水处理装置，应参见MEPC.227(64)决议“2012年生活污水处理装置排放标准和性能试验导则”。渔船应提供经船检机构认可的“生活污水排放速率计算书”（详见IMO决议MEPC.157(55)，见图1-13-10、图1-13-11。

渔船生活污水处理装置配备要求　　表1-13-7

适用范围	排放生活污水范围	配备要求
400GT及以上或 核定许可载运15人以上	距最近陆地3(含)n mile以内排放	1.装设生活污水贮存柜留存污水，靠岸后排入港口接收设施，或 2.装设生活污水处理装置
	3~12(含)n mile范围排放	1.装设生活污水处理装置，或 2.装设生活污水贮存柜及圆形物粉碎消毒设备
	12n mile以外排放	1.装设生活污水贮存柜，或 2.装设生活污水贮存柜及固形物粉碎消毒设备 3.装设生活污水处理装置

渔船生活污水贮存柜规格表　　表1-13-8

适用范围	设备类型	数量	船员人数	规格(m^2)
400GT及以上或 核定许可载运15人以上	生活污水贮存柜	1	10	0.70
		1	12	0.84
		1	14	0.98
		1	15	1.05
		1	18	1.26
		1	20	1.40
		1	23	1.61
		1	25	1.75

续上表

适用范围	设备类型	数量	船员人数	规格(m^2)
400GT 及以上 或核定许可载运 15 人以上	生活污水贮存柜	1	30	2.10
		1	35	2.45
		1	40	2.80

图 1-13-10　生活污水处理装置

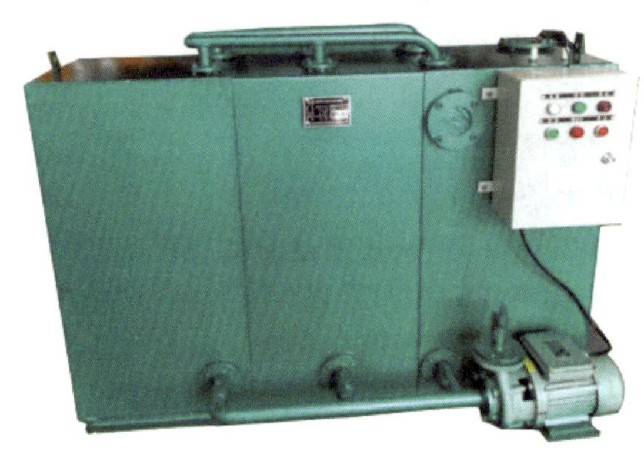

图 1-13-11　生活污水贮存柜

2.1.2　生活污水三通阀的检查

检查三通阀是否转换,转换是否到位。该三通阀一路来自渔船生活污水,一路排往舷外,一路通往生活污水处理装置(或集污柜),三通阀可能为一个整体阀或者通过三个截止阀达到该功能。离海岸线 12n mile 前应将三通阀转往生活污水处理装置,而通往舷外的那一路必须关闭。检查时查看阀的开关指示即可,特别关注个别渔船可能将三通阀的阀芯拆除,见图 1-13-12、图 1-13-13。

图 1-13-12　生活污水处理装置控制面板

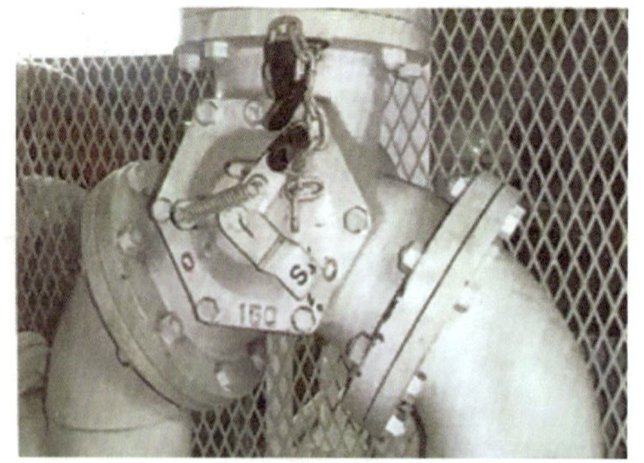

图 1-13-13　三通阀通左路

2.1.3　曝气风机的检查

检查曝气风机是否处于运行状态,并保持压力在 0.1 ~ 0.5kg/cm^2 之间,压力表是否完好。如果风机损坏,允许使用从机舱控制空气接出的经过减压后的空气连接到相应的供气管路上,但应及时向渔业企业申请备件,见图 1-13-14、图 1-13-15。

图 1-13-14 空气压力正常

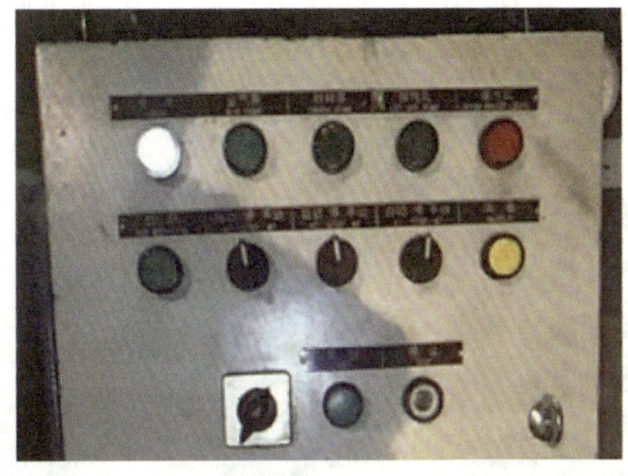

图 1-13-15 生活污水处理装置未投入运行

2.1.4 消毒柜的检查

处理装置中通常会有两个加药罐，在说明书中有规定：正常的投药量（通常是氯片）为 5 克/人/天，经过处理的生活污水其氯离子的含量应在 1 ~ 5ppm 之间，如果高于 5ppm，则只需要加满一个药罐的 1/3 即可；如果低于 1ppm 则应在两个加药罐内加入药片，见图 1-13-16。

2.1.5 处理装置出口阀的检查

在排放泵吸入侧有三个阀门：分别从曝气池、沉淀池和消毒池吸入。当处理装置使用时，只有消毒池的排出阀处于开启状态，而曝气池和沉淀池的两个出口阀应处于关闭状态（装置停用进行内部冲洗时才打开）。如果在装置运行中，这两个阀门也处于开启状态，就导致了部分未经充分处理的生活污水也通过排放泵排放到舷外，致使不符合排放标准，见图 1-13-17、图 1-13-18。

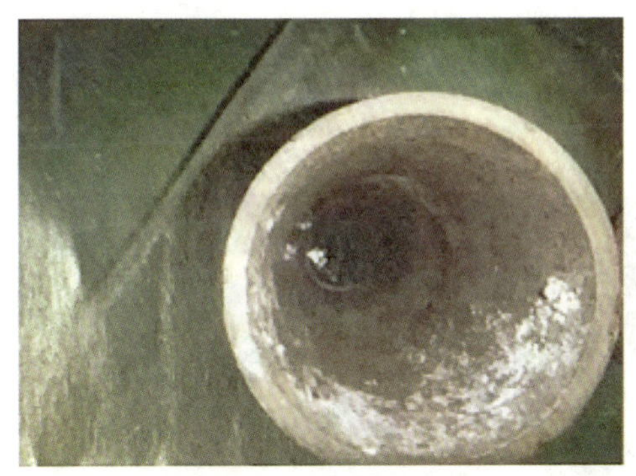

图 1-13-16 投药桶内无消毒药品

图 1-13-17 生活污水处理装置出口阀布置

2.1.6 回流管的检查

沉淀池底部和浮渣盘的回流管（通常是透明的胶管）是否有可见的液体回流（检查人员可用手电筒进行照射验证）。如果没有，说明管路存在堵塞，需要船员进行内部清理。有时由于船员的不规范使用卫生设施，将部分果皮、瓜壳、茶叶等倒入抽水马桶内导致回流管的堵塞，见图 1-13-19。

2.1.7 真空度的检查

如设有真空泵，重点检查是否能建立并维持真空。一方面通过查看真空表压力

(-0.03 ~0.05MPa),另外也可将烟灰倒入厕所是否能冲走来检验系统的性能。

图 1-13-18　右边的消毒池出口阀开启,其他两阀关闭

图 1-13-19　透明回流管

2.2　常见隐患

2.2.1　生活污水处理装置(污水泵、空气压缩机)故障。

2.2.2　生活污水处理装置液位高报警故障。

2.2.3　生活污水处理装置的排放泵自动启动和停止功能故障。

2.2.4　船上配备的消毒片未能满足本航次要求。

2.2.5　生活污水处理装置的压力表失效。

2.2.6　生活污水处理装置某处锈穿。

2.2.7　未经完全处理的生活污水直排舷外。

2.2.8　生活污水处理装置出舷管路未安装防浪阀,见图 1-13-20。

2.2.9　生活污水贮存柜(或生活污水处理装置)未安装、未接通电源、管路,见图 1-13-21。

图 1-13-20　出舷管路未安装防浪阀

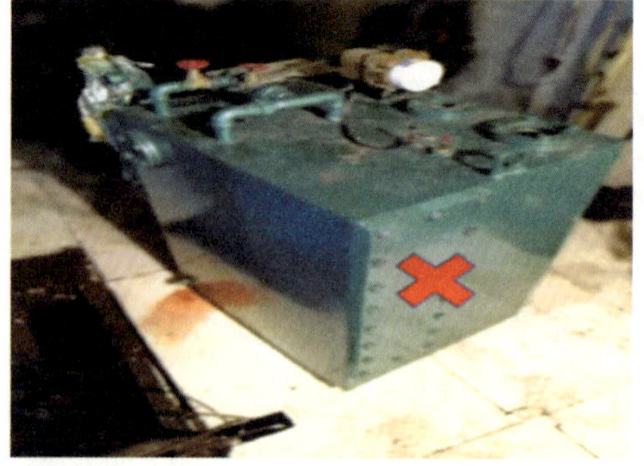

图 1-13-21　生活污水贮存柜未接通电源、管路

2.2.10　不能提供每个季度污水检测报告。

2.2.11　不能提供相关的操作记录。

2.2.12　空气泵的排出压力不满足要求。

2.2.13　没有配备生活污水应急预案。

3 其他防污要求

3.1 排查要点

标准排放接头，见图 1-13-22：主要检查是否设置标准排放接头，接头是否符合标准（包括管径、法兰开槽及厚度、螺栓数量等）以及锈蚀情况，参见表 1-13-6。

3.2 常见隐患

3.2.1 防止生活污水污染设备的铭牌内容与证书记载不一致。设备缺失、未按规定安装使用或失效。

3.2.2 标准排放接头未设置或设置不符合要求。

3.2.3 标准排放接头锈烂洞穿。

3.2.4 生活污水处理装置通岸接头安装错误，盲板法兰缺失，见图 1-13-23。

图 1-13-22 污油水、生活污水标准排放接头

图 1-13-23 生活污水处理装置通岸接头安装错误，盲板法兰缺失

防止垃圾污染

1 强制性要求

1.1 禁止排放垃圾入海的一般规定

1.1.1 禁止排放任何塑料入海，包括但不限于纤维缆绳、合成纤维渔网及塑料垃圾袋以及可能含有有毒或重金属残留的塑料制品的焚烧炉灰烬。

1.1.2 禁止排放食用油入海。

1.1.3 所有渔船应配备足够容量的垃圾收集装置，以收集航行作业期间的垃圾，并对收集装置进行分类标识。

1.2 垃圾处理和收集

船舶仅在航行途中时才应允许在尽可能远离最近陆地处将下述垃圾排放入海：

1.2.1 在任何海域，应将塑料废弃物、焚烧炉灰渣、废弃食用油、生活废弃物、废弃渔具和电子垃圾收集并排入接收设施。

1.2.2 对于食品废弃物，在距最近陆地3n mile以内（含）的海域，应收集并排入接收设施；在距最近陆地3n mile至12n mile（含）的海域，粉碎或磨碎至直径不大于25mm后方可排放；在距最近陆地12n mile以外的海域可以排放。

1.2.3 在任何海域，对于货舱、甲板和外表面清洗水，其含有的清洁剂或添加剂不属于危害海洋环境物质的方可排放；其他操作废弃物应收集并排入接收设施。

1.2.4 对于动物尸体，在距最近陆地12n mile以内（含）的海域，应收集并排入接收设施；在距最近陆地12n mile以外的海域可以排放。

1.2.5 在任何海域，对于不同类别船舶垃圾的混合垃圾的排放控制，应同时满足所含每一类船舶垃圾的排放控制要求。

1.3 公告牌、垃圾管理计划和垃圾记录

1.3.1 总长在12m及以上的渔船，均须张贴“垃圾公告牌”，根据具体情况告知船员和乘客本节1.1、1.2条的排放要求。

1.3.2 100GT及以上的海洋渔船和经核载15人及以上的海洋渔船应备有一份依据《垃圾管理计划编写指南》制定的“垃圾管理计划”，说明垃圾收集、储藏、加工、处理的具体程序，并指定负责人员。

1.3.3 100GT及以上的海洋渔船和经核载15人及以上的海洋渔船均须配备“垃圾记录簿”。“垃圾记录簿”应在船上存放，并可供随时检查。

2 焚烧炉

2.1 排查要点

2.1.1 焚烧炉装置是否有型式认可证书，查看《防止大气污染证书》的附件是否符合技术标准，2000年1月1日或以后安装上船的焚烧炉装置，应符合MEPC.76(40)决议要求。

图1-13-24 焚烧炉外观

2.1.2 焚烧炉装置外观检查：各管线是否存在渗漏；炉体及排烟管表面有无冒烟痕迹，绝热材料是否完整，见图1-13-24。

2.1.3 焚烧炉装置功能检查：各燃烧程序是否正常，包括预扫风时间（不少于15秒）、点火、燃烧。

2.1.4 焚烧炉装置警报测试：排烟高温报

警、投料口联锁装置警报及燃烧中各种监控安全警报(如空气压力、火焰故障等),见图1-13-25。

2.1.5 焚烧炉装置辅助设备功能检查:搅拌器功能及状况是否正常。

2.1.6 炉膛检查;炉膛耐火泥是否脱落,状况是否正常,结合油类及垃圾记录检查焚烧炉是否经常使用。经常焚烧污油垃圾的炉膛,在喷油嘴下方的内壁上会附着一层厚厚的、坚硬的不能完全燃烧的油渣,在喷油嘴对面的炉膛壁上附着一层马蜂窝状的坚硬的炭渣,整个炉膛壁上的耐火砖都有烧红的痕迹。否则渔船可能存在排污行为,应进一步查找证据,见图1-13-26。

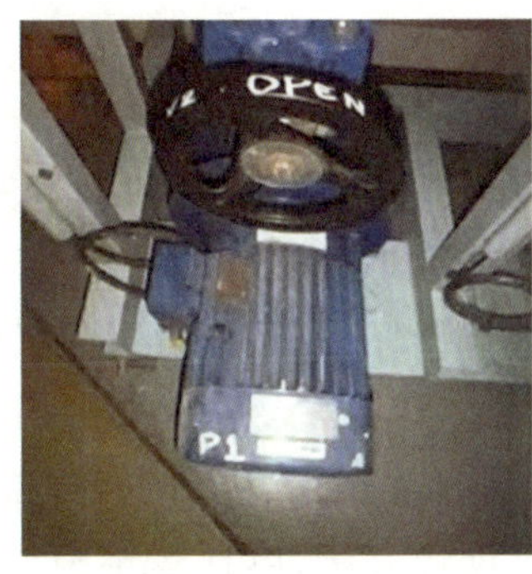

图1-13-25 真空处理装置

图1-13-26 焚烧炉炉膛

2.2 常见隐患

2.2.1 焚烧炉装置无法正常工作。

2.2.2 焚烧炉某警报故障。

2.2.3 焚烧炉污油日用柜搅拌器故障。

2.2.4 焚烧产生炉灰等未记录到垃圾记录本。

2.2.5 焚烧污油没有记录到油水记录本。

3 其他

3.1 排查要点

3.1.1 总长在12m及以上的渔船,均须张贴垃圾公告牌,且100GT及以上的渔船,经核准载运15人或以上的渔船,须配备垃圾管理计划。

3.1.2 100GT及以上的渔船,经核准载运15人或以上的渔船,须配备“垃圾记录簿”。

3.2 常见隐患

3.2.1 未按规定张贴垃圾公告牌或配备垃圾管理计划。

3.2.2 100GT及以上的海洋渔船和经核载15人及以上的海洋渔船没有“垃圾记录簿”。

防止空气污染

1 强制性要求

1.1 免除和等效

1.1.1 本节的规定应不适用于下述情况：

1.1.1.1 任何为保障渔船安全或救护海上人命所必需的排放；或

1.1.1.2 任何因渔船或其设备遭到损坏的排放：

(1)但须在发生损坏或发现排放后，为防止排放或使排放减至最低限度，已采取了一切合理的预防措施；和

(2)但是，如果船东或船长是故意造成损坏，或轻率行事而又知道可能会招致损坏，则不在此例。

1.1.2 经船舶检验机构同意，允许在船上安装具有同等效能的任何装置、材料、设备或器械，或允许使用其他程序、替代燃油或符合方法，以代替本节所要求的装置、材料、设备或器械或程序、替代燃油或符合方法，包括本章所述的任何标准，对减排方面所要求者至少同等有效。

1.2 排放控制要求

1.2.1 消耗臭氧物质：本条不适用于无制冷剂充注接头的永久密封设备或无含有消耗臭氧物质的可拆卸部件的永久密封设备。

1.2.1.1 在2005年5月19日或以后建造的渔船；或对于2005年5月19日以前建造的渔船，设备合同交付船上的日期为2005年5月19日或以后，或者无合同交付日期，实际设备交付船上的日期为2005年5月19日或以后，应禁止使用含消耗臭氧物质(氢化氯氟烃除外)的装置。

1.2.1.2 在2020年1月1日或以后建造的渔船；或对于2020年1月1日以前建造的渔船，设备合同交付船上的日期为2020年1月1日或以后，或者无合同交付日期，实际设备交付船上的日期为2020年1月1日或以后，应禁止使用含氢化氯氟烃的装置。

1.2.1.3 本条所述的物质以及设备中含有的此类物质，当其从船上卸下时，应送到合适的接收设备中。

1.2.2 新安装上船或现有船更换新柴油机的排气污染物要求

1.2.2.1 额定功率大于或等于37kW并且单缸排量小于5L的船用柴油机(第一类)、单缸排量大于或等于5L且小于30L的船用柴油机(第二类)，无论是否安装排气后处理系统，其排放应不超过表1-13-9规定的极限值。

1.2.2.2 额定功率37kW以下的船用柴油机的排放应满足表1-13-10的要求。

柴油机排气污染物排放限值 表1-13-9

柴油机类型	单缸排量(SV)(L/缸)	额定功率(P)(kW)	CO (g/kWh)	$HC+NO_X$ (g/kWh)	PM (g/kWh)
第一类	SV<0.9	P≥37	5.0	5.8	0.30
	0.9≤SV<1.2		5.0	5.8	0.14
	1.2≤SV<5		5.0	5.8	0.12
第二类	5≤SV<15	P<2000	5.0	6.2	0.14
		2000≤P<3700	5.0	7.8	0.14
		P≥3700	5.0	7.8	0.27
	15≤SV<20	<2000	5.0	7.0	0.34
		2000≤P<3300	5.0	8.7	0.50
		P≥3300	5.0	9.8	0.50
	20≤SV<25	P<2000	5.0	9.8	0.27
		P≥2000	5.0	9.8	0.50
	25≤SV<30	P<2000	5.0	11.0	0.27
		P≥2000	5.0	11.0	0.50

柴油机排气污染物排放限值(额定功率37kW以下) 表1-13-10

额定功率(P)(kW)	CO(g/kWh)	$HC+NO_X$(g/kWh)	PM(g/kWh)
P<37	5.5	7.5	0.60

1.2.2.3 单缸排量大于或等于30L的船用柴油机的NO_x排放量:

(1)14.4g/kWh,当柴油机额定转速<130r/min;

(2)44n(-0.23)g/kWh,当130r/min≤柴油机额定转速<2000r/min时;

(3)7.7g/kWh,当柴油机额定转速≥2000r/min时。

1.2.2.4 船舶发动机进行大修、更换船舶发动机或新增安装船舶发动机应满足以下要求:

(1)当对船舶发动机进行大修时,大修过的发动机排放水平应不低于大修前型式检验的排放水平;

(2)当渔业船舶更换额定功率在37kW及以上且单缸排量在30L以下的非完全相同的柴油机时,应更换符合检验技术规则排放要求的发动机;

(3)当渔业船舶新增安装发动机时,应安装符合检验技术规则排放要求的发动机。

1.2.3 不适用于船舶装用的应急发动机、安装在救生艇上或只在应急情况下使用的任何设备或装置上的发动机。

1.2.4 硫氧化物(SOx)和颗粒物质(PM)

船上使用的任何燃油的硫含量不应超过下述极限值:

1.2.4.1 2012年1月1日以前4.50%m/m;

1.2.4.2　2012 年 1 月 1 日及以后 3.50% m/m；和

1.2.4.3　2020 年 1 月 1 日及以后 0.50% m/m。

1.2.5　船上焚烧

1.2.5.1　除本条 1.2.5.4 规定外，船上焚烧应只允许在船上焚烧炉中进行。

1.2.5.2　应禁止下列物质在船上焚烧：

(1) MARPOL73/78 公约的附则Ⅰ、Ⅱ或Ⅲ规定的货物残余物或有关的被污染的包装材料；

(2) 多氯联苯(PCB)；

(3) MARPOL73/78 公约的附则 V 定义的含有超过微量重金属的垃圾；

(4) 含有卤素化合物的精炼石油产品；

(5) 不在船上产生的污泥和油渣；和

(6) 废气滤清系统的残余物。

1.2.5.3　应禁止在船上焚烧聚氯乙烯(PVC)，但在已经认可的船上焚烧炉内焚烧除外。

1.2.5.4　在渔船正常操作过程中产生的污泥和油渣的船上焚烧也可以在主、副发电机或锅炉内进行，但在这种情况下，不能在码头、港口和河口内进行。

1.2.5.5　本条规定：

(1) 不影响经修正的 1972 年防止倾倒废物及其他物质污染海洋公约及其 1996 年议定书的禁令或其他要求；

(2) 不排除符合或超过本条要求的船上热废物处理装置替代设计的开发、安装和使用。

1.2.5.6　安装在船上的每一焚烧炉均应符合 IMO 制定的船上焚烧炉标准技术条件并经认可；且应持有一份制造厂的操作手册。该手册应与焚烧炉装置一起存放。

1.2.5.7　船东应对负责按要求安装的焚烧炉操作的人员进行培训，使其能执行本节所要求的制造厂操作手册中规定的指导。

1.2.5.8　焚烧炉操作人员应按要求安装的焚烧炉，在该炉进行操作的任何时候均应对燃烧室气体出口温度进行监测。如焚烧炉为连续进料型，在燃烧室气体出口温度低于 850℃ 时废弃物不应送入该焚烧炉装置。如焚烧炉为分批装料型，该装置应设计成其燃烧室气体出口的温度在起动后 5min 内达 600℃ 且随后稳定在不低于 850℃。

2　防止空气污染的检查

2.1　排查要点

2.1.1　新安装或现有船更换新柴油机的排气污染物是否满足表 1-13-9、表 1-13-10 要求。

2.1.2　船上焚烧是否符合防止空气污染的强制性要求。

2.1.3　船上焚烧炉操作人员是否进行了培训。

2.2　常见隐患

2.2.1　柴油机的排气污染物不符合要求。

2.2.2 船上焚烧不符合防止空气污染的强制性要求 1.2.5。

2.2.3 船上焚烧炉操作人员没有进行培训或对焚烧要求不了解。

2.2.4 船舶上有未经船舶检验机构确认的、禁止使用的装置(如含氢化氯氟烃的装置等)。

有害防污底系统的控制

1 强制性要求

1.1 防污底系统指用于渔船控制或防止不利生物附着的涂层、油漆、表面处理、表面或装置。

1.2 其防污底系统中不得施涂或重新施涂含有作为杀生物剂的有机锡化合物的防污底漆。或没有一个隔离层,以阻挡底层不符合要求的防污底系统渗出作为杀生物剂的有机锡化合物。

1.3 400GT 及以上的渔船,由船舶检验机构在渔船投入营运前的初次检验,或在改变或替换防污底系统时应申报临时检验时进行检查。长度为 24m 或以上,但小于 400GT 的渔船应携带 1 份由船舶所有人或船舶所有人的授权代理所签署的声明。该声明还应辅以适当的单证(例如油漆收据或承包商的发票)或包括适当的签字。

2 有害防污底系统的控制的检查

2.1 排查要点

长度为 24m 或以上,但小于 400GT 的渔船是否携带 1 份由船舶所有人或船舶所有人的授权代理所签署的声明。

2.2 常见隐患

船上没有携带有害防污底系统的控制的相关声明,或声明缺少适当的单证、签字。

隐患处理

(1)渔业船舶未按规定张贴告示牌,未携带垃圾管理计划、油类记录簿和垃圾记录簿等,或未按规定填写,应责令船东(船长)限期前整改。

(2)未按规定配备垃圾管理计划、油类记录簿和垃圾记录簿,应责令船东(船长)离港前整改。

(3)防污染设备的铭牌内容与证书记载不一致,应责令船东(船长)申请船舶检验机构检验批准,未获得船舶检验机构批准的,可责令船东(船长)离港前整改。

(4)防污染设备缺失、未按规定安装使用或失效,标准排放接头未按规定安装,或船舶上有未经船舶检验机构确认的禁止使用装置的，应责令船东（船长）离港前整改，并申请船舶检验机构临时检验。认定为与船舶检验有关的缺陷，在隐患排查中，可要求船舶检验机构确认和上报渔业渔政主管部门处理。

小结与建议

1　对行政执法部门的建议

1.1　登临渔业船舶注意观察船舶张贴的公告牌（包括油污、垃圾贮集器等），主动向船长索要垃圾管理计划、油类记录簿和垃圾记录簿等文件，排污记录（油类记录簿、垃圾记录簿）与航海日志对照检查，检查排放时船位、航速和排放内容等有无违规排放。

1.2　对船舶冷藏冷冻设备，查看设备铭牌或使用说明书，了解所使用的冷冻剂等情况。

1.3　对船舶使用的油漆、燃油等查看发票或收据，了解所含本节禁止使用的成分。

1.4　对船舶防污染设备仔细核对证书记载内容。

1.5　对安装在船的防污染设备，注意检查设备的安装情况，特别是管路连接情况，有无直通舷外的情况，必要时可以让船方运行测试，确保设备正常使用。

1.6　询问并查看各类标准接头、防污报警装置的位置，必要时可让船方测试。

1.7　注意观察船舷、船边水面有无污染物排放痕迹，如有明显证据，应询问船员并做好调查笔录，固定证据。图1-13-27～图1-13-30所示照片为检查过程中发现的一些明显的排污证据，供参考。

图1-13-27　阀杆处黑色油迹

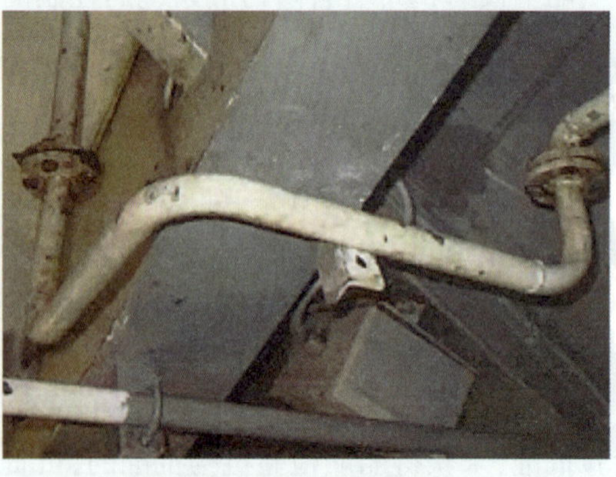

图1-13-28　拆卸痕迹

1.8 涉及船舶检验机构检验的问题,现场做好证据固定,应通知船舶检验机构做出书面说明,同时上报主管部门。

2 对船方的建议

2.1 船上应指定人员,日常对防污染设备进行保养和使用,同时做好记录。

图 1-13-29 污水舷外阀下部油迹

图 1-13-30 舷边出水口油迹

2.2 加强对船员关于防污染知识的培训教育,严格按规定排放。

2.3 发现有各防污染设备及其管路有跑、冒、滴、漏等情况,及时采取有效措施防止污染事故发生,同时报告船东或渔业企业,开展维修。

3 对渔业企业(或所有人/经营人)的建议

3.1 加强对企业员工、船长和轮机长的防污染培训,熟悉了解国际防污染公约和国内的强制性规定。

3.2 严格按规定配备安装船舶防污染设备,采购符合船舶检验机构要求附有产品证书的产品。

3.3 按规定制定防污染计划、申领油类记录簿和垃圾记录簿,督促船长按规定填写。

3.4 与油污水接收单位、燃油、油漆供应商签订协议,明确油污水收集、燃油、油漆符合规定。

第十四节 操作性检查

船员操作主要考查船员是否熟悉明白工作岗位职责、是否熟悉掌握设施设备操作方法步骤、是否熟悉遵守日常维护保养、是否熟悉运用应急情况处置,根据检查的内容与方式可归纳为:实践操作类、交流问答类、书面记录类和应急演习类四大类。

1 实践操作类

实践操作类是指根据船员自身职务的特点与要求,选择船员职责范围内的重要设备进行实际操作,以确认船员的实际操作水平与能力。因渔船设备种类繁多,操作要求各异,本书不可能面面俱到,根据防污设备的典型性、船员在应急消防泵检查中可能存在的弄虚作假,敷衍了事、无线电设备的专一性、救生设备的普遍性及考虑到全体船员在全船失电状况下的应急反应处置与协同配合的整体性。本节分别选取了油水分离器、应急消防泵、MF/HF无线电设备、救生艇和全船失电五个典型事例,进行详细阐述与说明。对于其他设施设备则建议根据其说明书与操作规程的要求进行检查与验证。

1.1 排查要点

1.1.1 MF/HF 无线电设备

MF/HF 无线电设备型号繁多,但基本原理与操作程序相仿,本节以“FS-2571C 型 MF/HF DSC”为例,全面介绍了具体操作过程。

1.1.1.1 常规测试呼叫

(1)开机前检查电源和天线是否正常,顺时针旋转 PWR/VOL 旋钮开机(本步骤不需要船员操作,因为 DSC 设备为遇险、紧急情况等情况设计,通常 24 小时处于开启状态)。

(2)按“DSC”键进入 DSC 模式。

(3)选择呼叫种类,有选呼、群呼、全呼、遇险呼叫及 DSC 测试等。

(4)选 DSC 测试,即“TEST MSG”。

(5)输入呼叫岸台九位码,通常可选择上海台(即 004122100)。

(6)选择呼叫频率,与上海台联系,距离较近通常用 2187.5kHz(询问船员 MF/HF 测试频率选择:A2 海区使用 MF/DSC 2187.5kHz,A3 或 A4 海区使用 HF/DSC 4207.5、6312、8414.5、12577 和 16084.5MHz)。

(7)按“CALL”键发送测试信息。

(8)等待回复。

1.1.1.2 发送遇险报警

(1)打开 DISTRESS 保护盖,按“DISTRESS”约 1 秒显示遇险性质(undesignated-未指定、fire-火灾、flooding-进水、collision-碰撞、grounding-搁浅、listing-倾斜、sinking-下沉 disabled-受损、abandoning-弃船、piracy-海盗、man overboard-人员落水)按“PUSH TO ENTER”选择遇险性质。

(2)进入选择船位菜单选择 EPFS 自动跟踪 GPS 船位。

(3)进入通信模式菜单,选择 TELEPHONE。

(4)进入 DSC 频率,选择 AUTO。

(5)确认之后,打开 DISTRESS 保护盖按 DISTRESS 键 4 秒以上发射遇险报警(此步为模拟操作以船员讲述为主)。

1.1.1.3 设置自动扫描频率及自动值守操作

按 DSC 键后按 SCAN 键,即处于自动扫描频率,自动值守在 2187.5、4207.5、6321 等频率(询问船员 DSC 安全频率所对应的话音频率)。

1.1.1.4 接收到他船发出的遇险报警后的处理

自动发出铃声报警,并显示他船九位码和遇险性质等信息,按 CANCEL 键自动接通在同一频率上通信(询问船员,船上收到遇险报警后的处理。船台收到 DSC 遇险呼叫后,应值守在该频段上的无线电话遇险及安全频率上。如发现 5 分钟内无岸台确认,应用无线电话确认,把遇险呼叫信息向合适岸台进行遇险转发)。

1.1.2 油水分离器

国内海洋渔船所配油水分离器设备型号可分为 ZYFM-3.0、ZFYM-1、ZYFM-0.5 及 CYFB 等多种类型,根据工作原理分为真空式及压力式,下面以满足 MEPC.107(49)要求的真空式油水分离器为例,进行操作性检查介绍(2024 年 9 月 1 日及以后安放龙骨的海洋渔业船舶要满足 MEPC.107(49)的要求),见图 1-14-1。

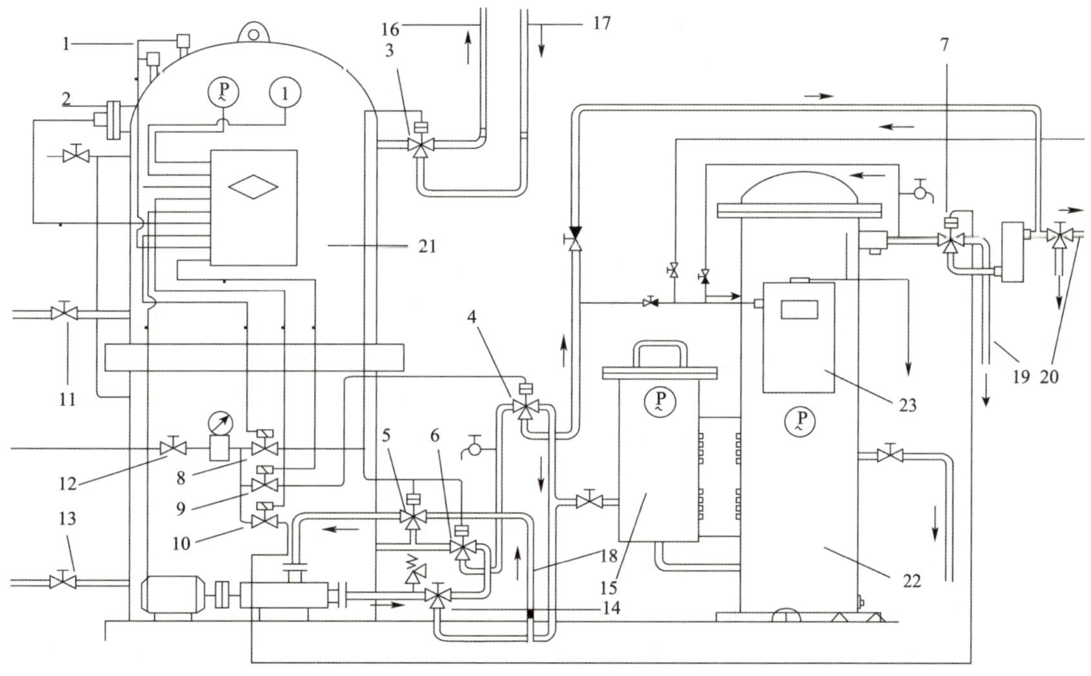

图 1-14-1 油水分离器结构示意图

1.1.2.1 操作前准备工作

观察操作人员的准备工作及操作程序是否正确完善,主要包括如下内容:

(1)打开气源;

(2)打开电源;

(3)开清水阀;

(4)手动注水;

(5)放气;

(6)查看压力表;

(7)检测单元检查(自检);

(8)打开污水阀;

(9)检查排舷外阀保持关闭,将再循环装置置于通舱底状态,见图 1-14-2。

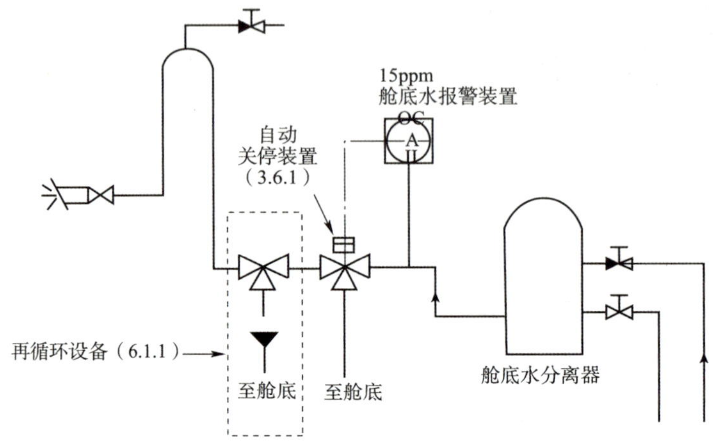

图 1-14-2　MEPC. 107(49)有关再循环设备安装的示意图

1.1.2.2　实际运行操作

注意职务船员保持设备正常运转的主要动作和注意事项:

(1)转入自动,观察各阀动作情况;

(2)检查 15ppm 检测情况,15ppm 油分浓度计出水情况;

(3)查看压力真空表是否处于正常状态,查看通舱底阀是否真正排水;

(4)手动排油操作,查看各级排油电磁/气控阀工作状况;

(5)当 15ppm 声光报警时,检查油水分离器自动停排装置是否正常(电磁阀或气控阀的转换情况——从排舷外位转换到回舱底位),污油水应转入二级分离,查看通舱底阀是否真正排水;

(6)如上述项正常,试验二级报警,声光报警检查,检查油水分离器电磁阀或气控阀的转换情况,污油水经分离后不符合排放要求,直接回污水舱重新分离;

(7)再循环设备的安装以及阀位转换的操作;

(8)15ppm 油分浓度计从取样位转换到清水位时,该装置是否能发出声光报警;相关管系是否能正常转换操作;

(9)报警试验结束,处于正常分离状态;

(10)手动排油,注清水妥,结束分离;

(11)关闭各阀门,电源,气源;

(12)油水分离器外观检查,例如如何观察进水管路上是否真的是污油水、运转过程中如何检查有关温度和压力,仪表是否完好,如何开启清洁水采样考克,出水口流出的水样即为经处理后的水样是否清洁等等有关注意事项,以判断船员对设备操作的熟悉程度;

(13)对油分浓度计、排油监控装置的检查,一般可通过试验开关进行试验,并询问船员如何处理超标污水的操作程序,是否了解声光警报后的处理程序,以判断船员对排油监控装置的熟悉程度和是否能够正确处理油污水,见图 1-14-3。

图 1-14-3　15ppm 油分浓度计的相关操作及再循环设备

1.1.3　灭火器

1.1.3.1　干粉灭火器,见图 1-14-4。

1.1.3.2　推车式干粉灭火器,见图 1-14-5。

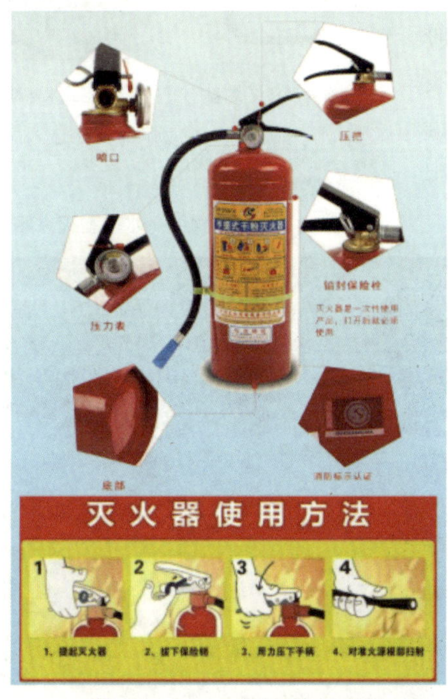

图 1-14-4　干粉式灭火器

图 1-14-5　推车式干粉灭火器

1.1.3.3　水基型灭火器,见图 1-14-6。

1.1.4　应急消防泵

1.1.4.1　应急消防泵作为渔船灭火系统的重要组成部分,发挥着越来越大的作用。它是当渔船机舱失火导致主消防泵以及其他相关泵失效时的替代措施,承担着全船的消防灭火任务。检查验证船员是否熟练操作应急消防泵可从以下几个方面入手:

(1)启动原动机。

①若原动机为柴油机,见图 1-14-7。看能否随时启动并满足规则要求:作为应急消防泵驱动动力的柴油机,除在热带海区航行的渔船外,应在温度降至 0℃时的冷态下,能用人工手摇曲柄随时启动。倘不能做到或可能遇到更低气温时,则应考虑到加热装置的储备和维修,并取得认可,以确保随时启动。倘若人工启动不可行,则允许采用其他启动装置。这些启动装置应能在 30min 内至少使柴油机驱动的动力源启动 6 次,并在前 10min 内至少启动 2 次;

②若原动机为电动机，见图 1-14-8。看能否随时启动并满足规则要求。电动机的供给电源是否由应急配电板输出，电动机的控制箱满足规则要求。

(2)原动机是否运转正常，压力表、真空表(电流、电压表)等各种仪表是否处于良好状态；

(3)进口阀、出口阀是否活络，开关是否正常；

(4)出口压力能否达到相关要求，见图 1-14-9：

①船长等于和大于 75m 的渔船应为独立动力驱动的固定式应急消防泵。应具备维持提供两股水柱的能力，最小压力为 0.25N/mm^2。能将两股不是由同一消火栓发出的水柱，射至船舶在航行时船员经常到达的任何部位，而其中一股应仅用 1 根消防水带。

推车式水基灭火器

手提式水基型灭火器

水基型灭火器内部装有AFFF水成膜泡沫灭火剂和氮气，具有操作简单，灭火效率高、使用时候不需倒置、有效期长、抗复燃、双重灭火等优点，能扑灭可燃固体、液体的初期火灾，是船舶的消防必备品

图 1-14-6　水基型灭火器

图 1-14-7　原动机为柴油机的应急消防泵

图 1-14-8　原动机为电动机的应急消防泵

图 1-14-9　真空表与出口压力表

②船长大于或等于 30m 但小于 75m 的渔船，必须有一替换设施提供灭火的用水。该设施需取得船舶检验机构的同意，并至少能将两股不是由同一消火栓发出的水柱，射至船舶在航行时船员经常到达的任何部位，而其中一股应仅用 1 根消防水带，最小压力为 0.25N/mm^2。

③船长小于 30m 的渔船，对应急消防泵没有要求，卫生泵、压载泵、舱底泵或总用泵，只要不经常用来抽输油类，均可作为消防泵。如

它们偶尔用于驳运或泵送燃油,则应装设适宜的转换装置。并至少能将一股水柱直接喷射到航行中船员经常到达的任何部位。

(5)离心泵轴封处是否泄漏严重,其他消防管系是否有泄漏现象;

(6)能否立即出水,出水量是否符合要求。根据消防设备随时可用性要求,应急消防泵应能随时启动并立即出水;

(7)连接两根消防水带和水枪(最好是船头和船艉各一根),观察水柱所达射程能否有效灭火;

(8)消防隔离阀的操作检查,见图 1-14-10:

图 1-14-10 消防隔离阀

①查看消防隔离阀是否活络,是否能正常开关。

②询问责任船员隔离阀的位置、数量。在机器处所内设有 1 台或数台消防泵时,应在机器处所之外易于到达并安全的位置装设隔离阀,使机器处所内的消防总管能与机器处所外的消防总管隔断。

③询问责任船员隔离阀的作用,消防总管应布置成当隔离阀关闭时,船上的所有消火栓(上述机器处所内的除外)能由置于该机器处所外的 1 台消防泵或 1 台应急消防泵通过不进入该处所的管子供给消防用水。

1.1.4.2 检查应急消防泵时,识别作假的几种方法:

在检查过程中固定式应急消防泵可能会出现无法出水或水压不足的情况,有时为了逃避检查,应急消防泵不能满足相关要求时船员会相互配合,弄虚作假,启动主消防泵、通用泵等或通过副机冷却水的旁通管路向消防总管,甚至直接向应急消防泵供水,从而造成应急消防泵能够正常出水的假象,试图蒙混关。这时就要求检查人员要细心,根据现场具体情况及时作出专业判断:

(1)留心观察船员间有无打暗号的现象(例如使用对讲机、做手势、递眼色等);

(2)要求关闭主消防泵、通用泵等的出口阀或主消防管路上的截止阀,然后再启动应急消防泵看其是否能正常出水;

(3)在应急消防泵启动前打开出口阀,看有无出口压力;

(4)关闭出口阀,启动应急消防泵,稍后看出口管是否发热;

(5)听声音变化,看是否出水(声音由粗空转低沉,说明出水);

(6)停止原动机,看出口压力是否随之大幅下降。

1.1.5 救生艇

救生艇筏释放方法及程序正确与否,直接关系到船员的生命安全和求生效果。当渔船发生海难时,救生艇筏能在规定时间降落水面并搭载额定乘员安全脱离难船,才能起到其应有的救生作用。而海难发生的时间和环境难以预料,特别是在黑夜、渔船不利倾斜和恶劣天气时,会给救生艇筏释放造成一定的难度,这就需要加强对救生艇筏操作的训练,使船员保持良好的专业技能和心理素质,以应对各类事件的发生。各类救生艇释放的具体步骤操作如下。

1.1.5.1　开敞和半封闭式救生艇释放方法

(1)准备工作。

①由艇长命令2名艇员登入艇内,松下位于横张索上的救生索,堵住艇底塞,解除稳索;检查艏艉缆、止荡索和属具物品的固定情况,将艏艉缆交其他艇员系于渔船缆桩上。

②艇长命令其他艇员放下登乘绳梯,并观察舷外有无障碍物;其后脱开艇架上的安全销。若安全销不容易脱开时,可使用手摇柄将艇的重量集中在吊艇索上再解脱安全销。当安全销脱开后,一定要将手柄从艇机上取下,以免发生危险。

③上述准备工作完毕后,须向艇长报告,见图1-14-11。

(2)开始放艇。当准备工作完毕,经艇长检查各处无误后下令放艇。操作吊艇机人员缓慢抬起艇机的刹车手柄,艇及吊架靠自身重量下降滑至舷外,其后艇在吊艇索的索引下开始下降,直到止荡索完全受力将艇拉向舷边位置时刹住,停止放艇,见图1-14-12、图1-14-13。

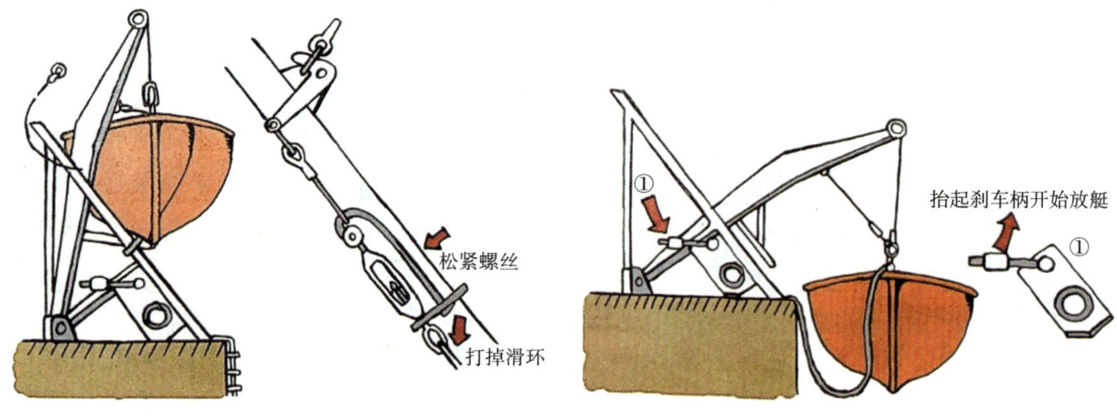

图1-14-11　准备放艇　　图1-14-12　放艇

(3)人员登艇。艇长令船上2人配合艇上2名人员分别将带滑轮的收紧索一端固定于艇艏、艉处羊角上;并将已穿好收紧索的滑车交给船上人员,由其将滑车分别挂在吊艇架底座适当部位,力端绳头留在艇内;滑车挂好后,艇上人员同时收紧并固定好,使艇缘紧靠大船;解除止荡索;随后艇长发出登艇命令。除艇长和操作艇机人员外,其他人员依次登艇,按座位标识坐下,见图1-14-14。

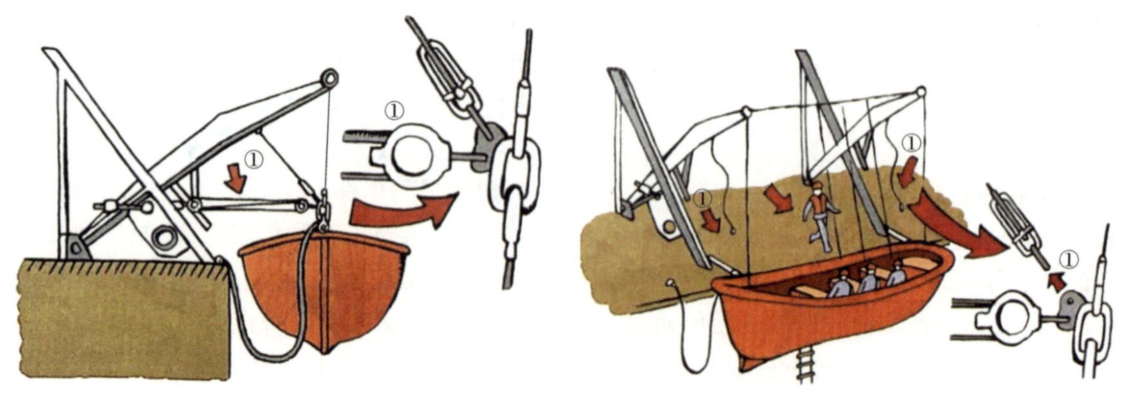

图1-14-13　放艇至登艇甲板　　图1-14-14　人员登艇

(4)继续放艇。人员登艇完毕后,艇长命令继续放艇。

①艇上艇员慢慢松开收紧索,直到吊艇索垂直水面时,由船上人员协助解除收紧索。

②操作艇机人员此刻抬起刹车,艇的下降速度应控制在0.4~0.6m/s范围内,直至将艇放到水面。

③艇艉做准备工作的艇员同时尽快检查机器,在艇入水前将其发动起来,见图1-14-15。

(5)解脱挂钩。艇放置于水面后,艏、艉艇员配合好,迅速在浪谷中解脱吊艇钩,最好能同时释放艏、艉吊艇钩。若不能同时脱钩,当大船前进时,可先脱艉钩、再脱艏钩,反之亦然。

目前艇上配备有联动脱钩装置,设在艇的中部,用于控制解脱艏、艉吊艇钩。当艇着水后,拉动脱钩装置,艏、艉吊艇则同时解脱。

(6)离开难船。艇长及操作艇机人员沿绳梯迅速登艇;其后艇长命令解除艏、艉缆;操作艇机离开难船,见图1-14-16。

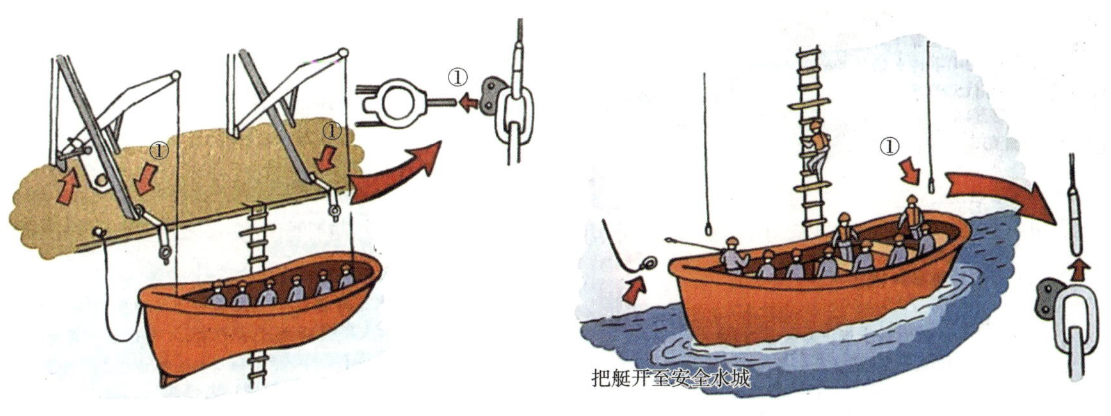

图1-14-15 放艇至水面

图1-14-16 驶离大船

在紧急状态下,除艇长和操作吊艇人员外,其余艇员可直接于艇的存放位置登艇;人员登艇后,艇长可指挥操作吊艇机人员将艇在存放位置一次性直接降落水中;艇长和操作吊艇机人员再由绳梯上艇,以便快速撤离难船。

1.1.5.2 封闭式救生艇释放方法

(1)准备工作。

①艇长在登乘站集合全体人员并点名。

②艇长指挥艇员解除艇的稳索,打开艇的出入门,松开外接充电电源插头,摘除吊艇架的安全插销,放出绳梯并检查舷外是否有影响放艇的障碍物。

(2)登艇。做好降落准备工作之后,艇长即可命令人员登艇。

全部艇员依次登艇坐好、系上安全带;艇长最后登艇,并在艇内关闭出入口舱门,检查人员就位情况,于驾驶位发动艇机,挂入空挡。

(3)放艇。艇长发出放艇指令和警报,提示人员注意;随后艇长操作遥控释放装置,救生艇即离开吊艇架,在吊艇索的索引下一次性到达水面。

(4)脱钩。艇机达水面后,艇长即使用联动脱钩装置同时脱开艏、艉吊艇钩,开动艇机,驶离难船。

(5)遥控释放救生艇。全封闭式救生艇和部分封闭式救生艇均采用遥控装置释放救生艇,释放时无须留有艇机操作人员,全体人员可一次性在艇的存放位置登艇,大大缩短救生艇的降落时间。

1.1.5.3　自由降落救生艇,见图1-14-17。释放方法:

图1-14-17　自由降落式救生艇

(1)准备工作。

①海上施放时,母船的主机必须备妥,随时处于可变速操纵状态;

②检查吊艇机械(专用起重机或滑式专用吊艇架子)的吊艇钢丝、吊钩及其他机械传动装置,并确认其处于安全技术状态;

③备好缆绳、艉缆绳、软梯(用于回收吊艇时,除留在艇内的艇员外,其他艇员先从软梯登上大船,以策安全。一般随艇下人员5~6人,随艇吊上人员留2人即可,通常留一名驾驶员和一名轮机员)。

(2)人员登艇。

①随艇下人员进入救生艇后,脱下救生衣、安全帽进入规定座位,正确系好保险带(驾驶员最后一个进入自己的座位系妥安全带并逐个检查艇员的装备是否正确)。

②检查并确认艇艉水密门及艇前顶部水密天窗关闭并水密,艇底塞旋妥。

③检查确认没有任何物体与救生艇连接。

④艇机确认在熄火状态。

⑤检查确认舵轮已置于正舵位置。

⑥确认艇钩速放阀的液压旁通管在关闭位置(驾驶座上方,平时在开启)。

⑦确认艇内不得有松散物品。

(3)抛投降落。

①在救生艇抛投降落下水前,确认母船的推进器已不再转动;

②艇内一切准备工作就绪,必须向指挥人(船长)报告,指挥员接到报告后,确认水面无障碍,才可下令放艇;

③装上释放杆,然后拔下释放器安全保险插销,检查确认艇钩速放阀的液压旁通管已关闭(驾驶座上方,平时在开启);

④当接到放艇命令后,随艇人员做好心理准备,并保持重心后移,双手握紧前排位置座椅靠背上的把手,双脚撑蹬。然后上下扳动操纵杆至救生艇脱钩为止(一般拉3~4下,艇即自动脱钩)救生艇迅速自由降落入水;

⑤小艇入水后,立即启动艇机,操纵救生艇,同时随艇下人员可以解开保险带,穿上救生衣,戴上安全帽。

(4)离开难船。救生艇降落入水后,开动艇机,驶离难船。

自由降落救生艇在抛投降落时存在较高人员受伤风险,实际检查中可采用模拟释放方式将救生艇降落水中,以检查人员操作的熟练程度及设备状况,见图 1-14-18。

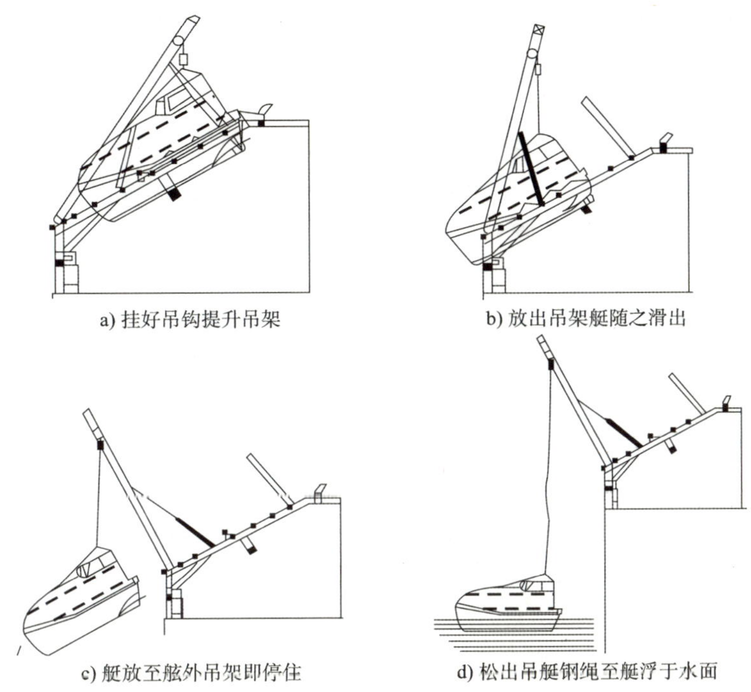

图 1-14-18 自由降落救生艇模拟释放示意图

1.1.6 全船失电

渔船电力系统为主推进装置、舵机及各种航行通信设备等的正常运行提供电源。如果发生全船失电,会造成渔船失控的险情,若不能及时有效处置,甚至会发生海难事故。

1.1.6.1 检查船员是否熟练全船失电的操作

(1)轮机员是否熟悉全船电力系统的设置、主发电机组(应急发电机组)的启动、并电及卸载、渔船失电的可能原因及失电后的报告和采取的应急措施。

(2)船长及驾驶员是否清楚渔船失电后可能造成的风险、针对不同海况及航线所面临的风险采取的应变措施。

(3)全体船员是否熟悉渔船失电后个人应变职责。

1.1.6.2 渔船失电的可能原因

(1)主发电机组(柴油机)机械故障,造成主配电板跳电;

(2)主发电机组(柴油机)超负荷,造成主配电板跳电;

(3)主发电机组(柴油机)滑油失压,造成主配电板跳电;

(4)主发电机组(柴油机)停车(柴油机燃油管系中有水或断油等),造成主配电板跳电;

(5)主配电板故障(超负荷等)。

1.1.6.3 全船失电后应急反应措施

(1)机舱的行动。

①值班轮机员立即报告驾驶台和轮机长,轮机长等相关人员立即到达机舱;

②根据航行、海况等具体情况(如:船在狭水道或进出港航行中、海况恶劣、渔船有可能

发生碰撞、搁浅等情况)和驾驶台指令,操纵渔船;

③迅速启动备用发电机/应急发电机,尽快恢复全船正常供电:

(a)在主配电板跳电的情况下,通常应急发电机能够自动启动在规定的时间(45s)并网投入运行,给渔船安全设备设施供电,保证渔船安全;

(b)自动化程度高的渔船,在运行的发电机故障得不到排除时,备用发电机应能够自动启动并在规定的时间并网投入运行,给渔船安全设备设施供电,保证渔船安全。

④在集控室(操纵台)执行驾驶台命令;

⑤查明失电的真正原因,排除故障,在主配电板上对相关设备设施以及相关开关进行复位确认等,停止向不必要的设备供电,保证渔船安全用电负荷,恢复全船正常供电;

⑥恢复全船正常供电后,将此次渔船失电的详细情况按渔业企业安全管理要求与规定记录在《轮机日志》以及相关记录簿中。

(2)驾驶台行动。

①驾驶员立即通知船长,船长上驾驶台,发出全船失电信号;

②根据航线、海况等具体情况(如:渔船在狭水道或进出港航行中、海况恶劣、渔船有可能发生碰撞、搁浅等情况),启用应急操舵,正确、合理操作渔船,确保渔船安全;

③加强瞭望值守,悬挂失控信号;

④备锚(必要时),做好抛锚准备;

⑤必要时向外发出航行警告;

⑥待到恢复全船正常供电时,复位确认相关驾驶台设备设施供电,尤其是消防、救生、航行安全等设备;

⑦恢复全船正常供电后,将此次渔船失电的详细情况按渔业企业安全管理的要求与规定记录在《航海日志或渔捞日志》以及相关记录簿中,见图1-14-19、图1-14-20。

图1-14-19　发电机组

图1-14-20　主配电板

1.2　常见隐患

1.2.1　MF/HF DSC

1.2.1.1　无线电操作员不熟悉港口岸台DSC识别码呼叫测试或自检;

1.2.1.2　无线电操作员不熟悉 2182kHz 遇险报警的测试或发送；

1.2.1.3　无线电操作员不熟悉手动输入船位信息操作程序；

1.2.1.4　无线电操作员不熟悉 DSC 模式下信息发送操作程序；

1.2.1.5　无线电操作员不熟悉 MF/HF 单边带的操作。

1.2.2　油水分离器

1.2.2.1　油水分离器的操作规程没有张贴；

1.2.2.2　责任船员不熟悉油水分离器的操作或误操作；

1.2.2.3　责任船员未定期对油水分离器进行蒸气清洗、拆检，彻底清洗以及更换失效滤芯等保养操作；

1.2.2.4　责任船员不熟悉法律法规允许排放的区域以及控制排放要求。

1.2.3　灭火器

1.2.3.1　船员不能熟悉灭火器操作。

1.2.3.2　责任船员不熟悉灭火器维护保养要求。

1.2.4　应急消防泵

1.2.4.1　责任船员不能熟练启动应急消防泵；

1.2.4.2　责任船员未按要求对应急消防泵进行定期维护保养、试验并作记录。

1.2.5　救生艇

1.2.5.1　启动前未先盘车数转以排除油泵气体，各润滑部位未加滑油，未检查油底壳，燃油箱油位不充足。

1.2.5.2　救生艇指挥和《应急部署表》规定的人员未在规定的时间内做好放艇准备。

1.2.5.3　收放艇过程中未按《救生艇收放操作须知》的规定进行放艇，脱钩并系妥。

1.2.5.4　责任船员未按要求开展日常维护，导致启动电瓶电量不足、滑油、冷却水不足等现象。

1.2.6　全船失电

1.2.6.1　全船失电后，相关责任船员未及时并优先恢复通信电源和必要的照明；

1.2.6.2　轮机员未能按照职责要求在失电后采取如启用应急电源，或在配电故障时使用旁通线路等操作。

1.3　隐患处理

1.3.1　渔业企业管理人员与船上负责人应根据设备设施的说明书，制定详细易懂的操作规程。

1.3.2　责任船员应熟练掌握相关设备的操作程序与方法，并做好日常演练与维护保养。

1.3.3　加强培训，对不适任船员应在开航前更换。

2　交流问答类

在实施操作性检查时，受时间和安全等因素的影响，有些项目只适用于静态检查，即通过询问交流的方式检查责任船员是否明确自身职责，掌握实际操作程序和方法。本书选取了固定式灭火系统的释放、主机的操作与维护保养、无线电设备误报警的解除、救生筏的释放及安全作业等方面，在实施操作性检查时，建议按照船上制定的操作程序、规程及设施的说明书进行提问与交流。

2.1 排查要点

2.1.1 应变部署表

应变部署表主要是了解、查核船员对应变部署表中各自岗位职责与任务是否了解与掌握，可从以下几个方面提问与了解。

2.1.1.1 核查、证实应变部署表是否已指明并划分了不同船员的任务与职责，相关内容是否覆盖公约与规则的要求；

2.1.1.2 询问高级船员是否对负责的救生和消防设施进行了维护，使其处于良好状态并保持随时可投入使用；

2.1.1.3 职务船员是否知道关键船员丧失能力后的替代人员；

2.1.1.4 根据船员名单核实应变部署表是否保持了最新；

2.1.1.5 询问相关船员是否熟悉应变部署表中所分派的任务，并且知道他们执行各自任务的地点。

2.1.2 固定式灭火系统

船上常见的固定式灭火系统有：水灭火系统、水喷雾灭火系统、自动喷水系统、CO_2 灭火系统、卤化烃灭火系统、泡沫灭火系统等。本书选取了常见的 CO_2 系统与泡沫系统进行检查，要求责任船员对操作程序、注意事项等内容进行回答。

2.1.2.1 CO_2 系统

(1)职责船员是否熟悉 CO_2的报警系统操作，接通 CO_2系统自动报警装置后，经常有人在内工作或出入的保护处所是否能产生声光报警；

(2)检查 CO_2站室与驾驶台的通信是否畅通、可靠；

(3)如何判定 CO_2系统气瓶的安全销是否处于正常位置。根据不同瓶头阀的类型，有的必须拔出，见图 1-14-21。当安全销没有拔出时，锁定的是驱动杠杆机构，手动和气动都无法开启瓶头阀；有的必须插入，见图 1-14-22；

图 1-14-21 安全销必须拔出的类型

图 1-14-22 安全销必须插入的类型

(4)是否掌握保护处所主阀与系统气瓶瓶头阀谁先、谁后开启;

(5)启动气瓶开启的顺序以及他们的完好性。通常是先开保护处所的阀,再开系统气瓶瓶头阀,见图1-14-23。

(6)主要操作者能否按操作程序进行模拟操作演示,检查其对操作注意事项及操作程序的熟练程度。

2.1.2.2 泡沫系统

(1)消防水施放:

参照操作说明书打开海底阀及相关阀门,使得海水送入全船消防管系。

(2)泡沫施放:

①打开泡沫空气比例器进水端和出口端的阀,保证泡沫空气比例器的管路与外部泡沫管路连通;

②关闭其他管路阀门,使消防水只能从泡沫空气比例器的管路流通;

③开消防水,到一定压力后(约5kg)开启泡沫空气混合比例器与泡沫柜相连通的阀,再打开泡沫空气混合比例阀,使其指向一定比例数(一般约为1/16)。此时,泡沫柜内的泡沫液被吸出。

大型泡沫使用原理如此,各船因管路及控制阀不一样而在开关顺序上有所区别,见图1-14-24。

图1-14-23 启动气瓶

图1-14-24 某渔船泡沫灭火系统

2.1.3 无线电设备误报警的处理

在日常航行中,由于船员对无线电设备操作的不熟练,经常会发生误报警事件,船员根据不同设备可进行如下操作。

2.1.3.1 VHF DSC发生误报警的处理方法

(1)立即关闭发射机电源,以终止遇险报警的继续发送。

(2)开启发射机电源。

(3)调到CH16,用VHF无线电话,广播取消误报警的电文。电文内容如下:

中文:所有电台,我是(船名,呼号,数字选呼码)在______日______时,位置北纬(南纬)______度,东经(西经)______度,在VHF误发遇险报警,请取消。目前我轮情况正常。______轮船长

(4)处理完毕向渔业企业主管部门汇报。

2.1.3.2 MF/HF DSC发生误报警的处理方法

(1)立即关闭发射机电源,以终止遇险报警的继续发送。

(2)开启发射机电源。

(3)调到与发射误报警相同波段的无线电话遇险频率上,用单边带无线电话,广播取消误报警的电文。电文内容如下:

中文:所有电台,我是(船名,呼号,数字选呼码)在______日______时,位置北纬(南纬)______度,东经(西经))______度,在中(高)频数字选呼器误发遇险报警,请取消。目前我轮情况正常。______轮船长。

(4)处理完毕,向渔业企业主管部门汇报。

2.1.3.3　卫星示位标发生误报警的处置方法

(1)立即关闭卫星示位标电源,以终止遇险报警的继续发送。

(2)采取必要通信手段,向船东及渔业企业主管部门汇报。

当收到任何电台(岸站)或搜救中心(RCC)询问时,应立即在相应设备上给予答复,说明是误报警。以上设备发生误报警,应立即向北京搜救协调中心报告此事,并向渔业企业主管部门汇报。

2.1.4　救生筏

救生筏是在渔船遇险时船员使用的一种救生设备。它能迅速地被释放到水面上并能漂浮于水面供船员登乘,见图1-14-25。

图1-14-25　救生筏释放操作步骤

2.1.4.1　救生筏不能用人力脱开的方式系牢,并为能用认可的降落设备降落的类型。

2.1.4.2　抛投式救生筏的释放程序是否正确,包括拔去筏架上的保险销子;将艏缆系于船上,随后用手动方式将静水压力释放器的手动释放装置打开,救生筏即可投放入水。

2.1.4.3　救生筏的存放处,如何启动应急照明。

2.1.4.4　救生筏的存放处如何使用登乘梯或等效的其他登乘设施。

2.1.4.5　吊架降落式或气胀式救生筏的维护保养内容及检修、更换要求。

2.1.4.6　救生筏的登乘方式及原因。

2.1.4.7　救生筏内配备有哪些属具。

2.1.4.8　救生筏的存放有何要求,包括导向杆的设置、有无妨碍自身或其他救生设备的释放以及存放高度等。

2.1.5　明火作业

明火作业是造成火灾事故的主要因素,让每位渔业船员清楚地知晓明火作业的操作程序,是杜绝消防隐患的有效措施,见图1-14-26。

2.1.5.1　是否清楚明火作业审批制度,船上进行明火作业前是否申请并征得船长的同意。

2.1.5.2　明火作业是否按规定对作业环境进行检查,清除动火点甲板(或设备)四周及背面临舱以及至少1m范围内的易燃易爆物品。

2.1.5.3　是否配备明火作业所需隔热服、防护眼镜等防护装备。

2.1.5.4　明火作业完成后,是否对作业现场进行清理,详细检查火星可能喷射到的地方,以防引发火灾。

2.1.6　高空、舷外作业

高空、舷外作业经常造成人身伤亡事故,每位渔业船员应清楚地知晓高空、舷外作业程序以有效避免人身伤亡事故的发生,见图1-14-27。

图1-14-26　明火作业

图1-14-27　高空作业

2.1.6.1　高空、舷外作业前是否征得船长的同意。

2.1.6.2　高空、舷外作业人员是否具有一定高空、舷外工作经验,或在有经验的船员指导或陪同下进行。

2.1.6.3　高空、舷外作业是否穿戴得体的工作服、防滑鞋、安全带等防护装备,必要时是否张设安全网;舷外作业时是否穿着救生衣,并在作业现场放置救生圈(带可浮救生索)。

2.1.6.4　作业前，安全带、系绳坐板、跳板、绳结等用具是否进行检查，确认牢固无误。

2.1.6.5　是否指定专人负责组织、指挥，不得随意离开，并严禁一个人单独进行作业。

2.1.6.6　是否清楚不得抛掷工具或把工具装在腰间、口袋内，以防伤人。

2.1.7　密闭空间作业(鱼舱)

密闭空间作业时，由于没有遵循相应的安全操作程序，致使人身伤亡事故时有发生，每位渔业船员应清楚地知晓密闭空间作业程序，以有效避免人身伤亡事故的发生。

2.1.7.1　进入鱼舱等密闭空间作业前是否通风排气，并在作业期间保持连续通风，以防人员窒息危险。

2.1.7.2　进入鱼舱等密闭空间的作业人员是否穿戴工作服、工作鞋、安全帽和手套。

2.1.7.3　是否指定专人负责现场指挥、组织协调，对作业全过程进行监督。

2.1.7.4　是否保障密闭空间内足够的照明，提供必要的照明工具。

2.1.7.5　是否及时清理了腐烂渔获物，防止硫化氢等有毒气体产生。

2.2　常见隐患

2.2.1　应变部署表

2.2.1.1　更换船员后应变部署表没有及时更新。

2.2.1.2　相关船员不熟悉应变部署表中所分派的任务。

2.2.2　固定式灭火系统的释放

2.2.2.1　CO_2 灭火系统：

(1)船员不熟悉二氧化碳灭火系统操作程序；

(2)在模拟操作过程中，船员未按程序提前发出警报信号；

(3)在模拟操作过程中，船员未按程序关闭风机、所有风口和出入口；

(4)在模拟操作过程中，船员错误选择保护处所的施放阀；

(5)在模拟操作过程中，施放阀与释放阀开启顺序错误。

2.2.2.2　泡沫灭火系统：

(1)船员不熟悉消防管路上的截止阀的位置；

(2)船员未能及时打开泡沫空气比例器进水端和出口端的阀，保证泡沫空气比例器的管路与外部泡沫管路连通；

(3)船员未能及时关闭其他管路阀门，使消防水只能从泡沫空气比例器的管路流通。

2.2.3　无线电设备误报警的解除

2.2.3.1　VHF DSC 误报警正在发出时，相关船员未立即关闭发射机电源开关。再次开机后没有设定到 CH16 频道，向所有电台广播，提供船名、呼号等信息并解除误报警；

2.2.3.2　MF DSC 误报警正在发射时，相关船员未立即关闭发射机电源开关。再次开机没有设定到 2182kHz，以便进行电话通信，向所有电台广播，提供船名、呼号等信息并解除误报警；

2.2.3.3　HF DSC 误报警正在发射时，相关船员未立即关闭发射机电源开关。再次开机没有视情况在 6、8 和 16MHz 频段的无线电话频率上调机，以便进行电话通信，向所有电台

广播,提供船名、呼号等信息并解除误报警;

2.2.3.4 不清楚 EPIRB 误报警发射后,如何与最近的海岸电台或适当的 CES 或 RCC 联系并解除遇险报警。

2.2.4 救生筏

2.2.4.1 船员不熟悉静水压力释放器的手动释放。

2.2.4.2 船员不熟悉如何启动救生筏存放处的应急照明。

2.2.5 明火作业

2.2.5.1 船上明火作业未经船长批准,不清楚申请程序。

2.2.5.2 未按规定对作业环境进行检查,未清除动火点附近易燃易爆物品。

2.2.5.3 未配备防护镜、防护服等作业防护装备。

2.2.5.4 明火作业完成后,未对作业现场进行清理。

2.2.6 高空、舷外作业

2.2.6.1 高空、舷外作业未经船长批准。

2.2.6.2 作业人员无工作经验,或无有经验的船员指导或陪同。

2.2.6.3 高空、舷外作业未穿戴工作服、防滑鞋、安全带等防护装备。

2.2.6.4 作业前,安全带、系绳坐板、跳板、绳结等用具未系牢。

2.2.6.5 未指定专人负责,或指定的专人擅自离开,单人作业。

2.2.6.6 作业时抛挪工具或把工具装在腰间、口袋内。

2.2.7 密闭空间作业(鱼舱)

2.2.7.1 通风不足。

2.2.7.2 未给作业人员提供保暖工作服、安全帽、手套等防护工具,见图 1-14-28。

2.2.7.3 无专人现场指挥、组织协调。

2.2.7.4 照明不足。

2.2.7.5 未及时清理腐烂的渔获物。

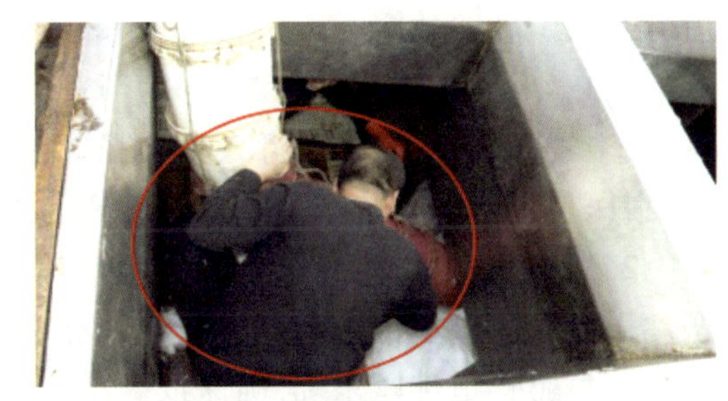

图 1-14-28 鱼舱加冰作业无任何防护装备

2.3 隐患处理

2.3.1 渔业企业和船长对船员的适任负有管理责任,应加强对相关船员的培训、训练及跟踪考核。

2.3.2 渔业企业、船长及部门长应督促责任船员根据设备设施的说明书,制定详细、易懂的操作规则,并做好日常演练与维护保养。

2.3.3 对关键性设备操作不熟练的隐患,应在开航前纠正,对不适任的船员应予以更换。

2.3.4 渔船鱼舱内硫化氢气体多系鱼舱内渔获物腐败产生,低浓度时可能出现眼睛刺激、头晕、头痛、咳嗽和呼吸困难等症状,高浓度时几秒内就会发生虚脱、休克,能导致肺水肿、呼吸困难,最终死亡;与空气混合能形成爆炸性混合物,遇明火、高热能引起燃烧爆炸。其容易在鱼舱底部聚集。主要防范措施如下:

2.3.4.1　在鱼舱盖背面和鱼舱内明显位置张贴防范硫化氢的警示标识和注意事项。在渔业安全技能培训中加强硫化氢中毒防范培训，做到全员提醒提示。

2.3.4.2　鼓励渔船船东在鱼舱内底部、通风不畅部位安装硫化氢气体检测仪表（硫化氢气体报警器）和管道排风系统，及时发现和高效抽排硫化氢气体。有条件的可在鱼舱安装摄像头，强化鱼舱实时监控。

2.3.4.3　规范下入鱼舱流程：

（1）"一要通风"。下入鱼舱前，应打开鱼舱盖进行通风。鱼舱盖长时间未打开、可能存在渔获物化冻腐败产生硫化氢，应开启鱼舱内管道排风系统进行深度通风。

（2）"二要戴表"。下入鱼舱前，入舱人员开启便携式硫化氢气体检测仪表在舱口进行检测，并随身系在腰部以下。

（3）"三要慢进"。入舱人员应缓慢下入鱼舱（禁止直接跳入鱼舱底部）。入舱时应注意查看硫化氢气体检测仪，发现检测仪报警，立即上行撤离鱼舱，开启鱼舱管道排风系统，待硫化氢检测确认安全后方可进入。

（4）"四要闻味"。如报警器未报警，下入鱼舱过程中要用手不停扇动空气，嗅闻空气味道。闻到硫磺或臭鸡蛋气味，或出现眼睛刺激、头晕、咳嗽和呼吸困难等症状，立即上行撤离鱼舱并打开鱼舱管道排风系统，待硫化氢检测确认安全后方可进入。

（5）"五要守望"。下入鱼舱期间，须有专人在鱼舱口或通过摄像头守望。发现下舱人员晕倒，立即呼叫其他人员、开启鱼舱管道排风系统，待鱼舱强力通风、硫化氢检测确认安全后方可组织下舱救援。

2.3.4.4　紧急救治中毒人员：当发生人员中毒，应立即将中毒人员转移至鱼舱外通风良好、空气新鲜处，脱去中毒人员衣服，保持其呼吸道通畅。中毒症状严重的，要紧急联系医生，在医生指导下采取服用特效解毒药等急救措施，并就近送医继续治疗。

2.3.4.5　及时清除隐患：注意查看鱼舱内温度，发现渔获物化冻及时处理，鱼舱内渔获搬离后立即清扫鱼舱内残存渔获物和冰水，防止腐败产生硫化氢气体。定期检修硫化氢报警器和鱼舱管道排风系统，确保报警器和管道排风系统始终正常运行。

3　书面记录类

书面记录类是指检查人员通过查验船上文书、手册记录的内容是否及时、准确、完整和真实性来验证船员的适任能力和船员职责，也是船员操作性检查的一个重要补充。船上书面记录的检查主要包括：航海日志或渔捞日志、轮机日志、电台日志、油类记录簿、垃圾记录簿、车钟记录簿、维护保养记录簿、海图改正记录簿、夜航命令记录簿等。

3.1　排查要点

3.1.1　航海日志或渔捞日志

航海日志或渔捞日志是反映渔船运行全过程的原始记录，是检查船员值班情况的依据，也是调查处理水上交通事故必须查阅的原始资料，见图 1-14-29。

3.1.1.1　是否按首页规则记载，书写字迹、符号是否端正；

3.1.1.2　记载是否规范、整洁、认真,是否有错记、漏记,是否按规定改正;

3.1.1.3　船位记录是否正确反映了海图上的航迹;

3.1.1.4　是否反映了主要航线和值班活动情况;

3.1.1.5　船副、助理船副和船长是否按规定审核并签名,每班驾驶员是否签名;

3.1.1.6　救生、消防演习是否用红笔记录清楚;

3.1.1.7　渔船在锚泊时,对锚地的潮汐、流向、水深、底质、周围情况及当地气象记入航海日志或渔捞日志;

3.1.1.8　每次开航前1h,航海日志或渔捞日志是否记入了核对船钟、车钟、试舵等情况,每天中午,驾驶台和机舱校对时钟并互换正午报告记入航海日志或渔捞日志;

3.1.1.9　弃船演习和消防演习的详细情况以及船上培训均应记载于航海日志或渔捞日志内;

3.1.1.10　静默时守听,应在工作情况栏内备注,其后记录守听情况;

3.1.1.11　开航前应将通信设备的试验情况填入日志;

3.1.1.12　填写日志时,应以航次终了时为界,航次开始时应另起页填写;

3.1.1.13　定时收听对时信号,离港到港时间、收发电报、航行警告、气象报告、气象传真等呼叫、抄收的起始时间和结束时间均应记录。

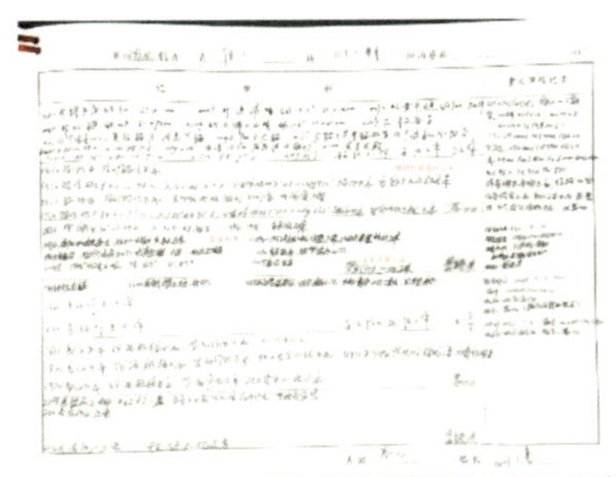

图 1-14-29　航海日志或渔捞日志

3.1.2　轮机日志

轮机日志是反映渔船机电运行全过程的原始记录,是检查轮机人员值班情况的依据,同样也是调查处理水上交通事故查阅的原始资料,见图1-14-30。

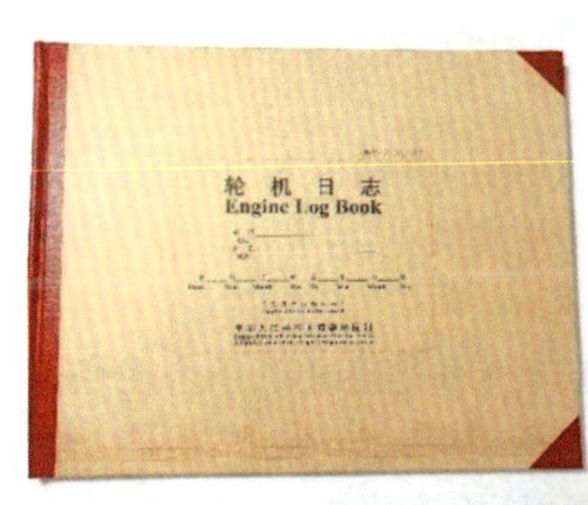

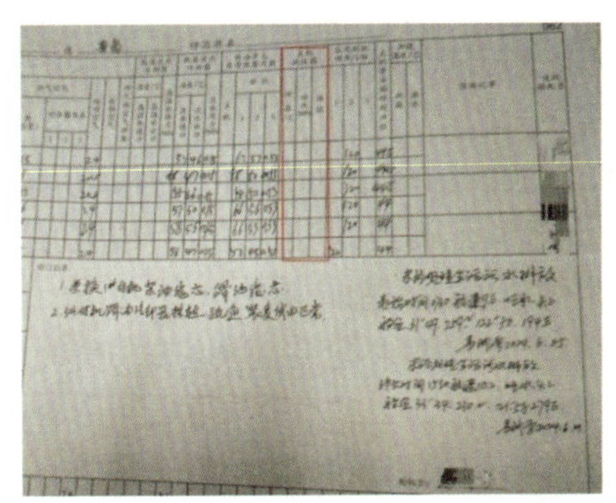

图 1-14-30　轮机日志

3.1.2.1　检查时应注意记载是否规范、整洁、认真，有否错记、漏记；

3.1.2.2　是否按规定纠正，轮机长是否按规定审核并签名；

3.1.2.3　是否按首页规则记载，书写字迹、符号是否端正；

3.1.2.4　是否用不褪色的墨水逐项填写，写错后不应涂改，应划去重写；

3.1.2.5　航行中，应记录每日正午船位；

3.1.2.6　将渔船换油操作（低硫油）的相关内容记录轮机日志：记录“有关换油的起止日期、时间、渔船经纬度和燃油含硫量以及低硫燃油的使用量，换油操作人员等信息”。

3.1.3　油类记录簿

油类记录簿是记录船上污油和污水的收集和处理的重要文书，是检查船上是否按要求收集和处理污油和污水的依据，见图 1-14-31。

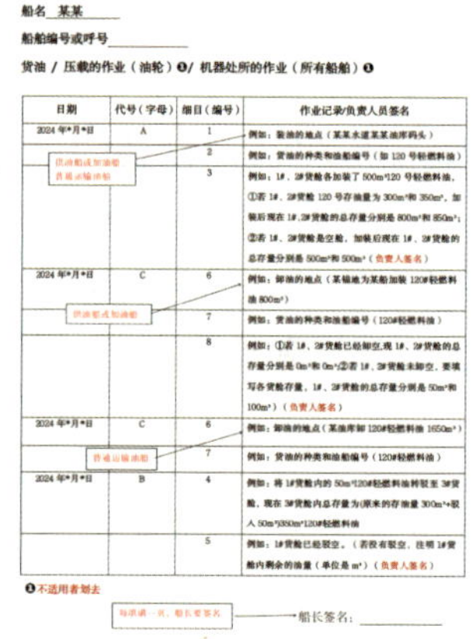

船名　某某

船舶编号或呼号

货油 / 压载的作业（油轮）❶/ 机器处所的作业（所有船舶）❶

日期	代号（字母）	细目（编号）	作业记录/负责人员签名
2024 年*月*日	A	1	例如：装油的地点（某某水道某某油库码头）
		2	例如：货油的种类和油船编号（如 120 号轻燃料油）
		3	例如：1#、2#货舱各加装了 500m³120 号轻燃料油。①若 1#、2#货舱 120 号存油量为 300m³和 350m³，加装后现在 1#、2#货舱的总存量分别是 800m³和 850m³；②若 1#、2#货舱是空舱，加装后现在 1#、2#货舱的总存量分别是 500m³和 500m³（负责人签名）
2024 年*月*日	C	6	例如：卸油的地点（某锚地为某船加装 120#轻燃料油 800m³）
		7	例如：货油的种类和油船编号（120#轻燃料油）
		8	例如：①若 1#、2#货舱已经卸空，现 1#、2#货舱的总存量分别是 0m³和 0m³;②若 1#、2#货舱未卸空，要填写各货舱存量，1#、2#货舱的总存量分别是 50m³和 100m³）（负责人签名）
2024 年*月*日	C	6	例如：卸油的地点（某油库卸 120#轻燃料油 1650m³）
		7	例如：货油的种类和油船编号（120#轻燃料油）
2024 年*月*日	B	4	例如：将 1#货舱内的 50m³120#轻燃料油转驳至 3#货舱，现在 3#货舱内总存量为(原来的存油量 300m³+驳入 50m³)350m³120#轻燃料油
		5	例如：1#货舱已经驳空。（若没有驳空，注明 1#货舱内剩余的油量（单位是 m³））（负责人签名）

❶不适用者划去

船长签名：

图 1-14-31　油类记录簿相关记录

3.1.3.1　记录是否规范、整洁，是否有错记、漏记，是否按规定改正；

3.1.3.2　C 项记录是否与证书记载相符，是否与船上的残油舱的实际布置（尤其是舱名、舱容）保持一致；

3.1.3.3　记录的残油量是否与实际相符，残油（油泥）的收集和处理、存量是否按规定的时间间隔记录；

3.1.3.4　污染物接收处理后，船上是否留存由污染物接收单位出具的双方签字的污染物接收单证；

3.1.3.5　是否依时间顺序记录，是否未留有空行，每记完一项作业，是否由负责人员签署姓名和日期；

3.1.3.6　滤油设备的任何故障、燃油和散装润滑油的加装是否在油类记录簿中进行记录；

3.1.3.7　排放油类或含油混合物，或者发生意外或其他异常排油情况时，是否在油类记录簿中说明排放的情况和理由；

3.1.3.8　是否按要求配备油类记录簿，使用完毕的油类记录簿是否在船保存 3 年。

3.1.4　垃圾记录簿

垃圾记录簿是记录船上垃圾收集和处理的文书，是检查渔船是否按要求收集和处理垃圾的依据，见图 1-14-32。

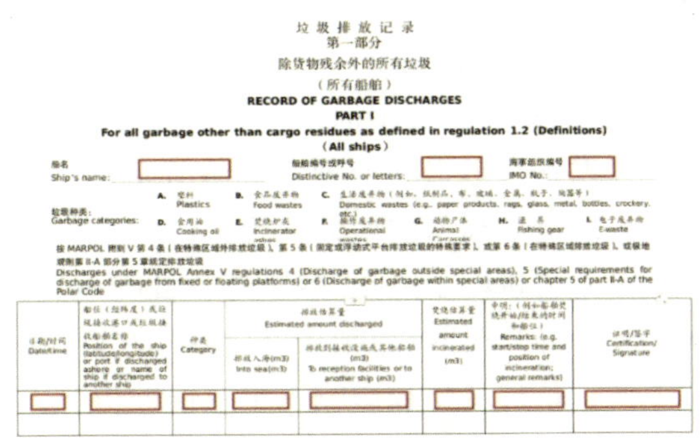

垃圾排放记录
第一部分
除货物残余外的所有垃圾
(所有船舶)
RECORD OF GARBAGE DISCHARGES
PART I
For all garbage other than cargo residues as defined in regulation 1.2 (Definitions)
(All ships)

船名 Ship's name:　船舶编号或呼号 Distinctive No. or letters:　IMO No.:

Garbage categories: A. Plastics　B. Food wastes　C. Domestic wastes (e.g. paper products, rags, glass, metal, bottles, crockery, etc.)　D. Cooking oil　E. Incinerator ashes　F. Operational wastes　G. Animal Carcasses　H. Fishing gear　I. E-waste

Discharges under MARPOL Annex V regulations 4 (Discharge of garbage outside special areas), 5 (Special requirements for discharge of garbage from fixed or floating platforms) or 6 (Discharge of garbage within special areas) or chapter 5 of part II-A of the Polar Code

Date/time	Position of the ship (latitude/longitude) or port if discharged ashore or name of ship if discharged to another ship	Category	Estimated amount discharged		Estimated amount incinerated (m3)	Remarks: (e.g. start/stop time and position of incineration; general remarks)	Certification/Signature
			Into sea(m3)	To reception facilities or to another ship (m3)			

图 1-14-32　垃圾记录簿相关记录

3.1.4.1　记录是否规范、整洁,是否有错记、漏记,是否按规定改正。

3.1.4.2　垃圾排放时,是否记录排放垃圾种类、日期、时间及船位(港口或设施)和被排放的垃圾的估算量(m^3)。排放货物残留物时,除了记录上述内容,还应记录排放开始和结束时的船位。

3.1.4.3　在向港口或另一艘船舶接收设备排放垃圾时,是否记录垃圾接收日期、时间、港口接收设施或另一艘船舶名称、垃圾的分类、每类垃圾的估算量(m^3),并取得垃圾接收收据,连同"垃圾记录簿"一起保存2年。

3.1.4.4　焚烧垃圾时,是否记录被焚烧垃圾的分类、日期、时间、焚烧开始和结束时的船位(船舶经纬度)、每一类被焚烧的垃圾的估算量(m^3)。

3.1.4.5　每次作业后,作业负责人是否签字,船长是否按要求审核签字。

3.1.4.6　垃圾意外或其他特殊情况排放入海时,是否按要求记录;如发生MARPOL公约附则V第7条所述的任何排放或意外落失,须在《垃圾记录簿》中记录,或对任何小于400GT的船舶,须在该船的正式航海日志或渔捞日志中记录该排放或意外落失发生的日期、时间、所在港口或船位(经纬度和水深)、原因、排放或意外落失的物品细目、垃圾种类和估计量(m^3),以及为防止或尽量减少这种排放或意外落失已采取的合理的预防措施和大致说明。

3.1.4.7　是否按要求配备垃圾记录簿,使用完毕的垃圾记录是否在船上保存2年。

3.1.5　电台日志

电台日志是渔船的重要文件和法律依据之一,用以记载航行中所发生的有关海上人命安全和正常无线电通信业务的一切事项,见图1-14-33。应记录的内容主要如下:

电台日志(STATION LOG)

电台呼号: BG8BXM

日期 DATA	时间		频率 MHz	对方呼号 CALLSIGN	模式 MODE	信号报告RST		内容摘要 Content Summary	QSL卡片		值机员 OP
	开始	结束				收	发		收	发	

图 1-14-33　电台日志相关设备的测试记录

3.1.5.1　每航次开始至结束的渔船动态情况。包括航线、启航、抵港、抛锚、移泊、修船、复航等年、月、日、时间和地点；

3.1.5.2　遇险、紧急和安全通信情况；

3.1.5.3　收发各类电报和处理日常通信业务的情况；

3.1.5.4　无线电话通信的业务情况；

3.1.5.5　窄带直接印字电报、数字选择性呼叫、海事卫星通信的业务情况；

3.1.5.6　守听静默时间、通报表、广播性业务等情况；

3.1.5.7　通信条件变化和影响正常通信的情况；

3.1.5.8　电台设备的使用、故障、维修、保养以及蓄电池充放电情况；

3.1.5.9　上下班交接和工作业务交接情况；

3.1.5.10　通信主管部门认为必须记录的其他事项；

3.1.5.11　渔船电台工作日志应由所属通信主管部门定期审阅；

3.1.5.12　渔船电台遇有特殊通信情况，要书面报告有关上级部门。

3.2　常见隐患

3.2.1　航海日志或渔捞日志上船副、助理船副和船长没按规定审核并签名；

3.2.2　航海日志或渔捞日志的救生、消防演习记录遗漏；

3.2.3　轮机日志上轮机长没按规定审核并签名；

3.2.4　船员不熟悉油类记录簿的记载要求；

3.2.5　船员未记录或如实记录机舱舱底的转驳和排放时间等信息；

3.2.6　污油水舱（柜）的实际液位与油类记录簿偏差过大；

3.2.7　渔业船舶没有保留垃圾接收收据；

3.2.8　电台日志没有按规定记载及签署。

3.3　隐患处理

3.3.1　责任船员要掌握相关记录规定与要求；

3.3.2　及时纠正不符合情况；

3.3.3　对恶意造假或造成后果的，进行违章调查并视情给予行政处罚。

4　应急演习

4.1　排查要点

4.1.1　弃船演习

4.1.1.1　弃船演习要求

每名船员每月应至少参加一次弃船演习。若在一港调换 25% 以上的船员，则应在该船离港后 24h 内举行弃船演习。当渔船在经重大改建后首次投入营运时，应在开航前举行弃船演习。

(1)每次弃船演习应包括:

①先使用报警系统发出警报,然后通过公共广播或其他通信系统宣布进行演习,将船员召集至集合站,并确保他们知道弃船命令;

②向集合站报到,并准备执行应变部署表所述的任务;

③查看船员穿着是否合适;是否正确地穿好救生衣;

④在完成任何必要的降落准备工作后,至少降落1艘救生艇;

⑤启动并操作救生艇发动机;

⑥操作降落救生筏所用的吊筏架;

⑦模拟搜救被困于舱室中的船员;

⑧介绍无线电救生设备的使用。

(2)不同的救生艇应尽实际可能按本条(1)④要求,在逐次演习中降放。

(3)每艘救生艇在弃船演习中,应至少每3个月下降一次并每6个月降落下水一次,降落下水后由指定操作的船员进行水上演练。

(4)对自由降落救生艇,可允许将救生艇降放至水面而不作自由降落下水。

(5)除兼作救生艇的救助艇外,其他救助艇应至少每3个月,乘载指定的船员降落下水并在水上进行操纵。

(6)如船上配备海上撤离系统,演习应包括对该系统布放所要求的程序。

(7)在每次弃船演习时,应测试用于集合与弃船的应急照明系统。

4.1.1.2 弃船演习实操

演习中各船员职责按船上张贴的《应变部署表》内容进行:

(1)船长是否按规定的方式和信号发出弃船命令(七短一长)(结合实际增加关注点,如船长的指示、船员的反应);

(2)报警通信,无线电员(或船长指派持有无线电操作员证书的驾驶员)是否按规定在遇险报警频率发出弃船报告(在演习中应急示位标模拟人工启动);

(3)全体船员是否在规定时间内穿好救生衣,携带规定的用具、文件和资料分别到其应登乘的救生艇旁集中(2min内全体船员到达艇甲板并携带好相关物品);

(4)救生艇指挥和"应急部署表"规定的人员是否在规定的时间内做好放艇准备;

(5)是否按"救生艇收放操作须知"的规定进行放艇、脱钩并系妥(是否在5min内放下救生艇及启动救生艇);

(6)全体艇员是否按顺序登艇筏,见图1-14-34、图1-14-35;

(7)检查人员要充分考虑船员在演习中的真实性;

(8)演习结束后是否进行总结讲评,并按相关规定记录在"航海日志或渔捞日志"与相关记录簿上。

4.1.2 救生演习

演习中各船员职责按船上张贴的"应变部署表"内容进行。

4.1.2.1 发现人员落水的船员是否大声喊叫"左舷(右舷)人落水",并是否立即抛出救生圈,向驾驶台报告及保持瞭望。

图 1-14-34 弃船演习(开敞式救生艇)

图 1-14-35 弃船演习(艉降落式救生艇)

4.1.2.2 值班驾驶员,船长接到报告后是否施放警报(三长声),相关船员是否按应急部署表的规定就位和做好准备,包括救护准备(2min 内相关船员在集合地点集合)。

4.1.2.3 船长驾驶渔船是否将遇险人员处于下风,并准备下风侧救生艇,当渔船处于合适的位置时,船长是否下令释放救生艇。

4.1.2.4 相关船员是否尽快做好放艇准备,并在 5min 内释放救生艇。艇长是否按规定清点人数及检查所有艇员的着装,然后是否按照现场指挥的命令,启动艇机。在脱钩前,艇长是否要求艇员检查艇底阀关闭状况,燃油阀和冷却水阀打开状况。救生艇是否保持与大船联系,服从大船指挥,从下风或上游侧接近落水人员。

4.1.2.5 是否做好落水人员溺水,低温伤害和其他伤病的救治准备工作。

4.1.2.6 检查人员要充分考虑船员在演习中的真实性。

4.1.2.7 演习结束后是否进行总结讲评,并按相关规定记录在“航海日志或渔捞日志”与相关记录簿上,见图 1-14-36。

图 1-14-36 某轮救生演习

4.1.3 消防演习

4.1.3.1 船上消防培训

(1)船员应接受培训,熟悉船上的布置和可能需要使用的任何灭火系统和设备的位置及操作，还应包括紧急逃生呼吸装置的使用训练。

（2）每位船员，应通过开展船上培训和演习对其履行职责的能力进行评估，并加以改进，以确保其灭火技能的适任能力。此外，应确保灭火小组处于就绪状态。

（3）船员上岗前应接受职责范围内所使用船上灭火系统和灭火设备的船上培训。

4.1.3.2 消防演习及记录

（1）每名船员每月应至少参加一次消防演习。但若在一港调换船员达 25% 以上时，则应于该船离港后 24h 内举行 1 次消防演习。

（2）消防演习计划的制定应尽可能考虑符合该渔船的实际情况。

（3）每次消防演习应包括：

①向集合站报到，并准备执行应变部署表所述的任务；

②起动一个消防泵，要求至少射出两股水柱，以表明该系统是处于正常的工作状况；

③检查消防员装备和其他个人救助设备；

④检查有关的通信设备；

⑤检查演习区域内的水密门、防火门和防火闸以及通风系统主要进出口的工作情况；

⑥检查供随后弃船用的必要装置。

（4）演习中使用过的设备应立即恢复到完好的操作状况；演习中发现的任何故障和隐患，应尽快予以消除，见图 1-14-37。

图 1-14-37 某轮消防演习

4.1.4 溢油演习

演习中各船员职责按船上张贴的“应变部署表”内容进行。

4.1.4.1 船长担任演习总指挥；如是甲板溢油演习。由船副或助理船副任现场指挥；如是机舱燃油溢油演习，则由轮机长任现场指挥，船副或助理船副协助；

4.1.4.2 发现有溢油情况的人员是否马上通知相关人员停止作业，并立刻向船长报告。接到报告后船长是否快速发出溢油警报（一短二长一短声）；

4.1.4.3 各船员是否立刻按“船上油污应急计划”的溢油应急部署表所列的职责携带相应物件到达溢油现场（2min 内各船员携带相应物件到达溢油地点集中）；

4.1.4.4 现场指挥是否要求各人按分工进行开空舱阀,关溢油舱阀,用木塞堵住甲板所有落水孔,防止溢油流出舷外等各项措施,其他人员是否有序地利用撇油器,扫把,塑料桶,抹布,吸油毡,木屑等工具进行回收清除溢油;

4.1.4.5 如演习中假设已有溢油流入海面,是否放艇入水进行回收清除溢油;

4.1.4.6 现场指挥是否向船长报告溢油控制情况,如已清除油污,船长宣布溢油演习结束;

4.1.4.7 检查人员要充分考虑船员在演习中的真实性;

图 1-14-38 某轮溢油演习

4.1.4.8 演习结束后是否进行总结讲评,并按相关规定记录在“航海日志或渔捞日志”与相关记录簿上,见图 1-14-38。

4.1.5 应急舵演习

应急操舵演习,由驾驶台下达转舵指令,通过声力电话复诵舵令,操舵人员根据舵令进行操舵,主要确认如下内容:

4.1.5.1 船长是否指派至少一名驾驶员和一名值班水手在舵机间操作舵机;驾驶员是否在舵机间传达驾驶台舵令,并向驾驶台报告。

4.1.5.2 被船长指派去舵机间执行应急操舵的驾驶员,是否将操舵方式由驾驶台操舵转换为舵机间操舵(电磁阀式),并向驾驶台报告转换完毕。

4.1.5.3 船长(或船长同意的当值驾驶员),使用驾驶台与舵机间的声力电话,下达舵令。

4.1.5.4 舵机间驾驶员,是否清楚地复述舵令,使操舵的值班水手听清楚;当舵机转动到舵令要求的舵角时,是否报告驾驶台。

4.1.5.5 舵机间值班水手,是否能够通过手动操纵杆或控制电磁阀,正确操作舵机。

4.1.5.6 船长(或当值驾驶员)查验舵角指示器是否无误。舵机间操舵转换为驾驶台操舵,接到船长指令后,执行应急操舵的驾驶员,是否将操舵方式由舵机间操舵转换为驾驶台操舵。(选择下列方法之一):

(1)伺服油缸式(TELEMOTOR)。从手动操纵杆与舵机油泵控制器的连接孔取出连接销;开启伺服油缸两端的连通阀,调整其控制杆,使其与舵机油泵控制杆的连接孔重合;插入连接销。

(2)电磁阀式。关断舵机间操舵电磁阀电源(若有);接通操舵电磁阀的驾驶台操舵电源。被船长指派去舵机间执行应急操舵的驾驶员,向驾驶台报告转换完毕。驾驶台当值人员恢复正常操舵。使用(舵机间)应急操舵及其起止时间,是否按规定记录于“航海日志或渔捞日志”上。

4.1.5.7 检查人员要充分考虑船员在演习中的真实性。

4.1.5.8 演习结束后是否进行总结讲评,并按相关规定记录在“航海日志或渔捞日志”

与相关记录簿上,见图1-14-39、图1-14-40。

4.2 常见隐患

4.2.1 总指挥与现场指挥联系不通畅;

4.2.2 船员不熟悉应急信号;

4.2.3 船员不熟悉自身应急职责或未携带相应应急设备;

4.2.4 船员不熟悉应急设备的使用;

4.2.5 职务船员不熟悉应变部署表中工作职责;

4.2.6 应变部署表中船员名单与实际船员不符。

图1-14-39 某轮应急操舵装置

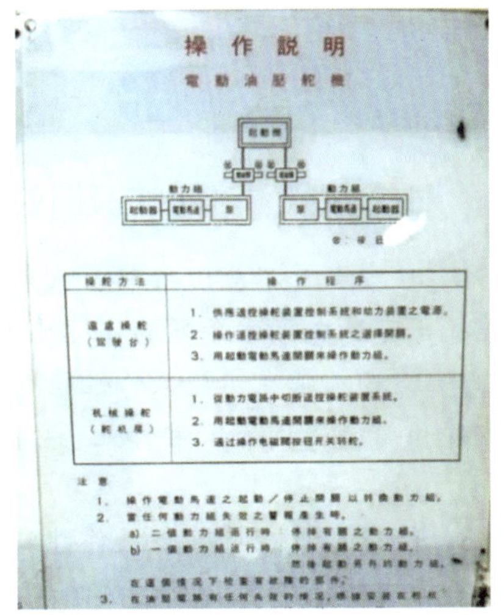

图1-14-40 某轮舵机系统框图与操作说明

4.3 隐患处理

4.3.1 应变部署表的编制、张贴方面存在的隐患,应在开航前纠正,并且应对修改的内容,在船上进行组织培训和训练。

4.3.2 在演习过程中,如出现下列情况之一,应判定整个演习不合格:

4.3.2.1 演习过程中出现混乱场面;

4.3.2.2 未能按设定的演习项目开展演习;

4.3.2.3 船长、现场指挥错误指挥,或指挥不力;

4.3.2.4 关键性错误;

4.3.2.5 通信、信息传递不畅通、不完整、不及时;

4.3.2.6 逼真度、紧张度不够。

在演习过程中,船员不熟悉本人在各种应变中的岗位职责和任务,或具体细节出现不合格的,可能会被要求重新举行演习,并应在开航前纠正。如果演习过程中存在上述较严重问题的,会导致渔船被禁止开航作业生产。

4.3.3　在“航海日志或渔捞日志”中未按要求或规范记载救生、消防演习的；未如实记载救生、消防演习的；或者隐匿、篡改、销毁“航海日志或渔捞日志”的，应依据《中华人民共和国渔业船员管理办法》的规定进行立案调查，同时对当事船员作记分处理，并可采取禁止开航作业生产措施。

4.3.4　船上未按规定的间隔期要求举行演习和培训授课的，在检查过程中要求船上举行相应的演习。

小结与建议

1　对行政执法部门的建议

1.1　检查人员不应进行船长认为可能会危及渔船、船员或渔获物安全的操作性试验或提出可造成上述后果的实际要求。

1.2　检查人员在实施操作性检查时，应尽可能确保不干扰船长负责下的诸如渔获物装卸和船舶压载等正常作业，也不应要求进行会造成该船不必要延误的操作性演示。

1.3　检查人员在对符合操作性要求的程度进行评估后，要运用专业判断以确定船员在总体上对操作性要求的熟练程度足以使该船的航行不会危及渔船本身及船上人员或对海洋环境构成不合理的威胁。

1.4　评估船员进行操作演示的能力时，应将渔业船员培训考试评估规则中载明的船员熟练程度和基本安全培训的最低强制要求作为评估基准。

1.5　渔业渔政主管部门作为行业主管机构应对渔业企业、渔船及养殖设施上的船员及作业人员加强宣传教育，提高相关人员的安全意识与隐患排查能力。可定期或不定期开展下列宣传活动：

1.5.1　开展“防灾减灾日”宣传活动

根据国家有关“防灾减灾日”工作部署，开展形式多样的渔业防灾、减灾科普宣传活动，提高公众对渔业灾害的防灾、减灾意识，提高群众自救互救能力。

1.5.2　开展“安全生产月”宣传活动

围绕全国安全生产月活动，在渔业行业深入开展宣传咨询日活动，大力宣传安全生产法律法规，举办主题宣传图片展览，向广大渔民提供渔业安全生产政策法规咨询等活动，组织开展“安全生产宣传咨询日”活动。

1.5.3　开展“打非治违”工作宣传

充分利用平面媒体、互联网、手机短信、户外宣传栏、横幅标语等各种载体，宣传打击非法违法渔业生产经营行为,宣传实施捕捞渔具最小网目尺寸和清理禁用渔具专项行动,揭示非法违法行为的性质、危害,营造浓厚氛围,推动"打非治违"工作常态化。

1.5.4 开展消防宣传

加强对渔业从业人员的消防技能培训,掌握自防自救的基本技能,确保从业人员会正确使用消防器材,会扑救初起火灾;加强对渔业系统干部职工和重点岗位等人员进行消防安全教育培训,组织疏散逃生、实地灭火等演练,坚决遏制和杜绝火灾事故的发生。

2 对船方的建议

船员是渔船安全航行的保障者,在操作性检查中熟练掌握设备设施的相关说明书与操作程序,尽量保证检查与实际工作的一致性;对于演习应尽可能真实,就像真发生紧急情况一样;安全是第一要素,在操作性检查与演练中,如船员发现危及渔船、人员或渔获物的安全,应及时提醒相关人员,并果断中止操作。渔船各部门应制定并遵守相关操作规定,以确保渔船作业安全。相关安全操作建议如下:

2.1 机舱部安全操作

2.1.1 机器运转

2.1.1.1 进出港口、靠泊及水道航行时,轮机长或管轮应在机舱操作现场。

2.1.1.2 应检查主、辅机运转,油泵、马达、绞车、离合器等机械工作情况。注意监听和观察机械设备有无异常响声。

2.1.1.3 应做到主、辅机无泄漏,供水、供电、供油正常,各液压、气动管系畅通,压力正常,保证生产连续性。

2.1.1.4 值班人员应巡回检查各类仪表及设备,有异常现象及时排除,并将详细情况及时记入"轮机日志"。

2.1.1.5 航行中无特殊情况不应超过额定转速,拖网转速应视主机负荷情况而定,不应超负荷运转。

2.1.1.6 运转中不应对运动件进行调整或处理,经过未安装防护罩的皮带时,应保持一定的安全距离。

2.1.1.7 主机故障需停车处理时,应通知驾驶室,夜间应保证对号灯、通信和助航仪器的供电。

2.1.2 上高和多层作业

2.1.2.1 在使用前应严格检查上高作业用具,确认良好。脚手架上应铺防滑帆布或麻袋等。

2.1.2.2 上高作业人员应穿戴防滑鞋、系好保险带,必要时应在作业处的下方铺设安全网。

2.1.2.3 对上高作业的工具、零部件应采取防护措施。

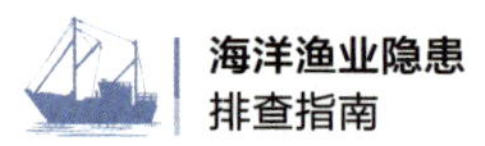

2.1.2.4　当上层有人作业时，其他人员不宜在其下方停留或作业。

2.1.2.5　在恶劣海况时，非特殊情况不应上高作业。

2.1.3　吊运作业

2.1.3.1　作业前，应检查吊环、横杆、支架、绳索、链环等是否完好、滑动是否灵活。

2.1.3.2　起吊时，工作人员应站在安全处并戴好安全帽，不应在起吊机件下走动或工作。

2.1.3.3　被吊机件重量不应超出起重装备的安全负荷。

2.1.3.4　操作人员应按指令操作，注意人员和机件的安全。

2.1.4　停车与停港

2.1.4.1　全负荷长时间运转停车前，应先空车运转待温度降低后再停车。

2.1.4.2　关闭油、水等报警器及各系统有关阀门，特别是海底门应关紧，避免海水进入舱内。

2.1.4.3　停车后应检查曲轴轴承、连杆轴承的温度和螺栓的紧固情况。进行常规性保养或检修，使机器处于随时启动状态。

2.1.4.4　严冬季节停车后，应采取防冻措施，必要时放净主、辅机内的冷却水。

2.2　甲板部安全操作

2.2.1　双拖网安全操作

2.2.1.1　放网与带网

(1)参加放网人员必须穿戴好劳保护具，按岗位分工各就各位，将网囊、网身、网袖、上下纲整理清楚，并检查上下纲转环、卸扣等连接部件是否扎好，分吊钢丝和分吊钢丝引索是否扎好，以免滑脱。

(2)放网人员应做到脚下清楚，不应站在主要受力纲索附近，避免纲索绷断击伤。

(3)到达放网地点，放网人员将网囊抛投入海，网具各部分依次入水后，应观察网形是否正常，待网形正常后，主船(放网船)通知副船(带网船)靠近接缆。

(4)如发生故障，应立即报告船长，待网、缏停止移动后，用弹钩或绳索固牢并留根，再进行处理；严禁在网具放出过程中用手栓、脚蹬或用不当方式固定网具的方法去处理故障；如需到舷外、网上处理故障时，必须采取可靠的安全措施方可进行。

(5)网放出后若一切正常，应用相应信号通知副船，收到接缆信号后，副船应慢车向主船靠拢，使两船保持一定安全距离并能打过撇缆；抛撇缆前应发出呼叫声引起对船人员注意，以免打伤人。

(6)在两船靠拢时，对下列险情应予以充分戒备：

①舵机失灵；

②受风、流压冲击，两船横压靠拢；

③弹钩一时打不开或突然滑出。

(7)主船接到曳纲头,应用绳索将曳纲头系住,不应用手压脚踩;曳纲头对接完毕后,通知船长放曳纲,放曳纲速度应均匀,放曳纲时操作人员不应跨越横过。

(8)放曳纲时,船员应离曳纲1m以上的距离,放曳纲的一舷,不应工作和停留。

(9)曳纲放完,再通知驾驶室使用加车,逐步将船速增至拖网速度。

(10)带网时应安排人员值班,注意对船信号和两船横距,如与其他作业渔船相遇,应按"渔船作业避让规定"执行。

2.2.1.2 起网

(1)起网前应通知全体人员做好起网准备,并显示信号告知他船。

(2)两船靠近时应谨慎驾驶,两船距离以掠过撇缆为限。

(3)网船接到过洋缆,上稳车绕三圈后方可停车,通知副船打开弹钩。

(4)稳车应由熟练人员操作,衣着利落,思想集中,谨慎操作。

(5)操作稳车人员工作时应坚守岗位,绞缆上网或起吊货物应按指挥人员的口令或手势操作;任何人不应站在吊杆下或曳纲受力的方向。

(6)收绞曳纲时两边应均匀绞进,并保持曳纲与船艉有一定斜度;空纲上来后停止绞收,进车将网具拖离船艉一定距离后,再继续绞收,防止网具压入船底。

(7)曳纲卷入滚筒时应排列整齐,注意查看卡环、转环有无损伤。

(8)大风浪天气,起网应使船处于顺浪或迎浪状态,不宜横浪吊网;吊底纲、网身时应加安全钩;不应脚踩、身压,防止网具后退带人落水。

(9)吊网时,吊钩应有专人负责传递,不应投掷。

(10)吊包时任何人不应停留在鱼池中,抽包绳人员不应站在舱边、舱口处;吊包起重不应超过吊杆和吊钩安全负荷。

(11)拖到障碍物时,应使用稳车分段绞收,不应用吊杆起吊;收绞时应使用卡环倒换,不用钩子,以免钩子拉直伤人。

(12)起网工作结束后,吊钩应固定好,对网具应进行检查整修。

(13)单拖网安全操作参照双拖网执行。

2.2.2 刺网安全操作

2.2.2.1 放网

(1)到达渔场后,船长应根据周围船只与海况选择适宜的网档,并避开定置网渔场和航道。

(2)放网前,应将网衣、上纲(浮纲)、下纲(底脚)按顺序叠放,通知船员做好准备,穿戴好护具,衣着利落,脚下清楚,待命下网。

(3)放网时下纲应向远处投放,防止网衣压入船底。

(4)有风天应顺风放网,无风天应横流向放网。

(5)放完网后应放出适当长度(根据天气情况确定)的带网纲并与锚缆一端连接好;末端系于主缆桩上,用麻袋或网衣包垫,以防磨损。

(6)大风浪天气不宜下网,防止渔网缠绕撕破,并做好防风抗浪的准备。

2.2.2.2 起网

(1)起网前应通知船员做好准备,穿戴护具,衣着利落。

(2)起网时应将网衣、浮纲、下纲盘好。

(3)起网机应由专人使用,并保持船两舷平衡。

(4)风浪天气,起网应迎着风浪,船长用车时应听从口令,密切配合,不应横浪上网。

(5)起网后应及时修整网具,盖好封牢。

2.2.3 围网安全操作

2.2.3.1 放网前

(1)吊放舢板或灯船前应先检查其设备情况,应待船停稳后进行,舢板或灯船内不应留人。

(2)人员应在大船停车或慢车时上下,防止人员落水。

(3)拖带舢板的拖缆应坚固,弹钩应插好销子,不应大舵角转弯,防止拖翻舢板。

(4)围网作业鱼群集中、船只密集,探鱼下网时应注意他船动向,防止碰撞事故发生。

(5)放网前应检查网具,整理清楚,不应有倒压和扭结现象,准备随时放网。

(6)船长应同瞭望员密切配合,随时注意瞭望员的口令。

2.2.3.2 放网

(1)船长应根据瞭望员所观察鱼群情况下网。首先发出预备信号,通知各就各位。

(2)当瞭望员确定舢板或灯船离开船艉无碍时,通知船长要车,接对网头人员立即对好;打弹钩时,应注意周围和脚下情况,做好安全措施;如因故不能下网,应解开网头。

(3)放网时艉部和放网一舷不应有人员走动,放底纲人员身体应处于绞车外,放网不应忽紧忽松。

2.2.3.3 起网

(1)起网操作人员应按照指挥口令,动作迅速。

(2)绞收底纲时,各种受力钢丝附近不应站人;底纲遇故障应用足够强度的链索搭牢后方可处理。

(3)应注意上网速度,以免造成底纲跑鱼;拉网衣不应将手指插入网眼或坐在网衣上。

(4)操纵稳车吊网人员,应根据捆网人员的指挥起吊,风浪天气不应吊网过高。

(5)网衣应均匀排放,分清上下纲网衣,浮子应排整齐,穿底环应仔细认真;网衣受风流影响压入船底时,应处理妥当方可用车,必要时用舢板拖带。

(6)使用舢板提取鱼部浮子时,不应将浮子提入舱内,防止鱼太多压翻舢板。

2.2.4 张网安全操作

2.2.4.1 张网渔船抵达预定渔场后,放网地点应尽量避开船道、障碍物和其他网渔具类作业区,以防影响航运、撕破网衣和互相影响捕捞生产。

2.2.4.2 放网前,船上工作人员应使渔船横流,在顶流弦抛出铁锚,放出提锚绳和部分叉纲,同时将起网绳系在左舷缆柱上,待锚受力后开始放网,从顺流弦顺序投下网囊、网身、浮标和引扬纲,待叉纲即将放完时,松开起网绳,放网结束。

2.2.4.3 张网是利用潮流冲击帆布将网口打开,将鱼虾等捕捞对象冲击进入网中,收取渔获物一般在平潮前进行,渔船从网具后面顶流而上,起网应待渔船停稳后进行。

2.2.4.4 起网时,捞起浮标,绞收引扬纲,之后用吊杆将网囊吊至甲板,拉开网囊扎囊绳,取出渔获物。

2.2.5 延绳钓安全操作

2.2.5.1 放钓钩前,做好放钓前准备工作;绑钩、整理鱼线、挂饵步骤都需要提前做好;操作人员应先检查放钓各设备情况,应待船停稳后进行,各岗位人员做好放钓前的准备,确保放钓区域远离近岸、浅水区域,以及其他作业方式的区域。

2.2.5.2 人员应在大船停车时放下放钓舱门,防止人员落水,安装好回收取钓设备。

2.2.5.3 放钓钩时,做好时间和地点的记录,主线首端第一个浮子应安装明显便于观察的醒目标识,方便回收的时候容易找寻。放钓过程中不应大舵角转弯,防止钓钩挂住船底。

2.2.5.4 放钓总量视情况而定,单个挂钩在主绳上间隔为8m至10m,当挂放5至8枚挂钩后安装浮子一个,确保整个延绳钓主绳沿着海浪的流动漂浮在表层海水水面;网具整理清楚,不应有倒压和扭结现象。

2.2.5.5 船长应同瞭望员密切配合,随时注意瞭望员的口令以及放钓情况,确保船舶以及人员的安全。

2.2.5.6 放钓后,船长应根据瞭望员所观察鱼群情况时刻关注延绳钓的情况,于放钓后几h进行瞭望,准备回收钓具。

2.2.5.7 回收钓钩前,各岗位人员就位,放下回收钓钩平台,待海况符合回收钓钩条件,各岗位配备对讲机做好沟通口令;做好回收准备。

2.2.5.8 回收钓钩时,各操作人员应按照指挥口令,动作迅速;绞收主绳时,各种受力绳索附近不应站人;不应将手指放在主绳卷筒上;操纵主绳回收卷筒人员,应根据回收钓钩人员的指挥起吊,风浪天气不应回收速度过快。

2.2.5.9 回收过程中,应控制好主绳卷筒速度,视挂钩回收的情况掌握。如有渔获,应停止主绳卷筒回转,待完全取下渔获后再进行钓钩回收。

2.2.5.10 回收后,做好渔获、渔具装载工作,渔具钓钩需专用渔具箱放置,做好紧固工作,以备下一次放钓工作。

2.2.6 灯光诱鱼安全操作

2.2.6.1 放网前,做好放网前准备工作;操作人员应先检查各设备情况,应待船停稳后进行，确保放钓区域远离近岸、浅水区域，以及其他作业方式的区域。

2.2.6.2 船舶停稳前，确认水流，风向，按照水流风向的要素，确认好放网角度，停稳船舶，释放海锚，确认船舶处停泊方位处于良好的放网状态。

2.2.6.3 待天黑后，开启诱鱼灯，记录好开灯时间、亮灯盏数、放网地点；在生产作业中，灯船应服从网船的指挥，灯、网船应加强联系，密切配合。

2.2.6.4 灯船在灯诱和找鱼群期间，应加强瞭望，并由驾驶员轮值，探测鱼群及观察周围鱼群起浮情况，发现鱼群及时报告网船；加强对鱼探仪的巡查，随时报告鱼群情况。

2.2.6.5 待开灯 2h 后，准备放网操作。探鱼下网时应注意他船动向，放网前应检查网具，整理清楚，不应有倒压和扭结现象；各岗位工作人员就位，张网期间注意网具状态，避免渔网挂船舷及船底出现撕裂的情况。

2.2.6.6 船长应同瞭望员密切配合，随时注意瞭望员的口令。放网时，船长应根据瞭望员所观察鱼群情况下网。

2.2.6.7 起网时，起网操作人员应按照指挥口令，动作迅速；绞收底纲时，各种受力钢丝附近不应站人；拉网衣不应将手指插入网眼或坐在网衣上；操纵稳车吊网人员，应根据捆网人员的指挥起吊，风浪天气不应吊网过高。

2.2.6.8 收网时，快速收起网口绳卷筒，操作人员理顺回收渔网，将渔获全部抖入网尾。收好网角绳，避免渔网与网角绳打结。

2.2.6.9 作业时不应抢鱼和影响他船作业，在多船追捕同一鱼群时，不应开快车冒险抢鱼。

2.2.7 工作艇操作

2.2.7.1 吊放工作艇时，吊杆、工作艇等设备下方不应站人，工作艇不应拖航。

2.2.7.2 工作艇人员应待网船停妥后方可上下，以免发生人身事故。

2.2.7.3 登工作艇人员应穿好救生衣，提浮时不应将浮子纲捆在艇上，以免压翻工作艇。

2.2.7.4 工作艇乘坐人数不应超过定额，大风浪、湍急等特殊情况，不应使用工作艇。

2.2.7.5 非工作状态，工作艇的橹、桨等应固定好，以防丢失。

2.3 恶劣天气安全操作

2.3.1 大雾天气

2.3.1.1 雾中航行，应用雷达对来船进行连续观测和雷达标绘，及早判明来船动向，达到协调避让。

2.3.1.2 宜按规定施放雾号，严格灯光管制。施放雾号时，应避免与他船雾号重叠。

2.3.1.3 应打开驾驶台的门窗，保持肃静；注意收听他船雾号、海浪拍击礁石和海岸的声响等。

2.3.1.4 在听到雾号来自本船正横前方时,应停车,待判明情况后,方可继续航行。

2.3.1.5 对船位有怀疑时,应立即减速直至停车,按规定施放锚泊声号,待判明情况后,方可继续航行。

2.3.1.6 在狭水道和近岸慢速航行时,应注意风流压差的影响,保持连续测深辨识船位。

2.3.1.7 进出港遇浓雾需抛锚时,应避开主航道和水下设施,宜按规定施放雾号。

2.3.1.8 雾中航行所采取的各项安全措施,均应详细记入航海日志。

2.3.2 大风浪天气

2.3.2.1 大风浪天气时,船长应加强船员间的协调和指挥,负责做好通信联系,指派专人通过天气预报、广播、通信导航设备等多种形式密切关注风力动向,分析沿途可能遇到的天气情况,跟踪其动态变化,对可能影响船舶的风级提前做好各项防范措施,及时将风级变化的信息通知到所有船员。

2.3.2.2 大风浪来临前应确保水密及排水通畅、固定活动物体,保证驾驶台和机舱在应急情况下的通信联络畅通。

2.3.2.3 不应"抢风头""赶风尾"出海作业。渔船所有人或经营人在收到大风预警信号时,应根据渔船抗风等级将渔业船舶上的所有人员转移上岸。

2.3.2.4 在港口内的渔船建议遵守以下规定:

(1)风力五级以上,非机动渔业船舶不得出港;

(2)风力六级以上,44.1kW 以下渔业船舶不得出港;

(3)风力七级以上,294kW 以下渔业船舶不得出港;

(4)风力八级以上,所有渔业船舶均不得出港。

具体出航规定,以各地相关规定为准。

2.3.2.5 在港口外的渔船建议遵守以下规定:

(1)大风蓝色预警,44.1kW 以下渔业船舶应立即返港避风;

(2)大风黄色预警,294kW 以下渔业船舶应立即返港避风;

(3)大风橙色或者红色预警,所有渔业船舶均应立即返港避风。

2.3.2.6 在大风浪水域中航行应符合以下要求:

(1)当风力达到 8~9 级时,宜采用偏顶浪(Z 形)或滞航的方法;

(2)当风力超过 9 级时,满载大型船舶宜采用顺航的方法;

(3)当主机或舵机发生故障或滞航中不能顶浪、顺航中保向性差的船以及老旧渔船应采用漂滞的方法。漂滞时应采取措施避免横浪,尽可能保持船艏处于迎浪状态。

2.3.3 台风天气

2.3.3.1 基本要求

(1)应每小时记录气象一次,并分析从传真天气图和航行警告电传(NAVTEX)所得到的信息，标绘于航行总图上，适时避离台风圈。每小时应探测全船各舱水深一次。

(2)机舱应保持主辅机、舵机、电台以及电航仪器等的正常运转，紧密配合驾驶台工作。

(3)在甲板上工作的人员，应穿好救生衣，其领口、袖口、裤脚均应扎紧，系妥保险绳。

(4)航行中应注意但不限于以下内容：

①调整航向和航速，避免船舶固有摇摆周期和波浪遭遇周期相一致；

②顶浪航行时，应适当降低船速，必要时可滞航；

③甲板、舱内货物应及时派人检查和加固绑扎；

④船舶处于台风的可航半圆或危险半圆时，应避免横浪航行；

⑤顺浪航行时，应避免风浪直接冲击船艉。当接近海岸或浅滩时，应提高警惕，必要时应减速，谨慎驾驶；

⑥台风中心过境时，应利用台风眼内短暂无风的时间，进行必要的抢救和预防工作；

⑦锚泊船舶在台风袭击中，应备妥主机；驾驶台应根据锚链方向和受力情况，动车和操舵，以减轻锚链负荷，避免走锚、断链。

2.3.3.2　系泊抗台

(1)靠在码头上的船舶遇台风时，应听取相关管理部门的意见。如果港内的防风浪条件良好，本船的抗台性能较好，可以留在泊位上抗台；反之，应离泊出港抗台。

(2)在码头上抗台时，应注意做好下列各项工作：

①增加带缆，各缆应受力均匀，带缆点尽量分散，缆绳的磨损部位应妥善包扎、涂油以防磨损；

②码头与船体之间增设碰垫；

③空船应压载，减少受风面积，增加船体运动的水阻力；

④若强风的方向来自外舷，则可在船艏、艉外侧抛锚以缓和风浪的作用；

⑤将船艏系靠在出港的方向上，做好必要时能离开码头的准备。

2.3.3.3　锚泊抗台

(1)抛长短八字锚抗台风，两链夹角不应小于90°，应根据风向、风力的变化规律，确定抛锚的顺序和松链的长度。

(2)船舶处于台风右半圆：在北半球，当船舶处于台风右半圆时，应先抛左锚，后抛右锚，出链长度为左长右短；当风向变化时，逐渐松出右链，保持两链均匀受力。南半球反之。

(3)船舶处于台风左半圆：在北半球，当船舶处于台风左半圆时，应先抛右锚，后抛左锚，出链右长左短；当风向变化时，逐渐松出左链，保持两链均匀受力。南半球反之。

(4)台风中心通过锚地，应首先考虑风向的变化。若该锚地对未来的风向是合适的，应绞起后抛的锚，同时收短先抛一锚的锚链，准备开车顶风，待台风过后，立即按新的风向重新抛锚。若该锚地不适合未来的风向,应更换锚地,或起锚出港,顶风滞航。

2.3.4 冰区航行

2.3.4.1 驶入冰区前,应仔细瞭望,可按下列规则,选定入口地点:

(1)冰的厚度和硬度不致损坏船体;

(2)从冰区的下风进入;

(3)当船舶驶向江河口外的冰区时宜选择退潮时间,当厚冰随流快速漂移时,应等待流缓或无流时进入;

(4)冰区的边缘不规则,应选择向内凹进的部位进入;

(5)进入冰区时,应保持船艏与冰缘垂直,并使船速降到最低。当船艏顶住冰块后,逐渐增加车速,推开冰块,向冰块松散的地方航行。

2.3.4.2 在冰区航行时,应注意下列事项:

(1)当风从岸边吹向海洋时,在近岸边常有可通航的水道,而风从海洋吹向岸边时则相反,此时应远离岸边,从冰区边缘上风一侧绕过;

(2)通过冰区应少改变航向;

(3)对冰的厚度不明,应适当减速,防止盲目快速撞击;

(4)冰中无法前进时,应从原路驶出;

(5)在冰区附近应停止夜航,找适当地点锚泊,冰区内应避免抛锚,以防船舶被冻结在冰内;

(6)冰区或风雪天航行时,应保持甲板排水畅通,若甲板以上船体结冰,应及时除去。

2.4 应急安全操作

2.4.1 电话报警

2.4.1.1 全国统一水上遇险求救电话—12395。

2.4.1.2 全国统一渔业安全应急值守电话—95166。

2.4.1.3 全国统一海上报警服务电话—95110。

2.4.1.4 各级渔业渔政部门24h应急值班电话。

2.4.1.5 他人协助电话报警。

2.4.2 设备报警

2.4.2.1 北斗船位监控终端设备(图1-14-41、图1-14-42)。

2.4.2.2 甚高频无线电装置(VHF DSC)(图1-14-43)。

2.4.2.3 中高频无线电装置(MF/HF DSC)(图1-14-44)。

2.4.2.4 卫星应急无线电示位标(EPIRB)(图1-14-45)。

2.4.2.5 INMARSAT船舶地面站(船用卫星C站、F站等)(图1-14-46)。

2.4.3 失控时应急措施

2.4.3.1 应立即向全船发出警报,并显示失控信号。白天显示垂直两个球体或类似的号型,晚上显示两盏垂直环照红灯,见图1-14-47、图1-14-48。

图 1-14-41　北斗船位监控终端设备

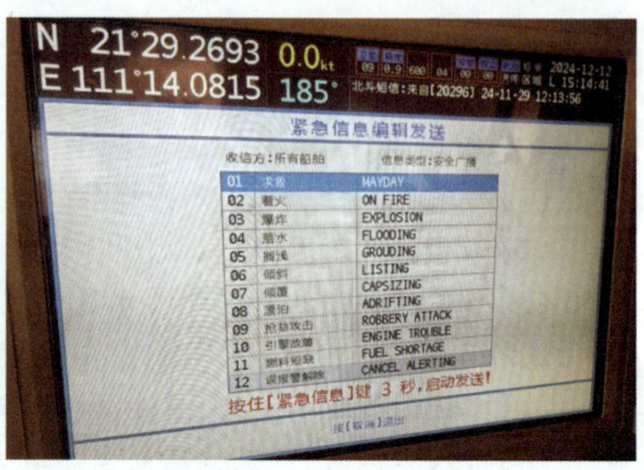

图 1-14-42　北斗报警

注意:打开红色按钮上面的盖子,按一下红色按钮显示上图,上下选择紧急信息后按住红色按钮 3s 后即可发送。

图 1-14-43　甚高频(VHF DSC)报警

注意:打开红色按钮上面的盖子,按住红色按钮 3s 后即可发射报警。

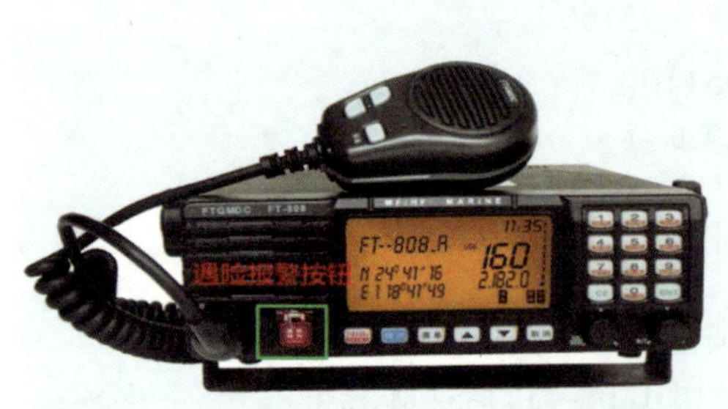

图 1-14-44　中高频(MF/HFDSC)报警

注意:打开红色按钮上面的盖子,按住红色按钮 3s 后即可发射报警。如果时间允许,也可通过菜单进行详细信息编辑后再按住红色按钮 3s 后发送报警(不熟悉的情况下不建议这种操作)。

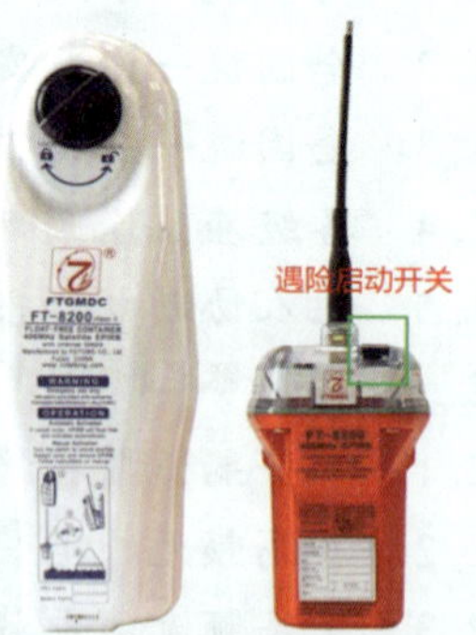

图 1-14-45　卫星应急无线电示位标(EPIRB)

注意:打开盒子取出示位标,打开保险开关,自动弹到 ON 或紧急(EMERGENCY)位置后即可发射报警。如果时间不允许,示位标会随船下沉到 2 ~4m 后自动释放并浮出水面,水敏开关遇水导通后自动发出遇险报警信号。

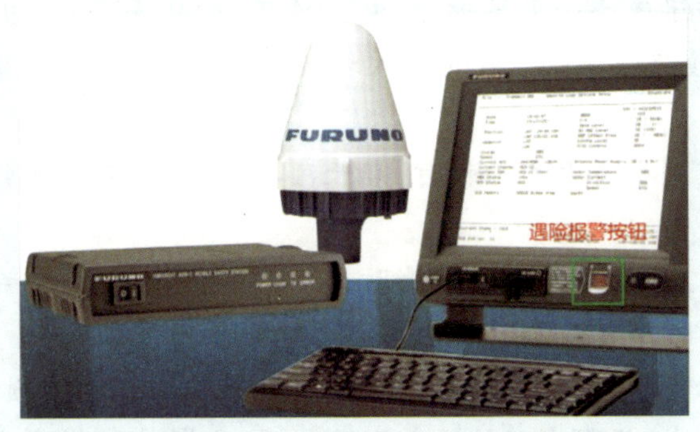

图 1-14-46 船用卫星 C 站

注意：打开红色按钮上面的盖子，按住红色按钮 3-5s 后即可发射遇险报警。如果时间允许，也可进行详细信息编辑后再按住红色按钮 3-5s 后发送报警。

图 1-14-47 失控船白天显示号型

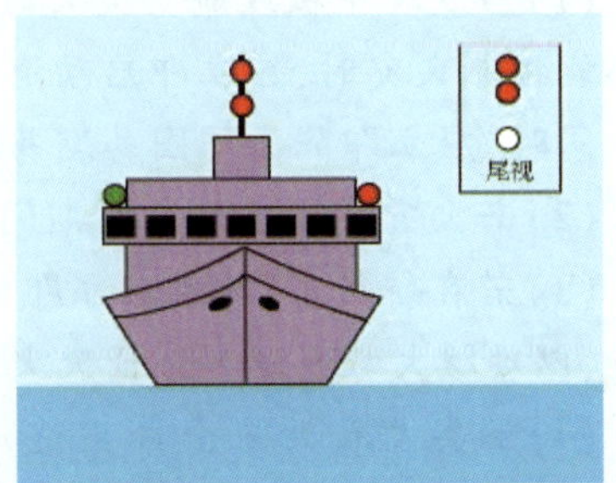

图 1-14-48 失控船晚上显示号灯（对水移动，船长 <50m）

2.4.3.2 全体人员按应变部署职责分工开展工作。立即用甚高频无线电话以中、英文方式通告本船失控信息，要求附近船舶宽让。

2.4.3.3 主机故障时应充分利用余速，驾驶船舶驶向附近安全水域，舵机故障时应立即停车。

2.4.3.4 充分考虑水深、船舶余速、碍航物、通航密度、气象等情况，若条件许可，应及早拖锚减速，或抛锚。

2.4.3.5 必要时，请示渔船所有人或经营人，请求援助。

2.4.4 火灾应急措施

2.4.4.1 基本要求

(1) 船长及负责操作的现场责任船员应熟悉二氧化碳系统各设备的实际布置并熟练掌握操作程序，消防灭火步骤应遵守 GB 17566 的要求。若无二氧化碳灭火系统，应按应变部署表灭火。

(2) 渔船船员发现失火，应立即发出火警警报并报告渔船所有人或经营人。在港口发生火灾时，应报告港口主管单位。

(3) 全体船员听到警报后（除固定值班人员外），应立即按应变部署表的分工，携带规定的消防器材迅速赶到现场，做好灭火准备。

(4)现场指挥应迅速查清火警部位、火灾性质、火情和趋势,以及火警部位周边情况,制定施救方案,按照程序组织人员投入扑救。还应根据火情发展,及时组织力量和调整部署。

(5)当失火严重到确属无力抢救时,船长可决定弃船,弃船操作应按照本款2.4.9条执行。

(6)港内失火时,应立即通知当地消防部门,向灭火外援提供船舶防火控制图,详细介绍火场情况,共同扑灭火灾。

(7)灭火中应始终限制并及时排除积水,避免渔船因积水减损稳性而翻沉。

(8)灭火工作完成,只有当确认无复燃可能后,人员方可撤离现场。

(9)应做好火灾详细记录,并记入航海日志,以便于事故的调查处理。

2.4.4.2 甲板或舱室失火

(1)当发现甲板或舱室失火时,应使用就近的灭火器材进行灭火。若就近灭火器材不能控制火灾时,应立即启动消防水和大型固定灭火系统,并判明是否存在爆炸危险。同时,应立即隔离周围易燃易爆物品,封闭船舶各舱开口。

(2)若火灾发生在装卸货期间,应立即停止所有作业。

(3)若在航行中,船长应立即调整航向,使起火部位处于下风方向,必要时应停止前进,以延缓火势蔓延和方便灭火。

(4)油类火表面应全部用泡沫液覆盖,以隔绝氧气,周围舱室应保持持续洒水降温。

2.4.4.3 机舱失火

(1)当机舱失火时,应立即关闭通风系统,关闭所有通风孔、水密门,探火人员应在船副或轮机长的指挥下,迅速查明火源,掌握燃烧物名称、特性、火烧面积、火势蔓延方向等,若火灾不能用手提灭火器和消防水系统控制时,应使用机舱大型固定灭火系统采用封闭窒息方法灭火。

(2)大型灭火系统使用前,应通知机舱人员撤离,清点人数,确定所有人撤离后,方可启动该系统。

(3)采用封闭窒息方法灭火,应组织足够的消防力量做好防止复燃的准备,安排再次探火并确认火已熄灭后,方可逐步打开封闭设施。

2.4.4.4 泵舱失火

(1)当发现泵舱失火时,应立即关闭通风系统、水密门,迅速查明火源,查明是否有人在火场受困,若火势难以控制,应使用大型固定灭火系统灭火,同时在泵舱外墙壁上洒水降温。

(2)在安排探火并确认火已熄灭后,方可逐步打开封闭设施。

2.4.4.5 生活区失火

(1)当生活区失火时,应立即通知所有人员撤离,撤离时应保持低姿。

(2)应立即关闭生活区空调系统,关闭门窗和各层防火门。

(3)火灾初期,应使用就近灭火器材进行灭火。

(4)电器火灾应立即关闭电源,使用二氧化碳或干粉灭火。若火灾不能用手提灭火器控制时,应使用消防水系统或大型泡沫系统。

2.4.5 碰撞应急措施

2.4.5.1 碰撞后,应首先查明碰撞损失情况,并迅速发出警报,通知船长和机舱,召集人员应急,立即向就近的主管机构或部门报告,并接受渔港监督机构的调查和处理。报告内容应包含但不限于以下内容:船舶的基本状况、事故事件和地点、事故经过的基本描述、海况、损失情况等,并听从主管机构或部门的指挥,同时还应立即报告船舶所有人或经营人,并保持对外信息联系畅通。

2.4.5.2 若发现被撞渔船有破损进水,船长应视情况采取慢车推顶等措施减少破洞进水,使破洞处于下风侧,以便有充足的时间进行抢救。

2.4.5.3 如船体破损漏水,船长应立即组织人员排水、堵漏,如进水严重,可选择适当的浅滩进行抢滩。

2.4.5.4 轮机长应坚守机舱,组织轮机部人员对机器和设备的受损情况立即进行检查和抢修,保证主、副机正常运转。

2.4.5.5 船长应指示当值人员做好现场抢救的各项记录,并保存原来的海图作业及相关海图,以便于事故的调查处理。

2.4.5.6 当碰撞损失严重到确属无力抢救时,船长可决定弃船,弃船操作应按照本款2.4.9条执行。

2.4.6 搁浅应急措施

2.4.6.1 核查船舶损害情况和搁浅程度,掌握、评估船舶的安全状态,并采取措施保持船体平衡。

2.4.6.2 如果船舶搁浅造成油舱、水舱损坏,应及时转移损坏油舱中的燃油,采取堵漏措施。具体堵漏措施见本款2.4.7条的规定。

2.4.6.3 综合考虑船体、货物、潮汐、水流、水深和底质等因素,迅速制定脱浅方案。在采取脱浅行动前,应确认搁浅船舶没有严重破损,脱浅后不致倾覆、沉没。

2.4.6.4 选择有利时机,组织力量实施脱浅。常用船舶脱浅方法有:候潮脱浅、移载脱浅、卸载脱浅、拖带脱浅等。

2.4.6.5 如果短时间内不能安全脱险,宜用锚或加注压载水等方法固定船舶,并做好相关防护措施。应警惕潮水和风流对船舶强度和稳性的不良影响,防止船体破损和断裂、打横、严重横倾或倾覆、被风浪推上高滩。

2.4.7 进水堵漏措施

2.4.7.1 发现船舶漏损进水,应立即发出警报,报告船长并通知机舱。全体船员听到警报后(除固定值班人员外),应按照应变部署表中船舶进水(堵漏)应急计划的分工,携带规定的堵漏器材,迅速赶赴现场,做好堵漏准备。

2.4.7.2 现场指挥人员应查明漏损部位、损坏情况和进水量等,报告船长,确定施救方案。

2.4.7.3　发生漏损后,应通知机舱备车,采取停车或减速措施,以减少水流和波浪对船体的冲击。

2.4.7.4　发现进水部位,应立即通知机舱排水。组织人员关闭进水舱室的水密门和隔离阀等,隔离进水舱室与其他舱室,必要时加固临近舱室。

2.4.7.5　船副应组织人员堵漏和抢修,轮机长应组织人员全力排水和调整油、水和压载水舱,保持船体平衡。

2.4.7.6　若进水严重,情况危急,船长应请求援助,并择地抢滩,若确认堵漏无效,船舶面临沉没危险时,应宣布弃船,弃船操作应按照本款2.4.9条执行。

2.4.8　人落水时的搜救措施

2.4.8.1　船员发现有人落水,应立即发出警报。驾驶台值班人员应立即停车,向人落水一舷操满舵,甩开船艉,防止螺旋桨伤及落水者。立即抛下带有烟雾和自亮灯浮的救生圈,使用GPS等定位系统确定人落水时船舶概位。

2.4.8.2　船长应指挥操纵船舶进行搜救,轮机长应指挥用车。

2.4.8.3　对设置救生艇的渔船,有关人员按应变部署表规定的分工进行放艇。

2.4.8.4　在施救时机成熟时,向其抛下带救生浮索的救生设施,待其抓牢后,将其拉上渔船。

2.4.8.5　船副应做好急救准备,根据具体情况进行急救。

2.4.8.6　必要时,请求附近船舶和岸基协助救助。

2.4.9　弃船操作

2.4.9.1　弃船时,应按照应变部署表的规定进行应急。

2.4.9.2　弃船决定应口头当众宣布或通过广播形式宣布。若时间和当时条件允许,应征得渔船所有人或经营人同意。

2.4.9.3　船长下达弃船命令后,无线电操作员应在电台值守,发送船长交发的遇险电文直至离开。

2.4.9.4　全体船员按应变部署表的分工完成各自的弃船准备工作,离船前应携带必要的通信设备、救生器具、生活用品及重要文件等。

2.4.9.5　放救生艇人员应在艇长指挥下将艇放至水面,全体船员依次登上救生艇。

2.4.9.6　在时间允许时,应将救生筏投入水中与救生艇系在一起,并充分利用船上所有的救生器具,见图1-14-49。

2.4.9.7　船长在确认全船无人滞留后,最后离船。

2.4.9.8　救生艇筏尽可能停留在失事船舶附近,等待救援。

2.4.10　防海盗

2.4.10.1　应加强防海盗培训,制定不同区域的防海盗工作预案。进入危险海域时,应加强瞭望和安全巡查,尤其是夜班期间。

图 1-14-49 弃船求生

2.4.10.2 一旦发现海盗船艇应及时报警,及时寻求岸基支持和巡逻海军舰船驰援。

2.4.10.3 一旦海盗靠近本船,应集中全船力量全力阻止海盗登船,坚决抵御海盗于船舷外。

2.4.10.4 一旦海盗占领甲板,应全力死守生活区,构筑最后防线。

3 对渔业企业(或所有人/经营人)的建议

3.1 渔业企业应建立严格的安全管理文件或内部规章制度,以便保证渔船按照有关规定、规则以及渔业企业可能制定的任何附加要求进行维护,以充分保障船员在日常工作的适任。

3.2 渔业企业应为船员提供必要的支持,保障船员的日常工作能顺利完成。

3.3 渔业企业管理人员在日常管理中应加强对船员的实际操作能力的考核,按照适当的间隔期进行检查。

3.4 渔业企业应定期开展对渔业系统干部职工和重点岗位人员及渔业从业人员的相关技能培训。

3.5 渔业企业要做好船岸联合演习,确保实际效果。

第二章

海洋渔业船舶（$12m \leqslant L < 24m$）

本章主要针对船长大于或等于12m但小于24m的海洋渔业船舶的不同要求进行特别说明，具体的排查要点、常见隐患及隐患处理等相关内容，可参照第一篇、第一章船长大于或等于24m的海洋渔业船舶的相关内容执行，同时兼顾船长大于或等于12m但小于24m的海洋渔业船舶的特点与相关规定掌握好执行尺度。特此说明如下：

第一节 渔船证书及配员

1 海洋渔船检验证书

1.1 船长大于或等于12m但小于24m的钢质、非钢质海洋机动渔船需持有乙种渔船检验证书；船长大于或等于12m但小于24m的海洋非机动渔船需持有丙种渔船检验证书，见图2-1-1和图2-1-2。

渔船检验记录（乙种）格式

中华人民共和国海事局

国内海洋渔船检验记录

证书编号：

船　名		渔船编码	
船籍港		检验登记号	
船型代号		船舶类型	
船长（m）		总吨位	
主机总功率(kW)		航速(kn)	
核定航区		船舶呼号/识别码	
建造开工日期		建造完工日期	
船舶制造厂			
船舶所有人			

船体部分

总长(m)		型宽(m)		型深(m)	
设计吃水(m)		设计排水量(t)		船体材质	
结构形式				甲板层数	
水密舱壁数量与位置					

吨位丈量

上甲板长度(m)		最近丈量日期	
上甲板以下围蔽处所容积(m^3)		上甲板以上围蔽处所容积(m^3)	

载重线

夏季干舷（S）(mm)		夏季淡水干舷（F）(mm)	
热带干舷（T）(mm)		热带淡水干舷（TF）(mm)	

图2-1-1　乙种渔船检验证书

渔船检验记录（丙种）格式

中华人民共和国海事局

国内海洋渔船检验记录

证书编号：

船　名		渔船编码	
船籍港		检验登记号	
船型代号		船舶类型	
船长（m）		总吨位	
主机总功率(kW)		建造完工日期	
核定航区		核定干舷(mm)	
船舶制造厂			
船舶所有人			

船体部分

总长(m)		型宽(m)		型深(m)	
船体材质		结构形式		水密舱壁数量	

上甲板长度(m)		最近丈量日期	
上甲板以下围蔽处所容积(m^3)		上甲板以上围蔽处所容积(m^3)	

设备部分

主机	主机型号			
	数量			
	机号			
	标定功率(kW)			
	标定转速(r/min)			
	主机制造厂			
齿轮箱	齿轮箱型号			
	减速比			

图2-1-2　丙种渔船检验证书

1.2 老旧渔业船舶船龄标准见表2-1-1。对船龄达到老旧渔船一般船龄的渔船,其渔船检验证书有效期限应不超过24个月;对船龄达到老旧渔船限制使用船龄的渔船,有效期限应不超过12个月。

渔业船舶船龄标准

表2-1-1

渔船类别		老旧渔船一般船龄	老旧渔船限制使用船龄
钢质捕捞船	12m≤船长<24m	20年以上	25年以上
	从事深水灯光围网作业的	30年以上	35年以上
木质捕捞船	12m≤船长<24m	18年以上	23年以上
	梢木、坤甸木、稠木等特种木材制造	25年以上	30年以上

2 渔船文书与资料

2.1 不适用防火控制图的配备和张贴规定的检查要求。

2.2 不适用油类记录簿检查要求。

2.3 是否持有有效国内海洋渔船安全证书,见图2-1-3。

中华人民共和国

国内海洋渔船安全证书

船　　名__________

船 籍 港__________

检验登记号__________

总 吨 位__________

净 吨 位__________

中华人民共和国海事局印制

图2-1-3 国内海洋渔船安全证书

3 船员持证

最低配员标准参见表2-1-2。

海洋渔业船舶职务船员最低配员标准　　表 2-1-2

渔船类型	职务船员最低配员标准	
12m≤长度<24m	三级船长 1 名	助理船副 1 名 （航次时间不超过 24h 的可不配）
250kW≤主机总功率<450kW	二级轮机长 1 名	助理管轮 1 名
50kW≤主机总功率<250kW	三级轮机长 1 名	

第二节 船体结构

1　主要排查船体结构装配和焊接的完整性、各种开口关闭设施的功能。
2　排查机舱、鱼舱、艏尖舱等主要舱室是否渗漏。
3　船龄超过 10 年的渔业船舶，视情况核查关键部位的板厚，是否有测厚报告。
4　每一鱼舱应至少设一个舱底水吸口，且宜通过截止止回阀箱与舱底水总管连接。
5　鱼舱应设有舱底水位测量装置。如未设测量装置，则应装设有效的水位测量措施。

第三节 渔船稳性

1　载重线标志

船长小于 24m 的海洋渔船的载重线勘划参照第一篇第一章第三节渔船稳性的第二项载重线标志 2.1.1 款的相关内容并兼顾如下：

1.1　船长小于 20m 时，可不勘划季节和区域载重线线段标志，但是应按图 2-3-1 的要求在船中两舷勘划永久性载重线标志。

1.2　船长小于 16m 时，如勘划的空间紧张，其载重线标志的尺寸可以适当地缩小。

2　渔船标识

2.1　船长大于或等于 12m 小于 24m 的渔船，船名牌尺寸为 1000mm×300mm 规格；

2.2　船长小于 24m 的渔船的水尺标志的横标线的间距应不超过 100mm。

3　舱壁及开口关闭装置

3.1　船长大于或等于 12m 小于 24m 的渔船通往露天甲板各类开口的防护高度参见表 2-3-1。

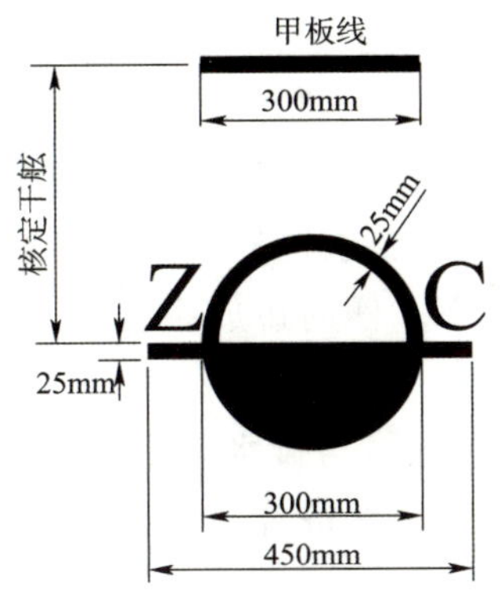

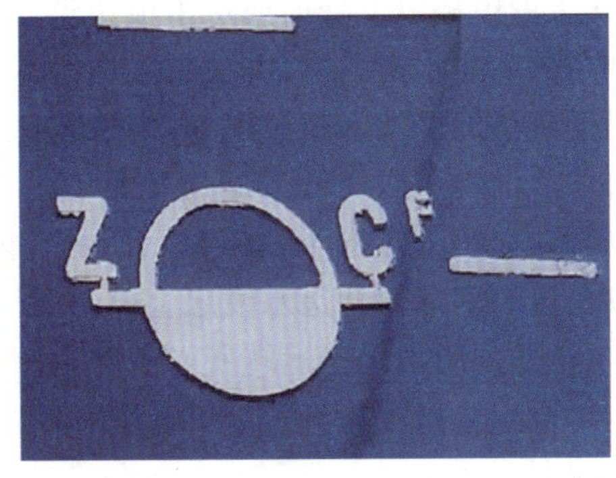

图 2-3-1 船长小于 20m 载重线标志示意图与实例

通往露天甲板各类开口的防护高度 表 2-3-1

项目 开口所在位置	**位置 1** 露天的干舷甲板上和后升高甲板上,以及位于距离干舷甲板小于两个标准上层建筑高度的露天上层建筑甲板上距艏垂线 1/4 船长以前的部分		**位置 2** 距离干舷甲板大于或等于一个也小于或等于两个标准上层建筑高度的露天上层建筑甲板上距艏垂线 1/4 船长以后的部分,以及位于距离干舷甲板大于或等于两个标准上层建筑高度的露天上层建筑甲板上距艏垂线 1/4 船长以前的部分	
船长(m)	$L=24$	$L=12$	$L=24$	$L=12$
上层建筑、甲板室门槛(mm)	380	300/150 *	300/150 *	300/150 *
升降口门槛(mm)	380	300/150 *	300/150 *	300/150 *
外部结构围壁上的机舱开口(mm)	600	300	300	300
舱口围板高度(mm)	600/380 *	450/300 *	450/300 *	450/300 *

注:*(1)凡实践证实可行,经渔船检验机构同意,斜线前面的数值可予以降低,但不得低于斜线后的值;

(2)船长 24 > L > 12 渔船,根据开口所在位置,按表内数值依船长取内插值。

3.2 航行于遮蔽航区或相当于遮蔽航区营运限制的船舶,其开口关闭设备超过甲板的高度可按表 2-3-2 决定。

开口关闭设备超过甲板的高度(单位:mm) 表 2-3-2

开口关闭设备项目	封闭上层建筑与甲板室出入口门槛	舱口围板	露天机舱棚入口门槛		升降口通道门槛	通风筒围板	空气管
位置 1	250	300	300	外门 300 内门 150	250	450	300
位置 2	100	150	150	150	100	300	150

3.3 对船长在 12m 及以上,但小于 24m 的有甲板的渔船,其进水孔、排水孔应满足下列要求:

3.3.1 从干舷甲板以下处所或从甲板建筑物内的处所通过船壳向外的排水孔,应配备有效的和可到达的防止水进入内部的装置,通常每一个独立的排放口应有一个自动止回阀,并带有能从易于到达的位置直接使其关闭的设施,如船舶检验机构认为经过此开口进入船内不可能导致危险的进水以及管子厚度是足够的,则可不要求这样的阀。带有直接关闭设备的阀的操纵装置应配备有指示器以显示阀的开闭状态。任何排放系统内开敞端,应位于船舶处于横倾角度时的最深营运水线之上。

3.3.2 在机器处所内机器运转所必需的主、副海水进口与排水口应能就地控制。控制器应易于到达并应配备指示器,以显示阀的开闭状态,还应配备合适的报警设备,以显示水向处所内部的渗漏。

3.3.3 所有外板上的附件与阀的材质应符合检验规范的要求用钢、青铜或其他经批准的韧性材料制成。对非钢质船上,可使用其他合适的材料。

3.3.4 对船长小于24m的渔船,其底部在最深作业水线以上的干舷甲板或上层建筑甲板如有阱或艉阱向外排水,则应再增设有效的止回设备。如这些阱或艉阱的底部在最深作业水线以下时,则应设置通向舱底水的排放管。

4 通风筒

4.1 长度小于24m的渔船,当通风筒高度可能影响船舶作业时,其围板高度可按照在干舷甲板上至少为760mm、在上层建筑甲板上至少为450mm的标准适当减小。

4.2 船长小于24m的渔船,通风筒应布置在靠近船中心线附近,并应尽可能延伸通过甲板建筑物或升降口的顶部。

4.3 船长小于24m的渔船,当围板在干舷甲板之上超过2.5m或在甲板室顶或上层建筑甲板之上超过1.0m时,则通风筒可不设关闭装置。如使用经验证实海水不大可能通过机器处所通风筒进入船内,则这些通风筒的关闭装置可省略。

5 空气管

5.1 船长小于24m的渔船,空气管应尽可能位于船中心线处,而且不受捕捞或提升机械的损坏。

5.2 对空气管的开口不受甲板上积水影响且经船舶检验机构认可的可免除其关闭装置。

6 舱口及舱口盖

6.1 对采用活动舱盖关闭以及用舱盖布和封舱压条保证风雨密的木质舱口盖要求如下:

6.1.1 木质舱口盖的成材厚度应至少按每米无支撑跨度为0.4cm的厚度计算,且大于或等于4cm。跨距小于或等于1.5m时,其加工后厚度应至少为6cm。

6.1.2 舱口承载面宽度应大于或等于6.5cm。

6.1.3 封舱压条和楔子应坚固并处于良好状态。楔子应用坚韧的木材或其他相当的材料。楔子斜度应小于或等于1:6,且尖头的厚度应大于或等于1.3cm。

6.1.4 在位置1和位置2(见表2-3-1文字)的每一舱口,至少应备有两层良好的舱口盖布。舱口盖布应能防水且具有足够的强度,其材料的重量和质量至少应达到国家相关标准的要求;舱口盖的长度超过1.5m的应至少配备两套紧固装置。

6.2 对设有衬垫和夹扣装置的风雨密钢质舱口盖要求如下:

6.2.1 舱口盖顶面的钢板厚度应大于或等于加强筋间距的1%或6mm,取其大者。

6.2.2 钢质小型舱口盖尺寸小于或等于1500mm×1500mm的,其构造可以参考表2-3-3的要求。

钢质小型舱口盖尺寸(单位:mm) 表2-3-3

名义尺寸	盖板厚度	主要加强筋		次要加强筋	
		扁钢尺寸及数量	位置(开关方向定为纵向)	扁钢尺寸及数量	位置(开关方向定为纵向)
630×630	6*	/	/	/	/
630×830	6	100×8,1	纵向正中	/	/
830×830	6	100×8,1	纵向正中	/	/
1030×1030	6	120×10,1	纵向正中	80×8,2	横向,距两边220
1330×1330	6	120×10,2	纵向,距两边365	80×8,2	横向,距两边365
1500×1500	6	150×10,2	纵向,距两边450	100×10,2	横向,距两边450

注:*盖板厚度可选择计算值。

第四节 消防设备

1 水灭火系统

1.1 船长小于或等于24m的海洋渔业船舶仅需要配备水灭火系统。

1.2 应至少设一台动力消防泵,该消防泵可为独立动力驱动,亦可为主机带动的动力泵。

1.3 卫生泵、压载泵、舱底泵或总用泵,只要不经常用来抽输油类,均可作为消防泵,如它们偶尔用于驳运或泵送燃油,则应装设适宜的转换装置。

1.4 消火栓应设在便于消防水带迅速连接的位置,且应至少能将一股水柱直接喷射到航行中船员经常到达的任何部位,该水柱应能由1根消防水带提供。

1.5 机器处所还应至少配备一个附有消防水带及水柱/水雾两用水枪的消火栓。该消火栓要求设在机器处所外面的入口处附近。

1.6　每一消火栓处均应配备一根消防水带,并至少配备一根备用消防水带;每根消防水带最大长度为12m且以认可的材料制。

1.7　每根消防水带应配有连接器和一支水柱/水雾两用型水枪,其直径应大于或等于12mm。除永久固定在消防总管上的消防水带外,各消防水带的连接器和水枪均应能完全互相使用。

2　灭火器

2.1　船上配备的灭火器是否为船检机构认可产品,手提式液体灭火器的容量应不大于13.5L,且不少于9L。其他灭火器的可携性应与13.5L液体灭火器等同,且其灭火性能应至少与9L液体灭火器相当。

2.2　可再充注灭火器至少备有50%的备用灭火剂;不能再充注的灭火器至少应有50%的额外的同类型和容积的灭火器。

2.3　在控制站、起居和服务处所的灭火器总数应不少于3只。

2.4　机器处所应配备手提式泡沫灭火器或等效设备2具。

3　燃油、滑油与其他易燃油类的布置

3.1　所有燃油柜应装有能安全、有效地测定燃油数量的装置。如装有测深管,则其上端应终止于安全位置并应配有适当的关闭设施。可以使用由足够厚度玻璃制成的且有金属罩保护的液位表,但应装有自动关闭装置。

3.2　所有燃油柜或包括注入管在内的燃油系统的任何部件,应设有防止超压的设施。安全阀和空气管或溢流管的位置和排放方式应是安全的。

3.3　位于双层底以上的燃油储存柜、沉淀柜、日用油柜等的油管应装设旋塞或阀门,以防止油管损坏时燃油外溢且当发生火灾时可由该处所以外的安全位置关闭。

3.4　禁止将油柜设于因燃油溢漏至热表面而招致危险的处所,应采取有效措施防止燃油在压力作用下从泵、滤清器或加热器漏出而接触热表面。

3.5　艏尖舱内不得装载燃油、滑油和其他油类。

4　消防员装备

海洋渔业船舶船长小于45m的渔业船舶不需要配备消防员装备。

5　防火控制图或消防设备布置图

海洋渔业船舶船长小于24m的无相关要求。

6　火灾隐患

6.1　对船长小于45m的海洋渔业船舶可以用接地指示器代替绝缘电阻监测报警器。

6.2　除认可的密封式结构外,蓄电池组不应放在居住处所内。

第五节 救生设备

1 船长大于或等于12m小于24m海洋渔业船舶的救生筏的配备要求为每艘渔船配备的救生筏的乘员总定额对船上总人数的百分比，应不少于表2-5-1的规定。

救生艇筏配备表 表2-5-1

航区	船长 L(m)	气胀式救生筏
近海航区	24 > L≥15	100% 可为 Y 型救生筏
沿海、遮蔽航区	24 > L≥15	100% 可为 Y 型救生筏
	15 > L≥12	无要求

2 船长大于或等于12m小于24m海洋渔业船舶的救生圈配备应符合表2-5-2要求。

救生圈配备表 表2-5-2

船长 L(m)	救生圈总数（只）	带自亮浮灯或救生浮索		
		带自亮浮灯		带救生浮索（只）
		总数（只）	同时带烟雾信号	
24 > L≥12	2	1	—	全船1只

注：救生浮索的长度大于或等于30m。

3 船长大于或等于12m小于24m海洋渔业船舶的烟火信号及其他救生设备的配备应符合表2-5-3要求。

烟火信号及其他救生设备的配备 表2-5-3

船长 L(m)	烟火信号	抛绳设备（套）	通用紧急报警系统（汽笛、号笛或电铃）
	火箭降落伞火焰信号（只）		
24 > L≥12	2	—	1

注：抛绳设备包括抛绳枪1支，抛绳、火箭体和击发器各4支。

4 船长大于或等于12m小于24m海洋渔业船舶船上人员应每人配备1件救生衣（100%）。

5 船长大于或等于12m小于24m海洋渔业船舶的救生艇筏登乘设施无强制要求。

第六节 航行设备

船长大于或等于12m小于24m海洋渔业船舶的航行设备的配备应根据其航区和船长

(L),按表 2-6-1 的规定配备。

航行设备配备定额表　　表 2-6-1

设备名称 航区及最低配额	远海	近海	沿海	备注 (L 为船长,m)
1. 航海罗经				
1)磁罗经				
操舵磁罗经	1	1	1	所有渔船均需配备。若配备有反射磁罗经的渔船可免除。L<24 可装设 B 级罗经
2. 无线电导航设备				
电子定位设备	1	1		L≥12 要求配备北斗船位监控设备
3. 测深设备				
测深手锤	1	1	1	
4. 避碰仪器				
雷达反射器	1	1	1	非钢质渔船要求配备
自动识别系统(AIS)	1	1	1	L≥12 要求配备

注:经渔船检验机构同意,可允许其他等效设备替代、特定航线可适当降低配备要求。

第七节 无线电通信设备

船长大于或等于 12m 小于 24m 海洋渔业船舶的无线电通信设备的配备应不低于第一篇第一章第七节表 1-7-1 的要求。

第八节 信号设备

船长大于或等于 12m 小于 24m 海洋渔业船舶的信号设备的配备可分别参见表 2-8-1 ~ 表 2-8-5。

基本号灯配备表　　表 2-8-1

序号	号灯名称	24m > L≥20m		20m > L≥12m	
		机动船	非机动船	机动船	非机动船
1	桅灯	1[1)]	—	1	—
2	左、右舷灯	1	1	1[3)]	1[4)]

续上表

序号	号灯名称	24m > L≥20m		20m > L≥12m	
		机动船	非机动船	机动船	非机动船
3	艉灯	1	1	1	1(4)
4	白环照灯(作锚灯用)	1(2)	1(2)	1	1
5	红环照灯(作失控灯用)	2	2	2	2

注:(1)可以配备2盏桅灯作前后桅灯用。

(2)可以配备2盏白环照灯,作前后锚灯用。

(3)除拖带和顶推船外,可用1盏双色灯代替左舷灯与右舷灯。

(4)可用1盏三色灯代替左右舷灯与艉灯。

作业号灯配备表 表2-8-2

序号	号灯名称	拖网渔船	非拖网渔船
		L<50m	L<50m
1	桅灯	—	—
2	白环照灯	1+2(3)	1+1 或 2(4)
3	红环照灯	2(3)	1
4	绿环照灯	1	—
5	黄环照灯(闪光灯)	—	2(1)
6	探照灯	1(2)	—

注:(1)仅围网渔船配备。

(2)仅拖网渔船配备。

(3)最小能见距离大于或等于1,但小于或等于2。

(4)为指示外伸渔具方向环照灯,根据使用情况可安装1盏或2盏。

1. 多种作业的渔船,应配齐各种相应的作业号灯。

2. 失去控制的、操纵能力受到限制的以及限于吃水的渔船所用号灯中的环照红灯;各种作业号灯中相同的号灯如性能相同而安装又能符合检验规则要求,可免除其重复的盏数。

闪光灯配备表 表2-8-3

序号	形式	用途	能见距离(n mile)	灯质	配备要求
1	手提式	通信	2	白色定向	每艘配1盏
2	桅顶式	操纵	5	白色环照	L≥20m可配备1盏,以补充号笛发出的操纵信号,每具闪光灯应有2个备用灯泡(此设备为自愿性安装)

号旗的配备 表2-8-4

号旗名称 / 配备数量	24m > L≥12m
本国国旗5号	1面

注:渔船船长小于24m的不强制要求配备国际信号旗与手旗。

音响信号器具数量要求　　表 2-8-5

序号	名称	24m > L≥20m	20m > L≥12m
1	中型号笛	1	—
2	小型号笛	—	1
3	大型号钟	1	—
4	小型号钟	—	1

注:除电气号笛外,安装在驾驶室附近的动力号笛,驾驶室内必须设有 1 个直通号笛本体的用机械传动的拉手装置。

1　号型和号旗

船长小于 24m 的海洋渔业船舶的号型和号旗参照第一篇第一章八节信号设备的相关内容并兼顾如下:

1.1　船长小于 20m 的海洋渔业船舶,可用与船舶尺度相称的较小尺度的号型(0.6m 可减为0.4m),号型间距亦可相应减少为 1m。

1.2　船长大于或等于 20m 的海洋渔业船舶应至少有 2 根旗绳,各能同时悬挂国际信号旗 4 面,小于 20m 不要求。

2　声响设备

船长小于 24m 的海洋渔业船舶的声响设备参照第一篇第一章八节信号设备的相关内容并兼顾如下:

2.1　船长大于或等于 20m 时配备大型号钟;船长小于 20m 时配备小型号钟。

2.2　大型号钟直径应大于或等于 300mm;小型号钟直径大于或等于 200mm。

3　号灯显示

船长大于或等于 12m 小于 24m 的海洋渔业船舶号灯显示要求如下:

3.1　航行、锚泊、搁浅

3.1.1　在航机动渔船应显示,见图 2-8-1 ~ 图 2-8-3。

3.1.1.1　1 盏桅灯;

3.1.1.2　2 盏舷灯(左红右绿,总长 <20m 舷灯可合并为一盏);

3.1.1.3　1 盏艉灯。

3.1.2　在航非机动渔船应显示

3.1.2.1　2 盏舷灯;

3.1.2.2　1 盏艉灯;

3.1.2.3　船长小于 20m 的非机动船上,舷灯和艉灯可以合并成一盏,装设在桅顶或接近桅顶的最易见处。

3.1.3　在锚泊时,仅显示锚灯(1 盏白环照灯)。

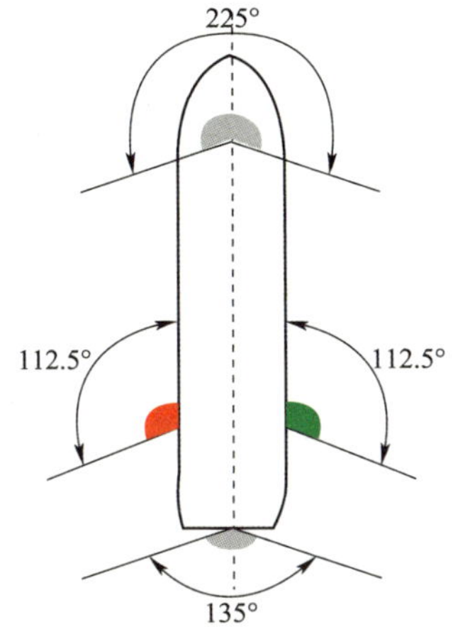

图 2-8-1 航行灯示意图

图 2-8-2 总长 >20m 正视图

图 2-8-3 总长 <20m 正视图

3.1.4 搁浅时，除了锚灯外（同锚泊）同时在最易见处外加垂直 2 盏环照红灯、白天垂直 3 个球体。

3.1.5 失去控制时，在最易见处应显示垂直 2 盏环照红灯、白天垂直 2 个球体。如对水移动，还应显示 2 盏舷灯和 1 盏艉灯。

3.2 捕捞作业

3.2.1 拖网渔船作业应显示：

3.2.1.1 垂直 2 盏环照灯，上绿下白；

3.2.1.2 1 盏桅灯；

3.2.1.3 如对水移动，还应显示 2 盏舷灯和 1 盏艉灯。

3.2.2 非拖网渔船作业时显示垂直两盏环照灯，上红下白，如对水移动还应显示 2 盏舷灯和 1 盏艉灯，当有外伸渔具，从船边伸出的水平距离大于 150m 时，应朝着渔具的方向显示一盏环照白灯。

3.3 在相互邻近处捕鱼的渔船额外信号

拖网渔船额外信号，放网时，垂直 2 盏环照白灯；起网时显示垂直 2 盏环照灯，上白下红；网挂住障碍物时，显示垂直 2 盏环照红灯，见图 2-8-4 ~ 图 2-8-6。

图 2-8-4 拖网渔船放网时，$L \geq 20$m

图 2-8-5 拖网渔船起网时，$L \geq 20$m

图 2-8-6　拖网渔船网挂住障碍物时，$L \geq 20m$

第九节 电气装置

1　船长小于24m的海洋渔业船舶若以蓄电池组作为主电源，应设有容量足够的充电装置。主机启动蓄电池组如能满足船舶正常航行情况的供电要求以及启动要求，则可兼作备用主电源。

2　船长小于24m的海洋渔业船舶不需要配置独立的应急电源。

3　船长小于24m且夜间不航行的海洋渔业船舶，可不配置备用电源。

第十节 主推进及辅助装置

1　船长小于24m的海洋渔业船舶，可仅设1个符合容量要求的空气瓶。

2　船长小于24m的海洋渔业船舶，舱底水管系可允许仅设一台动力泵和一台适当排量的手动泵。

3　船长小于30m时则仅需一台舱底泵设有直通吸口。

4　主操舵装置为人力操舵装置时，可不设辅助操舵装置，但仍应备有能直接作用于舵上的应急操舵装置。

5　若主操舵装置为动力操纵时，应在驾驶室设有独立于操舵装置控制系统的舵角指示器。

第十一节 甲板机械

1　锚及锚链

1.1　在满足使用要求的前提下，可仅配备一只锚，但船上应存有一只备用锚。

1.2 锚链在连接锚的一端应装设一个转环。

1.3 锚链的船内端应通过一个固定装置与船体结构连接。该连接结构应能在锚链舱外易于到达的地方迅速解脱。

1.4 锚链可用破断负荷相当的无档锚链或钢丝绳或纤维绳代替。

1.5 在锚与钢索之间应安一根较短的锚链,其长度为12.5m或由锚的贮存位置到锚机之间的距离,取其小者。

1.6 拖网绞车的钢索可代替锚链,其导向滑轮和导向滚筒应妥善安装和布置,以免钢索被甲板室、上层建筑、甲板板和甲板上的设备磨损。当钢索直径不小于18mm时,其导向滚筒应永久性安装。

2 锚机(起网机)

2.1 渔船应设置抛锚和起锚设备。允许使用人力锚绞盘或人力绞盘代替锚机,但应保证有效地收放锚。

2.2 锚质量不超过250kg时,如手动锚机能适合使用要求时,可允许配置手动锚机。手动锚机应有防止手柄打伤人的措施。

3 渔捞设备

检查可参照第一篇第一章船长大于24m海洋渔业船舶。

第十二节 船员舱室

1 船员舱室

1.1 每个卧室居住的船员数量,船长小于45m的海洋渔业船舶,普通船员应不超过8人。职务船员不超过2人。

1.2 每个船员的卧室居住面积,对船长小于45m的海洋渔业船舶,应大于或等于0.5m^2。

2 驾驶室视野

船长小于45m新船可参照驾驶室视野规定执行。海洋渔业船舶根据布置需求,如果确实无法满足相关规定,经渔船检验机构同意,可适当降低要求或豁免。

第十三节 防污染设备

1 确认污油水舱(柜)、残油舱(柜)的布置符合规定的要求,且艏尖舱不得装载燃油、滑油和液压油等。

2 防止生活污水污染无强制性要求。

3 检查柴油机是否有防止空气污染证书。

4 船长在12m及以上的海洋渔业船舶,是否张贴垃圾公告牌。

5 船长小于24m且400GT及以上的海洋渔业船舶,经核准载运15人或以上的海洋渔业船舶,须配备垃圾管理计划。

第十四节 操作性检查

1 船长

1.1 检查渔船和船员携带证书、文书以及有关航行资料;

1.2 检查渔船和船员在开航时是否处于适航、适任状态;

1.3 检查渔船是否符合最低配员标准;

1.4 检查渔船是否能够保证正常值班;

1.5 检查船长是否清楚其进出港、靠离泊,通过交通密集区、危险航区等区域,或者遇有紧急情况时的岗位职责。船长应做到在驾驶台值班,或者在必要时直接指挥船舶;

1.6 船长是否清楚其弃船应最后离船;

1.7 检查船舶是否存在超过核定航区或者抗风等级、超载航行、作业;

1.8 防抗台风等自然灾害期间,是否服从管理部门及防汛抗旱指挥部的停航、撤离或转移等决定和命令,是否能够及时撤离危险海域;

1.9 是否清楚执行有关水上交通安全和防治船舶污染等规定;

1.10 是否能够确保在船人员按规定开启和使用安全通导设备;

1.11 是否存在随意锚泊,锚泊时未按规定开启悬挂号灯号型,或未安排人员值班。

2 其他船员

2.1 检查是否携带有效的渔业船员证书;

2.2 是否清楚相关法律法规和安全生产管理规定,是否能够遵守渔业生产作业及防治船舶污染操作规程;

2.3 是否清楚并执行渔业船舶上的管理制度和值班规定;

2.4 是否服从船长及上级职务船员在其职权范围内发布的命令;

2.5 是否参加渔业船舶应急训练、演习,清楚并落实各项应急预防措施;

2.6 是否清楚在发现的险情、事故或者影响航行、作业安全的情况时的报告程序;

2.7 是否清楚在不严重危及自身安全的情况下,尽力救助遇险人员的责任与任务;

2.8 是否明确不得利用渔业船舶私载、超载人员和货物,不得携带违禁物品的相关规定;

2.9 职务船员是否清楚不得在生产航次中擅自辞职、离职或者中止职务的要求。

第三章

海洋渔业船舶（$L < 12\mathrm{m}$）

依据交通运输部部令 2019 年第 28 号（2020 年 1 月 1 日起施行），对船长小于 12m 的海洋渔业船舶，省级地方人民政府承担渔业船舶检验监管职责的部门可以制定符合本地实际情况的渔业船舶检验技术规范，明确相应的检验制度和技术要求。因此，针对船长小于 12m 的海洋渔业船舶的隐患排查应遵循各省、自治区、直辖市渔船检验机构所颁布的相关规定执行。同时，可参考本指南的相关内容，重点排查船舶证书、船员适任证书的持证情况；渔船构造与稳性；救生与消防设备；航行与无线电设备及防污染。此外，对于船长大于或等于 7m 但小于 12m 具有上层建筑或甲板室结构的国内机动海洋渔船，尚需满足中华人民共和国海事局颁布的《船舶与海上设施法定检验规则—国内海洋小型渔船法定检验技术规则》的相关规定。特此说明如下：

第一节 渔船证书及配员

1 海洋渔船检验证书

船长大于或等于 7m 但小于 12m 的具有上层建筑或甲板室结构的机动海洋渔船需持有国内海洋小型渔船安全证书和国内海洋小型渔船检验记录，见图 3-1-1 和图 3-1-2。

中华人民共和国

国内海洋小型渔船
安全证书

船　　名__________
船 籍 港__________
检验登记号__________
总 吨 位__________
净 吨 位__________

中华人民共和国海事局印制

图 3-1-1　国内海洋小型渔船安全证书

2 船员持证

最低配员标准参见表 3-1-1。

国内海洋小型渔船检验记录格式

中华人民共和国海事局

国内海洋小型渔船检验记录

证书编号：

船　名		渔船编码	
船籍港		检验登记号	
船型代号		船舶类型	
船长（m）		总吨位	
主机总功率(kW)		建造完工日期	
核定航区		核定干舷(mm)	
船舶制造厂			
船舶所有人			

船体部分

总长(m)		型宽(m)		型深(m)	
船体材质		结构形式		水密舱壁数量	
上甲板长度(m)		最近丈量日期			
上甲板以下围蔽处所容积(m^3)		上甲板以上围蔽处所容积(m^3)			

设备部分

主机	主机型号			
	数　量			
	机　号			
	标定功率(kW)			
	标定转速(r/min)			
	主机制造厂			
齿轮箱	齿轮箱型号			
	减速比			

图 3-1-2　国内海洋小型渔船检验记录

海洋渔业船舶职务船员最低配员标准　　表 3-1-1

渔船类型	职务船员最低配员标准
船舶长度不足 12m 或者主机总功率不足 50kW	机驾长 1 名
50kW ≤ 主机总功率 < 250kW	三级轮机长 1 名

第二节　作业限制

1　遮蔽航区

船舶满载并限制在蒲氏风级不超过 6 级，目测波高不超过 2m 的海况下，以其 90% 的最大航速航行时，航程时间不超过 4h。

2　平静水域：系指距岸不超 5n mile 的水域。

船舶满载并限制在蒲氏风级不超过 6 级，目测波高不超过 1m 的海况下，以其 90% 的最大航速航行时，航程时间不超过 2h。

第三节 船体结构

1 船底板、舷侧板与甲板的厚度应不小于表 3-3-1 所规定的厚度。

表 3-3-1

项目	$L<7$m	7m$\leqslant L<10$m	10m$\leqslant L<12$m
船底板厚(mm)	3	3.5	4
舷侧板厚(mm)	3	3.5	4
甲板厚(mm)	3	3.5	4

2 平板龙骨的厚度应不小于船底板厚度的 1.2 倍,宽度应不小于 0.05L。

3 艉封板的厚度应不小于舷侧板的厚度,但当艉封板上安置推进装置时,艉封板的厚度应不小于舷侧板厚度的 1.2 倍。

4 当船速 $V>3\sqrt{L}$kn 时,上述各板的厚度应增加 20%;当船速 $V>6\sqrt{L}$kn 时,上述各板的厚度应增加 50%。

5 对于主机座下的船底板、艉轴出口处的外板应不小于该处板厚的 1.2 倍;对艉轴架、舵柱及其附件贯穿船体外板的板,甲板大开口处或是受力舾装件安装部位的板厚应不小于该处规定板厚的 1.5 倍。

6 船壳板上的开口处应设有适当的座板,座板上的附件应采用适当方法加以紧固。螺钉孔不得钻至外板。

7 防撞舱壁上不允许设置门,但允许设置用螺栓固定的水密人孔盖。水密舱壁上的门必须为水密门,且航行时应保持常闭。电缆、舵链等穿过水密舱壁时,应沿干舷甲板下表面敷设。

8 水密舱壁板的厚度 $L\geqslant 8$m 时应不小于 4mm;$L<8$m 时应不小于 3mm;壁扶强材的高度应不小于 40mm,厚度较舱壁板增加 1mm,且两端应固定焊接。

9 甲板室围壁板厚度应不小于 3mm;扶强材的高度应不小于 30mm,厚度应较围壁板厚度增加 1mm,且两端应固定焊接。

第四节 渔船稳性

1 载重线标志

1.1 船舶应按图 3-4-1 的规定在船舯两舷永久性地勘划载重线标志。载重线标志包括甲板线线段、载重线线段及船舶检验机构标识。

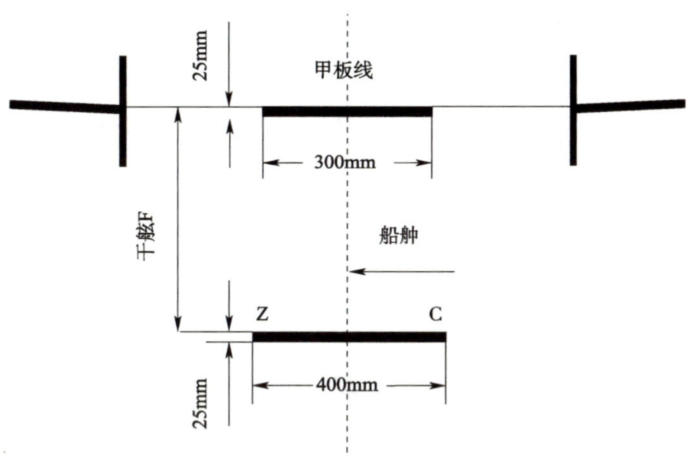

图 3-4-1 7m≤L<12m 具有上层建筑或甲板室结构的机动渔船载重线标志

1.2 甲板线为长 300mm、宽 25mm 的水平线段,其中点位于船长中点,其上缘与干舷甲板边板上缘平齐。

1.3 载重线为长 300mm、宽 25mm 的一条水平线段,其中点位于船长中点,其上缘至甲板线上缘的垂直距离等于所核定的干舷。

1.4 船舶检验机构标识为字母 ZC,字母高 100mm,宽 65mm。

1.5 对高速船,载重线及甲板线的长度中点应位于船舶在排水状态下的漂心纵向位置。

1.6 甲板线和载重线标志应永久性地勘划在船舷两侧,并应清晰可见。当船舷为暗色底时,应漆成白色或黄色;当船舷为浅色底时,应漆成黑色。

1.7 甲板线、载重线标志因勘划困难而经船检机构认可免于勘划的,应在船舶证书中注明。

1.8 对高速船在船艏、艉还应该有清晰的吃水标尺。

2 渔船标识

船长小于 12m 的渔业船舶,船名牌规格由各省级渔业船舶登记机关规定。

3 排水舷口

3.1 每舷的连续舷墙上都应开有排水舷口,排水舷口的下缘应尽可能接近甲板。

3.2 甲板上拦鱼板和渔具的使用和堆放,均不应影响排水舷口的效能或引起甲板积水。

4 人员保护

4.1 人员可能行走的所有甲板区域和出入通道处均应设置适当高度的舷墙、栏杆、扶手或其他有效的防护设施。栏杆、扶手安装应牢靠,且不影响船体的水密。

4.2　在人员可能行走且易于上水的表面应涂以防滑涂料或采取其他防滑措施。

4.3　高速船驾驶员座椅应设有安全带。

5　舱口及舱口盖

5.1　干舷甲板上露天舱口盖的舱口围板高度一般应不小于150mm,且应保持风雨密。航行、作业中永久关闭者,可不受此限。

5.2　对高速船,围板高度可减至与高速船工作安全相符合的最低值。

5.3　位于上层建筑内的舱口围板高度一般应不小于50mm。

5.4　上层建筑和甲板室的外部开口(包括门、窗、盖)均应有风雨密关闭装置。外门开启方向应为外开式,便于逃生。

5.5　外门门槛高度一般应不低150mm,露天甲板机舱棚直通下层机舱的外门门槛高度应不低180mm。对高速船,门槛高度可减至与高速船工作安全相符合的最低值。

5.6　所有窗的框架及窗盖应以铜、钢或其他等效材料制成。上层建造及甲板室的外窗玻璃应采用钢化玻璃或聚碳酸酯玻璃等材料。外窗的下缘离该处满载水线的高度不得小于500mm。外窗玻璃与窗框的连接、窗框与壁板的连接应牢固、可靠,足以承受船在正常航行作业时可能遭遇的水浪冲击。

第五节　消防设备

1　消防用品

1.1　每艘船舶至少应配备2具手提灭火器;在每一易失火区域均应至少备有一具合适的灭火器;1个带适当长度绳子的消防水桶;1把太平斧。消防水桶和太平斧可分别用生活用水桶和生活用斧代替。

1.2　驾驶室应配备1具容量不少于2kg的干粉灭火器。

1.3　机器处所应配备2具容量不少于2kg的干粉灭火器。当主机功率小于30kW时,可减少1具。

2　灭火器要求

2.1　每具CO_2灭火器的最小容量应不小于2kg,每具干粉灭火器的最小容量应不小于4kg,而每具泡沫灭火器至少具有9L的容量。

2.2　灭火器应放在便于取用的地方。

第六节 救生设备

1 救生圈

1.1 每艘船舶至少应当配置1个救生圈,且存放在易于取用之处。

1.2 救生圈上应标记船名和船籍港。

2 救生衣

2.1 船上每人应配备1件救生衣。

2.2 航行作业于沿海航区的船舶,其配备的救生衣应配备经认可的救生衣灯。救生衣灯应牢固地系在救生衣的前肩部区域。

2.3 航行作业于遮蔽航区及平静水域的船舶,其配备的救生衣可用工作救生衣代替。

2.4 救生衣应存放在易于取用之处,并清楚标识其存放位置。

3 遇险信号

3.1 航行作业于沿海航区的船舶,至少应配备4支降落伞火箭信号。

3.2 航行作业于遮蔽航区及平静水域的船舶,至少应配备2支降落伞火箭信号。

第七节 航行设备

1 应配备1台磁罗经或指南针。

2 应配备用于接收天气预报的装置。

第八节 无线电通信设备

1 船舶应配置1台航行安全信息接收装置(或收音机),以便于船舶接收气象警告或气象预报及其他与航行安全有关的紧急信息。

2　渔船应配备渔用对讲机 1 台。

3　无线电通信设备(便携式除外)应由两套电源供电,一套为船舶电源,另一套为备用电源,备用电源应能供电 1h。当蓄电池组作为船舶电源的一部分时,可不要求另外设置无线电备用电源。

4　可携式无线电通信装置应至少另配 1 组相同容量的备用电池。

第九节 信号设备

船长小于 12m 的海洋渔业船舶信号设备的配备可参见表 3-9-1。

配备表　　表 3-9-1

设备种类	序号	设备名称	配备数量	备注
号灯	1	桅灯(白色)	1	1. 航行灯,装于桅顶
	2	左舷灯(红色)	1	1. 航行灯,装于最高甲板左舷; 2. 除拖带和顶推船外,可用 1 盏双色灯代替左舷灯与右舷灯
	3	右舷灯(绿色)	1	1. 航行灯,装于最高甲板右舷; 2. 除拖带和顶推船外,可用 1 盏双色灯代替左舷灯与右舷灯
	4	艉灯(白色)	1	1. 航行灯,装于船艏、艉中心线上,高度尽量与舷灯持平,但不得高出舷灯; 2. $L<12$m 可用 1 盏白环照灯代替桅灯和艉灯
	5	双色灯 (左红、右绿)	1	可替代序号 2 和 3 的号灯。配此灯于中心线处,与序号 8 白灯共用表示航行
	6	环照灯(红色)	1^(1)	对非拖网渔船,作业时其中 1 盏与序号 8 上红下白同时显示
	7	环照灯(绿色)	1	仅拖网渔船配备,作业时与序号 8 上绿下白同时显示。$L<12$m 尽可能这样配备
	8	环照灯(白色)	1^(2)+(1)	1. 作为锚泊灯; 2. $L<12$m 时可替代序号 1 和 4 的号灯; 3. 有渔具外伸的渔船,才另加(1)盏渔具方向指示灯
号型	1	球体	1	1. 失控时显示,垂直两个球体; 2. 操纵能力受限时,垂直 3 个球体,中间是菱形体
	2	圆锥形体	3	从事疏浚及水下作业(小船除外)的船舶应配 3 个,从事拖带作业而拖带长度大于 200m 者应配 2 个

续上表

设备种类	序号	设备名称	配备数量	备注
旗号	1	5号国旗	1	
	2	红色号旗	1	指示有碍他船航行的渔具、缆索、锚链等伸出的方向
音响器具	1	小型号笛	1※	※$L<12$m 机动船可用哨子替代号笛及号钟
	2	小型号钟		

注：(1)仅非拖网渔船配备。
(2)可用1盏白环照灯代替桅灯和艉灯。

1 对夜间不航行、作业的船舶可免除锚灯以外的号灯。

2 号型间的垂直距离应至少为1.5m。可用与船舶尺度相称的较小尺度的号型，号型间距亦可相应减少。

3 独立设置的艉灯应装于船艏、艉中心线上，并尽可能接近船艉，高度尽量与舷灯持平，但不得高出舷灯。

4 锚灯应安装在船舶的最易见处，一般设置在船舶的前部。

5 渔船配备的2盏作业环照灯中较低的1盏白环照灯，在舷灯以上的高度应不小于2m。

第十节 电气设备

1 以蓄电池组作为主电源的船舶，应设有容量足够的充电装置。如果蓄电池组的容量能保持向船舶安全航行必需的用电设备供电4h以上，则可设岸电充电装置。

2 室外照明应采用防水灯具。

3 工作电压大于50V的电气设备应符合渔船法定检验技术规则相关规定。

4 电气设备不应贴近燃油舱、油柜等外壁表面安装，若不可避免时，则其与此类舱壁表面的距离应大于50mm。

5 工作时能产生高温的电气设备，在安装时应有隔热防护措施，并且不应在油舱、油柜等外壁表面安装。

6 在可能出现爆炸性气体、蒸汽而有爆炸危险的处所安装电气设备，则应是适合于爆炸气体环境用的合格防爆电气设备。如有必要，可配备一支自带电池的手提式防爆灯，以供应急时使用。

7 配电板（箱）一般应以绝缘材料制作，其罩壳应以滞燃、耐潮材料制作；应安装在干燥、通风和易于观察、维修的部位；后面和上方不应设有水、油、蒸汽管、油柜以及其他液体容器，若不能避免时，则应有可靠的防护措施。

8 蓄电池应安装在尽量靠近启动电机的位置；安装位置固定可靠且通风良好；安装在

防腐托盘或专用箱柜中,便于检修及维护。

第十一节 主推进及辅助装置

1 主推进装置

1.1 机舱应至少设有一个出入口,出入口应能通向干舷甲板。并设有便于操纵、维护和检修各种机械设备的通道。

1.2 机械运转时,可能对船上人员构成危险的部位,应有防护罩等安全设施。

1.3 舷外挂机为汽油机要求如下:

1.3.1 木质渔船若使用汽油挂机应征得船舶检验机构特别同意。

1.3.2 舷外挂机应可靠地固定在船舶艉封板上。

1.3.3 舷外挂机的操纵电缆应有效密封,油管连接处不应有泄漏。

1.3.4 功率不小于 40kW 的舷外挂机,应装置固定的操舵手轮。

1.4 柴油机燃油箱柜上应装有泄放装置、液位计、空气管。空气管内径应不小于注入管内径。如采用玻璃管液位计,应为自闭式,且应设有防护罩。液位计禁止使用塑料管。

1.5 盛装汽油的燃油箱柜,应以耐酸钢、铝或其他等效材料制造,并保证足够的强度。油箱容量应不大于 30L,且仅允许设一个汽油油箱。

1.6 燃油管路应采用无缝钢管、无缝退火铜管、铜镍合金管或等效性能的金属管制成。采用软管时,应采用有保护的耐火燃油软管。

1.7 排气管路一般应向上导出,若需经船侧或船艉导出时,应防止海水倒灌;排气管与船体的连接应保证水密。

1.8 机舱内应至少设置 1 台动力或手动舱底泵;非水密舱室的舱底水应能及时排出。

1.9 发动机应设有监控转速、温度、压力及其他运行参数的装置。

1.10 对可倒、顺的传动离合器,其换向时间应不超过 15s。

2 操舵装置

2.1 船舶应至少设置 1 套动力或人力操舵装置。

2.2 采用动力操舵装置,则应具有 2 台舵机装置动力设备。

2.3 采用 1 台电动或电动液压或主机带泵动力设备的船舶,应设人力操舵装置。

2.4 船舶在设计最大航速时,从一舷 35°转至另一舷 30°的转舵时间,机动舵应不大于 20s,人力舵应不大于 30s。

第十二节 甲板机械

1　船舶一般应配备适当的锚泊设备。

2　船舶应配备系船索和相应的系缆设备。

第十三节 防污染设备

1　主柴油机功率不小于22kW的新船,应装设1套额定处理量不小于0.04m^3/h的滤油设备。

2　挂桨机船及主柴油机功率小于22kW的新船,应当装设1套额定处理量不小于0.01m^3/h的滤油设备,或设置1个容量足够的适合储存含油污水的容器。

3　经船检机构许可,可免除设置滤油设备。

第十四节 操作性检查

1　检查渔船和船员是否持证上岗;

2　检查渔船和船员在开航时是否处于适航、适任状态;

3　检查是否超过核定航区或者抗风等级、超载航行、作业;

4　检查船员是否能够正确穿着救生衣;

5　检查船员是否会正确操作灭火器等灭火设备;

6　检查船员是否会正确使用遇险信号。

第二篇

PART TWO

渔业养殖设备设施隐患排查

引言

本篇共包括三章内容(第四章至第六章),第四章为渔业养殖设备隐患排查要点和常见隐患;第五章对渔业养殖设施进行了概括介绍,针对养殖设施的各自特点,指出其常见隐患并给出隐患处理建议;第六章是本篇的重点,是对渔业养殖设施设备进行隐患排查及隐患处理的通用性指导原则。

第四章

渔业养殖设备

渔业养殖设备是指在渔业养殖过程中所使用的机械设备，用以构筑或翻整养殖场地，控制或改善养殖环境条件，以扩大生产规模，提高生产效率。随着设施化渔业养殖的兴起，各种新的装备仪器不断出现，其种类、型号繁多，用途各异，展现了设施渔业养殖的美好前景。本章仅对渔业养殖中的主要设备进行说明。

第一节 增氧设备

增氧设备是一种专门设计用于增加水体中溶解氧含量的机械装置，在渔业养殖、水处理和观赏水族等领域广泛应用。这类设备通过电动机、柴油机或其他动力源驱动，将空气中的氧气转移到水中，以满足水生生物对氧气的需求，维持良好的水质环境，促进养殖生物健康生长。

在水产养殖业中，增氧设备的重要性尤为突出，特别是在高密度养殖条件下，充足的溶氧是保证鱼类、虾类和其他水生动物存活与快速生长的关键因素之一。常见的增氧设备类型包括：叶轮式增氧机，水车式增氧机，射流式增氧机，吸入式增氧机，涡流式增氧机，增氧泵，微孔曝气装置，涌喷式增氧机，喷雾式增氧机，交互式高溶氧增氧器等。这些不同类型的增氧机通过搅动水体、增大水面与空气接触面积、利用压力差进行气体交换或采用微孔薄膜扩散等方式来提高水体的溶解氧水平，从而减少因缺氧导致的鱼浮头现象，抑制厌氧菌繁殖，改善水质，并有助于降低饲料系数和提高养殖效益。

1.1 排查要点

1.1.1 电气安全

1.1.1.1 电源线缆：检查电缆是否有磨损、老化、裸露、断裂或受潮等现象，确保电源线连接可靠，接地良好。

1.1.1.2 电源配置：确认供电电压与增氧机额定电压相符，避免三相电机接在两相电上或相反情况导致线路烧毁。

1.1.1.3 开关和保护装置:检查开关是否灵活有效,漏电保护器、过载保护装置是否正常工作。

1.1.2 机械部件

1.1.2.1 运转状态:观察增氧机运行时是否存在异常声音或振动过大,判断轴承、传动带、齿轮等机械部件是否磨损或损坏。

1.1.2.2 安装固定:确认设备安装稳固,扭力平衡,支架无锈蚀、变形,电缆线是否正确固定,防止因摆动拉扯造成损坏。

1.1.3 气路系统

1.1.3.1 气泵/曝气组件:如果是通过气泵提供氧气的设备,检查气泵密封性是否良好,管道接口有无漏气,湿化瓶或其他配件是否完好无损。

1.1.3.2 微孔曝气盘:若使用微孔曝气技术,要定期清洗和检查曝气盘,防止堵塞影响氧气输出。

1.1.4 水质环境

1.1.4.1 工作环境:查看增氧机所在鱼塘或水体中有无杂物缠绕机器,水位变化是否影响设备的安全运行。

1.1.4.2 操作规程:遵循合理使用原则,如根据天气、水质条件及养殖生物需氧量适时开机,避免在不当时间操作增氧机。

1.1.5 维护保养

1.1.5.1 定期维护:对增氧设备进行定期保养,包括润滑、清洁、更换易损件等,确保设备长期稳定运行。

1.1.5.2 故障记录:记录设备历史故障及维修情况,以便及时发现潜在问题并预防类似故障再次发生。

1.1.6 监控系统

溶氧监测:配合溶氧检测仪,实时监控水体中溶解氧含量,确保增氧效果,并据此调整增氧机的工作模式和时间。

1.2 常见隐患

1.2.1 电气安全

1.2.1.1 电缆有磨损、老化、裸露、断裂或受潮等现象,电源线连接不可靠,接地不良。

1.2.1.2 开关失效、缺少漏电保护器或过载保护装置不能正常工作。

1.2.2 机械部件

1.2.2.1 增氧机运行时存在异常声音或振动过大,轴承、传动带、齿轮等机械部件磨损或损坏。

1.2.2.2 支架锈蚀、变形,电缆线缺少固定易因摆动拉扯造成损坏。

1.2.3 气路系统

1.2.3.1 气泵密封不良,管道接口有漏气,湿化瓶或其他配件损坏。

1.2.3.2 微孔曝气盘堵塞影响氧气输出。

1.2.4 水质环境

1.2.4.1 增氧机有杂物缠绕或水位变化影响设备的安全运行。

1.2.4.2 违反操作规程在不当时间操作增氧机。

1.2.5 维护保养

1.2.5.1 增氧设备缺乏定期保养。

1.2.5.2 没有记录设备历史故障及维修情况。

1.2.6 监控系统

没有配合溶氧检测仪实时监控水体中溶解氧含量,并据此调整增氧机的工作模式和时间。

1.3 隐患处理

1.3.1 涉及电气安全的隐患应立即整改,确实存在困难的可限期纠正并在相应部位设立临时警示牌。

1.3.2 机械部件运行异常时应及时检修,轴承、传动带、齿轮等机械部件存在磨损或损坏的及时修理或换新;支架锈蚀、变形限期更换。

1.3.3 气路系统密封不良、漏气,湿化瓶或其他配件损坏的及时修理,微孔曝气盘经常检查清通。

1.3.4 经常检查清理增氧机杂物,关注水位变化并按照操作规程进行操作。

1.3.5 按照增氧设备操作说明或保养程序定期进行保养并建立台账记录设备历史故障及维修情况。

1.3.6 配合溶氧检测仪实时监控水体中溶解氧含量,并据此调整增氧机的工作模式和时间。

第二节 投饲设备

投饲设备是水产养殖业中用于自动或半自动向水体中投放饲料的专业机械装置。这类设备设计目的是提高饲料投喂的效率、精确度和均匀性,同时减少人工投喂的劳动强度和成本,优化饲料利用率,并有助于维持良好的水质环境。

投饲机通常包括以下几个主要组成部分:

料斗:用于储存待投喂的饲料,有的还具有防潮和破拱机构以防止饲料结块或堵塞;

给料机构:控制饲料从料斗到投料机构的输送过程,确保按照预设速度和量进行投喂;

投料机构:将饲料通过离心力、振动、鼓风等方式撒播至水体中,覆盖一定面积,确保鱼

群能够均匀摄食;

控制系统:可以是定时器、传感器或智能控制系统,用于设定和调整投饲的时间、频率、周期和总量,可以根据水温、水质、鱼类生长阶段和活动规律等因素进行精细化管理。

根据动力源的不同,投饲机可被分为机动投饲机(如电动机驱动)和鱼动投饲机等类型。此外,还有颗粒饲料投饲机和液态饲料投饲机之分,适用于不同形态饲料的投喂需求。

在现代渔业生产中,投饲设备已经成为高效、规模化养殖的重要配套设施之一,对于降低饲料成本、提升养殖效益、促进可持续养殖发展具有重要作用。

1.1 排查要点

1.1.1 电气安全

1.1.1.1 电源线缆:检查电缆是否破损、老化、接头松动或裸露,确保电源连接可靠且接地良好。

1.1.1.2 控制系统:确认定时器或智能控制系统运行正常,防止误操作或失控导致过度投喂或不投喂。

1.1.1.3 驱动装置:检查电机、马达等驱动部件有无过热、异响、磨损等问题。

1.1.2 机械结构与功能

1.1.2.1 料斗及给料机构:查看料斗是否有严重锈蚀、变形或损坏,饲料通道是否堵塞,给料部件动作是否顺畅,能否准确控制投喂量。

1.1.2.2 投料机构:检查投料盘、螺旋输送器或其他撒播部件是否磨损、变形,工作过程中是否存在卡顿现象,以确保饲料能够均匀撒布。

1.1.3 操作性能

1.1.3.1 投喂效果:观察投喂过程中的饲料分布是否均匀,避免局部过量投喂造成水质恶化或饲料浪费。

1.1.3.2 投喂精准度:根据养殖对象的需求和生长阶段调整投喂量,并核实实际投喂情况与预设值的一致性。

1.1.4 维护保养

1.1.4.1 定期清理:确保投饲设备内外部清洁,尤其是料斗内部和投料出口,以防霉变饲料积累引发病害传播。

1.1.4.2 润滑与更换易损件:定期对活动部件进行润滑保养,及时更换已磨损的轴承、密封圈等易损零件。

1.1.5 环境适应性

1.1.5.1 工作环境:检查投饲设备在恶劣天气(如风雨、高温、低温)条件下的稳定性,防水防潮措施是否有效。

1.1.5.2 设备安装:确认投饲机固定牢固,不会因水体波动等因素发生位移或倾覆。

1.1.6 监控与反馈

1.1.6.1 数据监测:如果配备有饲料消耗记录和实时监测系统,要确保其数据准确反映投饲状态并及时发现异常。

1.1.6.2　故障报警:检查设备自带的故障检测和报警功能是否正常运作,以便及时发现并排除问题。

1.2　常见隐患

1.2.1　电气安全

1.2.1.1　电缆破损、老化、接头松动或裸露,电源连接与接地不良。

1.2.1.2　定时器或智能控制系统运行不正常。

1.2.1.3　电机、马达等驱动部件有过热、异响、磨损等问题。

1.2.2　机械结构与功能

1.2.2.1　料斗严重锈蚀、变形或损坏,饲料通道堵塞,给料部件动作不顺畅,不能准确控制投喂量。

1.2.2.2　投料盘、螺旋输送器或其他撒播部件磨损、变形,工作过程中存在卡顿现象,饲料不能均匀撒布。

1.2.3　操作性能

1.2.3.1　饲料分布不均匀,局部过量投喂。

1.2.3.2　实际投喂情况没有根据养殖对象的需求和生长阶段进行。

1.2.4　维护保养

1.2.4.1　料斗内部和投料出口不够清洁,存在霉变饲料积累现象。

1.2.4.2　活动部件缺乏润滑保养,未及时更换已磨损的轴承、密封圈等易损零件。

1.2.5　环境适应性

1.2.5.1　投饲设备防水防潮措施失效。

1.2.5.2　投饲机不牢固,会因水体波动等因素发生位移或倾覆。

1.2.6　监控与反馈

1.2.6.1　配备有饲料消耗记录和实时监测系统的,其数据存在异常。

1.2.6.2　设备自带的故障检测和报警功能无法正常运作。

1.3　隐患处理

1.3.1　电气隐患立即整改,确实存在困难的可限期纠正并在相应部位设立临时警示牌。

1.3.2　机械问题及时检修,料斗、投料盘、螺旋输送器或其他撒播部件存在磨损或损坏的及时修理或换新。

1.3.3　经常清洁料斗内部和投料出口;活动部件润滑保养,及时更换已磨损的轴承、密封圈等易损零件。

1.3.4　利用设备自带的故障检测和报警功能进行经常性测试,发现问题及时解决,保障各项功能正常。

第三节 排灌机械

排灌机械是指用于进行灌溉或排水作业的机械设备。这类机械的主要功能是通过各种动力源(如电动机、内燃机、风力机等)驱动水泵或其他提水装置,将水源中的水提升并输送至灌排溉区域。在水产养殖的排灌设备主要是水泵,有离心水泵、潜水泵、轴流泵、混流泵、深井泵等,见图4-3-1～图4-3-4。水泵的用途是输送流体,在水产养殖中主要是向池塘注水和排水,保证鱼类各生长阶段的不同水位要求;注入河水或深井水调节水温;注入新水,增加水中溶氧量,提高池水透明度,加强池水光合作用,提高池塘初级生产力。抽排池塘多余和老化水体,调节水质、盐度和pH,给鱼类一个适宜的水体生存环境。

随着科技的发展,排灌机械也在不断朝着节能、高效、智能和环保的方向发展,旨在提高水资源利用效率,减轻劳动强度,并适应现代渔业可持续发展的需求。

图4-3-1　卧式单级离心泵

图4-3-2　潜水电泵

图4-3-3　射流式深井泵

图4-3-4　混流泵

1.1 排查要点

1.1.1 机械结构与部件检查

1.1.1.1 检查泵体及管道系统:确认是否有锈蚀、裂纹、磨损等物理损伤。

1.1.1.2 查看连接部位:如法兰、接头、卡箍等是否紧固无泄漏。

1.1.1.3 检测转动部件:轴承、轴封、叶轮等是否存在过度磨损或损坏。

1.1.1.4 确认安装支架和基础稳固,避免运行时产生过大的振动。

1.1.2 电气设备安全

1.1.2.1 电源线缆:查看电缆有无破损、老化、绝缘层脱落等问题。

1.1.2.2 开关设备:检查启动开关、保护装置(如热继电器、漏电保护器)是否正常工作。

1.1.2.3 电动机或发电机:检查绕组绝缘电阻,确保电机不带病运行;查看电机轴承润滑状况和温升情况。

1.1.3 控制系统与仪表

1.1.3.1 自动化控制设备:如变频器、控制器、传感器等,要确保其功能完好,能准确监测和控制水位、流量、压力等参数。

1.1.3.2 安全报警系统:确认故障报警功能有效,能在出现异常时及时切断电源。

1.1.4 性能测试

1.1.4.1 抽水效率检测:测量实际抽水量与额定值的一致性,判断水泵性能是否下降。

1.1.4.2 能耗评估:分析能源消耗是否合理,是否存在能耗过大导致的成本浪费问题。

1.1.5 环境与操作条件

1.1.5.1 工作环境安全:排除周边环境对设备运行的影响,如水源清洁度、排水口畅通情况、周围是否有易燃易爆物品等。

1.1.5.2 设备使用规范:检查操作人员是否按照规程进行作业,是否存在违章操作现象。

1.1.6 维护保养记录与周期

1.1.6.1 维修保养历史:查阅设备维修保养记录,核实是否按时进行了维护保养工作。

1.1.6.2 防腐防冻措施:针对不同季节特点,检查设备防腐蚀处理和冬季防冻措施落实情况。

1.2 常见隐患

1.2.1 机械结构与部件检查

1.2.1.1 泵体及管道锈蚀、裂纹、磨损等。

1.2.1.2 法兰、接头、卡箍等松脱、泄漏。

1.2.1.3 轴承、轴封、叶轮等存在过度磨损或损坏。

1.2.1.4 运行时振动过大。

1.2.2 电气设备安全

1.2.2.1　电缆存在破损、老化、绝缘层脱落等问题。

1.2.2.2　启动开关、保护装置(如热继电器、漏电保护器)无法正常工作。

1.2.2.3　电动机或发电机带病运行;电机轴承润滑不良和温升异常。

1.2.3　控制系统与仪表

1.2.3.1　自动化控制设备:如变频器、控制器、传感器等不能准确监测和控制水位、流量、压力等参数。

1.2.3.2　故障报警功能异常。

1.2.4　性能测试

1.2.4.1　实际抽水量低于额定值,水泵性能下降。

1.2.4.2　能耗过大。

1.2.5　环境与操作条件

1.2.5.1　周边环境影响设备运行,如排水口不畅、周围有易燃易爆物品等。

1.2.5.2　操作人员未按照规程进行作业,存在违章操作现象。

1.2.6　维护保养记录与周期

1.2.6.1　未留存设备维修保养记录或没有按照周期进行维护保养工作。

1.2.6.2　设备防腐蚀处理和冬季防冻措施落实不力。

1.3　隐患处理

1.3.1　泵体及管道存在严重结构性缺陷及渗漏严重的禁止继续使用,振动过大应及时拆检,检查轴承、轴封、叶轮等是否存在过度磨损或损坏。

1.3.2　电缆存在破损、老化、绝缘层脱落的立即整改,保护装置(如热继电器、漏电保护器)无法正常工作应立即修理,严禁电动机或发电机带病运行。

1.3.3　按照规程进行作业,记录并保存维修保养记录,按照周期进行维护保养工作。

第四节 水质净化设备

水质净化设备是用于改善和维护水体质量的一系列机械设备和技术,其主要功能包括去除水中的有害物质、悬浮颗粒物、有机废物、氨氮、亚硝酸盐等污染物,并通过生物过滤、物理过滤、化学反应等方式补充氧气、调整 pH 及其他有益于水生生物生存的水环境条件。这类设备广泛应用于水产养殖、景观水体净化、污水处理等领域,如鱼池过滤器、循环水处理系统等。

1.1　排查要点

1.1.1　设备运行状态

1.1.1.1　检查设备主要部件(如水泵、过滤器、曝气机等)的运行情况,确保无异响、过热、震动等问题。

1.1.1.2　确认设备启动、停止及运行过程中的切换是否顺畅，电气控制系统是否灵敏有效。

1.1.2　过滤系统

1.1.2.1　对物理过滤介质（如滤棉、砂石等）进行清洁度和损耗检查，定期更换或清洗，避免堵塞导致水流不畅。

1.1.2.2　生物过滤部分需检查微生物活性是否正常，生物膜是否健康，必要时补充有益菌种。

1.1.3　消毒杀菌与增氧功能

1.1.3.1　检验紫外线杀菌灯管工作状况和使用寿命，保证消毒效果。

1.1.3.2　增氧设备（如空气泵、射流器、微孔曝气盘）的供气量是否稳定充足，防止溶氧不足影响水体环境。

1.1.4　化学处理环节

1.1.4.1　检查投药装置及其控制系统的准确性，确保药剂投放适时适量，不会产生药物残留超标问题。

1.1.4.2　化学反应罐内结构和材料是否有腐蚀、老化迹象，以避免对水质造成二次污染。

1.1.5　水质监测系统

1.1.5.1　核实在线水质监测仪表的准确性和可靠性，包括溶解氧、pH、氨氮、亚硝酸盐、浊度等参数，确保实时监控数据正确。

1.1.5.2　定期校准检测仪器，及时调整设备运行参数以适应实际水质变化需求。

1.1.6　安全防护与维护保养

1.1.6.1　电源线路与电气保护措施是否完善，接地是否良好，避免触电事故。

1.1.6.2　设备外壳、管道连接处密封性检查，防止漏水漏电。

1.1.6.3　是否制定并执行严格的设备维护保养计划，是否根据使用手册要求更换易损件。

1.1.7　应急处理能力

1.1.7.1　检查备用设备是否能正常使用，以便在主设备故障时迅速切换。

1.1.7.2　配套有应急预案，如停电、设备突然失效等情况下的快速应对措施。

1.2　常见隐患

1.2.1　设备运行状态检查

1.2.1.1　设备主要部件（如水泵、过滤器、曝气机等）存在异响、过热、震动等问题。

1.2.1.2　设备启动、停止及运行过程中的切换不顺畅，电气控制系统失效。

1.2.2　过滤系统

1.2.2.1　物理过滤介质（如滤棉、砂石等）没有进行定期更换或清洗，导致水流不畅。

1.2.2.2　生物过滤部分微生物活性不正常。

1.2.3 消毒杀菌与增氧功能

1.2.3.1 紫外线杀菌灯管工作状况不良。

1.2.3.2 增氧设备(如空气泵、射流器、微孔曝气盘)的供气量不够稳定,溶氧不足影响水体环境。

1.2.4 化学处理环节

1.2.4.1 投药装置及其控制系统的准确性下降,药剂投放超标。

1.2.4.2 化学反应罐内结构和材料有腐蚀、老化迹象。

1.2.5 水质监测系统

1.2.5.1 在线水质监测仪表的溶解氧、pH、氨氮、亚硝酸盐、浊度等参数数据不正确。

1.2.5.2 未定期校准检测仪器;未按实际水质变化调整设备运行参数。

1.2.6 安全防护与维护保养

1.2.6.1 电源线路与电气缺乏保护措施,接地不良。

1.2.6.2 设备外壳、管道连接处漏水漏电。

1.2.6.3 缺乏设备维护保养计划,未根据使用手册要求更换易损件。

1.2.7 应急处理能力

1.2.7.1 备用设备不能正常使用或主设备故障时无法进行迅速切换。

1.2.7.2 没有停电、设备突然失效等情况下的应急预案。

1.3 隐患处理

1.3.1 设备运行状态存在异常应及时进行检修,保障设备工况良好。

1.3.2 物理过滤介质定期更换或清洗;生物过滤部分检查微生物活性是否正常,生物膜是否健康,必要时补充有益菌种。

1.3.3 定期校准检测仪器,及时调整设备运行参数。

1.3.4 电气隐患立即整改,确实存在困难的可限期纠正。

1.3.5 建立停电、设备突然失效等情况下的应急预案。

1.3.6 制定并执行严格的设备维护保养计划,根据使用手册要求更换易损件。

第五节 活鱼运输设备

活鱼运输设备是指专为确保鱼类在长途运输过程中存活率而设计制造的特殊装备。它通常包含具有恒温、供氧、防震等功能的运输容器或车辆,以维持适宜的水温和充足的溶解氧水平,保持鱼类处于低应激状态。例如,鲜活鱼运输车会配备有专门的水箱系统、增氧机、保温装置以及温度调控系统。

1.1 排查要点

1.1.1 水体环境及供氧系统

1.1.1.1 检查水箱清洁度,确保无污染、无异物。

1.1.1.2 确保增氧设备(如气泵或充气管)正常运行,能够提供充足的溶解氧,避免鱼类缺氧死亡。

1.1.1.3 定期监测和调整水温、水质指标(如 pH、氨氮、亚硝酸盐等),维持适宜鱼类生存的环境。

1.1.2 装载设施与容器检查

1.1.2.1 检验运输容器(如水箱、网箱)是否有渗漏、破损,确保密封性能良好。

1.1.2.2 核实容器内壁光滑无锐边,以防止对鱼体造成伤害。

1.1.2.3 载鱼密度要适中,过密会导致水质恶化和鱼病传播,过疏则浪费空间资源。

1.1.3 温度控制与保温措施

1.1.3.1 温控系统是否正常工作,保持恒定的水温,特别是在长途运输过程中。

1.1.3.2 保温材料完整性检查,尤其是在冬季或寒冷地区运输时,防止水温骤降影响鱼类存活率。

1.1.4 减震与防冲撞设计

1.1.4.1 验证悬挂系统的稳定性和缓冲性能,减少行驶过程中的震动对鱼群的影响。

1.1.4.2 检查固定装置,确保运输过程中设备不会因为颠簸而移位或损坏。

1.1.5 卫生与消毒处理

1.1.5.1 运输前后对设备进行彻底清洗和消毒,避免疾病交叉感染。

1.1.5.2 对进出水管路进行清洁消毒,防止微生物滋生导致水质恶化。

1.1.6 电气安全与应急处理

1.1.6.1 检查供电线路与电气设备的安全性,包括电源连接、电缆绝缘、接地保护等。

1.1.6.2 确认有备用电源或者紧急启动方案,以防电力中断对活鱼造成威胁。

1.1.7 监控与记录系统

1.1.7.1 水质参数实时监控设备的有效性,以及数据记录的准确性。

1.1.7.2 设备操作员需熟练掌握设备操作流程,并定期记录鱼群状态和运输条件变化。

1.2 常见隐患

1.2.1 水体环境及供氧系统

1.2.1.1 水箱污染、有异物。

1.2.1.2 增氧设备(如气泵或充气管)运行不正常。

1.2.1.3 水温、水质指标(如 pH、氨氮、亚硝酸盐等)不适宜鱼类生存。

1.2.2 装载设施与容器检查

1.2.2.1 运输容器(如水箱、网箱)有渗漏、破损。

1.2.2.2　载鱼密度过密或过疏。

1.2.3　温度控制与保温措施

1.2.3.1　温控系统工作不正常。

1.2.3.2　保温材料破损。

1.2.4　减震与防冲撞设计

1.2.4.1　悬挂系统缺乏稳定性和缓冲性能不良。

1.2.4.2　固定装置移位或损坏。

1.2.5　卫生与消毒处理

1.2.5.1　运输前后未对设备进行彻底清洗和消毒。

1.2.5.2　进出水管路未进行清洁消毒,微生物滋生导致水质恶化。

1.2.6　电气安全与应急处理

1.2.6.1　电源连接、电缆绝缘、接地保护等状况不良。

1.2.6.2　缺乏备用电源或者紧急启动方案。

1.2.7　监控与记录系统

1.2.7.1　水质参数实时监控设备准确性差。

1.2.7.2　设备操作员不熟练设备操作流程,未定期记录鱼群状态和运输条件。

1.3　隐患处理

1.3.1　严格遵照设备操作流程操作,监控设备的有效性,以及数据记录的准确性;保持并定期记录鱼群状态和运输条件的变化。

1.3.2　电气隐患及时整改,确保备用电源有效并立即可用。

1.3.3　运输前后对设备进行彻底清洗和消毒。

第六节　水质监控设备

水质监控设备是用来实时检测并记录水体各项指标的专业仪器,这些指标包括但不限于溶解氧含量、pH、氨氮、亚硝酸盐、浊度、温度、电导率等。此类设备常采用传感器技术,数据可以自动传输至控制系统或者云端进行分析处理,有助于及时发现水质变化并采取相应措施,保障水产养殖业、环保监测以及饮用水安全等方面的需求。

1.1　排查要点

1.1.1　设备功能

1.1.1.1　确保传感器或检测探头运行正常,测量数据准确无误。例如溶解氧、pH、温度、浊度、电导率、氨氮、硝酸盐、重金属离子等参数应能实时准确监测。

1.1.1.2　检查自动清洗功能是否有效，特别是对于光学或生物膜型传感器，防止污染和堵塞影响精度。

1.1.2　电气安全与线路

1.1.2.1　电源接线及接地是否可靠，避免漏电、短路等问题发生。

1.1.2.2　电缆线路有无老化、磨损、受潮现象，确保绝缘性能良好。

1.1.3　系统通信与数据传输

1.1.3.1　确认无线或有线通信模块工作稳定，数据传输及时且无丢失，连接远程监控中心或云平台的功能完好。

1.1.3.2　检测信号覆盖范围和稳定性，特别是在复杂环境中（如深水、偏远地区）的数据传输质量。

1.1.4　软件系统与报警机制

1.1.4.1　核实设备内置软件系统的版本更新情况，确保其具备最新的功能和优化。

1.1.4.2　检查预警阈值设定是否合理，当水质指标超过预设阈值时，报警功能应能迅速启动并通知相关人员。

1.1.5　硬件维护与更换

1.1.5.1　定期对设备进行清洁保养，清除表面污垢和内部沉积物。

1.1.5.2　对于易损件如电池、密封圈、滤网等进行定期更换，延长设备使用寿命。

1.1.6　环境适应性

1.1.6.1　根据设备使用环境（如水下、岸边、实验室等），检查设备防水防尘等级以及耐腐蚀性能是否满足要求。

1.1.6.2　在极端天气条件下，设备是否仍能正常工作，必要时采取防护措施。

1.1.7　校准与标定

定期对水质监控设备进行专业校准和标定，确保其测量结果符合相关标准和法规要求。

1.2　常见隐患

1.2.1　设备功能

1.2.1.1　传感器或检测探头运行不正常，无法准确实时监测溶解氧、pH、温度、浊度、电导率、氨氮、硝酸盐、重金属离子等参数。

1.2.1.2　自动清洗功能失效，对于光学或生物膜型传感器，存在污染和堵塞情况。

1.2.2　电气安全与线路

1.2.2.1　电源接线及接地可靠性差，存在漏电、短路等问题。

1.2.2.2　电缆线路有老化、磨损、受潮现象，绝缘性能不良。

1.2.3　系统通信与数据传输

1.2.3.1　无线或有线通信模块工作不稳定，数据传输不及时且易丢失，连接远程监控中心或云平台的功能不良。

1.2.3.2　信号覆盖范围和稳定性，特别是在复杂环境中（如深水、偏远地区）的数据传输质量不良。

1.2.4 软件系统与报警机制

1.2.4.1 设备内置软件系统的版本老旧未及时更新。

1.2.4.2 预警阈值设定不合理,当水质指标超过预设阈值时,报警功能不能迅速启动并通知相关人员。

1.2.5 硬件维护与更换

1.2.5.1 未定期对设备进行清洁保养,表面存在污垢和内部有沉积物。

1.2.5.2 易损件如电池、密封圈、滤网等未进行定期更换。

1.2.6 环境适应性

1.2.6.1 设备防水防尘等级以及耐腐蚀性能不满足要求。

1.2.6.2 设备缺乏保障在极端天气条件下正常工作的必要防护措施。

1.2.7 校准与标定

未定期对水质监控设备进行专业校准和标定或其测量结果不符合相关标准和法规要求。

1.3 隐患处理

1.3.1 定期进行专业校准和标定,确保其测量结果符合相关标准和法规要求。

1.3.2 确保自动清洗功能有效,对于光学或生物膜型传感器,应防止污染和堵塞影响精度。

1.3.3 及时纠正电气隐患,确保接地可靠、绝缘性能良好。

1.3.4 确保无线或有线通信模块工作稳定,连接远程监控中心或云平台的功能完好。

1.3.5 确保设备内置软件系统的版本是最新的,并合理设定预警阈值。

1.3.6 定期对设备进行清洁保养,易损件如电池、密封圈、滤网等进行定期更换。

第七节 水草收割设备

水草收割设备主要用于湖泊、河流、水库、湿地以及人工养殖水体中清除过量生长的水生植物,如水葫芦、菹草、黑藻等。常见的水草收割机通常包括水上割草船、半潜式割草机或遥控操作的小型收割机器人等,能有效提高水草清理效率,防止水体富营养化和生态失衡。

1.1 排查要点

1.1.1 机械结构与部件检查

1.1.1.1 刀具与切割系统:检查刀片是否磨损、变形,刀轴转动是否顺畅,刀架连接处有无松动。

1.1.1.2 传动装置:包括链条、皮带、齿轮等传动部件,确保其紧固无损,润滑良好,无明显磨损或断裂迹象。

1.1.1.3　收割头及排料机构：确认工作时是否卡顿，是否有异物缠绕风险，排料通道是否堵塞。

1.1.2　电气系统安全

1.1.2.1　电源线缆和插头：查看电缆外皮是否破损，接头是否牢固，防止漏电。

1.1.2.2　控制面板与开关：测试所有控制按钮和开关功能是否正常，指示灯显示正确。

1.1.2.3　电机运行状态：检查电动机运转是否平稳，无异常噪声或过热现象。

1.1.3　液压系统（如有）

1.1.3.1　液压油箱及管路：检查液压油量是否充足，无泄漏；液压管路无老化、磨损，连接件密封良好。

1.1.3.2　液压元件：确认液压泵、阀、马达等部件无渗漏，动作响应灵敏且压力稳定。

1.1.4　操作平台与安全设施

1.1.4.1　驾驶舱或操作平台：确认无锈蚀、开裂等情况，栏杆稳固，踏板防滑性能良好。

1.1.4.2　安全防护措施：如急停开关是否有效，警示标志清晰可见，人员保护装备齐全。

1.1.5　浮动系统与稳定性

1.1.5.1　船体浮筒或底部设计：检查是否存在损坏、漏水，确保在水上作业时保持良好的浮力和稳定性。

1.1.5.2　锚定与固定装置：确认锚链、系泊绳索以及相关固定设施能够安全可靠地将设备固定在作业区域。

1.1.6　维护保养记录

1.1.6.1　查阅设备使用和保养记录，核实是否按照规定进行定期保养，了解并处理已知问题。

1.1.6.2　对于需要更换周期的部件，如滤芯、润滑油等，应根据实际使用情况及时更换。

1.1.7　环境适应性评估

根据水域特点，评估设备对不同水质条件、水生生物附着、水深变化等因素的适应能力。

1.2　常见隐患

1.2.1　机械结构与部件检查

1.2.1.1　刀片磨损、变形，刀轴转动不顺畅，刀架连接处松动。

1.2.1.2　链条、皮带、齿轮等传动部件存在明显磨损或断裂迹象，缺少加油润滑。

1.2.1.3　收割头及排料机构工作时卡顿，排料通道堵塞。

1.2.2　电气系统安全

1.2.2.1　电缆外皮破损，接头不牢固。

1.2.2.2　控制按钮和开关功能不正常，指示灯不能正确显示。

1.2.2.3　电动机运转有异常噪声或过热现象。

1.2.3 液压系统(如有)

1.2.3.1 液压油量不充足,泄漏;液压管路老化、磨损,连接件密封不良。

1.2.3.2 液压泵、阀、马达等部件存在渗漏现象,压力不稳定。

1.2.4 操作平台与安全设施

1.2.4.1 驾驶舱或操作平台锈蚀、开裂,栏杆损坏,踏板缺乏防滑措施。

1.2.4.2 安全防护措施如急停开关失效,警示标志不清,人员保护装备不齐全。

1.2.5 浮动系统与稳定性

1.2.5.1 船体浮筒或底部存在损坏、漏水现象。

1.2.5.2 锚链、系泊绳索以及相关固定设施无法安全可靠地将设备固定在作业区域。

1.2.6 维护保养记录

1.2.6.1 缺乏设备使用和保养记录,或未按照规定进行定期保养。

1.2.6.2 未根据实际使用情况及时更换滤芯、润滑油等。

1.2.7 环境适应性评估

设备对不同水质条件、水生生物附着、水深变化等因素的适应能力较差。

1.3 隐患处理

1.3.1 遵照设备使用手册或维护保养程序进行定期保养并记录。

1.3.2 液压系统(如有)存在渗漏时应及时整改,如对水域环境造成污染,可被追究污染责任。

1.3.3 确保电气系统安全,控制按钮和开关、急停开关功能有效。

1.3.4 安全防护措施存在缺陷的严禁进行作业。

第八节 水产捕捞设备

水产捕捞设备涵盖了从传统的渔网、捕鱼笼到现代高科技渔业所使用的声呐探测系统、拖网渔船、底栖捕捞机械等多种工具与设施。它们根据不同的捕捞对象和作业方式设计,旨在提高捕捞效率和减少对生态环境的影响,如刺网、围网、拖网、钓具等。

1.1 排查要点

1.1.1 渔网与渔具检查

1.1.1.1 检查渔网、鱼线、鱼钩等是否存在磨损、断裂或腐蚀现象。

1.1.1.2 确认网目尺寸是否合规,避免过小网眼导致过度捕捞及误捕幼体等问题。

1.1.1.3 渔船上的绳索、挂钩等固定装置需牢固可靠,防止作业时出现松脱。

1.1.2 机械设备检测

1.1.2.1 对绞盘、起网机、电动绞车等机械动力设备进行功能测试,确认运转正常,无异常噪声或振动。

1.1.2.2 检查液压系统（如有）的工作压力、泄漏情况以及油品质量。

1.1.3 导航与通信设施

1.1.3.1 保证 GPS 定位系统、雷达、声呐及其他导航设备准确有效，信号稳定。

1.1.3.2 海事通信设备如 VHF 无线电、卫星电话等能够正常使用，确保紧急情况下通信畅通。

1.1.4 安全设备检查

1.1.4.1 验证救生艇、救生圈、救生衣、消防器材等应急设备齐全且处于良好状态。

1.1.4.2 检查渔船上的照明设备、信号灯、雾笛等能否正常工作，确保航行和作业安全。

1.1.5 船体结构与稳定性

1.1.5.1 船舶外观是否有裂缝、漏水现象，甲板防滑性能是否良好。

1.1.5.2 检测船舱内部结构完整，尤其是发动机舱、驾驶室等重要区域的防水防火性能。

1.1.6 捕捞操作规程审查

1.1.6.1 核实捕捞作业人员是否熟悉并严格遵守操作规程，以降低意外风险。

1.1.6.2 定期开展捕捞过程中的隐患排查，包括渔具放置、收放网过程中的人员站位及协作流程。

1.1.7 环境适应性评估

确保所有捕捞活动符合国家渔业法规要求，比如禁渔期规定、捕捞许可范围等。

1.1.8 维护保养记录

查阅设备维修保养记录，核实是否按照规定进行定期维护，并根据实际使用情况进行调整。

1.2 常见隐患

1.2.1 渔网与渔具检查

1.2.1.1 渔网、鱼线、鱼钩等存在磨损、断裂或腐蚀现象。

1.2.1.2 网目尺寸不合规。

1.2.1.3 渔船上的绳索、挂钩等固定装置易松脱。

1.2.2 机械设备检测

1.2.2.1 绞盘、起网机、电动绞车等机械动力设备存在异常噪声或振动。

1.2.2.2 液压系统（如有）的工况不良、存在泄漏情况。

1.2.3 导航与通信设施

1.2.3.1 GPS 定位系统、雷达、声纳及其他导航设备工况不良。

1.2.3.2 海事通信设备如 VHF 无线电、卫星电话等无法正常使用。

1.2.4 安全设备检查

1.2.4.1 缺少救生艇、救生圈、救生衣、消防器材等应急设备或状态不良。

1.2.4.2 照明设备、信号灯、雾笛等不能正常工作。

1.2.5 船体结构与稳定性

1.2.5.1 船舶外观有裂缝、漏水现象，甲板防滑性能不良。

1.2.5.2 船舱内部结构存在缺陷。

1.2.6 捕捞操作规程审查

1.2.6.1 捕捞作业人员不熟悉操作规程。

1.2.6.2 未定期开展捕捞过程中的隐患排查。

1.2.7 环境适应性评估

违反禁渔期规定、捕捞许可范围等。

1.2.8 维护保养记录

缺乏设备维修保养记录，或未按照规定进行定期维护。

1.3 隐患处理

1.3.1 遵照设备使用手册或维护保养程序进行定期保养并记录。

1.3.2 缺乏必要的安全设备和船体结构缺陷可限期整改，问题严重的可停止其作业。

1.3.3 违反禁渔期规定、超捕捞许可范围及网目尺寸不符合规定的可依据国家相关法律法规进行处罚。

第九节 集装箱循环水养殖设备

集装箱循环水养殖设备是一种集成了高密度养殖技术和节水理念的新型养殖模式。将整个养殖过程置于标准化的集装箱内，通过高效循环水处理系统，实现养殖废水的重复利用和高效净化。该类设备一般包括水处理单元（如生物滤器、蛋白分离器、臭氧发生器等）、智能控制模块（自动化投饵、水质监测、温控系统）以及适合封闭空间养殖的高效饲养结构等，从而实现可持续、环保且经济效益高的养殖目标。

1.1 排查要点

1.1.1 水质处理系统检查

1.1.1.1 检查生物过滤器、物理过滤器（如微滤机、蛋白分离器等）是否正常工作，滤料是否需要更换或清洗。

1.1.1.2 了解和监控水体中溶解氧、氨氮、亚硝酸盐、pH 等关键指标，确保水质稳定在适宜养殖的范围内。

1.1.1.3 确认消毒杀菌设备（如紫外线灯、臭氧发生器）运行状况良好，能有效消除有害微生物。

1.1.2　供排水设施检验

1.1.2.1　检查进出水管路是否存在渗漏、堵塞等问题，阀门及泵的工作性能是否正常。

1.1.2.2　验证循环水泵流量和扬程是否满足设计要求，保障水流循环顺畅。

1.1.3　增氧与控温系统维护

1.1.3.1　检修增氧设备（如气石、射流器等）的气体供应管道以及氧气泵功能，保证水中溶解氧充足。

1.1.3.2　温控系统的检测，包括加热设备、冷却设备以及温度传感器是否准确响应并调控水温。

1.1.4　电气安全与控制系统

1.1.4.1　检测所有电气线路的绝缘性、连接紧固性以及接地情况，防止短路、漏电等隐患。

1.1.4.2　验证自动控制系统及其软件稳定性，包括投饵系统、照明控制、环境参数监测等功能是否正常运作。

1.1.5　结构完整性与密封性

1.1.5.1　审查集装箱结构的完整性和防腐蚀措施的有效性，特别是针对海水腐蚀的防护。

1.1.5.2　确保箱体内部的防水密封，尤其是接口处，避免漏水导致水质恶化或者电力风险。

1.1.6　应急处置与备用设备

1.1.6.1　检查备用电源（如发电机）及切换装置，确保在主电源故障时仍能维持基本运营。

1.1.6.2　确定紧急排空、补水方案和设备，并定期演练以确保在突发事件中的快速响应能力。

1.1.7　环保合规性评估

检验废水排放口的净化设施，确认符合当地环保法规要求，确保无未经处理的污水直接排放。

1.2　常见隐患

1.2.1　水质处理系统检查

1.2.1.1　生物过滤器、物理过滤器（如微滤机、蛋白分离器等）工作不正常，滤料未定期更换或清洗。

1.2.1.2　水质等关键指标超过适宜的养殖范围。

1.2.1.3　消毒杀菌设备（如紫外线灯、臭氧发生器）运行状况不良。

1.2.2　供排水设施检验

1.2.2.1　进出水管路存在渗漏、堵塞等问题，阀门及泵的工作性能不正常。

1.2.2.2　循环水泵流量和扬程不满足设计要求。

1.2.3　增氧与控温系统维护

1.2.3.1 增氧设备(如气石、射流器等)的气体供应管道以及氧气泵功能不良。

1.2.3.2 加热设备、冷却设备以及温度传感器响应不准确。

1.2.4 电气安全与控制系统

1.2.4.1 电气线路的绝缘性、连接紧固性以及接地情况不良。

1.2.4.2 投饵系统、照明控制、环境参数监测等功能无法正常运作。

1.2.5 结构完整性与密封性

1.2.5.1 集装箱结构的完整性和防腐蚀措施较差。

1.2.5.2 箱体内部的防水密封,尤其是接口处漏水,存在水质恶化或者电力风险。

1.2.6 应急处置与备用设备

1.2.6.1 缺乏备用电源(如发电机)或切换装置失效。

1.2.6.2 没有紧急排空、补水方案和设备,快速响应能力不足。

1.2.7 环保合规性评估

废水排放口的净化设施不符合当地环保法规要求,或未经处理的污水直接排放。

1.3 隐患处理

1.3.1 遵照设备使用手册或维护保养程序进行定期保养并记录。

1.3.2 确保备用电源(如发电机)及切换装置在主电源故障时仍能维持基本运营。

1.3.3 直接排放未经处理的污水或废水排放净化设施不符合当地环保法规要求的可以责令停止作业,产生严重后果的可依据国家相关法律法规进行处罚。

小结与建议 

1 对行政执法部门的建议

1.1 渔业养殖设备种类、型号繁多,用途各异,开展检查时可参照设备操作手册或说明书进行。

1.2 检查可重点关注设备的电气安全、人员安全防护设施及安全设备方面是否满足安全生产要求。

1.3 检查是否有设备操作程序或说明并适当张贴在操作处所;设备的维护保养记录内容是否符合相关维护保养周期的要求。

2 对设备作业人员的建议

2.1 操作人员应熟悉相关设备的操作,并严格按照设备操作程序进行作业和做好维护保养工作。

2.2 确保设备的电气系统安全,发现隐患及时整改,严禁带病作业。

2.3 熟悉并演练应急预案,在发生突发状况时能够快速采取应对措施。

3 对渔业企业(或所有人/经营人)的建议

3.1 渔业企业对渔业养殖设备的安全负有主体责任,设备作业人员方面的需求,包括人员、备件物料及技术方面,渔业企业应及时提供支持。

3.2 针对渔业养殖设备的不同特点,渔业企业应充分考虑各种设备可能发生的故障,制定切实可行的维护保养计划及应急预案,避免养殖设备因发生故障造成人员及财产损失。

3.3 渔业企业应加强对相关设备作业责任人的技能和安全培训,保证设备作业负责人员具有相应资质。

第五章

渔业养殖设施

海上渔业养殖设施的安全问题不容忽视。设施的复杂性、环境的特殊性以及作业的高风险性,使得隐患排查与治理成为保障产业健康发展、保护海洋生态环境和确保从业人员生命安全的关键环节。

本章梳理了海上渔业养殖设施所面临的多种隐患,包括但不限于结构安全、系固失效、抗风浪能力不足、腐蚀与结构损伤、环保问题、消防安全、电气安全、救生设备、通信导航设备等方面的潜在风险的基础上,针对每一种隐患提出指导性的整改要求,旨在指导设施所有者和运营者采取有效措施消除隐患,提升设施本质安全水平。

隐患排查的依据主要为《海上渔业养殖设施指南》(2024)的相关规定。具体技术细节海上移动渔业养殖平台依据《海上移动平台入级规范》(2023)的适用规定;海上浮动渔业养殖设施依据《海上浮动设施入级规范》(2023)的适用规定;海上固定渔业养殖平台依据《海上固定平台入级与建造规范》或《浅海固定平台建造与检验规范》的适用规定。

第一节 养殖设施简介

1 养殖设施结构形式与类别

1.1 渔业养殖设施系指在海洋设定区域内,直接用于渔业养殖的海上移动渔业养殖平台(含养殖工船)、海上浮动渔业养殖设施、海上固定渔业养殖平台。这些设施通常以钢质结构为主体构架,包含多种特定结构形式:

1.1.1 柱稳式/半潜式:指用立柱或沉箱将上壳体连接到下壳体或柱靴上的结构,具有较好的稳定性。

1.1.2 框架式:指以钢质材料构建的框架浮体结构作为主体,具有较高的结构强度和空间利用率。

1.1.3 组合式:指由多个浮体通过刚性或柔性方式连接成一体,部分单体上可设置储存、居住等功能模块，具备一定的灵活性和多功能性。

1.1.4　船式（Fishery Aquaculture Ship，养殖工船）：指具有船形、排水型的船型结构，设有由舱壁和/或舷侧板构成周界的养殖舱，具备自航能力，能够在不同海域间转移作业。

1.1.5　驳船式：指同样具有船形、排水型的船型结构，具备由舱壁和/或舷侧板构成周界的养殖舱，但不具备自航能力，需在设定的作业水域内进行养殖活动。

1.1.6　坐底式：指由下壳体和数根立柱支撑海面上的上壳体，作业时下壳体坐于海底，全部重量由立柱承载，适合在较浅海域稳定作业。

1.1.7　自升式：具有活动桩腿，主体能沿支撑于海底的桩腿升至海面以上预定高度进行作业，并能将主体降回海面及回收桩腿，具备良好的适应性和机动性。

1.1.8　导管架式：指通过管状构件焊接形成主体结构，整个平台由打入海底的桩柱承受全部重量，适用于深水或风浪较大的海域。

1.2　鉴于海上渔业养殖设施的类型、结构与用途具有差异大、形式多的特点，这些设施按照其移动性和固定方式主要划分为三个基本类别：

1.2.1　海上移动渔业养殖平台：指可根据作业需要从一个地点转移到另一个地点进行作业的养殖平台。

1.2.2　海上浮动渔业养殖设施：指通过缆绳、锚链、张力筋腱、压载或钢臂等非刚性固定方式长期系固在某一地点，并能在海面上漂浮（包括坐底工况）的养殖设施。

1.2.3　海上固定渔业养殖平台：指通过导管架、桩基、重力式基础等底部支撑结构固定于海底的养殖平台。

此外，对距我国大陆海岸的最短距离不超过2n mile 的养殖设施。称为近岸海上渔业养殖设施；无人居住的海上渔业养殖设施，称为无人驻守海上渔业养殖设施。

2　渔业养殖基本要求

2.1　养殖证

养殖证通常由渔业行政主管部门根据国家法律法规颁发，用于确认养殖单位在特定海域进行合法水产养殖的权利。在实际操作中，设施所有者或经营者需遵循国家和地方关于渔业养殖的法律法规，向相关主管机关申请并取得养殖证。养殖证通常会包含养殖区域、养殖方式、养殖品种、养殖规模等信息，是开展海上渔业养殖活动的法定许可文件，见图5-1-1。

图5-1-1　养殖证

2.2　海域使用权证书

海域使用权证书是由海洋行政管理部门依法向申请者颁发，确认其在特定海域享有一定期限内使用、开发和保护海洋资源的权利。对于海上渔业养殖设施而言，取得海域使用权证书是确保设施建设和运营合法性的关键步骤。申请者需要按照《中华人民共和国海域使用管理法》等相关法规，提交申请材料，经过审批程序后方可获得该证书，其中会明确海域位置、用途、使用期限等重要信息。

2.3 入级证书

《海上渔业养殖设施指南》详细阐述了中国船级社（CCS）对海上渔业养殖设施进行入级检验、颁发入级证书及后续保持证书有效性的一系列规定。设施已经取得入级证书的前提下，为保持符合证明的有效性需要进行的营运检验。具体要求包括：

2.3.1 申请：所有者或其代理人有责任向CCS提出保持符合证明有效性的各种检验申请，并按指南要求做好检验项目的准备和提供必要的安全措施。

2.3.2 检验：CCS验船师可进行远程检验，必要时扩大检验范围，业主应配合提供条件并承担额外费用。如发现影响证书有效性的损坏或缺陷，验船师应及时通知业主，未得到妥善处理则报告CCS总部。

2.3.3 证书状态：若入级证书失效且影响到符合证明签发条件，如安全与环保符合证明，后者也将同时失效。

2.3.4 工作人员资质：设施上的工作人员应持有"海上求生""救生艇筏操纵""船舶消防""海上急救"等培训合格证书。

2.3.5 应急预案：设施上应备有垃圾管理计划、船舶油污应急计划，以及救生设备、消防设备的操作培训和演习记录。

2.4 船员证书

海上渔业养殖设施上的工作人员应持有"海上求生""救生艇筏操纵""船舶消防""海上急救"等培训合格的有效证书。证书通常由主管机关或认可的培训机构颁发，以证明工作人员具备在海上环境中执行特定职责的能力和安全知识。此外，工作人员还应遵守国家和行业对船员资格、培训、考核、发证等相关规定的具体要求。

第二节 移动式渔业养殖平台

移动式渔业养殖平台主要隐患表现有：

（1）航行安全：航海设备故障、导航信息不准确、船员操作失误可能导致航行事故。

（2）动力系统故障：推进系统、发电机故障影响平台自航或动力供应。

（3）稳性问题：装载不当、海况变化导致平台稳性丧失，可能发生翻覆。

（4）系泊与起降过程风险：自升式平台升降操作失误、桩腿故障，或坐底式平台坐底与起浮过程中发生意外。

（5）结构完整性：长期海浪冲击、疲劳载荷导致结构损伤，如裂纹、焊缝开裂等。

(6)防污染设施失效:防污染设备故障、排放超标,不符合国际及国内法规要求。

移动式渔业养殖平台隐患处理包括:

(1)维护航海设备,确保其精准可靠,加强对船员的航海技能与应急处置培训。

(2)定期对推进系统和发电机组进行保养、测试,保持动力系统的良好运行状态。

(3)优化装载方案,实时监控平台稳性,根据海况调整作业方式,避免超稳极限。

(4)制定严谨的升降操作规程,定期检查桩腿等关键部件,确保起降过程安全。

(5)对平台结构进行定期检查,发现损伤及时修复,预防疲劳裂纹扩展。

(6)确保防污染设备正常工作,定期进行排放检测,符合相关排放标准。

1 养殖工船

养殖工船为海上移动渔业养殖平台的主要类型之一,是一种专门设计用于进行海上养殖作业的船舶,船上配备有先进的养殖设施和技术,包括养殖网箱、饲料储存和投喂系统、水质监测与调控设备,以及生活居住空间等。养殖工船可以根据市场需求和养殖资源分布情况移动至适宜的海域开展养殖活动,具有较高的灵活性和经济效益。对养殖工船的隐患排查可以参考第一篇同等船长的渔船的排查要求并结合其特点进行。

1.1 排查要点

1.1.1 船舶结构与设备安全

1.1.1.1 检查船体结构完整性,是否有锈蚀、裂纹或变形等现象。

1.1.1.2 确保甲板区域的安全设施(如栏杆、防护网)牢固可靠。

1.1.1.3 推进系统、舵机、锚泊设备及吊装设备等进行全面检查和维护。

1.1.2 动力与电气系统

1.1.2.1 发动机及辅助发电机性能测试,确保运行正常无故障。

1.1.2.2 电气线路绝缘性检查,排除短路、漏电风险,保证供电稳定安全。

1.1.2.3 应急电源(如备用发电机)状态确认,确保在主电源失效时能迅速启动。

1.1.3 养殖设施

1.1.3.1 养殖舱室内部环境监控,包括水质、溶解氧、温度、pH 等参数是否适宜养殖。

1.1.3.2 养殖网箱及其连接件检查,防止破损导致鱼类逃逸或外来生物入侵。

1.1.3.3 增氧、投饵、排污等自动化养殖设备的性能检测和维护保养。

1.1.4 环保与防污染措施

1.1.4.1 检查废水处理系统的有效性验证,确保排放符合环保法规要求。

1.1.4.2 防止饲料、鱼粪及其他废弃物对海洋环境造成污染,检查相关收集和处理设施。

1.1.5 消防安全与应急响应

1.1.5.1 消防设备齐全且完好有效,定期进行消防演练,提高船员消防技能。

1.1.5.2 救生设备、救生艇及紧急撤离通道的检查,确保紧急情况下人员能够快速疏散。

1.1.5.3 完善应急预案,针对各类突发事件(如火灾、碰撞、恶劣天气等)做好准备。

1.1.6 航行安全与通信导航系统

1.1.6.1 排查航行与养殖两种工况下的稳性是否满足需求,以及风浪中对养殖设施的保护是否有效。

1.1.6.2 航行设备如雷达、GPS、AIS 等航海仪器的功能性检查和校准。

1.1.6.3 VHF 无线电和其他通信设备的畅通性检验,确保及时接收气象预警信息和与外界保持联络。

1.1.7 船员培训与资质

1.1.7.1 确认船员具备必要的操作资质和专业技能,了解并遵守安全生产规程。

1.1.7.2 定期组织安全教育和培训,提升船员应对突发情况的能力。

1.2 常见隐患

1.2.1 航行安全:与普通船舶类似,涉及航线规划、避碰规则遵守、船员适任能力等方面的问题。

1.2.2 动力系统故障:推进系统、发电机故障影响自航能力及船上设施正常运行。

1.2.3 稳性与抗风浪能力:养殖工船需同时考虑航行与养殖两种工况下的稳性需求,以及风浪中养殖设施的保护。

1.2.4 养殖设施安全:网箱、投饵系统、水质监测设备等养殖专用设备故障或操作不当引发问题。

1.2.5 居住与工作环境:船上居住区、实验室、工作区的消防安全、通风、卫生条件等不符合要求。

1.2.6 环保合规:油污水、生活污水、废气排放不达标,以及固体废弃物处理不当。

1.3 隐患处理

1.3.1 强化船员航行技能与法规知识培训,严格执行航行计划与《1972 年国际海上避碰规则》。

1.3.2 对推进系统和发电设备进行定期维护保养,确保其随时处于良好工作状态。

1.3.3 根据养殖工船实际工况,精细化稳性计算,优化养殖设施布局,提升抗风浪性能。

1.3.4 定期检查、维护养殖专用设备,制定详细的操作规程并严格遵守。

1.3.5 提升居住与工作区域的安全与卫生条件,确保消防设施完备、通风良好、卫生达标。

1.3.6 严格按照国际与国内环保法规要求,配备合规的污水处理、废气处理设备,妥善处理固体废弃物。

1.3.7 参见第一篇同等船长的渔船的隐患排查处理建议。

2 桁架式深水网箱

桁架式深水网箱是一种利用桁架结构作为支撑骨架的大型养殖装置,其网箱部分通过多根支柱悬挂在桁架下方，一般配备有锚泊系统来固定其在海洋中的位置。这种网箱适合于开放海域的大规模高密度养殖，具有较强的抗风浪能力，能适应较为复杂的海洋环境。

2.1 排查要点

2.1.1 结构完整性与稳定性

2.1.1.1 桁架检查：查看桁架结构是否有锈蚀、变形、裂纹或磨损等情况，确保整体承载力和稳固性。

2.1.1.2 连接件审查：紧固件如螺栓、销轴等是否松动或损坏，焊接点有无开裂现象。

2.1.2 网箱系统维护

2.1.2.1 网衣状态评估：检查网箱网衣是否存在破损、老化、强度下降等问题，保证鱼类无法逃逸且水体交换良好。

2.1.2.2 网具张力调整：确认网箱在不同海况下保持合适的张力，避免过紧或过松导致网具损坏或影响养殖效果。

2.1.3 锚泊系统安全

2.1.3.1 锚链与锚碇检验：检查锚链有无断裂、严重腐蚀、过度松弛等问题，锚碇是否牢固固定于海底。

2.1.3.2 锚位布局优化：根据海域流速、流向以及季节变化等因素，评估并可能调整锚位以提高抗风浪能力。

2.1.4 水质监控与处理

2.1.4.1 增氧设施检查：确保增氧设备（如气泵、微孔曝气器）工作正常，提供充足的溶解氧。

2.1.4.2 水质检测与调控：定期监测 pH、溶解氧、氨氮、亚硝酸盐等指标，并采取相应措施维持适宜的养殖环境。

2.1.5 机械设备运行状况

2.1.5.1 电动机械维护：检查供电线路及水泵、投饵机等设备的工作状态，及时进行保养和故障排除。

2.1.5.2 自动化控制系统：验证自动化控制系统的功能完好，数据采集准确，能够实时反映网箱内情况。

2.1.6 防灾减灾措施

2.1.6.1 风暴潮应对：制定风暴潮应急预案，包括提前预警、加固网箱、转移鱼群等措施。

2.1.6.2 应急救援准备：检查救生设施配备齐全，应急通道畅通，确保紧急情况下人员能够快速撤离

2.1.7 环保合规性

2.1.7.1 废水排放管理：如有循环水系统，检查废水处理设施是否正常运行，排放是否达到环保标准。

2.1.7.2 防止海洋污染：防止饲料溢出造成水体富营养化，对废弃物品进行妥善处理，

减少对周边生态环境的影响。

2.2 常见隐患

参考第一篇及本篇第六章相关内容。

2.3 隐患处理

参考第一篇及本篇第六章相关内容。

第三节 浮动式渔业养殖设施

浮动式渔业养殖平台主要隐患表现有:

(1)系固失效:缆绳、锚链、张力筋腱或压载系统的磨损、断裂或松脱可能导致设施漂移或倾覆。

(2)抗风浪能力不足:设计载荷不合理或设施老化导致无法有效抵御恶劣天气带来的冲击。

(3)腐蚀与结构损伤:海水侵蚀、生物附着等引发的设施主体及附属物的腐蚀,以及长期疲劳、碰撞等造成的结构损伤。

(4)环保问题:油污水、生活污水、垃圾、有毒液体物质等排放不达标,或防污底系统失效。

(5)消防安全:消防设备配置不足、过期或故障,以及消防通道堵塞。

(6)电气安全:线路老化、短路、接地不良,或电力供应不稳定。

(7)通信导航失效:通信设备故障、导航仪器失灵,导致信息传递不畅或定位不准。

(8)人员安全:缺乏必要的安全培训、救生设备不足或维护不当,以及作业过程中未遵守安全操作规程。

浮动式渔业养殖平台隐患处理包括:

(1)定期检查、维护和更换系固设备,确保其强度和紧固度。

(2)评估并更新设计载荷参数,强化设施结构以应对极端海况。

(3)实施严格的腐蚀监测与防护计划,及时修复受损部位,采用牺牲阳极、涂层等防腐措施。

(4)安装合规的污水处理设备,确保废弃物排放符合国家和国际环保标准。

(5)完善消防设施,定期进行消防演练和设备检查,确保消防通道畅通。

(6)更新电气系统,执行严格电气安全管理制度,定期检测电气设备。

(7)更新、校准通信导航设备,确保其正常运行,加强人员对设备使用的培训。

(8)加强人员安全教育与技能培训,配备并维护好救生设备,严格执行安全操作规程。

1 养殖排筏

养殖排筏为海上浮动式渔业养殖平台的主要类型之一。通常由多个浮筒或者竹木、塑料管等材料连接制成的浮床结构,上面铺设网箱或其他养殖设施进行水产养殖。排筏常用于湖泊、水库及近海区域,适合淡水和咸水鱼类、贝类、藻类等多种水生生物的养殖。

1.1 排查要点

1.1.1 结构稳定性

1.1.1.1 检查排筏浮筒、框架或连接部件是否出现裂纹、磨损、腐蚀等现象,确保整个结构的稳固性。

1.1.1.2 确保浮筒与网箱间的连接绳索紧固无损,防止因松动导致排筏位置偏移或整体结构变形。

1.1.2 锚固系统评估

1.1.2.1 检查锚链(缆绳)及锚碇是否足够牢固,有无锈蚀、断裂情况,以及锚碇深度和数量是否满足要求,避免排筏在大风大浪中漂移或翻覆。

1.1.2.2 根据水文气象条件调整锚定方式,如需要增加锚点以提高抗风浪能力。

1.1.3 养殖设施

1.1.3.1 清理网箱内外杂物,检查渔网是否有破损、老化问题,及时修补更换。

1.1.3.2 检测网箱内部水质状况,查看是否存在病害生物滋生,确保养殖环境清洁卫生。

1.1.4 环保合规性审查

1.1.4.1 评估排筏对周边水域环境的影响,包括饲料投放、粪便堆积以及可能产生的污染排放等,确认符合环保法规要求。

1.1.4.2 若存在污染风险,应配备相应的防污应急设备,并定期检查其有效性。

1.1.5 安全防护措施

1.1.5.1 检查排筏上安装的安全设施,如救生圈、救生衣、照明设备、紧急通信装置等,确保处于良好状态且易于取用。

1.1.5.2 对于人员登筏操作区域,要保证栏杆牢固,甲板平整防滑。

1.1.6 电气与机械设备

1.1.6.1 如果排筏上有配套的增氧、投饵、监控等设备,需对其电气线路进行安全检查,防止漏电事故。

1.1.6.2 设备运行状况检测,如有水泵、曝气机、投喂器等机械装置,确保正常工作并定期保养。

1.1.7 应急预案演练

1.1.7.1 确认船员具备必要的操作资质和专业技能,了解并遵守安全生产规程。

1.1.7.2 检查对恶劣天气、突发疾病、设备故障等情况的应急预案是否完备,以及养殖人员的应急处置能力是否满足要求。

1.2 常见隐患

参考第一篇及本篇第六章相关内容。

1.3 隐患处理

参考第一篇及本篇第六章相关内容。

第四节 固定式渔业养殖设施

固定式渔业养殖平台主要隐患表现有：

(1)底部支撑结构稳定性：导管架、桩基或重力式基础的腐蚀、裂纹或沉降可能导致设施倾斜或倒塌。

(2)结构疲劳与老化：长期受海流、波浪、风荷载等作用导致的结构疲劳裂纹、焊缝开裂等。

(3)防污染设施失效：防污染结构与设备(如油水分离器、生活污水处理装置)故障或不符合排放标准。

(4)防火与救生设施不足：消防设备老化、救生设备数量不足或失效，以及防火隔离措施不到位。

(5)电气设备故障：电气系统绝缘破损、过载、接地不良，或备用电源不足。

(6)通信与导航设备失效：通信设备故障、导航设备精度下降，导致信息传递受阻或定位不准确。

固定式渔业养殖平台隐患处理包括：

(1)定期对底部支撑结构进行无损检测和维护，必要时进行加固或替换。

(2)进行结构健康监测，及时发现并修复疲劳裂纹、焊缝缺陷，对关键部位进行应力监测。

(3)更新防污染设施，确保其运行状态良好，排放水质符合规定标准。

(4)检查、补充或更新消防设备，确保防火分区有效，定期进行消防演练。

(5)检查、维修或升级电气系统，确保供电稳定，备用电源自动切换功能正常。

(6)更新通信导航设备，定期校准，确保数据传输准确、定位精度高。

1 重力式深水网箱

重力式深水网箱是一种依靠自身重量沉入水体一定深度的养殖设施，通常采用钢制框架结构，配以高强度渔网构成网箱主体。由于其无需锚固在海底，主要依靠自身的重力保持在水中的位置，因此适用于有一定深度且水流相对稳定的海域进行大体积鱼类的养殖。是目前固定式渔业养殖平台的主要养殖方式之一。

1.1 排查要点

1.1.1 结构完整性检查

1.1.1.1 网箱框架:检查钢架或混凝土结构是否存在锈蚀、裂纹、变形等问题,确保整体结构稳固。

1.1.1.2 连接件与紧固件:确认所有连接部位是否紧固无松动,螺栓、焊接点等是否完好。

1.1.2 网衣状况评估

1.1.2.1 检查网箱围网是否有破损、老化、磨损和污损现象,确保网眼大小符合养殖需求且不漏鱼。

1.1.2.2 观察网衣张力是否适中,避免过松导致鱼类逃逸或者过紧引起网具损坏。

1.1.3 锚泊系统安全

1.1.3.1 锚链及锚碇:查看锚链有无断裂、严重磨损或锈蚀情况,锚碇是否牢固埋入海底,确保在恶劣海况下网箱能保持稳定。

1.1.3.2 锚位与分布:根据海域流速、流向等因素确定锚位合理,必要时增加锚点数量以增强稳定性。

1.1.4 水流影响分析

1.1.4.1 流速与流向监控:定期检测网箱周围水体流速和流向变化,分析对网箱稳定性的影响,判断是否需要调整锚定方案。

1.1.4.2 网箱受流变形观测:长期观察网箱在不同水文条件下是否有变形倾向,评估网箱抗流设计的有效性。

1.1.5 增氧设施维护

1.1.5.1 增氧设备性能测试:检查气泵、输气管路及微孔曝气盘等设施的工作状态,确保溶氧充足。

1.1.5.2 供电与控制系统检查:确保电力供应正常,控制系统操作便捷可靠。

1.1.6 水质监控与处理

1.1.6.1 水质监测设备校准:检查 pH 值、溶解氧、氨氮、亚硝酸盐等指标监测设备的准确性,并按需进行校准。

1.1.6.2 废水排放与处理:如有循环水养殖系统,要定期检查废水处理设施运行状况,确保排放符合环保标准。

1.1.7 防灾减灾措施

1.1.7.1 风暴潮应对预案:制定并完善风暴潮等极端天气下的应急预案,包括提前转移鱼群、加固网箱结构等。

1.1.7.2 安全逃生路线:检查应急通道是否畅通,救生设备是否齐全,确保在紧急情况下人员能够快速撤离。

1.2 常见隐患

参考第一篇及本篇第六章相关内容。

1.3 隐患处理

参考第一篇及本篇第六章相关内容。

第五节 养殖辅助船

养殖辅助船主要是服务于渔业养殖产业,负责提供运输、维护、管理、捕捞以及应急救援等辅助功能。这类船只可能承担着运送鱼苗、饲料、养殖设备,对养殖区进行日常巡查,维修保养养殖设施,以及处理突发事件等工作,对于保障大规模渔业养殖的顺利进行至关重要。养殖辅助船的隐患排查主要参考第一篇同等船长的海洋渔业船舶的排查要求进行,同时,在隐患排查中重点排查以下内容:

1.1 排查要点

1.1.1 船舶结构与设备安全:

1.1.1.1 检查船体、甲板及舱室有无锈蚀、裂纹或其他物理损伤。

1.1.1.2 确保船上各类辅助设备如吊机、绞盘、液压系统等运行正常且维护良好。

1.1.2 动力和推进系统:

1.1.2.1 发动机及传动装置检查:确保发动机性能稳定,冷却系统、燃油系统无泄漏或堵塞问题。

1.1.2.2 推进器和舵机状态确认:检查螺旋桨叶片是否完整,转动部件润滑良好,舵机操作灵活准确。

1.1.3 电气与通信设备:

1.1.3.1 电气线路绝缘性检测:排除短路、漏电风险,保证电力供应的安全可靠。

1.1.3.2 通信导航设备:GPS、雷达、VHF 无线电等设备功能正常,确保航行过程中的通信畅通与定位精准。

1.1.4 装载设施与安全性:

1.1.4.1 鱼苗或饲料装卸区域的安全防护措施完备,栏杆、固定装置牢固可靠。

1.1.4.2 装卸设备(如吊具、输送带)性能良好,能安全高效地进行作业。

1.1.5 消防与救生设备:

1.1.5.1 检查消防设施配备齐全,灭火器、消防泵等工作状态正常。

1.1.5.2 救生艇、救生筏、救生圈等救生设备的数量、有效期以及存放位置符合规范要求。

1.1.6　环保与防污染措施：

1.1.6.1　废水处理系统有效性验证，确保排放符合环保法规标准。

1.1.6.2　船舶废弃物管理严格，防止油污、垃圾对海域造成污染。

1.1.7　特种作业设备与工具：

对用于投放渔具、维修网箱、清理杂草等专用工具和设备进行检查，确保其工作效能满足需求。

1.1.8　船员健康与培训：

1.1.8.1　确认船员身体健康状况良好，具备必要的渔业安全生产知识与技能。

1.1.8.2　定期开展应急演练，提高船员应对突发情况的能力。

1.2　常见隐患

参考第一篇及本篇第六章相关内容。

1.3　隐患处理

参考第一篇及本篇第六章相关内容。

小结与建议

1　对行政执法部门的建议

1.1　对重力式网箱、桁架类网箱及养殖平台进行检验、登记，建造要符合相关规范和标准的技术要求，由地方人民政府指定的主管部门制定规则进行登记。

1.2　养殖工船应依照《中华人民共和国渔业船舶登记办法》，按照养殖渔船进行登记。

1.3　加强设备登记和监测，建立深远海养殖动态台账，及时掌握深远海养殖设施装备基本信息、生产经营状况。

1.4　建立由同级渔业渔政主管部门牵头，各有关部门共同参与的深远海养殖监督管理工作协作机制，推进产业规范发展。渔业渔政主管部门负责深远海养殖生产的监督管理，自然资源（海洋）部门负责深远海养殖海域使用的监督管理，生态环境部门负责深远海养殖生态环境的监督管理，海事部门负责重力式网箱、桁架类网箱及养殖平台施工作业通航安全监督管理。渔政执法机构和海警机构分别对机动渔船底拖网禁渔区线内侧和外侧的水产养殖活动进行监督检查，海警机构和地方海洋、生态环境综合执法队伍依职责对深远海养殖用海和生态环境进行监督检查。

2 对设施作业人员的建议

2.1 海上作业应严格执行安全操作规程,必须穿救生衣,禁止穿连体防水服。严禁酒后出海,严禁穿拖鞋作业和在船上嬉戏打闹。

2.2 出海人员对违章指挥有权拒绝执行,并可报上级有关部门进行处理。

2.3 养殖船舶应参照同类型捕捞船舶要求配备合格船员,并配齐消防、救生、号灯、声号、通信等安全设备。

2.4 养殖船舶停泊时,应选择安全水域锚泊或停靠,安排专人值班。

2.5 在海上作业的养殖船舶,收到或遇到大风预警时,必须立即停止作业,并采取有效的抗风、避风措施,严禁养殖船舶超航区、超抗风等级作业。

2.6 养殖船舶应核准载重线,严禁超载超高,拖带时应采用安全航速航行。

2.7 养殖渔船出海作业必须按规定每天落实好出入港报备制度。

3 对渔业企业(或所有人/经营人)的建议

3.1 应设立安全生产责任领导小组,制定本单位安全生产制度,落实安全生产岗位责任制,监督检查安全制度的执行情况,组织抢险救助,协助有关部门处理安全生产事故。

3.2 应规范用电,配齐消防等安全设备,定期对生产场地和设备、用电、用气设施等进行安全检查。

3.3 应设立池塘、蓄水池等的安全警示标志,设立合理的护栏、围网等安全防护措施,池塘设立相应数量和长度的救生杆和救生衣等救生用品,设立会游泳的守护人员。

3.4 自觉遵守防风、应急、疫情防控等渔业安全生产的各项规定,积极主动配合有关部门开展的渔业安全生产各项检查。

3.5 应定期对养殖人员进行安全生产教育,严禁养殖人员酒后水上作业。

3.6 抓好水产品质量安全,不用禁用渔药、违规饲料和非法添加剂等。

3.7 应昼夜值班,按时收听天气预报,及时传递、发布大风预警。

第六章

养殖设施设备隐患排查

随着全球海洋经济的快速发展与可持续利用海洋资源需求的日益凸显，海上渔业养殖作为蓝色粮仓的重要组成部分，正以前所未有的规模和深度拓展人类利用海洋资源的边界。本章立足于对各类海上渔业养殖设施设备进行全面、深入的安全评估，旨在为行业提供一套科学、系统、实用的隐患排查标准与整改指南。

第一节 证书及养殖区域

图6-1-1 在公共航道内的违法养殖设施

1.1 排查要点

1.1.1 是否依法取得养殖证。

1.1.2 是否在养殖证许可范围内从事养殖生产。是否存在在安全作业区、港外锚地范围内，以及渔港内的航道、港池、锚地和停泊区等区域从事养殖的禁止行为，见图6-1-1。

1.1.3 是否依法取得海域使用权证书，证书是否在有效期内。

1.1.4 渔业养殖平台是否按规范要求配备操作手册。

1.2 常见隐患

1.2.1 未依法取得养殖证。

1.2.2 养殖证过期。

1.2.3 超越养殖证许可范围养殖。

1.2.4 未依法取得海域使用权证书，或证书过期。

1.2.5 渔业养殖平台未按规范要求配备操作手册。

第二节 安全管理制度

1.1 排查要点

1.1.1 渔业养殖单位是否建立了有效的安全生产责任管理制度，并建有完善的档案，见图6-2-1。

1.1.2 渔业养殖单位是否明确了安全生产管理机构、主要负责人、分管负责人以及各岗位设置、责任人员、责任范围和考核标准等内容。

1.1.3 是否建立并落实了有效的值班制度，见图6-2-2。

1.1.4 是否参照相应养殖技术规范制定出安全操作规程，见图6-2-3。

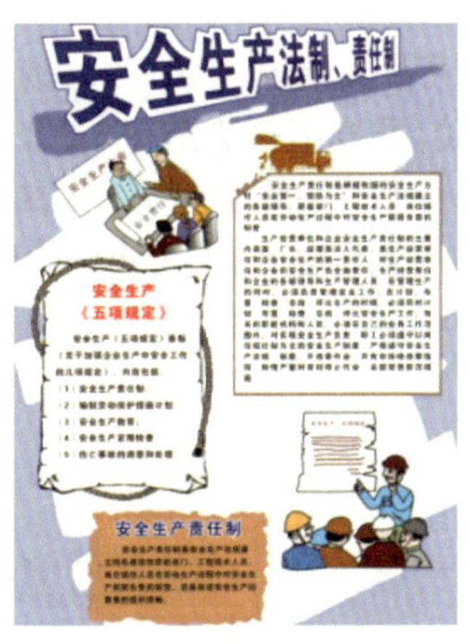

安全生产法制、责任制
安全生产
《五项规定》
安全生产责任制

图6-2-1　安全生产责任制

值班管理制度

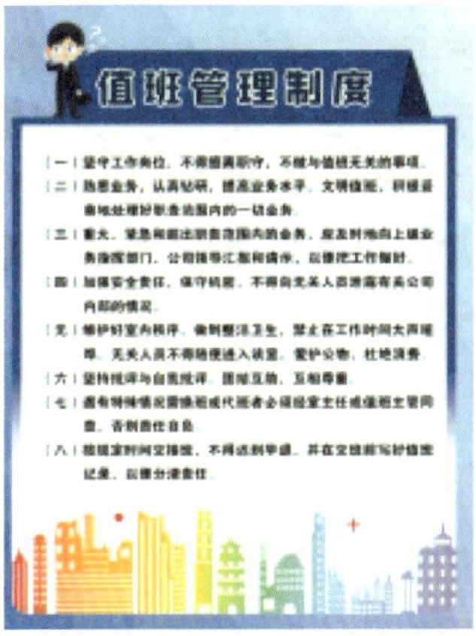

图6-2-2　值班制度

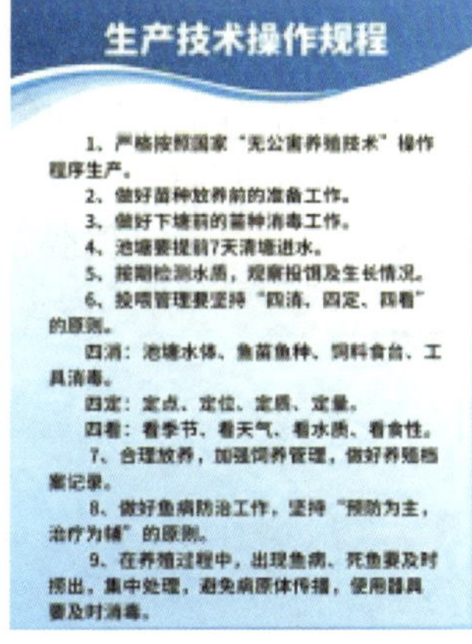

生产技术操作规程
1、严格按照国家"无公害养殖技术"操作程序生产。
2、做好苗种放养前的准备工作。
3、做好下塘前的苗种消毒工作。
4、池塘要提前7天清塘进水。
5、按期检测水质，观察投饵及生长情况。
6、投喂管理要坚持"四消、四定、四看"的原则。
四消：池塘水体、鱼苗鱼种、饲料食台、工具消毒。
四定：定点、定位、定质、定量。
四看：看季节、看天气、看水质、看食性。
7、合理放养，加强饲养管理，做好养殖档案记录。
8、做好鱼病防治工作，坚持"预防为主，治疗为辅"的原则。
9、在养殖过程中，出现鱼病、死鱼要及时捞出，集中处理，避免病原体传播，使用器具要及时消毒。

图6-2-3　安全操作规程

1.1.5 是否制定了应急预案，包括停电、风暴、火灾、水域污染或其他突发性事件时应采取的措施，见图6-2-4。

1.1.6 是否按要求组织进行应急预案演练，并对从业人员进行安全教育和培训，人员遇有紧急事件能否及时作出反应，见图6-2-5。

1.2 常见隐患

1.2.1 养殖单位未建立有效的安全生产责任制。

1.2.2 养殖单位的安全生产责任制度未落实。

1.2.3 养殖设施尚未建立有效的值班制度。

1.2.4 未参照相应养殖技术规范制定安全操作规程，或安全操作规程与养殖设备不符。

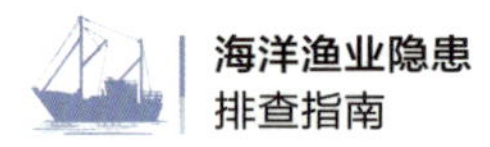

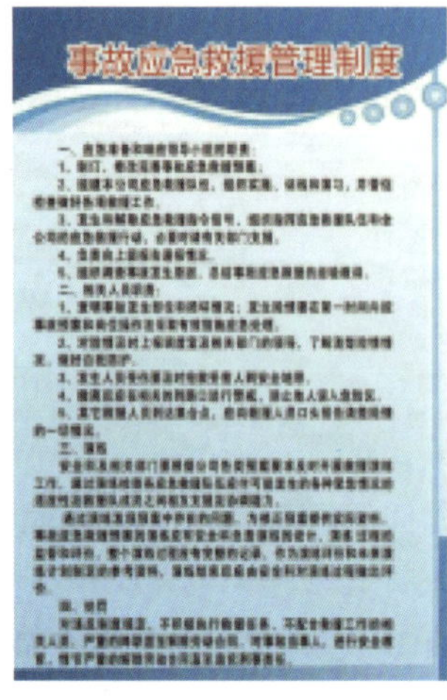

图 6-2-4　应急预案

图 6-2-5　安全培训

1.2.5　未制定安全生产事故应急救援预案。

1.2.6　未组织应急演练。

1.2.7　未对从业人员进行安全教育和培训。

第三节　养殖基础设施

1　筏体箱体

1.1　排查要点

1.1.1　排筏、箱体、是否牢固可靠，重要零部件状态是否良好，发现问题是否及时更换，见图 6-3-1、图 6-3-2。

图 6-3-1　养殖排筏

图 6-3-2　养殖网箱

1.1.2　锚泊固定系统是否符合设计要求，能否抵御较大风浪。

1.2 常见隐患

1.2.1 排筏、箱体松动、损坏、老化锈蚀严重。

1.2.2 绑绳松动、断股。

1.2.3 固定螺栓、铁链缺失、锈蚀,未及时更换。

1.2.4 支撑结构松垮、晃动剧烈,无法抵御较大风浪。

1.2.5 锚泊或其他固定系统无法抵御较大风浪。

2 靠泊设施

2.1 排查要点

碰垫、系缆桩、系船环应保持稳固、完好状态。固定件是否存在缺损、松动现象,柱体是否存在破损或开裂,见图6-3-3。

2.2 常见隐患

2.2.1 碰垫、系缆桩、系船环损坏、缺失、松动。

2.2.2 系缆桩锈蚀严重(锈穿)。

3 机械设备

3.1 排查要点

3.1.1 发电机、增氧机、排灌设备等设备是否符合安全设计要求,状态是否良好,运行是否正常。

3.1.2 皮带轮、齿轮、凸轮、曲柄连杆机构等外露的转动和运动部件是否设置了防护罩。

3.1.3 饲料投放系统的管路是否有适当的固定,能够防止投放系统的突然起动,伤及工作人员,见图6-3-4。

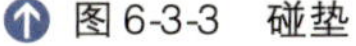

图6-3-3 碰垫

图6-3-4 投饵机

3.1.4 饲料投放动力设备的固定甲板上是否安装有集油盘。

3.2 常见隐患

3.2.1 发电机、增氧机等设备运行不正常,不符合安全规范。

3.2.2 机械设备皮带轮、齿轮、凸轮、曲柄连杆机构等外露的转动和运动部件无防护罩。

3.2.3 防护罩严重锈蚀或缺失。

3.2.4 饲料投放管路未适当固定。

4 通信设备

4.1 排查要点

4.1.1 有人常驻的海上养殖设施是否配备了有效的通信设备,见图 6-3-5。

4.1.2 登上无人驻守海上渔业养殖设施的人员,是否携带了可靠的便携式对外无线通信设备。

4.2 常见隐患

4.2.1 有人常驻的海上养殖设施未配备有效的通信设备;

4.2.2 登上无人驻守海上渔业养殖设施的人员未携带通信设备。

5 示位装置

5.1 排查要点

5.1.1 是否设置了助航灯、障碍灯、雾笛等示位助航装置,能够在各种天气条件下清楚地标明设施位置、边界等信息,防止发生碰撞,见图 6-3-6。

图 6-3-5 有效通信设备

图 6-3-6 红色示位灯

5.1.2 示位助航装置是否为防水型,是否存在安装不牢固、脱落及损坏。

5.1.3 是否对示位助航装置进行经常性检查,并及时更换受损的示位装置。

5.1.4 海上养殖设施有条件采用 A1S 设备的,应确保设备正常开机及信息设置正确。

5.2 常见隐患

5.2.1 未设置助航灯、障碍灯、雾笛等示位装置。

5.2.2 助航灯、障碍灯、雾笛损坏、缺电或非防水型,见图 6-3-7。

6 生活住所

6.1 排查要点

6.1.1 电线不得私拉乱接,不得破损裸露。

6.1.2 煤气瓶应放置在合适位置,通风良好,有遮挡物,并固定。

6.1.3 人员居住场所应保证良好通风。

6.1.4 居住场所门窗应保持良好的风雨密闭,不得缺失。

6.2 常见隐患

6.2.1 电线私拉乱接。

6.2.2 养殖平台、室内煤气罐未固定,见图 6-3-8。

图 6-3-7 助航灯损坏

图 6-3-8 养殖平台、室内煤气罐未固定

6.2.3 通风条件差。

6.2.4 门窗缺失,无法保持风雨密闭,见图 6-3-9。

图 6-3-9 门窗破损,非风雨密

第四节 电气安全

1 应急电源

1.1 排查要点

1.1.1 是否配备有状态良好、可正常工作的应急电源，见图6-4-1。

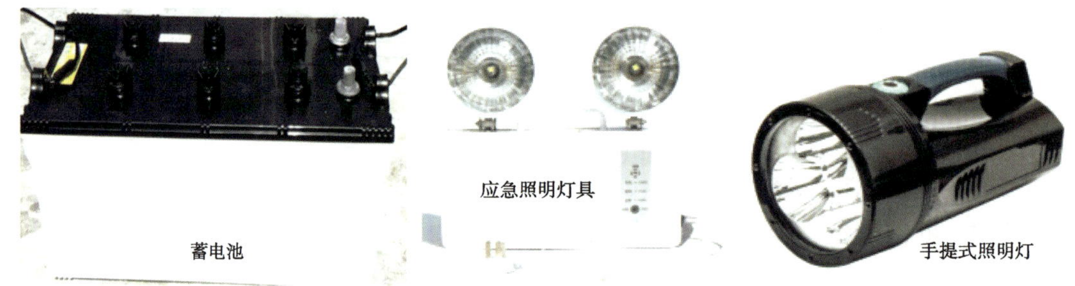

图6-4-1 应急电源

1.1.2 应急电源是否放置于易于到达的处所并配有保护壳。

1.1.3 对于无人驻守的海上渔业养殖设施不需要应急电源接入，但应根据实际需求设置主电源，确保设施维持正常操作状态所需的设备供电。

1.2 常见隐患

1.2.1 应急电源放置位置不易到达。

1.2.2 应急电源无法正常工作。

1.2.3 无保护壳，易被风浪、雨水侵蚀。

2 配电室

2.1 排查要点

2.1.1 配电室的门、窗是否能保持风雨密。

2.1.2 配电室是否配备有绝缘垫、绝缘棒、绝缘手套、绝缘鞋等防护用品，以及应急照明和灭火器材。

2.2 常见隐患

2.2.1 配电室门窗缺失，无法保持风雨密闭，易被风浪雨水侵蚀。

2.2.2　配电室未配备绝缘垫、绝缘棒、绝缘手套、绝缘鞋等防护用品，以及应急照明和灭火器材。

3　配电箱

3.1　排查要点

3.1.1　配电箱状态是否良好，无严重破损、锈蚀，是否便利于操作。

3.1.2　电气设备周边是否存放有易燃品，带电体是否存在外露现象。

3.1.3　电线电缆配线是否整齐，走线清晰。

3.2　常见隐患

3.2.1　配电箱严重破损、锈蚀，无操作空间。

3.2.2　电气设备周边存放易燃品，带电体外露。

3.2.3　电线电缆敷设混乱、未固定。

4　用电保护

4.1　排查要点

4.1.1　电气装置的金属部分是否有效接地（零），接地线不应有搭接或缠接情况。

4.1.2　是否有有效的漏电保护装置，见图 6-4-2。

图 6-4-2　漏电保护装置

4.2　常见隐患

4.2.1　电气设备未有效接地（零）。

4.2.2　未安装漏电保护装置。

第五节 消防设施

1　灭火器

1.1　排查要点

1.1.1　是否配备一定数量的灭火器。

1.1.2　灭火器是否按规定年检，是否处于有效期内。

1.1.3　灭火器的存放是否规范,便于取用。

1.1.4　灭火器的压力表显示是否正常。

1.1.5　灭火器的状态是否良好,并处于即时可用状态。

1.2　常见隐患

1.2.1　未配备灭火器或配备数量不足。

1.2.2　灭火器未定期进行检查、过期、未年检。

1.2.3　灭火器随意堆放。

1.2.4　灭火器压力显示不足或超压。

1.2.5　灭火器罐体、握把锈蚀严重、胶管老化破损。

2　消防泵

2.1　排查要点

图 6-5-1　消防泵

2.1.1　消防泵是否状态良好、处于随时可用状态,见图 6-5-1。

2.1.2　检查消防泵工作压力是否满足要求。

2.1.3　无人驻守的海上渔业养殖设施,消防系统是否满足正常作业所需,且不依赖应急电源。

2.2　常见隐患

2.2.1　消防泵无法启动,缺乏维护保养、锈蚀严重。

2.2.2　消防泵工作水压不足。

2.2.3　无人驻守的海上渔业养殖设施,消防系统不满足正常作业所需,或依赖应急电源。

3　消防通道

3.1　排查要点

3.1.1　消防通道设置是否符合相关规范要求。

3.1.2　消防通道是否畅通,无封闭、无杂物堆放。

3.2　常见隐患

3.2.1　消防通道设置不符合相关规范要求。

3.2.2　消防通道封闭、堵塞、堆放杂物。

第六节 救生设备

1 救生衣

1.1 排查要点

1.1.1 是否至少为每人配备 1 件救生衣。此外,应在适当位置存放足够数量的救生衣供在不易取到救生衣处工作的人员使用。

1.1.2 每件救生衣是否设有 1 盏救生衣灯及 1 个哨笛。

1.2 常见隐患

1.2.1 未配备救生衣或数量不足。

1.2.2 救生衣属具不齐。

2 救生圈

2.1 排查要点

2.1.1 是否配备一定数量的救生圈,且救生圈是否易于从露天处取到,见图 6-6-1。

2.1.2 救生圈是否存在老化、开裂现象,反光带状态是否良好。

2.1.3 是否按要求配备有合格有效的附件。

图 6-6-1 正确配置的救生圈

2.2 常见隐患

2.2.1 无救生圈。

2.2.2 救生圈老化、开裂,反光带缺失或老化破损。

2.2.3 救生圈附件(自亮灯、烟雾信号、浮索)未与救生圈连接,或过期失效。

3 救生艇

3.1 排查要点

3.1.1 救生艇是否处于随时可用状态。

3.1.2　救生艇标识是否清晰。

3.2　常见隐患

3.2.1　救生艇无法正常使用。

3.2.2　救生艇标识不清晰。

4　无人驻守设施

对无人驻守设施应排查是否满足下列要求：

4.1　救生筏与救生圈：检查无人驻守设施是否配备至少一只救生筏，其容量满足设施最大允许登乘人员总数，且配备至少6个救生圈，满足《海上渔业养殖设施》（2024）中8.1.5.3和8.1.5.4的要求。

4.2　救生衣：按最大允许登乘人员总数配备救生衣，或要求到无人驻守设施工作的人员携带救生衣。

4.3　救生服：在非温暖气候区域作业时，按人员总数配备救生服或要求携带。

4.4　看护船与辅助设备：确认在有人登乘期间，设施旁始终有具备救生/救助能力的看护船，且设施配备至少1具抛绳设备和6枚火箭降落伞火焰信号。

第七节　安全作业

1.1　排查要点

1.1.1　台风等自然灾害期间，是否能够服从管理部门及防汛抗旱指挥部撤离、转移等决定和命令，及时撤离危险海域。

1.1.2　人员临水作业时是否按规定穿着救生衣。

1.1.3　在不良气象、海况条件下，是否遵照避免单人作业规定。

1.1.4　装卸货作业时是否穿戴个人防护用品。

1.1.5　机器是否由有经验的作业人员操作，或在有经验的作业人员指导或陪同下进行，不得违规操作。

1.1.6　开展潜水作业，是否遵照潜水作业程序，仔细检查潜水装备性能状态，穿防护装备入水，有专人照看，约定有效的联络信号。

1.2　常见隐患

1.2.1　台风等自然灾害期间，不服从管理部门及防汛抗旱指挥部撤离、转移等决定和命令，未及时撤离危险海域。

1.2.2　人员临水作业未穿救生衣。

1.2.3　较差气象、海况条件下单人作业。

1.2.4　装卸货作业未穿戴个人防护用品，见图6-7-1。

1.2.5　作业人员对机器操作不熟悉，违章操作。

1.2.6　潜水作业无专人照看、防护装备不足。

图6-7-1　未穿戴个人防护用品、拖鞋作业

第八节　养殖投入品

1　鱼药、饲料使用

1.1　排查要点

1.1.1　禁止使用禁用鱼药和假冒伪劣的鱼药、饲料，见图6-8-1。

水产养殖食用动物中禁止使用的药品及其他化合物清单

序号	名称	依据
1	酒石酸锑钾（Antimony potassium tartrate）	农业农村部公告第250号
2	β-兴奋剂（β-agonists）类及其盐、酯	
3	汞制剂：氯化亚汞（甘汞）（Calomel）、醋酸汞（Mercurous acetate）、硝酸亚汞（Mercurous nitrate）、吡啶基醋酸汞（Pyridyl mercurous acetate）	
4	毒杀芬（氯化烯）（Camahechlor）	
5	卡巴氧（Carbadox）及其盐、酯	
6	呋喃丹（克百威）（Carbofuran）	
7	氯霉素（Chloramphenicol）及其盐、酯	
8	杀虫脒（克死螨）（Chlordimeform）	
9	氨苯砜（Dapsone）	
10	硝基呋喃类：呋喃西林（Furacilinum）、呋喃妥因（Furadantin）、呋喃它酮（Furaltadone）、呋喃唑酮（Furazolidone）、呋喃苯烯酸钠（Nifurstyrenate sodium）	
11	林丹（Lindane）	
12	孔雀石绿（Malachite green）	
13	类固醇激素：醋酸美仑孕酮（Melengestrol Acetate）、甲基睾丸酮（Methyltestosterone）、群勃龙（去甲雄三烯醇酮）（Trenbolone）、玉米赤霉醇（Zeranal）	
14	安眠酮（Methaqualone）	
15	硝呋烯腙（Nitrovin）	
16	五氯酚酸钠（Pentachlorophenol sodium）	
17	硝基咪唑类：洛硝达唑（Ronidazole）、替硝唑（Tinidazole）	
18	硝基酚钠（Sodium nitrophenolate）	
19	己二烯雌酚（Dienoestrol）、己烯雌酚（Diethylstilbestrol）、己烷雌酚（Hexoestrol）及其盐、酯	
20	锥虫胂胺（Tryparsamile）	
21	万古霉素（Vancomycin）及其盐、酯	

水产养殖食用动物中停止使用的兽药

序号	名称	依据
1	洛美沙星、培氟沙星、氧氟沙星、诺氟沙星4种兽药的原料药的各种盐、酯及其各种制剂	农业部公告第2292号
2	噬菌蛭弧菌微生态制剂（生物制菌王）	农业部公告第2294号
3	喹乙醇、氨苯胂酸、洛克沙胂3种兽药的原料药及各种制剂	农业部公告第2638号

图6-8-1　禁用药品名录

1.1.2　养殖投入品使用应当严格按照水产养殖相关规定，如实记录使用情况。

1.2　常见隐患

1.2.1　使用禁用的鱼药，或使用假冒伪劣的鱼药、饲料。

1.2.2　投入品使用无记录。

2 储存

2.1 排查要点

不同种类的饲料、饲料添加剂、鱼药等应分开存放。

2.2 常见隐患

养殖投入品未分类存放。

第九节 污染防治

1 含油污水、生活垃圾病死生物、废弃养殖装备

1.1 排查要点

1.1.1 是否配备含油污水、生活垃圾处理等污染防治设施设备，按照相关污染物排放标准及要求收集、处理、排放污染物。

1.1.2 养殖水产品出现大规模死亡的，是否能够及时报告，无害化妥善处置。

1.1.3 是否依法妥善处置弃养弃用渔网渔具、泡沫塑料等海上养殖装备。

1.2 常见隐患

1.2.1 含油污水直排入海。

1.2.2 生活垃圾丢弃入海。

1.2.3 养殖水产品死亡未经妥善处置。

1.2.4 弃用的养殖装备海上直接丢弃，见图 6-9-1。

图 6-9-1 遗弃在海上的渔网

第十节 其他

1 应急药箱

1.1 排查要点

1.1.1 有人常驻的养殖设施是否配备常用应急药品,见图6-10-1。

1.1.2 应急药品是否在有效期内。

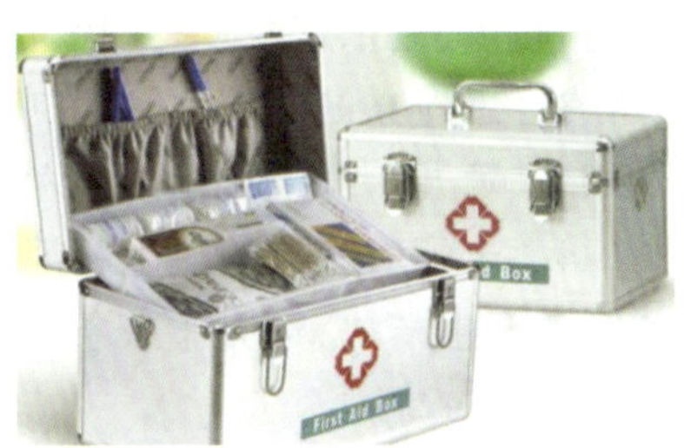

图6-10-1 应急药箱

1.2 常见隐患

1.2.1 有人常驻的养殖设施无常用应急药品。

1.2.2 药品过期。

2 人员保护措施

2.1 排查要点

2.1.1 所有工作区、走道的地板表面及梯子表面等人员经常通过的地方,是否采取了防滑措施,以保证人员的安全,见图6-10-2。

2.1.2 人员走道和作业平台是否设置可靠的安全防护栏杆,护栏高度一般不得低于1m,见图6-10-3。

图6-10-2 防滑走道

图6-10-3 走道防护栏

2.2 常见隐患

2.2.1 养殖设施地板等表面无防滑措施。

2.2.2　人员走道或作业平台无防护栏或防护栏高度不足。

第十一节　隐患处理

1　未依法取得养殖证擅自在全民所有的水域从事养殖生产的，依据《中华人民共和国渔业法》的规定追究法律责任。

2　未依法取得养殖证或者超越养殖证许可范围在全民所有的水域从事养殖生产，妨碍航运、行洪的，依据《中华人民共和国渔业法》的规定追究法律责任。

3　未建立健全安全管理制度、应急预案的，可依据《中华人民共和国安全生产法》第九十四条、第九十五条及第九十六条进行立案调查，根据情节轻重，依法处罚。

4　未配备齐全的救生及消防等设施设备，不具备安全生产条件的，可依据《中华人民共和国安全生产法》第九十三条，责令限期改正，逾期未改正的，可责令生产经营单位停产停业整顿。

5　未对安全设备进行经常性维护、保养和定期检测；未为从业人员提供符合国家标准或者行业标准的劳动防护用品的，可依据《中华人民共和国安全生产法》第九十九条进行处罚。

6　造成渔业水域生态环境破坏或者渔业污染事故的，依照《中华人民共和国海洋环境保护法》和《中华人民共和国水污染防治法》的规定追究法律责任。

小结与建议

1　对行政执法部门的建议

1.1　优化养殖空间布局。在内水和领海开展深远海养殖，要依法申领《不动产权证书》（登记为海域使用权）和“水域滩涂养殖证”。在专属经济区和大陆架内开展深远海养殖，要符合国家关于专属经济区和大陆架海域空间利用管理要求。

1.2　推动全产业链发展。积极围绕装备制造、养殖生产、加工流通和品牌培育等重点环节，促进一、二、三产业相互融合、协调发展，不断提高产业综合效益。大力推行健康养殖，根据环境承载力，科学确定养殖模式、品种和密度，规范使用国家批准的兽药、饲料和饲料添加剂，确保产品质量安全。

1.3　加强生态环境保护。深远海养殖项目要依照《中华人民共和国海洋环境保护法》等法律法规开展环境影响评价，避让相关生态保护红线、自然保护地。深远海养殖生产经营者应依法使用达标燃料，配备含油污水、养殖废弃物、生活垃圾处理等污染防治设施设备，按照相关污染物排放标准及要求收集、处理、排放污染物，依法妥善处置弃养弃用深远海养殖装备。

1.4　落实检验登记要求。养殖工船要经船舶检验机构检验合格，取得有效的法定检验证书、文书，定期进行营运检验。养殖工船依照《中华人民共和国渔业船舶登记办法》，按照养殖渔船进行登记。重力式网箱、桁架类网箱及养殖平台建造要符合相关规范和标准的技术要求，由地方人民政府指定的主管部门制定规则进行登记。省级农业农村（渔业）部门要建立深远海养殖动态台账，及时掌握深远海养殖设施装备基本信息、生产经营状况等。

1.5　强化安全生产措施。生产经营者要落实安全生产主体责任，制定应急预案，配备与生产规模相适应的安全设施装备，以及管理和操作人员，建立日常维护保养、安全生产培训等安全管理制度，定期排查隐患。养殖工船生产经营者要落实渔业船员持证上岗制度，配齐职务船员，强化进出港报告制度落实，在海上航行、锚泊时要遵守《中华人民共和国海上交通安全法》相关规定。深远海养殖生产经营者要根据气象、自然资源（海洋）等部门发布的预警信息，按照当地政府要求及时撤离所有人员，必要时养殖工船要依法进港或锚地避险。登乘深远海养殖设施装备应符合相关法律规定，人员数量不超过核载人数，遵守安全操作规程，穿着标准救生衣。相关设施装备往返码头等航行行为要遵守国际海上避碰规则。

1.6　健全监管协作机制。建立由同级渔业渔政主管部门牵头，各有关部门共同参与的隐患排查管理工作协作机制，推进产业规范发展。

1.7　加强工作组织领导。各行政执法部门要充分认识、深刻领会隐患排查重要意义，切实加强隐患排查的组织领导，发挥好隐患排查监督管理工作协作机制作用，不断完善隐患排查制度，形成监管合力。

2　对作业人员的建议

渔业养殖设施上的工作人员应切实履行安全生产管理责任。严格遵守操作规程、熟悉并掌握应急技能。

2.1　日常操作规程

2.1.1　养殖管理

2.1.1.1　水质监控：定期采集并分析水样，确保 pH 值、溶解氧、氨氮、亚硝酸盐等指标符合养殖要求。及时调整增氧、换水、投饵等操作，保持水质稳定。

2.1.1.2　饲料投喂：根据鱼群生长阶段、个体大小、季节变化等因素，科学制定投喂计划。严格执行定时、定量投喂，观察鱼群摄食情况，及时调整投喂策略。

2.1.1.3 健康管理:定期巡查鱼群,观察体态、活动、摄食等行为,发现异常立即隔离治疗或请专家诊断。定期进行病害预防措施,如药物浸泡、疫苗接种等。

2.1.1.4 设备维护:定期检查养殖设施(如网箱、喂食系统、水质监测设备等)的运行状态,及时清洁、维修或更换部件,确保设备正常运转。

2.1.1.5 数据记录:详细记录每日投喂量、水质参数、鱼群生长情况、设备检查结果等数据,为养殖决策提供依据。

2.1.2 环境与安全监控

2.1.2.1 气象海况观测:关注气象预报,实时监测风速、浪高、潮汐等海况变化,提前做好应对措施,如加固网箱、调整锚固系统等。

2.1.2.2 消防安全:定期检查消防设备完好性,确保灭火器、消防栓等随时可用。严禁明火作业,严格管理易燃易爆物品。

2.1.2.3 防滑防坠落:保持作业区域清洁干燥,及时清理积水、油污等,确保行走通道无隐患。作业人员佩戴防滑鞋、安全帽,必要时使用安全带。

2.1.2.4 通风与照明:保持平台内部空气流通,定期检查通风设备。确保作业区域照明充足,夜间或阴暗环境下作业配备便携照明设备。

2.1.3 能源与电气管理

2.1.3.1 电力供应:定期检查发电机组、蓄电池、配电系统等,确保电力供应稳定。合理调度用电,避免高峰期负荷过大。

2.1.3.2 电气设备:定期检查电气设备绝缘、接地情况,严禁私拉乱接电线。使用防爆型电气设备在易燃易爆区域。

2.1.3.3 应急电源:定期启动备用发电机进行负载测试,确保应急状态下能迅速切换供电。备足应急照明设备,如手电筒、应急灯等。

2.2 紧急情况应对

2.2.1 恶劣天气应对

2.2.1.1 预警响应:接到恶劣天气预警时,立即启动应急预案,加固养殖设施,确保锚固系统稳固,提前转移重要物资。

2.2.1.2 现场处置:密切关注海况变化,必要时暂时停止作业,人员撤至安全区域。风暴过后及时评估设施受损情况,开展修复工作。

2.2.2 设备故障应对

2.2.2.1 故障识别:一旦发现设备异常,立即停止使用,初步判断故障原因及可能影响范围。

2.2.2.2 应急处置:根据设备故障类型,启动相应应急措施,如切换备用设备、手动操作等。无法现场解决的,及时联系维修服务。

2.2.2.3 后续处理:故障排除后,进行全面检查,确保设备恢复正常运行。记录故障情况及处置过程,作为设备维护改进的依据。

2.2.3 生物病害应对

2.2.3.1 病害识别：发现鱼群异常，迅速隔离疑似病鱼，进行病理学检查或送检，确诊病害种类。

2.2.3.2 治疗措施：根据病害诊断结果，制定针对性治疗方案，如药物治疗、环境调控等。严格执行用药剂量和疗程，观察治疗效果。

2.2.3.3 防控措施：对病害区域进行消毒处理，防止病原扩散。调整养殖管理策略，提高鱼群抵抗力。

2.2.4 火灾事故应对

2.2.4.1 初期灭火：发现火源，立即使用就近灭火器材进行初期灭火。如火势无法控制，立即启动消防系统或报警求助。

2.2.4.2 人员疏散：迅速启动火灾应急预案，组织人员按照预定逃生路线撤离平台。确保人员安全，避免盲目跳海。

2.2.4.3 外部救援：及时向海岸警卫队、渔业管理部门等报告火警，请求支援。配合救援力量进行灭火、搜救等工作。

2.2.5 环境污染事件应对

2.2.5.1 污染物控制：发现溢油、污水泄漏等污染事件，立即停止污染源，使用围油栏、吸附材料等控制污染物扩散。

2.2.5.2 清理与监测：组织人员进行现场清理，同时持续监测水质变化，评估污染影响。必要时请专业公司进行深度清理。

2.2.5.3 报告与善后：向环保部门报告污染事件，配合调查。根据责任认定，进行赔偿、修复等工作。

3 对企业(或设施所有人)的建议

渔业养殖设施企业、所有人和/或经营人应明确安全生产责任制，具备完善的安全生产管理制度，并建有完善档案。除现行法律法规有明确要求外，对缺乏确定要求的渔业养殖设施设备的基本安全建议如下：

3.1 救生圈

3.1.1 渔业养殖设施应配备足够的救生圈，救生圈满足 GB/T 4302 的要求。

3.1.2 救生圈应不以任何方式永久系牢，应保证其能随时迅速取下。渔业养殖设施至少有 1 个救生圈设有符合要求的可浮救生索，其长度应不小于 30m。

3.1.3 应有半数以上的救生圈设有自亮灯。

3.2 救生衣

3.2.1 渔业养殖设施应为每位从业人员配备 1 件救生衣，其中 50% 的救生衣应配备 1 盏救生衣灯。

3.2.2　救生衣应符合 GB/T 4303 的要求，救生衣灯应符合 GB/T 5869 的要求。

3.2.3　救生衣应存放在易于到达处，渔业养殖设施守人员的救生衣应存放在值班室内。救生衣存放位置应有明显标志。

3.2.4　不少于渔业养殖设施从业人员总数 5% 的救生衣应存放在甲板上或集合点明显易见处。

3.3　通导设备

渔业养殖设施至少应配备 1 个救生艇筏双向甚高频无线电话，设备应满足《国内航行海船法定检验技术规则》第 4 篇第 4 章的要求。

3.4　消防设备

渔业养殖设施应配备灭火器具等消防设备，包括但不限于干粉灭火器、CO_2 灭火器、泡沫灭火器等。消防设备应摆放在明显位置。

3.5　遇险火焰信号

渔业养殖设施应配备不少于 2 支火箭降落伞火焰信号，遇险火焰信号应经检验机构认可。

3.6　人员与制度建设

3.6.1　人员管理

3.6.1.1　渔业养殖设施载员总人数应根据渔业养殖设施的设计标准核定。

3.6.1.2　渔业养殖设施上驻守的工作人员应不少于 2 人，并经过安全培训，取得海洋渔业普通船员证书。

3.6.1.3　渔业养殖设施应配备专职或兼职安全员，定期检查平台安全状况，排查隐患，及时制止和纠正不安全行为。

3.6.2　制度建设

3.6.2.1　应制定渔业养殖设施安全管理制度，定期进行安全巡查，并设有安全保障及监督追责体系。

3.6.2.2　渔业养殖设施应关注气象海况信息，配有专职安全管理人员及时报告、处置突发险情。

3.6.2.3　应建立应对突发险情（风暴潮、雷击、溺水、突发性事件等）的危机处理机制，配备必需的救援设备、物品及人员。

3.7　安全生产

3.7.1　日常生产

安全保障措施主要是保障在安全生产过程中的人力、物力、财力投入，如渔业养殖设施安全、消防、救生及通信导航等设施设备更新改造,提高水上养殖安全性;加强渔港、避风塘等防灾减灾公共基础设施的建设、管理和维护,提高渔业养殖设施安全生产保障能力等,无人居住的海上渔业养殖设施。特殊条件下,如检修期间、应急故障处理期间、经批准的访问、调查期间,以及定期巡检等情况下,允许登设施的人数应尽可能少;登乘人员不得在设施上过夜。

3.7.2 水上运输

使用船舶运输养殖货物时,要保证船舶的适航性和安全性,严禁使用"三无"船舶。按规定配备经过专业技术训练的从业人员,及时收听气象信息、航行信息,熟悉船舶操纵性能、航路航法,加强瞭望,保持安全航速。发生险情时,应及时报警,懂得自救、互救,掌握水上求生的知识和技能,增强安全生产意识。

3.7.3 恶劣天气

3.7.3.1 积极做好防台应急工作,值班人员在接到中心气象台发布的台风警报后,应及时通知小型施工船舶进港避风;在接到发布的紧急警报后,应及时通知大型船舶进港避风。

3.7.3.2 施工船舶值守人员在接到台风预报消息后,应密切注意其行经路线,并根据本船抗风能力及预定避风地点的航行时间,确定避风的起航时间。

3.7.3.3 项目部调度值班人员应通过县高频电话或对讲机随时检查施工船舶避风情况,并接受渔业渔政主管部门的查询。

3.7.3.4 施工船舶应根据预报风力、船舶抗风等级、风期长短,加固锚缆,绑扎易动物件,检查船机及救生设备,并加强值班,显示信号,昼夜保持通信畅通。

3.7.3.5 避风船舶船员应保持昼夜值班,随时检查本船安全情况,并及时与项目部和有关部门保持联系。

3.7.3.6 台风警报解除后,各避风船应根据气象台发布的大风风力预报和项目部指令,结合本船抗风等级,决定船舶返回施工区的时间。返航前向项目部报告,按规定分批有序进入作业区。防止因无序蜂拥造成船舶间发生意外事故。

3.8 养殖环境

3.8.1 选址要求

3.8.1.1 贝藻类筏式养殖水深大于5m。

3.8.1.2 近岸普通网箱养殖水深大于8m,箱底与海底的最小距离大于3m。

3.8.1.3 重力式深水网箱布设海域水深大于10m,箱底与海底的最小距离大于5m;鼓励在15m等深线以深海域布局。

3.8.1.4 桁架类深水网箱、养殖工船原则上布设在水深大于20m或离岸大于10km的海域。

3.8.1.5 潮流通畅,流向平直稳定,挡流、分流后网箱内流速不高于1.0m/s。

3.8.1.6 养殖区周围无直接工业"三废"及农业、生活等污染源。

3.8.1.7 与水利、海上开采、航道、港区、锚地、通航密集区、倾废区、海底管线及其他海洋工程设施和国防用海等不相冲突。

3.8.2 布设要求

3.8.2.1 鱼类近岸普通网箱养殖、重力式深水网箱养殖、桁架类深水网箱、养殖工船养殖距海洋生态环境敏感区应大于1000m;贝藻类筏式养殖,距海洋生态环境敏感区应大于500m。

3.8.2.2 近岸普通网箱实际养殖投影面积不宜超过养殖用海的5%,重力式深水网箱、桁架类深水网箱及养殖平台实际养殖投影面积不宜超过养殖用海的10%,贝藻类筏式实际养殖投影面积不宜超过养殖用海的60%。

3.9 养殖运输

3.9.1 鱼类苗种运输前应停食12h以上,装运密度视种类规格、交通工具、距离远近、时间长短和气温状况等情况灵活掌握。小规格苗种长距离运输可采用塑料袋充氧运输,大规格苗种不宜采用小包装密封充氧运输,可采用循环水车或活水船运输。苗种运输应符合SC/T 1075相关要求。

3.9.2 贝类苗种可采用水运法、阴湿干露运法运输至养殖海域。水运法按照DB37/T 1613—2010方法要求,将贝类苗种养殖在装有清洁海水的塑胶桶内用气石充氧,苗种密度根据规格大小进行调整,运输时间宜控制在10h以内;阴湿干露运法将贝类苗种放在泡沫保温箱等容器内不放海水但是用沾海水的湿毛巾覆盖保持湿度,并放冰袋在较低温度的条件下干露运输至养殖海域。运输船应有遮阴设施避免阳光暴晒。

3.9.3 藻类苗种运输可直接干露运输,在运输过程中可以在苗种上泼洒海水保持湿度,运输船应有遮阴设施避免阳光暴晒。

3.10 饲料投喂

3.10.1 饲料质量

根据养殖品种和规格选用软颗粒饲料、硬颗粒饲料或膨化饲料等人工配合饲料,饲料安全应符合NY5072—2002的规定。

3.10.2 饲料存放

所有饲料要有专门的储藏室存放,不得与农药、柴油等有毒有害、有异味的物质同处一室存放,以防污染。水产配合饲料应符合GB/T22919的要求,人工配合饲料应贮存在阴凉、通风、干燥处,不得与有害有毒物品一起堆放,开封后应尽快使用。

3.10.3 投喂量

鱼类苗种放入养殖网箱1~2天后开始投喂饲料;小潮汛可多投,大潮汛少投;透明度大时多投,浑浊时少投;水温适宜时可多投,反之少投;换网当天不投饲,次日投饲量适当减少。人工配合饲料的日投喂率一般为鱼体重的1.0%~8.0%,随鱼体重增加而逐渐降低。

3.11 日常管理

3.11.1 网衣换洗

根据网衣上附着生物量及鱼类养殖情况，一般1~3个月更换一次网衣，换网时操作细致小心，避免损伤鱼体。更换的网衣经日晒、敲打后可采用高压水枪冲洗，然后晒干回收整理入库保存留待下次使用。

3.11.2 分箱

根据鱼体生长和个体差异情况及时进行分级，按规格等级分箱养殖。

3.11.3 贝类养殖管理

贝类筏式养殖过程中随着贝类生长和筏架附着生物的增加，应及时加固并增加浮球，防止筏架下沉。贝类筏式网笼养殖过程中，随着贝类生长应及时分苗，降低养殖密度，经常检查并及时清理养殖网笼上的附着生物，增加养殖网笼的透水性，清除养殖网笼内的蟹、海星等敌害生物。

3.11.4 藻类养殖管理

藻类养殖过程中，应定期检查，及时去除泥沙沉积、附生硅藻、杂藻以及敌害生物等不利于海藻生长的胁迫因子。

3.11.5 生产记录

填写水产养殖日志，做好生产记录，检测和记录水温、盐度、天气、风浪等环境因子，投喂饲料种类与数量，养殖生物健康情况等，定期随机取样测量体长和体重。建立深远海养殖动态台账，及时掌握深远海养殖设备基本信息、生产经营状况等。

3.12 养殖环境监测

每年对养殖区和毗连自然海域的环境质量进行跟踪监测，掌握牧场水域的环境质量变化情况。监测指标见表6-11-1。参照GB3097—1997和GB18668—2002的第一类标准评价养殖区海水和沉积物质量是否满足养殖需求。

监测项目、内容及方法　　表6-11-1

监测项目	监测指标	监测方法
水质	水温、透明度、pH值、溶解氧、化学耗氧量、氨氮、硝酸盐氮、亚硝酸盐氮、活性磷酸盐	按GB/T12763.4—2007和GB/T17378—2007中的规定进行
沉积物	有机质、硫化物、重金属	按GB/T12763—2007和GB/T17378—2007中的规定进行
底栖动物	种类组成、密度、生物量和多样性变化	按GB/T17378—2007和SC/T9102.2—2007中的规定进行

3.13 病害防治

病害防控遵循“预防为主，防治结合”的原则。在病害流行季节做好疾病预防工作，加强监测和投喂管理，发现病情及时诊治；规范使用国家批准的兽药，使用的药物和休药期应符合 NY5071 相关规定；治疗方法可采用拌饲投喂的方法，也可在平潮前后进行药浴；针对部分鱼类寄生虫病害药物控制效果不佳的情况，可选择淡水浴的方法进行处理。

3.14 安全生产

生态健康养殖安全生产必须采取以下措施：

3.14.1 安装警示标志。在养殖区安装警示标志和灯具，防止过往船只对养殖设施的损害，并注意鸟类和水生动物对养殖鱼类的危害，及时清除垃圾和大型漂浮物。

3.14.2 建立健全的安全生产制度，配备齐全的应急救援和海上消防等设施设备。

3.14.3 预防灾害天气。在灾害性天气出现之前应检查和调整锚、桩索的拉力，加固养殖装备的拉绳和固定绳；检查框架、锚、桩的牢固性；清除框架上的暴露物；人员一律撤离上岸，养殖工船等大型养殖装备迁移至避风港。

3.14.4 修复破损网箱。在台风过后应及时检查网箱有无损坏，发现问题及时修复。

3.14.5 深远海养殖生产经营者应依法使用达标燃料，配备含油污水、养殖废弃物、死鱼、生活垃圾处理等污染防治设施设备，按照相关污染物排放标准及要求收集、处理、排放污染物，对死鱼进行无害化处理，依法妥善处置弃养弃用深远海养殖设施。

3.14.6 水产养殖用兽药、饲料和饲料添加剂等投入品的使用应符合《农业农村部关于加强水产养殖用投入品监管的通知》（农渔发〔2021〕1 号）的要求。

3.14.7 重力式深水网箱、桁架类深水养殖平台和养殖工船等大型养殖装备建造要符合相关规范和标准的技术要求，按程序进行登记。

3.14.8 养殖工船生产经营者要落实船上工作人员持证上岗制度，配齐职务船员，强化报告制度落实，在海上航行、锚泊等要遵守《中华人民共和国海上交通安全法》相关规定。

3.14.9 禁止在开放海域养殖外来物种或者其他非本地物种。养殖外来物种或其他非本地物种的，应当采取有效隔离措施，防止逃逸进入开放海域。

3.14.10 养殖水体发生外来物种或者其他非本地物种逃逸的，有关单位和个人应当采取捕回或其他紧急补救措施降低负面影响，并及时向所在地县级人民政府渔业渔政主管部门报告。

附录

本指南参考的主要法律法规、标准规范和国际公约

一 法律法规

1 《中华人民共和国安全生产法》
(2021 年 6 月 10 日修订公布,2021 年 09 月 1 日施行)
2 《中华人民共和国海上交通安全法》
(2021 年 4 月 29 日修订公布,2021 年 9 月 1 日施行)
3 《中华人民共和国海上交通事故调查处理条例》
(交通部 1990 年 3 月 3 日公布、施行)
4 《渔业船舶水上安全事故报告和调查处理规定》
(农业部 2012 年 12 月 25 日发布,2013 年 2 月 1 日施行)
5 《中华人民共和国环境保护法》
(2014 年 4 月 24 日修订公布,2015 年 1 月 1 日施行)
6 《中华人民共和国水污染防治法》
(2017 年 6 月 27 日修订公布,2018 年 1 月 1 日施行)
7 《中华人民共和国海洋环境保护法》
(2017 年 11 月 4 日修订公布,2017 年 11 月 5 日施行)
8 《防治船舶污染海洋环境管理条例》
(2018 年 3 月 19 日修订公布、施行)
9 《中华人民共和国海上船舶污染事故调查处理规定》
(交通运输部 2021 年 9 月 3 日修订公布、施行)
10 《渔业水域污染事故调查处理程序规定》
(农业部 1997 年 3 月 26 日公布、施行)
11 《中华人民共和国渔业法》
(2013 年 12 月 28 日修订公布、施行)
12 《中华人民共和国渔业法实施细则》

(2020 年 12 月 29 日修订公布、施行)

13 《中华人民共和国行政处罚法》

(2021 年 1 月 22 日修订公布,2021 年 7 月 15 日施行)

14 《中华人民共和国海上海事行政处罚规定》

(交通运输部 2021 年 9 月 1 日公布、施行)

15 《渔业行政处罚规定》

(农业农村部 2022 年 01 月 07 日修订公布、施行)

16 《中华人民共和国渔业港航监督行政处罚规定》

(农业部 2000 年 6 月 13 日公布、施行)

17 《中华人民共和国渔港水域交通安全管理条例》

(2019 年 3 月 2 日修订公布、施行)

18 《中华人民共和国船员条例》

(2023 年 7 月 20 日修订公布、施行)

19 《中华人民共和国渔业船员管理办法》

(农业农村部 2023 年 5 月 4 日修订公布、施行)

20 《海洋渔业船员违法违规记分办法》

(农业农村部 2022 年 3 月 30 日公布,2022 年 6 月 1 日施行)

21 《中华人民共和国渔业船舶检验条例》

(2003 年 6 月 27 日公布,2003 年 8 月 1 日施行)

22 《渔业船舶检验管理规定》

(交通运输部 2019 年 11 月 20 日公布,2020 年 1 月 1 日施行)

23 《中华人民共和国船舶和海上设施检验条例》

(2019 年 3 月 2 日修订公布、施行)

24 《中华人民共和国渔业船舶登记办法》

(农业农村部 2019 年 4 月 25 日修订公布、施行)

25 《渔业船舶船名规定》

(农业部 2013 年 12 月 31 日修订公布、施行)

26 《中华人民共和国非机动船舶海上安全航行暂行规则》

(交通部 1958 年 4 月 19 日公布,1958 年 7 月 1 日施行)

27 《中华人民共和国无线电管理条例》

(2016 年 11 月 11 日修订公布,2016 年 12 月 1 日施行)

28 《水上无线电管理规定(征求意见稿)》交通运输部 2021 年 7 月 13 日通知

29 《渔业无线电管理规定》(国家无线电管理委员会、农业部 2016 年 7 月 21 日公布、施行)

30 《渔业无线电管理规定(征求意见稿)》农业农村部 2022 年 04 月 15 日通知

31 《渔业捕捞许可管理规定》

(农业农村部 2022 年 1 月 7 日修订公布、施行)

32 《农业农村部关于施行渔船进出渔港报告制度的通告》
(农业农村部 2019 年 1 月 21 日公布,2019 年 8 月 1 日施行)

33 《渔业船舶重大事故隐患判定标准》
(农业农村部 2025 年 4 月 21 日公布、施行)

34 《渔船作业避让规定》
(农业部 2007 年 11 月 8 日修订公布、施行)

35 《渔业船舶航行值班准则(试行)》
(农业部 1999 年 11 月 8 日公布、施行)

36 《远洋渔业管理规定》
(农业农村部 2020 年 2 月 10 日修订公布,2020 年 4 月 1 日施行)

二 标准规范

1 《航区划分规则》(2021)

2 《国内海洋渔船法定检验技术规则》(2019 及 2024 年修改通报)

3 《渔业船舶法定检验规则 船长大于或等于 12m 国内海洋渔业船舶》(2017)国渔检(通)〔2017〕1 号

4 《国内海洋小型渔船法定检验技术规则》(2019)

5 《沿海渔业船舶法定检验技术规则(船长大于或等于 7m 但小于 12m)》(2009)国渔检(法)〔2009〕7 号

6 《钢质海洋渔船建造规范》(原中国渔检局 2015 及 2016 年修改通报)

7 《钢质海洋渔船建造规范》(原中国渔检局 1998)

8 《钢质国内海洋渔船建造规范-船长大于或等于 24m 但小于或等于 90m》(2019)

9 《钢质国内海洋渔船建造规范-船长大于或等于 12m 但小于 24m》(2019)

10 《钢质海船入级规范》(2024)

11 《玻璃纤维增强塑料渔业船舶建造规范》(原中国渔检局 2008 及 2017 年修改通报)

12 《玻璃纤维增强塑料渔船建造规范》(2019)

13 《聚乙烯渔船技术与检验暂行规则》(2021)

14 《海上移动式平台技术规则》(2023)

15 《海上移动式平台检验规则》(2023)

16 《海上渔业养殖设施检验指南》(2019 年)

17 《海上渔业养殖设施指南》(2024 年)

18 《渔业船舶船用产品检验管理规定》(2014 年 1 月 2 日)

19 《船舶水污染物排放控制标准》(GB 3552—2018)

20 《极地渔船指南》(2023)

21 《全国一体化政务服务平台标准》(C 0228—2023)

22 《船用产品检验规则》(2024)

23 《吨位丈量规则》(2022)
24 《海上固定平台入级与建造规范》(1992)
25 《浅海固定平台建造与检验规范》(2004)
26 《海上浮动设施入级规范》(2023)
27 《海上移动平台入级规范》(2023)
28 《国内航行海船建造规范》(2024)

三 国际公约

1 《1995 年国际渔船船员培训、发证和值班标准公约》及其修正案
2 《1973 年国际防止船舶造成污染公约 1978 年议定书》及其修正案
3 《1972 年国际海上避碰规则》及其修正案
4 《国际消防安全系统规则》及其修正案
5 《国际救生设备规则》及其修正案